U0751798

《现代力学丛书》编委会

国家科学技术学术著作出版基金资助项目

现代力学丛书

微/纳米力学测试技术

——仪器化压入的测量、分析、应用及其标准化

张泰华　著

科学出版社

北　京

内 容 简 介

仪器化压入测试是一种重要的微/纳米力学试验技术。本书取材于该技术的最新进展与作者十余年来研究的成果和经验，力求系统介绍其研究状况和发展趋势。

本书内容分五篇，共21章。第一篇为绪论部分，列举材料力学性能的基本参量和功能指标，介绍典型的力学测试技术及其对比分析。第二篇为压入测量部分，介绍仪器化压入的测量原理、测量仪器、校准检验、测量环节和影响因素。第三篇为方法分析部分，介绍压入分析的基础理论，探讨压入硬度和有关弹性、塑性、断裂、黏弹参数识别的分析方法。第四篇为典型应用部分，简要介绍各种测试功能，案例分析该技术在表面工程、先进材料、生物材料、微机电系统等方面力学测试和性能评价中的应用。第二篇至第四篇是本书的重点。第五篇为标准化部分，比对不同实验室之间的纳米压入测试结果，介绍标准研究进展情况。最后，给出术语汉英对照及其定义、常用符号表和索引。

本书适合从事微/纳米力学研究与应用的科研和技术人员使用参考，也适合力学、材料、物理等相关专业的教师、研究生和本科生阅读参考。

图书在版编目（CIP）数据

微/纳米力学测试技术：仪器化压入的测量、分析、应用及其标准化/张泰华著. —北京：科学出版社, 2013

(现代力学丛书)

ISBN 978-7-03-038752-3

Ⅰ. ①微… Ⅱ. ①张… Ⅲ. ①纳米材料—力学性能试验 Ⅳ. ①TB383

中国版本图书馆CIP数据核字 (2013) 第233315号

责任编辑：刘凤娟／责任校对：宣　慧

责任印制：赵　博／封面设计：耕者设计

科学出版社 出版

北京东黄城根北街16号

邮政编码：100717

http://www.sciencep.com

保定市中画美凯印刷有限公司印刷

科学出版社发行　各地新华书店经销

*

2013年9月第 一 版　开本：720×1000 1/16

2025年2月第三次印刷　印张：24 1/2

字数：470 000

定价：178.00元

(如有印装质量问题，我社负责调换)

丛 书 序

《现代力学丛书》是由中国科学院力学研究所编著的一套丛书，由科学出版社出版。本丛书作者为中国科学院力学研究所科研人员、客座研究人员和其他相关人员。出版本丛书的目的是总结和提高我们近年来的科学研究成果，并促进相关学科领域的开拓。中国科学院力学研究所自成立以来，既从事基础研究，也以基础研究为手段，参与和承担了国家和部门委托的许多任务，取得了一系列重要的成果。我们认为，将这些成果分类整理、系统化，并加以提高，在此基础上出版专著，是一件很有价值的事，既有利于中国科学院力学研究所科研工作的进一步提高，也有利于为广大读者获取新的知识，共同促进力学学科的繁荣发展。

本丛书可供相关专业的科研人员和研究生参考。

郑哲敏

二〇〇九年二月于北京

前　言

微/纳米力学测试技术是微/纳米力学研究的基础之一，也为材料学、物理学、生物学、力学等学科的材料和结构性能表征提供了技术支撑。因为这些学科的基础研究和应用研究，在诸多方面依赖对微尺度力学现象的精细观察和可靠测量。研究对象尺度的微/纳米化，在加大力学测试难度的同时，也为力学实验技术的发展提供了机遇。

仪器化压入(instrumented indentation test) 是一种新兴和重要的微/纳米力学测试技术。其定义为：驱动压头压入试样，自动测量施加的载荷和压入试样的深度，基于压入力学模型识别出材料的硬度和力学参数的过程。尤其是，以纳米压入 (nanoindentation) 为代表的仪器化压入技术，既不同于传统的硬度计技术，因为测量尺度的微/纳米化、深度测量原理的应用、测试参数的多元化；也不同于传统的材料试验机技术，因为测量区域的表面化和微区化、试样的微损化。

仪器化压入 (尤其是纳米压入) 技术亟待完善和发展。纳米压入测量的可靠性、参数识别的多元化及其分析方法的普适性、新测试功能的开发及其适用性等问题，已引起研究者和使用者的广泛关注。

仪器化压入技术目前迫切需要规范和标准化。尽管该技术日臻成熟，其应用正向广度和深度发展，但测试易受仪器、环境、方法、试样和操作者等诸多因素的影响，往往导致结果的可比性不够理想。规范和标准化压入的测试过程，是增强不同实验室间测试数据可比性的有效途径之一。

作者长期在中国科学院力学研究所非线性力学国家重点实验室 (LNM) 工作，从事该实验室微/纳米力学实验平台的建设、维护、基础研究和测试服务工作。本书试图系统总结作者所在研究小组十余年来工作的科研成果和经验。2004 年，本人曾编著《微/纳米力学测试技术及其应用》一书，由机械工业出版社出版，2005 年第 2 次印刷，共发行 5000 册。当时的撰写重点仅为压入测量和典型应用两方面。目前，为了适应仪器化压入技术迅速发展和逐步普及的需求，基于十余年的基础研究、测试服务和标准化工作的积累，新撰写的本书详细介绍压入测量、典型应用和标准化方面的进展；基于基础研究及其指导博士生研究工作，简要介绍国际上在压入模型和材料参数识别方面的研究概况，重点介绍本研究小组在建模分析和多种参数识别方法方面的研究成果。同时，基于大量文献的分析总结和本研究小组的工作经验，简明介绍测量原理和仪器，全面阐述校准检验、测量环节和影响因素。总之，本书力求系统全面地介绍新的研究领域和发展趋势。

力学测试需要测量精确、分析合理、应用广泛、操作规范。因此，本书从压入测量、方法分析、典型应用及其标准化四个方面，系统地介绍和阐明该技术。

本书内容分五篇，共 21 章。第一篇为绪论部分，包括第 1、2 章，列举材料力学性能的基本参量和功能指标，介绍典型的力学测试技术及其对比分析。第二篇为压入测量部分，包括第 3~7 章，详细介绍仪器化压入的测量原理、测量仪器、校准检验、测量环节和影响因素。第三篇为方法分析部分，包括第 8~13 章，对于压入分析的基础理论，简要列举接触力学的基本结论，详细说明压入能量标度关系的研究进展。对于参数识别的分析方法，详细阐述在识别压入硬度和弹性模量、屈服应变和硬化指数、断裂韧度、蠕变柔量等方面的研究进展。第四篇为典型应用部分，包括第 14~19 章，简要介绍各种测试功能，案例分析力学测试和性能评价在典型领域中的应用，具体包括表面工程 (薄膜、涂层、激光强化)、先进材料 (非晶合金)、生物材料 (人体牙齿和木材细胞壁)、微机电系统 (薄膜和微桥) 等。第五篇为标准化部分，包括第 20、21 章，列举纳米压入试验的实验室间比对结果，介绍文本标准和实物标准的研究进展。附录则包括三部分，分别为术语汉英对照及其定义、常用符号表和索引。

本书第 1~7、10、11、14~21 章和附录由本人撰写。第 8 和 9 章、第 12 章、第 13 章分别由杨荣博士、冯义辉博士、彭光健博士撰写，这部分内容主要根据他们已发表的博士论文研究工作总结而成。全书由本人统稿和修改。

十余年来，相关研究工作在实验、理论、模拟和应用方面，分别获国家自然科学基金委员会重点、面上和国家杰出青年科学基金项目的持续资助 (10432050，10572142，10872200，11025212，11272318)；在标准化方面，获科技部国家重大科学研究计划纳米研究项目和质检总局公益性行业科研专项项目 (标准化领域) 等的资助。

本书汇聚作者所在研究小组自 1999 年以来的科研成果和测试经验。在研究过程中，得到前辈、同行和朋友，以及本人研究生们的大力帮助与支持。在研究起步阶段，郑哲敏院士和白以龙院士的热切关注和提问式激励，督促本人研究纳米压入测量的可靠性。在测试服务过程中，用户的需求促使本人研究纳米压入技术的应用。从 2001 年起，研究范围逐渐拓宽至测试仪器的研制、压入能量标度关系等基础理论问题的研究、多种参数识别的分析方法及其测试技术的建立，这些得益于曾经和目前在该研究小组工作的研究生与博士后的贡献，他们分别是刘东旭硕士、郇勇博士、邢冬梅博士后、姜鹏博士、姜辛硕士、杨荣博士、宋金龙硕士、冯义辉博士、彭光健博士、逯智科博士生和于畅博士生等。从 2005 年起，在全国纳米技术标准化委员会的支持下，与宝钢研究院的王秀芳博士、宋洪伟博士和杨晓萍等和浙江工业大学的文东辉教授等密切合作，完成三项关于纳米压入国家标准的研制起草工作。在此一并致以诚挚的谢意。

作者还要致谢中国科学院力学研究所《现代力学丛书》出版基金的资助。

由于作者研究范围和认识水平所限，书中取材和论述方面难免有疏漏之处，恳请广大同行和读者指正，以便继续提高和完善。

张泰华

2013 年 8 月于北京

目　录

第二篇　压入测量

第三篇 方 法 分 析

第四篇　典 型 应 用

第一篇　绪　　论

力学性能参量主要用于表征材料在给定外界载荷作用下的变形和破坏行为。对于金属材料、陶瓷材料和高聚物材料而言，需要采用不同的特征参量表征其力学行为。力学性能测试是提取和显示材料变形和破坏特性信息的过程，是保证和提高产品质量的有效手段，也是研究和发展新材料以及与其密切相关的新技术、新工艺、新产品的基础技术。近年来，力学测试的需求强劲、形式多样，推动着传统测试技术的持续完善、新型测试技术的不断涌现，例如，微/纳米力学测试技术的需求和发展，为此需要总结和对比多样化的表征需求和针对性的测试技术。

本篇主要介绍材料力学性能表征与测试的发展状况。首先，简要说明常用工程材料的力学参量和硬度。其次，分析和对比三类典型的力学测试技术，阐明仪器化压入技术的特点、发展和要求。

第1章　材料力学性能及其表征

力学性能 (mechanical property) 为材料抵抗外力与变形所呈现的行为[1]。其表征 (characterization) 可通过材料的力学模型 (mechanical model)，即本构关系 (constitutive relation/equation) 描述。模型函数中的参量为力学参量 (mechanical variable)，经材料试验机测定后，称为力学参数 (mechanical parameter)。力学性能测试 (mechanical property testing) 是通过力学试验和相应分析，获得各种力学性能参数和判据的实验技术。研究材料的力学性能，从材料学的角度，是要确定材料成分、组织结构和力学性能之间的关系；而从力学的角度，是要评定在不同加载条件下材料的力学响应。力学参数是评价材料性能的主要指标，也是进行结构设计与强度计算的主要依据[2,3]。

1.1　材料力学性能的基本参量

力学性能表征，即通过确定本构关系和测定力学参量，描述材料的变形行为。一般说来，本构关系中的力学参量具有明确的物理机制和力学含义。例如，在物理上，弹性变形反映原子间距在外力作用下的可逆变化，应力–应变关系对应原子间作用力和原子间距离的关系，弹性模量与这两者有关[4]。在力学上，弹性模量为线弹性变形范围内应力和应变的比值；在单轴拉伸和压缩试验测定的应力–应变曲线中，为弹性段的斜率。

为了表征材料的力学性能，前人基于大量力学试验，总结出多种力学模型。

1.1.1　金属材料的弹塑性参量和蠕变参量

金属材料在外力作用下，不仅会发生快速而瞬时的弹塑性变形，而且还会发生缓慢而持久的蠕变[5]。

对于金属材料的弹塑性变形，最典型的为线弹–幂硬化模型：在弹性变形阶段，应力和应变函数关系为线性关系；在塑性变形阶段，应力和应变函数关系为幂律关系，也称为 Hollomon 关系，可表示为

$$\begin{cases} \sigma = E\varepsilon, & \text{当}\varepsilon \leqslant \varepsilon_y\text{时} \\ \sigma = k\varepsilon^n = E\varepsilon_y^{1-n}\cdot\varepsilon^n, & \text{当}\varepsilon > \varepsilon_y\text{时} \end{cases} \tag{1.1}$$

式中，σ 为应力；ε 为应变；E 为材料的弹性模量；ε_y 为屈服应变；n 为硬化指数；k 为塑性硬化系数。其中，n 反映金属材料抵抗继续塑性变形的能力，是表征金属材

料应变硬化行为的塑性参量。在极限情况下，$n = 1$，表示材料为完全理想的弹性体，应力和应变呈线性关系；$n = 0$，表示材料不具备应变硬化能力。大多数金属材料的 n 值在 0.1~0.5[4]。

采用线弹–幂硬化模型描述金属材料的优点在于：①普适性强。当 n 在 0~1 变化时，可描述理想弹塑性和线弹性之间的大多数情况，参见图 1.1。②分析简单。可以把材料的应力–应变关系简化为三个参量 (E, ε_y, n) 表示，参见式 (1.1)。

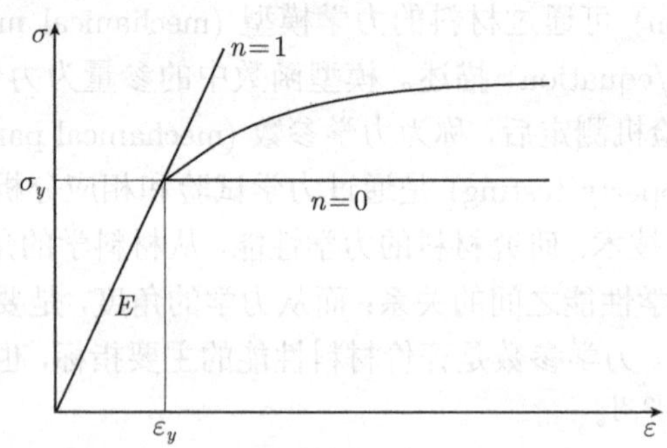

图 1.1　线弹–幂硬化材料模型示意图

对于金属材料的蠕变，一般用稳态蠕变速率 $\dot{\varepsilon}$ 表示材料的蠕变性能。最典型的模型为幂律蠕变关系，可表示为

$$\dot{\varepsilon} = b\sigma^m \tag{1.2}$$

式中，$\dot{\varepsilon}$ 为稳态蠕变速率；b 为蠕变硬化系数，与材料的特性和温度有关；m 为应力指数。对于许多纯金属和某些合金，m 在 4~5，也有部分合金在 3 左右，这由不同的蠕变机制决定[5,6]。

1.1.2　陶瓷材料的断裂参量

玻璃、陶瓷等脆性材料的失效形式通常为低应力断裂破坏。其开裂形式以 I 型张开为主，参见图 1.2(a)。在脆性裂纹尖端附近的塑性区微小，可忽略不计，因此裂纹尖端附近的应力场可用线弹性断裂理论[7]描述。I 型裂纹尖端附近的应力场参见图 1.3，可表示为

$$\sigma_{ij} = \frac{K_{\mathrm{I}}}{\sqrt{2\pi r}} f_{ij}(\theta) \tag{1.3}$$

式中，K_{I} 为应力强度因子，代表裂纹尖端附近应力场的强度，由载荷水平和裂纹尺寸决定。对平面贯穿裂纹，$K_{\mathrm{I}} = \sigma\sqrt{\pi a}$，其中，$\sigma$ 为由外界施加的垂直于裂纹面均匀分布的拉应力，a 为半裂纹长度。当 K_{I} 达到某临界值时，裂纹向前扩展，材料发生断裂破坏。K_{I} 的临界值由材料性质和裂纹尖端附近的应力应变状态决定。通常，用 K_{IC} 表示平面应变状态下的临界应力强度因子，称为材料的平面应变断裂

韧度，本书中简称为断裂韧度。K_{IC} 反映脆性材料抵抗低应力破坏的能力，是最重要的脆性材料力学性能参量之一。

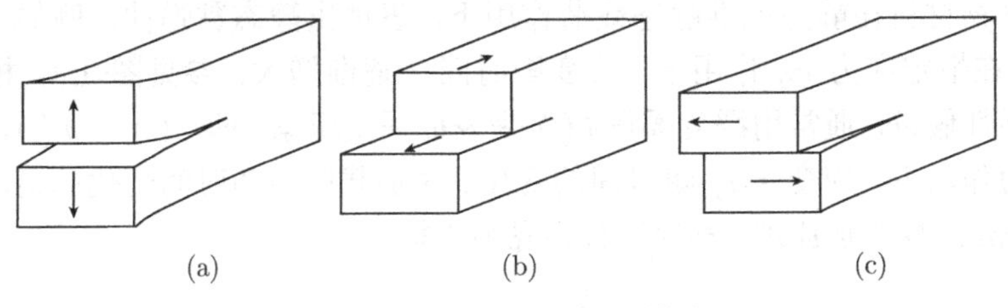

图 1.2　三种基本的开裂模式

(a) Ⅰ型：张开；(b) Ⅱ型：滑开；(c) Ⅲ型：撕开

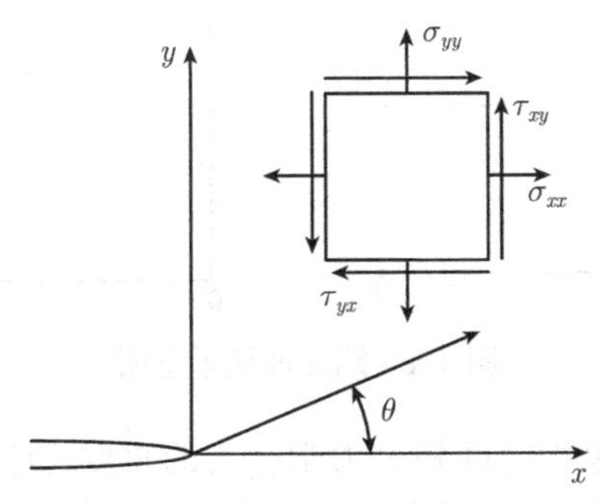

图 1.3　裂纹尖端的应力场

K_{IC} 的测试技术主要包括两类。第一类，宏观尺度测试，主要采取传统的试验方式 (拉伸、弯曲)，代表性方法包括紧凑拉伸法 (CT) 和单边缺口梁弯曲法 (SENB) 等。此类测试技术比较成熟，已经形成国际和国家标准[8,9]，但要求较大试样尺寸，通常为厘米量级以上，加工工艺复杂。第二类，微小尺度试验方法，主要采取压入的方式，即使用硬质压头压入试样，利用所产生裂纹的特征尺寸、载荷水平以及其他力学性能参数，测定材料的 K_{IC}，代表性方法包括 Anstis 等[10] 的维氏压头压入法和 Harding 等[11] 的立方角压头压入法等。此类测试技术仅需要试样具备局部平整光滑的表面，对其形状和尺寸几乎无要求，可实现微米尺度下的测试，但力学分析复杂，现有方法和技术尚未成熟和完善，有待研究和发展。

本书第 12 章将详细介绍基于仪器化压入技术测定 K_{IC} 的分析方法和技术。

1.1.3　高聚物材料的黏弹参量

高聚物作为典型的黏弹性材料，其力学行为表现出时间依赖性。室温下，当外力作用小于屈服应力时，除发生瞬时响应的普弹变形外，还发生随时间变化的高弹变形和黏流变形[12]。其中，普弹变形和高弹变形为可恢复变形，黏流变形为不可恢复变形。上述兼具弹性和黏性的性质称为黏弹性。

高聚物材料在静态或准静态载荷作用下，表现出静态黏弹性。例如，蠕变现象 —— 在恒定应力 σ_0 作用下，应变随时间 t 逐渐增大，参见图 1.4。根据高聚物线黏弹性假设，通常用蠕变柔量$J(t)$ 来表征蠕变现象，即 $\varepsilon(t) = J(t)\sigma_0$，反映恒定应力作用下，应变 $\varepsilon(t)$ 随时间的变化。对加载应力随时间变化的情况，根据 Boltzmann 线性叠加原理，利用积分型黏弹本构

$$\varepsilon(t) = \int_0^t J(t-\tau)\frac{\partial\sigma(\tau)}{\partial\tau}\mathrm{d}\tau \tag{1.4}$$

可预测应变随时间的变化。

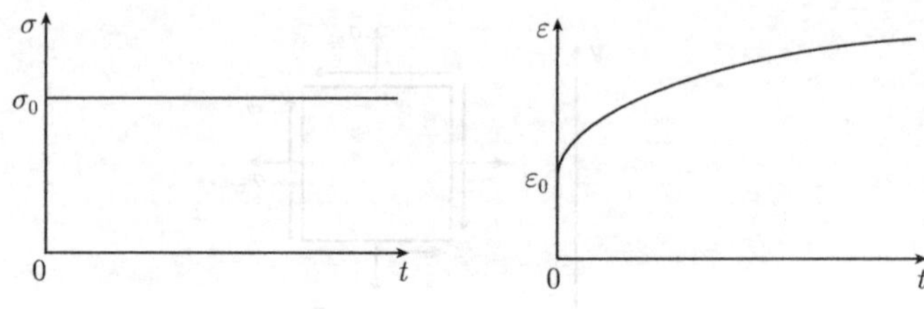

图 1.4　蠕变曲线示意图

蠕变柔量是表征高聚物时间相关力学行为的重要力学参量，需要通过可靠的测试方法测定出蠕变柔量，才能表征其力学行为。本书第 13 章将详细介绍基于仪器化压入技术测定蠕变柔量的分析方法和技术。

对于动态黏弹性，在交变应力作用下，应变响应周期性滞后于应力变化，二者之间频率相同但相位不同，可用二者相位差 δ 表征高聚物材料的滞后现象。引入储能模量和损耗模量，用损耗因子表征力学损耗，可表示为

$$\tan\delta = \frac{E''}{E'} \tag{1.5}$$

式中，E' 为存储模量；E'' 为损耗模量。

1.2　材料压入的功能指标和力学响应

1.2.1　硬度

硬度是表征材料软硬程度的一种功能指标。关于其定义[13−21]，目前尚未统一。从作用方式上，可定义为 “固体材料局部抵抗外界物体侵入其表面的能力”；从变形行为上，可定义为 “材料抵抗残余变形和破坏的能力” 或 “抵抗弹性变形、塑性变形和破坏的能力”。

无论如何定义[13−21]，在测量固体材料硬度时，总是将一定形状和尺寸的较硬物体，即压头以一定的载荷压入试样表面。它与材料的弹塑性变形、测量条件和方法有关，代表着材料力学响应的复杂平均，而不是基本的力学参量。硬度是可测量的参量，主要用以表征材料抵抗局部变形的能力，是衡量材料软硬程度的一种功能指标，主要用来检验产品的力学品质和确定合理的加工工艺[2,3]。硬度测量值只能用于相对比较材料的力学响应。

从形式上看[13−21]，硬度是材料局部区域力学响应在特定条件下的整体表现。它是材料对外界物体机械作用，如压入或刻划局部抵抗能力的一种表现，反映着固体物质凝聚或结合强弱的程度。

从本质上看，硬度是否为在特定条件下材料若干力学参量 (如弹性模量和泊松比、屈服强度和应变硬化指数等) 的组合？对于金属材料，Tabor 认为其硬度随压入变形的增加和硬化过程的产生，直接与单轴屈服应力相关联[4]。

1.2.2 力学响应

通过压入试验测定材料硬度已有近百年的历史。近三十年来，仪器测量功能有明显提高，可以在压入试验过程中高分辨地测量压入载荷及其深度。但是，一些基本问题依然存在。例如，仪器化压入测量响应和材料力学参量之间的关系如何？压入硬度的物理内涵是什么？

Yang-Tse Cheng(郑仰泽) 和 Che-Min Cheng(郑哲敏)[22] 基于量纲分析和有限元模拟，分析压入测量参量和材料力学参量之间的关系。假设：压头为刚性圆锥(半锥角α)，垂直压入均匀且各向同性材料；忽略压头和试样表面之间的摩擦；试样为线弹–幂硬化材料，参见式 (1.1)。在压入测量中需要关注的参量，加载部分包括载荷 F、压头与材料的接触深度h_c 或接触投影面积 A_c，压入硬度$H_{IT}=F/A_c$，参见图 1.5；卸载部分包括初始卸载接触刚度S 和最终深度 h_p；加载曲线下的面积为压入总功W_t，卸载曲线下的面积为压入卸载功W_u，参见 3.3.2 节。

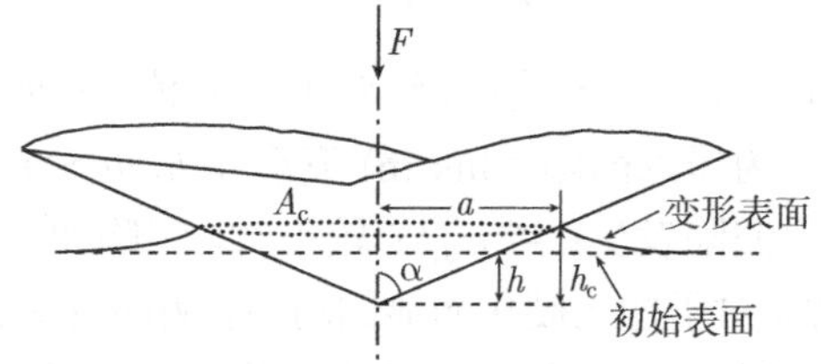

图 1.5 锥形压头压入材料示意图[22]

根据量纲分析，在加载阶段有

$$F = Eh^2\prod\nolimits_{\alpha}\left(\frac{\sigma_y}{E}, \nu, n, \alpha\right) \tag{1.6}$$

$$h_{\mathrm{c}}=h\prod_{\beta}\left(\frac{\sigma_y}{E},\nu,n,\alpha\right) \tag{1.7}$$

式中，σ_y 为屈服强度；ν 为泊松比；α 为压头的等效半锥角；$\prod_{\alpha}$ 和 $\prod_{\beta}$ 为四个材料力学参量和压头半锥角的无量纲函数。式 (1.6) 和式 (1.7) 表明，$F\propto h^2$ 和 $h_{\mathrm{c}}\propto h$，因此 H_{IT} 与 h 和 F 无关。在卸载阶段，载荷经过最大压入深度 h_{m}，因此有

$$F=Eh^2\prod_{\gamma}\left(\frac{\sigma_y}{E},\frac{h}{h_{\mathrm{m}}},\nu,n,\alpha\right) \tag{1.8}$$

式中，$\prod_{\gamma}$ 为材料参量、h/h_m 和压头半锥角的无量纲函数。该式表明，F 不再简单正比于 h^2，且与 h/h_{m} 相关。

上述问题难以获得解析解，但可通过有限元软件 ABAQUS 模拟评定无量纲函数。这里假设 $\nu=0.3$ 和 $\alpha=68°$，为简化表达，采用 $\prod_i(\sigma_y/E,n)(i=\alpha,\beta,\gamma)$ 替代 $\prod_i(\sigma_y/E,0.3,n,68°)(i=\alpha,\beta,\gamma)$。

压入载荷与材料参量之间的关系。有限元模拟证实，在均匀材料中不论是否存在加工硬化，压入载荷均正比于压入深度的平方，而且还显示 F/Eh^2 和 σ_y^*/E 之间存在近似标度 (scale) 关系，这里称 $\sigma_y^*=(k\sigma_y)^{1/2}=\sigma_y/\varepsilon_y^{n/2}$ 为等效屈服强度，参见图 1.6。因此，已知 E 则可依据压入曲线确定 σ_y^*，反之已知 σ_y^* 则可确定 E。

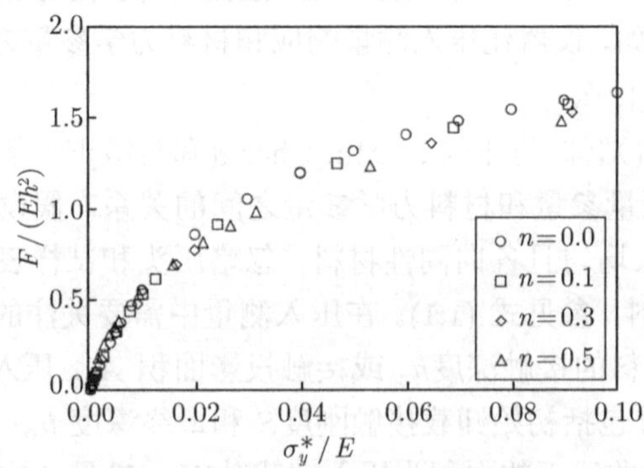

图 1.6　$F/(Eh^2)$ 和 σ_y^*/E 近似标度关系[22]

接触深度与凹陷和凸起之间的关系。针对不同 n 值，h_{c}/h 和 σ_y/E 之间关系参见图 1.7，其中 $h_{\mathrm{c}}/h<1$ 为压入凹陷 (sink-in) 变形和 $h_{\mathrm{c}}/h>1$ 为压入凸起 (plie-up) 变形。当 σ_y/E 较大时，凹陷发生；当 σ_y/E 较小时，凹陷和凸起均可能发生，主要依赖于加工硬化的程度。对于加工硬化明显的材料，例如 $n=0.5$，即使 σ_y/E 较小，凹陷也可能发生；对于理想弹塑性材料和硬化指数较小的材料 (例如，$n=0.1$)，凸起变形可能发生。

以有限元模拟结果作为约定真值，对比 Oliver-Pharr 方法[23] 确定的 h_{c}/h 结果，参见图 1.7。当 σ_y/E 值较大时，例如，大于 0.05，Oliver-Pharr 方法准确。对于较宽的 σ_y/E 范围，例如，金属多为 10^{-4}~10^{-2}，Oliver-Pharr 方法不够准确。

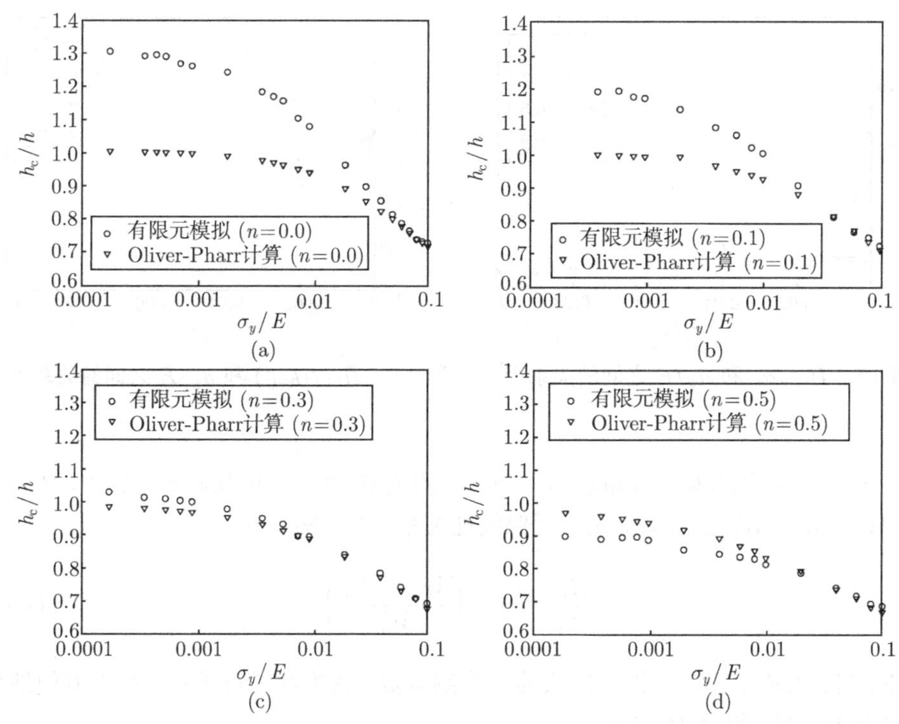

图 1.7 h_c/h 和 σ_y/E 之间的关系[22]

压入硬度和材料力学参量之间的关系。使用式 (1.6) 和式 (1.7)，硬度和屈服强度比值为

$$\frac{H_{\mathrm{IT}}}{\sigma_y}=\prod\nolimits_{\mathrm{h}}\left(\frac{\sigma_y}{E},\nu,n,\alpha\right) \tag{1.9}$$

由式 (1.9) 可以看出，压入硬度与深度无关，主要与材料参量和压头等效半锥角相关。如果 $\nu=0.3$ 和 $\alpha=68^\circ$，H_{IT}/σ_y 随 σ_y/E 和 n 变化的趋势参见图 1.8。当 σ_y/E 较小时，压入硬度数倍于屈服强度，加工硬化对压入硬度影响显著；当 σ_y/E 较大时，压入硬度 1.7 倍于屈服强度，加工硬化对压入硬度不敏感。

Tabor 引入代表性屈服应力 σ_{y0}，对于金属的硬度近似为 $3\sigma_{y0}$，其对应的代表性屈服应变 ε_{y0} 为 8%~10%。这里 $\varepsilon_{y0}=10\%$，$H_{\mathrm{IT}}/(k\varepsilon_{y0}^n)$ 和 σ_y/E 呈近似标度关系，参见图 1.9。$H_{\mathrm{IT}}(k\varepsilon_{y0}^n)$ 为 σ_y/E 的函数，因此 σ_y/E 在较宽范围内不为常数。当 $\sigma_y/E<0.02$，$H_{\mathrm{IT}}/(k\varepsilon_{y0}^n)$ 近似为 2.4~2.8；当 $\sigma_y/E>0.06$，$H_{\mathrm{IT}}/(k\varepsilon_{y0}^n)$ 近似为 1.7~2.8。例如，当 $\sigma_y/E\to 0.0$ 时，$H_{\mathrm{IT}}=2.8\sigma_{y0}$；当 $\sigma_y/E\to 0.1$ 时，$H_{\mathrm{IT}}=1.7\sigma_{y0}$。

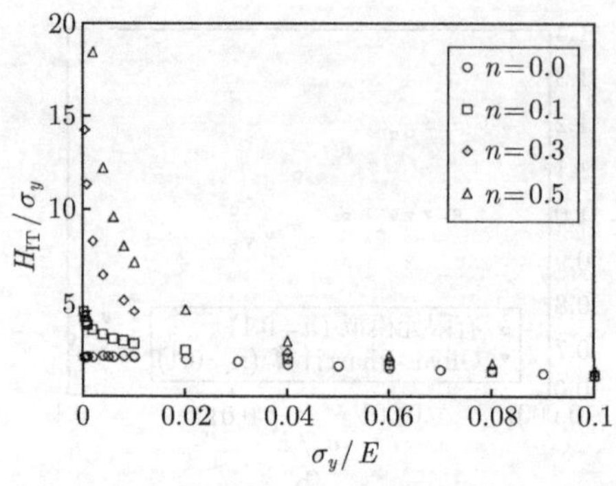

图 1.8　H_{IT}/σ_y 和 σ_y/E 之间的关系[22]

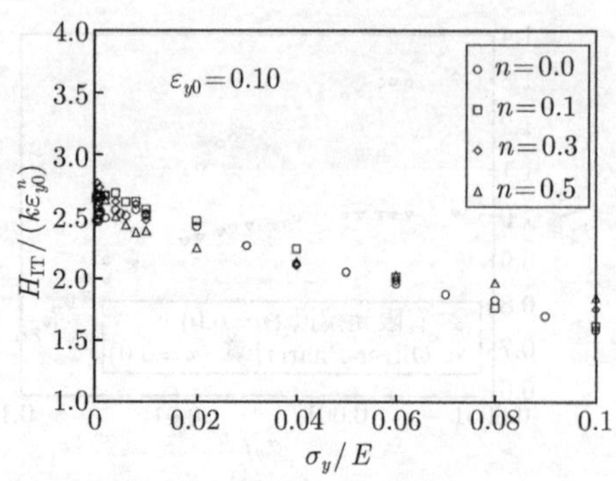

图 1.9　$H_{IT}/(k\varepsilon_0^n)$ 和 σ_y/E 之间的关系[22]

压入硬度、压入折合模量和压入功之间的关系。在压入的加卸载过程中，H_{IT}/E_r 和 $(W_t-W_u)/W_t$ 之间呈明显的近似线性关系，参见图 1.10。

$$\frac{H_{IT}}{E_r}\approx\prod\nolimits_\theta\left(\frac{W_t-W_u}{W_t}\right) \tag{1.10}$$

式中，$\prod_\theta$ 为特定等效半锥角压头的无量纲函数。依据此线性关系，可以方便地通过测量 W_u/W_t 测定 H_{IT}/E_r。

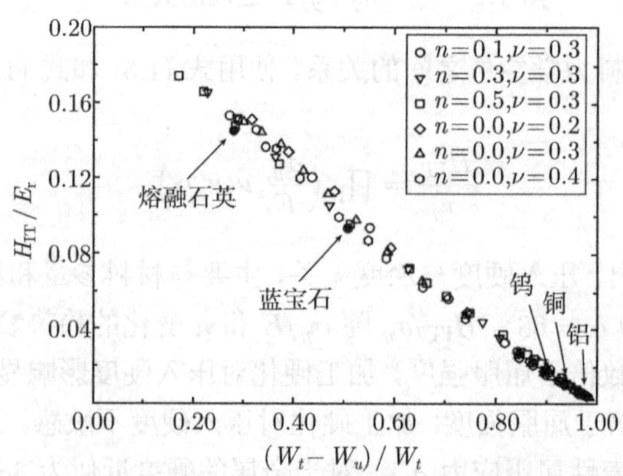

图 1.10　H_{IT}/E_r 和 $(W_t-W_u)/W_t$ 之间的关系[22]

参考文献

[1] http://www.term.gov.cn.

[2] 桂立丰, 曹用涛. 机械工程材料测试手册　力学卷. 沈阳：辽宁科学技术出版社, 2001.

[3] 张泰华. 微/纳米力学测试技术及其应用. 北京：机械工业出版社，2004.

[4] 束德林. 工程材料力学性能. 北京：机械工业出版社，2003.

[5] 冯端, 等. 金属材料. 第三卷: 金属力学性质. 北京：科学出版社, 1999.

[6] 张俊善. 材料的高温变形与断裂. 北京: 科学出版社, 2007.

[7] Broek D. Elementary engineering fracture mechanics. Netherlands: Martinus Nijhoff Publishers, 1986.

[8] ISO12737:2005. Metallic materials — Determination of plane-strain fracture toughness.

[9] GB/T 4161—2007. 金属材料　平面应变断裂韧度 K_{IC} 的测试方法.

[10] Anstis G R, Chantikul P, Lawn B R, et al. A critical evaluation of indentation techniques for measuring fracture toughness. I. Direct crack measurements. Journal of the American Ceramic Society, 1981, 64: 533-538.

[11] Harding D S, Oliver W C, Pharr G M. Cracking during nanoindentation and its use in the measurement of fracture toughness. Materials Research Society Symposium Proceedings, 1995, 356: 663-668.

[12] 焦剑, 雷渭媛. 高聚物结构、性能与测试. 北京：化学工业出版社, 2003.

[13] Tabor D. The hardness of metals. London: Oxford University Press, 1951.

[14] Tabor D. Indentation hardness: Fifty years on a personal view. Philosophical Magazine A, 1996, 74: 1207-1212.

[15] 中国大百科全书　力学卷. 北京　上海：中国大百科全书出版社, 1985.

[16] 曲敬信, 汪泓宏. 表面工程手册. 北京：化学工业出版社, 1998.

[17] 戴莲瑾. 力学计量技术. 北京：中国计量出版社, 1996.

[18] 杨迪. 金属硬度试验. 北京：中国计量出版社, 1983.

[19] 杨迪. 显微硬度试验. 北京：中国计量出版社, 1988.

[20] 韩德伟. 金属硬度检测技术手册. 长沙：中南大学出版社, 2003.

[21] 林巨才. 现代硬度测量技术及应用. 北京：中国计量出版社, 2008.

[22] Yang-Tse Cheng, Che-Min Cheng. What is indentation hardness? Surface and Coatings Technology, 2000, 133–134: 417-424.

[23] Oliver W C, Pharr G M. An improved technique for determining hardness and elastic modulus using load and displacement sensing indentation experiments. Journal of Materials Research, 1992, 7(6): 1564-1583.

第2章　力学测试技术

测试需求的牵引、理论模型的发展和测量仪器的进步推动着力学测试技术的发展。在过去的一百多年中，根据材料加载环境的要求，研制和发展系列的设备，据此建立相应的标准测试方法。一类为材料试验机 (material testing machine)，加载方式为拉伸、压缩和扭转等，属于简单应力状态的试验，主要测定材料的应力–应变曲线和力学参数等；另一类为硬度计 (hardness tester)，加载方式多为压入，属于复杂应力状态试验，用于测量硬度。近三十年来，随着测量特征尺度的不断减小，发展出纳米压入仪(nanoindentation tester) 及其仪器化压入仪(instrumented indentation tester，缩略语 IIT 或 IT)，不仅能测定材料的硬度，还能测定力学参数，例如，弹性模量等[1,2]。

2.1　力学量的分类

力学基本量。其主要包括位移、速度、加速度和力，其中又分成基本量和派生量，参见表 2.1。这些量主要通过传感器直接测量。

表 2.1　力学量的分类

基本量		派生量	基本量		派生量
位移	线位移	长度、振幅、应变	加速度	线加速度	质量、应力、力
	角位移	偏转角		角加速度	角振动、角冲击
速度	线速度	动量	力	压力	重量、浮力、应力
	角速度	转速、角动量			

材料和结构的力学参量。材料参量为反映材料力学行为的本征参量，例如，弹性模量和泊松比、屈服强度、断裂强度等。结构参量为反映结构力学行为的本征参量，例如，刚度等。这些参量主要通过材料试验机进行测量。

力学功能指标。例如，硬度为衡量材料软硬程度的一种综合指标，为非确定的物理量，因为它与材料的力学性能和加载方式相关，需要通过专门的硬度计测量。

本书主要讨论材料参量和硬度的测试。

2.2 典型仪器设备

2.2.1 传统材料试验机

材料试验机是对材料、零件、构件进行力学性能和工艺性能试验的设备和仪器[3]。利用试验机确定材料的力学性能，建立材料对各种载荷的响应方式[4]。

材料试验机的测试方式多样。例如，拉伸、压缩、弯曲、剪切、扭转、冲击等方式。其中，拉伸测试最常用，尤其是金属拉伸测试比较容易实施，测定的数据能够反映被测材料的力学特点，因此应用普遍。

材料试验机的测试信息丰富。该方式通过测量不同加载条件下的应力–应变曲线，进而识别材料的各种力学参数，例如，弹塑性参数、断裂参数、黏弹参数等。

材料试验机测试技术采用试样的整体、破坏的加载方式。测试时，材料试验机的载荷通过夹具传递到试样，试样整体受力变形，常需要加载到塑性变形阶段，乃至断裂。

2.2.2 传统硬度计

硬度计的测量方式多种多样。为了比较各种固体材料的软硬，发展了多种不同的压痕硬度试验方法，例如，静态载荷压痕硬度测量、动态载荷压痕硬度测量、划痕硬度测量等[5−13]。

静态载荷压痕硬度测量，在球、圆锥、棱锥等不同形状的压头上施加静态载荷，压入试样表面后卸载；再根据最大载荷与所产生压痕面积或深度之间的关系，给出其硬度值。近二十年来，随着各种表面处理技术的迅速发展，微小尺度的压痕测试逐渐成为研究表层材料力学响应的标准试验。不同静态压痕硬度的测量方法参见表 2.2。

动态载荷压痕硬度测量，例如，将具有标准重量和尺寸的物体从某一高度 (具有一定的势能) 下落到试样表面，并从其表面弹起，根据回弹高度确定试样的硬度值。该方法主要用于金属材料[8−13]。

划痕硬度测量，将在微小曲率半径的硬质压头上施加一定的法向载荷，使其沿试样表面刻划，测量出法向载荷和划痕宽度。它是测量块体材料或表面涂层材料抗划入、摩擦、变形和薄膜附着力的测量方法[8−13]。

各种硬度及其与强度之间的换算。在理论上，目前无法建立金属的各种硬度之间以及硬度与其他力学性能之间的关联。各种硬度值都是在特定的试验条件下测定的，用特定条件下的试验数据换算成其他试验条件下的硬度值或抗拉强度，必然存在一定的误差。因此，在可能的条件下，应尽量避免这种换算[14]。长期以来，针对某些材料，在大量比对试验的基础上，通过数据处理，获得各种硬度及其与强度

表 2.2 常用静态硬度测量方法比较[1,2,8,13]

硬度试验	压头形状	压痕对角线或直径	压痕深度	载荷	测量方法	表面制备	应用范围	备注
布氏 (Brinell) HB	2.5mm 或 10mm 直径球体	1mm～5mm	<1mm	钢铁用 30kN, 软金属低于 1kN	显微镜测量压痕直径，换算表中读值	为精确测量直径，需精磨表面	块状金属	使用轻载荷的球形压头，使表面破坏程度减至最小
维氏 (Vickers) HV	两对面夹角为 136° 的正四棱锥	10μm～1mm	1μm～100μm	10N ～ 1.2kN，可低于 0.25N	显微镜测量压痕对角线，换算表中读值	光滑、清洁的表面（呈镜面）	可用于涂层	对于表面性能变化的灵敏度低于努氏硬度试验
努氏 (Knoop) HK	棱夹角为172.5°和130°的四棱锥	10μm～1mm	0.3μm～30μm	2N ～ 40N，可低于10mN	显微镜测量压痕长棱对角线，换算表中读值	光滑、清洁的表面（呈镜面）	可用于涂层	用于脆性材料或微观结构及组分的研究
玻氏 (Berkovich) HT	中心线与锥面之间夹角为65.03°的三棱锥			20mN～10N	显微镜测量压痕边长，换算表中读值	光滑、清洁的表面（呈镜面）	可用于涂层	用于显微硬度
洛氏 (Rockwell) HR	120°圆锥体，或 1.59mm 直径的球体	0.1mm～1.5mm	25μm～350μm	主载荷 600N、1kN、1.5kN；副载荷 10N	测量压痕深度换算硬度值	通常不需要特殊制备表面	块状硬材料	从压痕深度测量看，可用于比布氏试验薄的材料
表面洛氏 (Superficial Rockwell)	120°圆锥体，或 1.59mm 直径的球体	0.1mm～0.7mm	10μm～100μm	主载荷 150N、300N、450N；副载荷 30N	测量压痕深度换算硬度值	抛光表面	用于薄试样	压痕尺寸和载荷均比洛氏小

之间的近似关系。例如，某些金属材料的硬度为三倍的屈服强度[5]，可通过简便、高效的硬度测量近似获得屈服强度[8−14]；在高温下，金属材料的硬度随承载时间的延续而下降，根据下降规律可近似获得材料的疲劳强度，从而减小疲劳强度试验的耗时[7]。注意，上述换算基于大量试验结果的经验总结，适用的条件和范围有限[14]。

硬度计检验技术采用试样表面微区、微损的加载方式，为评价材料力学行为综合响应的简便、高效的试验手段，已有近百年的应用历史，但测量的信息和参量较少。

2.2.3 仪器化压入仪

该类仪器能自动、实时测量和记录在压入试验周期内作用在压头上的载荷和位移数据，经过力学分析识别出材料的硬度和材料参量，例如，弹性模量，并经过直接和间接检验合格。

2002 年，关于仪器化压入技术的国际标准 ISO 14577-1 颁布，按压入的深度 h 和载荷 F 将测量范围划分为：纳米范围 (nano range)，$h \leqslant 200\text{nm}$；显微范围 (micro range)，$F < 2\text{N}$，$h > 200\text{nm}$；宏观范围 (macro range)，$2\text{N} \leqslant F \leqslant 30\text{kN}$[15]。中国国家标准 GB/T 22458—2008[16]，考虑到国内常用仪器的最大载荷约为 0.5N 及其习惯称谓，将压入深度范围在纳米量级并可扩展至几微米的压入仪器定义为纳米压入仪。

纳米压入仪的名称较多。从测试原理上看，需要测量作用在压头上的压入载荷和深度，所以称为深度测量压入仪 (depth-sensing indentation，DSI)。从工作方式上看，能连续纪录压入加卸载过程中的载荷和深度，所以称为连续纪录压入仪 (continuous-recording indentation)。从压入深度上看，一般控制在微/纳米尺度，要求测试仪器的位移传感器具有优于 10^0nm 的分辨力，所以称为纳米压入仪 (nanoindentation)。从载荷量程上看，一般在 10^1mN 和 10^2mN 量级，所以称为超低载荷压入仪 (ultra-low load indentation)[1,2,17]。从国际标准命名上看，随着自动化技术的发展，在各种力学测试技术的前面统一加上“仪器化”，所以称为仪器化压入仪 (instrumented indentation testing)[15]。目前，国际上正趋于统一采用此名称。仪器化压入技术起源于纳米压入，逐渐在向大载荷量程方向发展。从实际的测试能力来看，该类仪器主要用于测量材料微小体积内或薄膜的硬度和弹性模量，并不断发展用于测试其他材料参量，所以称为微/纳力学探针，宜归属于新型的材料试验机。

本书为了叙述统一，采用国际标准称为仪器化压入仪，简称压入仪；如果涉及压入深度在纳米量级至几微米，采用国家标准称为仪器化纳米压入仪，简称纳米压入仪；对应的划入仪器，则简称为纳米划入仪。

2.3 对比分析

2.3.1 传统材料试验机和传统硬度计

材料试验机主要能提供单轴的单次和往复加载，试样测量标距段内的应力为简单的一维状态，因此数据分析模型简单。测试参量多为刚度 (弹性模量等) 和强度 (屈服强度和断裂强度等)。试样制备需按规定的形状和尺寸加工，试样安装有时需要设计加工特殊夹具，以保证在加载时的一维应力状态。试验常常进入到屈服变形阶段，甚至到断裂发生。典型的最大载荷 10^4～10^5N。

硬度计主要能提供压入载荷，压头下方试样材料的应力为复杂状态。通过测量压入载荷和残余压痕的几何尺寸，从而获得基于加载方式的硬度值，而无需建立相应的力学分析模型。试样的制备和安装简单，只需试样表面平整光滑即可。试样表面主要残留微米至毫米级的压痕，因此测试是微损的，有时可近似认为是无损的，参见表 2.2。

上述两种试验设备的情况对比，参见表 2.3。

表 2.3　传统材料试验机和传统硬度计的对比

常用设备	传统材料试验机	传统硬度计
工作方式	拉伸/压缩等	压入
应力状态	简单	复杂
测量参量	刚度，强度	硬度
优缺点	分析模型简单; 安装繁琐，整体破坏	无力学分析模型; 操作方便，局部损坏
试样尺度	$\geqslant$1mm	无特殊要求

2.3.2 纳米压入仪和显微硬度计

相对于显微硬度计，纳米压入仪测量原理的不同，决定着测量的参量、分辨能力、结果和属性等方面的差异显著，参见表 2.4。

表 2.4　纳米压入仪和显微硬度计的对比

常用设备	纳米压入仪	显微硬度计
测试范围	$F <$10mN 或 500mN，$h <10^0$μm	$F >$1g(9.8mN)，$h >10^0$μm
测量参量	载荷–深度: 高分辨力	残余压痕对角线
测试原理	接触力学	无
测试结果	$H_{\rm IT}$，$E_{\rm IT}$; $C_{\rm IT}$; ε_y，n; $K_{\rm IC}$	HV
测试属性	弹塑性行为	塑性行为

纳米压入仪明显不同于传统的硬度计类型。尽管它沿用传统硬度计的压入工作方式，但能测定力学参数和压入硬度。

2.3.3 压入仪和传统材料试验机

压入仪应属微区材料试验机类型。传统材料试验机为试样的整体、破坏测试，而压入仪为试样的微区、微损测试。

压入仪测量参量和测试结果比较有限。传统材料试验机的主要测量结果为应力–应变曲线，通过简单定义，可识别相应的力学参数。压入仪的主要测量参量为压入载荷和深度，通过建立复杂的力学模型，可识别相应的材料参数和功能指标，例如，弹性模量和压入硬度。识别不同的材料参数，需要建立不同的力学模型，参见表 2.5。

表 2.5 压入仪和材料试验机的对比

常用设备	压入仪	材料试验机
试样制备	简单	复杂
试样安装	固定	夹持，对中
适合范围	微/纳米尺度	宏观尺度
显著特点	表面、微区、微损	整体、破坏
测量参量	载荷–深度：高分辨力	载荷–位移
测试结果	力学参数有限	力学参数丰富

2.3.4 仪器设备的综合对比

1. 测量方式

无损测试材料表面微区力学性能的需求强烈。例如，研究激光处理工艺与金属表面改性的关系、冶金工艺与晶粒性能的关系、动物骨组织和牙釉质等。材料试验机属试样整体、破坏测试，有时难以从上述样品中截取适合拉伸/压缩试验的试样。硬度计和纳米压入仪采用压入方式，对试样尺寸和形状无严格限制，试样制备简单，试验接近无损，属试样微区、微损测试，但仅部分满足上述测试需要。

微小尺寸测试需求推动着测量方式的变化。近年来，随着新材料的合成和制造工艺的提高，所需的测试特征尺寸越来越小。对于尺度小于 10^0μm 量级的试样，会给常规的拉伸和压缩试验带来一系列困难。例如，如何制作、夹持、对中 (保持试样与载荷方向的同轴) 微小试样，如何提高载荷和位移测量的分辨力[18,19]。材料力学性能的测试方式也在悄然变化。原来主要用于工业质量检测的硬度试验，由于工作方式简单，如仅在材料表面产生微小压痕，压入方式重新受到关注。

压入技术不断地发展和完善。在微/纳米测试尺度上，压入试验方便且有效，例如，纳米压入测试能测定硬度和弹性模量等，纳米划入测试能提供诸如断裂起始的失效机理和区分韧性和脆性断裂方式等的定量信息。目前，纳米压入仪作为微/纳米尺度力学测量的主要工具之一，正在不断地发展和完善。其关键问题包括：如何发展纳米测量技术，以获得精确的压入载荷和深度；如何建立合适的力学模型，以识别出可靠的力学参数；如何拓宽压入技术的应用范围，以建立适合不同对象的测试方法；如何规范操作程序，以增强测试结果的一致性。

2. 测量量程

材料试验机载荷量程多为 $10^4 \sim 10^5$N，适于宏观尺度材料的拉伸和压缩等测试。对于压入方式，硬度计载荷量程多为 2N~30kN，压入深度多在微米至毫米尺度；纳米压入仪量程小 (10mN 或 500mN)，但分辨力高，适于材料微区的力学测试。一般说来，微区大小即压入测试影响区半径为 10 倍的压入深度。

仪器化压入技术，正在朝着载荷量程变大和变小两个方向发展。基于传统材料试验机技术，发展显微/宏观压入仪，其难点在于如何降低设备柔度对压入深度测量的影响。基于原子力显微镜技术，发展皮米压入仪，其难点在于如何确定压头面积函数、分析解耦仪器动力学响应和提高分辨能力等对测量的影响。

传统材料试验机，正在朝着载荷小量程方向发展。发展小量程、高分辨的设备，满足测试尺度不断变小的需求，需要降低试样的制备、安装、对中等对测试结果的影响。

上述仪器设备的载荷量程范围的情况对比，参见图 2.1。

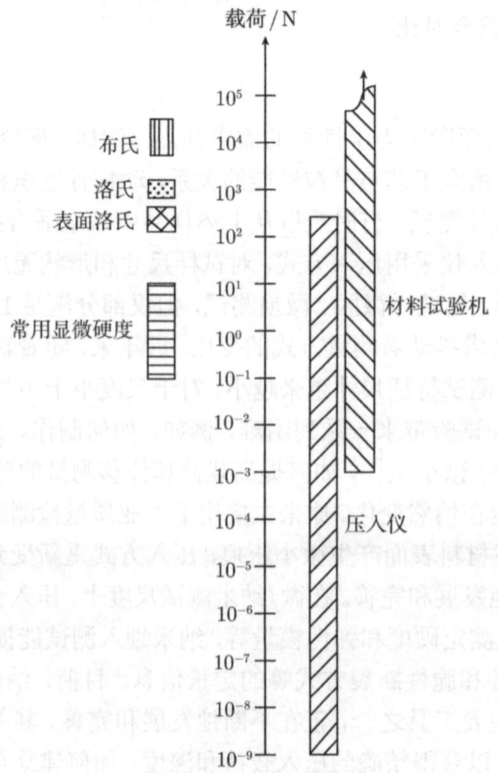

图 2.1　仪器设备的载荷量程范围

3. 测量内容

测试原理的不同决定着测试内容的差异。材料试验机测量施加的载荷和试样的伸长量，由此转化成应力–应变曲线，再确定材料参数。硬度计仅能测定某种硬度，而硬度是一种人为定义的、仅用于评价压入效果的一项功能指标，而非材料参数。纳米压入仪通过测量压头压入试样的载荷–深度曲线，再经相应力学模型识别出压入硬度和弹性模量等。

纳米压入仪和原子力显微镜的测量属性不同。纳米压入仪的核心部件压头在工作时是单自由度、静态、单次的压入，这样才有可能建立起力学分析模型，从而识别相应的力学参量，因此它属于材料表面力学性能测试的仪器。原子力显微镜的核心部件微悬臂梁在工作时是六自由度、动态、往复的扫描，因此核心部件的动力学响应复杂，难以建立参量识别的力学分析模型，它主要用于材料表面的显微高分辨成像，属显微镜系列。

需要指出的是，纳米压入仪与原子力显微镜都属探针类仪器；随着测量技术的发展，原子力显微镜力学测试功能的开发也越来越受到重视。

上述仪器设备的测量范围、内容和特点的情况对比，参见图 2.2。

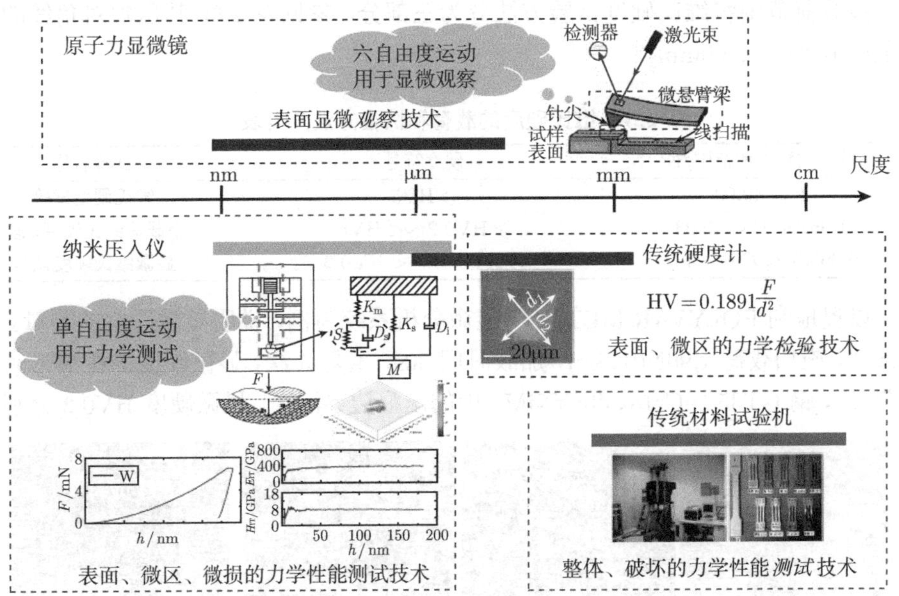

图 2.2 力学仪器设备的测量范围、内容和特点的情况对比

4. 设计原理

传统材料试验机借助马达驱动，由传感器计量载荷；位移传感器所测量的变形量包括试样变形和部分机架变形，需机架刚度无穷大，即机架变形相对于试样变形

无穷小，故属于“硬类”材料试验机。传统硬度计只需在压头上施加载荷，结构简单。纳米压入仪的压头等活动部件由电磁力或静电力驱动，活动部件需要柔性支撑，故属于“软类”材料试验机，参见图 3.1。

2.3.5　维氏硬度和压入硬度

压痕硬度体现着材料塑性变形行为，包括两类：布氏、维氏、努氏和玻氏等硬度，先施加固定载荷产生压痕，再用载荷除以压痕表面积表示；或洛氏硬度，用残余压痕深度表示。参见表 2.2。压入硬度体现着材料的弹塑性变形行为，实时测量压入的载荷和深度。

维氏硬度为典型的压痕硬度，其定义为

$$HV = \frac{F}{A_s} = \frac{1}{g_n}\frac{2F\sin 68°}{d^2} \approx 0.1891\frac{F}{d^2} \tag{2.1}$$

式中，标准重力加速度 $g_n = 9.80665\text{m/s}^2$；$F$ 为施加载荷 (N)；A_s 为压痕表面积 (mm^2)；d 为压痕两对角线长度的平均值 (mm)；HV 为维氏硬度，单位为 MPa，通常省略。

按载荷范围将维氏硬度试验方法分为三部分，参见表 2.6，其压痕对角线的长度范围 0.020～1.400mm。

表 2.6　维氏硬度的载荷和试验方法分类表[13]

载荷的种类和范围/N	硬度符号	试验名称
$F \geqslant 49.03$	⩾ HV5	维氏硬度试验
$1.961 \leqslant F < 49.03$	⩾ HV0.2 ∼< HV5	小载荷维氏硬度试验
$0.09807 \leqslant F < 1.961$	⩾ HV0.01 ∼< HV0.2	显微维氏硬度试验

以奥地利 POLYVAR MET 光学显微分析系统为例，说明显微硬度的测量。测量条件，施加载荷 1.96N(0.2kg)，加载时间 30s，重复 5 次，显微硬度的压痕形貌参见图 2.3，钢 GT35、9Cr18、40CrNiMo 中的压痕边界清晰，显微硬度 HV0.2 分别为

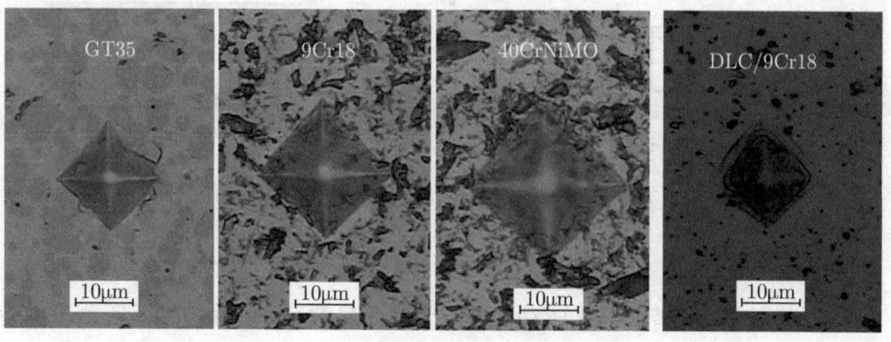

图 2.3　三种钢基材和薄膜的显微压痕形貌

1042.29 ± 55.34、682.88 ± 24.77 和 478.50 ± 55.34；而薄膜 DLC/9Cr18(膜材 DLC，厚度约 0.5μm；基材 9Cr18 钢) 中的残余压痕边缘有折皱，且尺寸较小，故无法给出较为准确的 HV0.2 值。这说明显微硬度不适用亚微米硬质薄膜的测量。

2.4 压入技术的发展、特点和要求

2.4.1 仪器化压入技术的发展

材料制备的进步推动纳米压入测试技术的发展。20 世纪 80 年代早期，薄膜和表面改性层厚度越来越小。为了避免薄膜基材的影响，压入深度一般要控制在10%膜厚的范围内。显微硬度计难以提供如此小的载荷，同时残余压痕的尺寸也难以精确测量。例如，用光学显微镜测量，对角线为 5μm 维氏残余压痕，测量不确定度为 20%；对角线为 1μm，测量不确定度高达 100%[20]。显然，当残余压痕的尺寸在亚微米及其以下时，传统的光学显微镜由于受放大倍数和分辨力的限制难以适用。于是，通过测量压入深度确定接触投影面积的纳米压入测试技术应运而生。

纳米压入仪经历长期的发展。早在 1961 年，Stillwell 和 Tabor[21] 就提出利用压入的弹性恢复测定力学性能的方法。而现代利用载荷–深度曲线卸载部分测量接触面积的处理方法，较早见于 Bulychev 等[22] 在 1975 年的工作。1981 年，Pethica[23] 首次将这种技术应用于离子注入金属表面的力学性能测试中。1984 年，Loubet 等[24] 使用这种方法进行 1N 量级载荷的测试。1986 年，Doerner 和 Nix[25] 将载荷测量拓宽到 mN 量级。1992 年，Oliver 和 Pharr[26] 在 Doerner 和 Nix[25] 工作的基础上，将卸载曲线上半部的处理方法由线性拟合改为幂函数拟合，完善分析方法，奠定了纳米压入的技术基础。

纳米划入仪是经过功能拓展的纳米压入仪。划入仪在压入过程中，同时驱动压头和试样水平相对运动，测量出水平载荷和位置。在许多工业应用中，了解机器部件表面的抗微摩擦、磨损性能和变形机理非常重要。以前，尽管划入试验包含许多变形和破坏过程，但它不能提供定量和重复的结果，仅作为一种定性的方法，应用受到限制。随着测量技术的发展，载荷和位移传感器分辨力明显提高。目前，纳米划入仪的法向载荷量程为 10^2mN 量级，已能定量分析试样表面的微摩擦、磨损行为和描述划痕变形机理。同以前的划入仪相比，载荷和位移的分辨力明显提高；改进对临界载荷的确定方式[1,2]。由于作用较为复杂，不易建立相应的力学模型，仍难以提供科学的划入硬度定义[27]。

目前，纳米压入和划入已成为先进的微/纳米尺度力学测试技术。尽管该类技术中的一些基础问题尚未完全认识清楚，但仍显示出良好的发展前景，吸引材料科学、力学、物理、化学、生物等多学科研究人员的兴趣，各类专业期刊中发表大

量关于测量原理和应用的科技文献。美国材料研究学会 (MRS) 定期召开这方面的国际会议，并出版会议论文集[28−30]。所属的 Journal of Materials Research 分别于 1999 年[31]、2004 年[32]、2009 年[33] 和 2012 年[34] 出版相应专辑。

1999 年该专辑的编辑 Mann 等[31] 在引言中预测，在不久的将来，纳米压入将不仅成为纳米力学测试的标准仪器，而且在许多方面成为研究纳米尺度物理现象的有力工具。

2004 年该专辑的特邀编辑 Cheng 等[32] 在引言中总结该技术在四个方面的进展：①测试仪器方面，目前有多家公司制造出基于深度测量的高分辨能力纳米压入仪，而且还发展大载荷量程的显微压入仪；基于扫描探针显微镜的接触共振技术用于测量试样表面的接触刚度、存储模量和损耗模量等；集成先进的观察手段，如原位透射电子显微镜 (TEM) 和三维 X 射线显微镜，用以研究变形机制。②拓宽材料力学性能的测试内容，可测量硬度、弹性模量、断裂韧性、黏弹特性、温度变化特性等。③扩大材料种类的测试范围，不仅包括金属、陶瓷、高聚物，还包括表面工程材料、粉末、复合材料、微机电系统器件和生物材料等。④在分析模拟方面进展显著，提高对压入测量的认识水平，发展新的分析模拟方法，如分子动力学模拟等。

2.4.2　纳米压入技术的特点

1. 仪器自动化，操作方便灵活

纳米压入仪由连续纪录压入的载荷和深度测定硬度和弹性模量等。这种技术可从载荷和深度测量中间接换算出接触面积，避免寻找压痕位置和测量残余压痕面积的繁琐劳动，显著减小测量误差，适合微/纳米尺度压入深度的测试。

便携式压入仪，使用方式灵活。例如，压力容器和管道，如果采用传统的取样方法测试，不仅会损坏原有结构，导致成本提高，而且还需要停工待产，影响使用效率。

2. 测试微区化，试样制备简单

纳米压入是一种微区力学测试技术，压入深度一般控制在微/纳米尺度，主要要求试样表面的粗糙度尽量低，而对试样的几何尺寸和形状无特殊要求。特别适于薄膜、涂层、表面改性等试样的测试，无需将表层从基体上剥离，可以直接测定材料表层力学性能的空间分布。即使材料大到可以用其他宏观方法检测，该方法仍然是一种可供选择的方法。压痕尺度多在微/纳米尺度，这是一种微损或无损的测试方式。详细参见第四篇。

3. 测量分辨力高

商用纳米压入仪的载荷和位移测量分辨力分别达到或优于 10^0nN 和 10^0nm 的

水平；仪器装配的定位平台，可以自动测量试样近表面力学性能的空间分布。所用电动平移台的定位精度达到微米级，基本能满足微小结构的定位要求。压电陶瓷定位分辨力达到纳米级，可实现压痕的原位扫描成像。

4. 测试内容丰富

连续纪录的载荷–深度数据中包含着丰富的力学响应信息。通过建立合适的力学模型，可以识别多种力学量。目前，纳米压入仪主要获得压入硬度和弹性模量，还可识别塑性参数、断裂参数、黏弹参数等。纳米划入仪，可以测定试样的摩擦系数和薄膜的临界附着力等。详细参见第 14 章。

5. 适用范围广泛

纳米压入仪适用于金属、陶瓷、高聚物、复合材料、表面工程、生物材料、微机电系统器件等众多材料和结构的力学测试。详细参见第四篇。

2.4.3 仪器化压入技术的内容和要求

仪器化压入测试技术主要用于测定硬度和材料参数。该技术包括压入测量、方法分析、典型应用和标准化四大部分。各部分的内容和目的如下所述。

压入测量部分，包含测量原理、测量仪器、检验校准、测量操作、影响因素等方面。方法分析部分，包括压入分析所涉及的基础理论和多种参数 (硬度、弹塑性、脆性、黏弹性等) 识别的分析方法，分析方法为用于识别材料参数的力学模型和相关算法。集成力学测量和不同的分析方法，就形成系列的测试方法。力学建模是力学测试的基础，建模是正分析过程，而测试是反分析过程。如果试样和测试环节越接近于建模的基本假设，测试结果就会越可靠。

典型应用部分，介绍压入测试的多种功能；针对不同的研究对象，如表面工程、先进材料、生物材料和微机电系统，采用相应的测试方法，测定其硬度和材料参数，用以评定其力学性能。

标准化部分，为了增加测试数据和结果的可比性，介绍纳米压入试验的部分实验室间比对结果，说明国内外在文本标准和标准样品方面的研究进展。

仪器化压入测试的压入深度在微/纳米范围，测试原理和分析方法复杂，测试环节和影响因素多，因此需要重视如下方面的问题。

1. 力学参量测量精确

在纳米尺度，需要精确测量施加在压头上的载荷和位移，准确转化为所需的压入载荷–深度曲线及其压头与试样的接触投影面积。通过发展微力/微位移的量值溯源技术，建立纳米压入测量的检验验证技术。

2. 参数识别方法合理

研究压入接触模型，建立新的压入测量参量和识别参量之间的关系或方程，发展多种参数识别的分析方法及其相应的测试方法。通过发展有限元数值模拟技术和相关试验验证技术，建立参数识别分析方法及其测试方法可靠性的检验验证技术。

3. 实验操作程序规范

通过对测试影响因素的研究，建立仪器日常校准和检验的技术规范，明确测试方法的适用范围，以保证测试结果的重复性。

4. 压入检测技术统一

研制国家标准，保证测试程序的一致；研制标准样品，检验仪器日常的工作状态和测试结果的重复性。通过上述工作的开展，将提高不同实验室之间微/纳米力学测试结果的可比性。

5. 基础性工作需强化

开展基础性的研究工作，例如，规范和统一名词及其定义、进行实验室间比对试验，促进认证认可水平的提高，便于学术交流和经济贸易。

参 考 文 献

[1] 张泰华. 微/纳米力学测试技术及其应用. 北京：机械工业出版社，2004.
[2] 张泰华, 杨业敏. 纳米硬度技术的发展和应用. 力学进展, 2002, 32(3): 349-364.
[3] http://www.term.gov.cn.
[4] Hodgkinson J M. 先进纤维增强复合材料性能测试. 白树林, 戴兰宏, 张庆明译. 北京：化学工业出版社, 2005.
[5] Tabor D. The hardness of metals. London: Oxford University Press, 1951.
[6] Tabor D. Indentation hardness: Fifty years on a personal view. Philosophical Magazine A, 1996, 74: 1207-1212.
[7] 中国大百科全书 力学卷. 北京 上海：中国大百科全书出版社，1985.
[8] 曲敬信, 汪泓宏. 表面工程手册. 北京：化学工业出版社，1998.
[9] 戴莲瑾. 力学计量技术. 北京：中国计量出版社，1996.
[10] 杨迪. 金属硬度试验. 北京：中国计量出版社，1983.
[11] 杨迪. 显微硬度试验. 北京：中国计量出版社，1988.
[12] 韩德伟. 金属硬度检测技术手册. 长沙：中南大学出版社，2003.
[13] 林巨才. 现代硬度测量技术及应用. 北京：中国计量出版社，2008.
[14] 桂立丰, 曹用涛. 机械工程材料测试手册 力学卷. 沈阳：辽宁科学技术出版社，2001.
[15] ISO 14577–1:2002. Metallic materials — Instrumented indentation test for hardness and materials parameters — part 1: Test method.

[16] GB/T 22458—2008. 仪器化纳米压入试验方法通则.

[17] Hay J L, Pharr G M. Instrumented indentation testing. Ohio: ASM International, Materials Park, 2000, 232-243.

[18] 张泰华, 杨业敏, 赵亚溥, 等. 微型材料的拉伸测试方法研究. 机械强度, 2001, 23: 430-436.

[19] 张泰华, 杨业敏, 赵亚溥, 等. MEMS 材料力学性能的测试技术. 力学进展, 2001, 32(4): 545-562.

[20] Fischer-Cripps A C. Nanoindentation. New York: Spring-Verlag, 2002.

[21] Stillwell N A, Tabor D. Elastic recovery of conical indentation. Proceedings of the Physical Society of London, 1961, 78: 169-179.

[22] Bulychev S, Alekhin V, Shorshorov M, et al. Determining young's modulus from the indentor penetration diagram. Ind. Lab., 1975, 41: 1409-1412.

[23] Pethica J B. In: Ion implantation into metals. Oxford : Pergammon Press, 1982, 147-157.

[24] Loubet J L, Georges J M, Marchesini O, et al. Vickers indentation curves of magnesium-oxide (MgO). Journal of Tribology-Transactions of the ASME, 1984, 106: 43-48.

[25] Doerner M, Nix W. A method for interpreting the data from depth-sensing indentation instruments. Journal of Materials Research, 1986, 1(4): 601-609.

[26] Oliver W C, Pharr G M. An improved technique for determining hardness and elastic modulus using load and displacement sensing indentation experiments. Journal of Materials Research, 1992, 7(6): 1564-1583.

[27] Bhushan B, Gupta B K. Handbook of tribology: Materials, coatings, and surface treatments. New York: McGraw-Hill, 1991.

[28] Moody N R, Gerberich W W, Burnham N, et al. Fundamentals of Nanoindentation and Nanotribology, MRS Symposium Proceedings, 1998, 522.

[29] Vinci R, Kraft O, Moody N R, et al. Thin Films-Stress and Mechanical Properties VIII, MRS Symposium Proceedings, 1999, 594.

[30] Shefford P B. Fundamentals of Nanoindentation and Nanotribology II, MRS Symposium Proceedings, 2000, 649.

[31] Mann A B, Cammarata R C, Nastasi M A. Nanoindentation: From angstroms to microns - Introduction. Journal of Materials Research, 1999, 14(6): 2195-2195.

[32] Cheng Y T, Page T, Pharr G M, et al. Fundamentals and applications of instrumented indentation in multidisciplinary research – introduction. Journal of Materials Research, 2004, 19(1): 1-2.

[33] Pharr G M, Cheng Y T, Hutchings I M, et al. Indentation methods in advanced materials research – Introduction. Journal of Materials Research, 2009, 24(3): 579-580.

[34] Kwon D, Chaudhri M M, Cheng Y T, et al. Instrumented indentation – Introduction. Journal of Materials Research, 2012, 27(1): 1-1.

第二篇 压入测量

同传统的材料试验机和硬度计技术相比，纳米压入技术测试尺度小，所需测量分辨能力高，必须采用新的测量原理及其测量仪器。为此，微小载荷和位移/深度测量的校准检验、测量环节和影响因素均发生明显的变化。

本篇主要说明压入测量中所涉及的诸多方面，重点介绍纳米压入仪的测量原理、测量仪器、校准检验、测量环节和影响因素。

第3章　测量原理

根据测量原理的不同，仪器分为两大类：纳米压入仪，基于电磁或静电驱动，载荷量程在 10^{-2}～10^{-1}N 量级，其压入深度一般在纳米量级至几微米[1]，要求载荷和位移测量的分辨能力相对较高；宏观压入仪，基于传统材料试验机的马达驱动和应变式载荷传感器计量，载荷量程在 10^2N 量级，甚至达到 10^3N 量级，其压入深度一般在微米乃至亚毫米量级，需要载荷和位移测量的分辨能力相对较低。宏观压入仪测量原理简单，暂不介绍，具体可参见 4.1.2 节和 4.3 节。

本章首先分析纳米压入仪的基本结构、力学响应及其压入载荷和深度的测量原理，然后介绍基于载荷–深度曲线所能确定的测量参量。

3.1　纳米压入仪的基本结构

目前，纳米压入仪的加载方式主要为电磁驱动[2−5] 或静电驱动[6]。电磁驱动类型仪器的基本结构如下。

仪器典型结构示意图参见图 3.1(a)[7]。其中，1 为试样及其平移台；2 为压杆和压头，是活动部件，需要严格限制沿一维方向运动；3 为机架，用于固定驱动和位移测量等部件；4 为平板电容传感器，用于提供高分辨的位移测量；5 为上下两层的柔性支撑弹簧，用于悬浮活动部件和确保其沿一维方向运动；6 为加载线圈，提供外部激励。这样就构成测量系统。

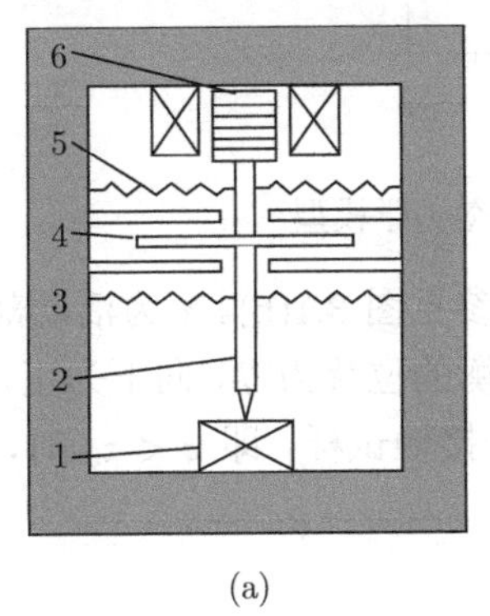

(a)

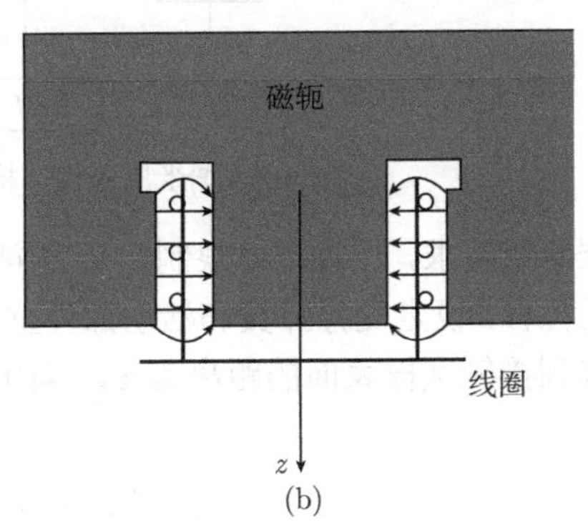

(b)

图 3.1　纳米压入仪的基本结构

(a) 纳米压入仪的结构示意图[7]；(b) 电磁驱动的结构示意图[7]

电磁驱动结构示意图参见图 3.1(b)[7]。其中，线圈悬浮在磁轭间环形气隙中，如果线圈在均匀磁场中运动，驱动载荷将分别正比于磁感应强度 B 和线圈导线中的电流强度 $I(t)$，即 $F_{\mathrm{e}}(t) = BlI(t) \propto I(t)$，$l$ 为线圈导线长度。

纳米压入仪的测量要求高分辨能力，因此原理复杂：在线圈导线中导入电流施加驱动载荷，通过计量线圈中电流测量原始的激励载荷，即将音圈致动器的驱动和载荷计量合二为一，再从系统的力学响应中反演确定压入试样的载荷和深度。

3.2　纳米压入仪的力学响应

3.2.1　系统响应的力学模型

纳米压入仪压头接触试样表面的等效力学模型参见图 3.2。为了明确设计要求和加工原则，将仪器的力学平衡系统分成：①活动部件，包括压头、压杆和线圈，其等效惯性质量为 M。②刚性支撑部件，包括机架、压头和压杆、电控平移台等，其等效刚度为 K_{m}；柔性支撑部件，其等效垂直刚度为 K_{s}；试样，其等效刚度为 S，为待测量参量。机架等和试样之间串联，支撑弹簧和试样之间并联。③外部激励，为电磁载荷 $F_{\mathrm{e}}(t)$，活动部件的位移为 z。④测试时间通常为分钟量级，视为准静态加载，忽略系统和试样的阻尼 D_{i} 和 D_{s}。

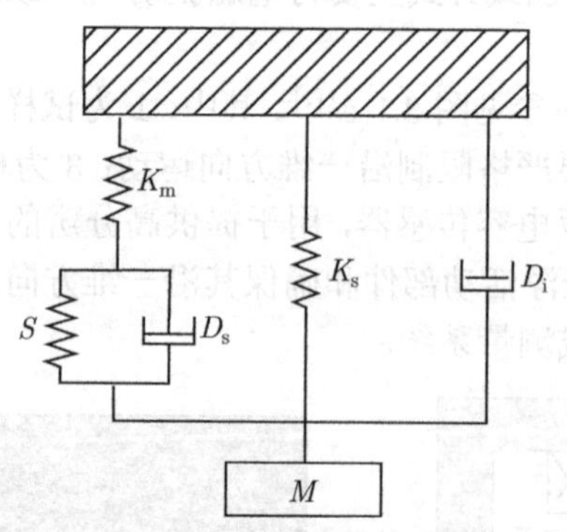

图 3.2　纳米压入仪结构的等效力学模型

根据测试要求，加载严格限制在 z 方向上，参见图 3.1(b)。z 为活动部件沿加载方向的位移，设定支撑弹簧和活动部件重力平衡的位置为零，向下为正，压头从平衡位置到接触试样表面的距离为 z_0。当压头未接触试样，即 $z < z_0$ 时，其平衡方程为

$$K_{\mathrm{s}} z = F_{\mathrm{e}}(t) \tag{3.1}$$

当压头接触试样，即 $z \geqslant z_0$ 时，其平衡方程为

$$K\left(z - z_0\right) + K_{\mathrm{s}} z_0 = F_{\mathrm{e}}(t) \tag{3.2}$$

式中，$K=F_{\mathrm{e}}(t)/z$ 为直接测量参量；试样刚度 S 为测量导出参量，参见式 (3.3)。由此可以看出，直接计量的电磁驱动载荷 $F_{\mathrm{e}}(t)$ 决定着试样和仪器的耦合响应。由等效刚度

$$K=(S^{-1}+K_{\mathrm{m}}^{-1})^{-1}+K_{\mathrm{s}} \tag{3.3}$$

导出

$$S=\frac{K_{\mathrm{m}}(K-K_{\mathrm{s}})}{K_{\mathrm{m}}+K_{\mathrm{s}}-K} \tag{3.4}$$

试样刚度 S 的相对误差可表示为

$$\begin{aligned}\frac{\Delta S}{S}&=\frac{1}{S}\left(\frac{\partial S}{\partial K_{\mathrm{m}}}\Delta K_{\mathrm{m}}+\frac{\partial S}{\partial K_{\mathrm{s}}}\Delta K_{\mathrm{s}}+\frac{\partial S}{\partial K}\Delta K\right)\\&=\frac{\dfrac{K_{\mathrm{s}}}{K}-1}{\dfrac{K_{\mathrm{m}}}{K}+\left(\dfrac{K_{\mathrm{s}}}{K}-1\right)}\frac{\Delta K_{\mathrm{m}}}{K_{\mathrm{m}}}-\frac{1}{\left(1+\dfrac{K_{\mathrm{s}}}{K_{\mathrm{m}}}-\dfrac{K}{K_{\mathrm{m}}}\right)\left(\dfrac{K}{K_{\mathrm{s}}}-1\right)}\frac{\Delta K_{\mathrm{s}}}{K_{\mathrm{s}}}\\&\quad+\frac{1}{\left(1+\dfrac{K_{\mathrm{s}}}{K_{\mathrm{m}}}-\dfrac{K}{K_{\mathrm{m}}}\right)\left(1-\dfrac{K_{\mathrm{s}}}{K}\right)}\frac{\Delta K}{K}\end{aligned} \tag{3.5}$$

为了降低测量误差，要求上式各乘积项均趋近于零。对于第一项系数，要求

$$\frac{\dfrac{K_{\mathrm{s}}}{K}-1}{\dfrac{K_{\mathrm{m}}}{K}+\left(\dfrac{K_{\mathrm{s}}}{K}-1\right)}=\frac{1}{\dfrac{K_{\mathrm{m}}}{K-K_{\mathrm{s}}}+1}\to 0 \tag{3.6}$$

导出

$$\frac{K_{\mathrm{m}}}{K-K_{\mathrm{s}}}\to\infty \tag{3.7}$$

对于第二项系数，要求

$$\frac{1}{\left(1+\dfrac{K_{\mathrm{s}}-K}{K_{\mathrm{m}}}\right)\left(\dfrac{K}{K_{\mathrm{s}}}-1\right)}\approx\frac{1}{\dfrac{K}{K_{\mathrm{s}}}-1}\to 0 \tag{3.8}$$

由式 (3.8) 导出

$$K\gg K_{\mathrm{s}} \tag{3.9}$$

再由式 (3.9) 和式 (3.7) 导出

$$K_{\mathrm{m}}\gg K \tag{3.10}$$

由式 (3.9) 和式 (3.10) 得到

$$K_{\mathrm{m}}\gg K\gg K_{\mathrm{s}} \tag{3.11}$$

由式 (3.4) 知

$$S = \frac{K - K_s}{1 - \dfrac{K - K_s}{K_m}} \approx K - K_s \approx K \tag{3.12}$$

由式 (3.11) 和式 (3.12) 得到

$$K_m \gg S \gg K_s \tag{3.13}$$

对于第三项，由式 (3.7) 和式 (3.9) 可知，其系数不为零而趋近于 1，这就需要 $\Delta K/K \to 0$，于是有

$$\frac{\Delta K}{K} = \frac{\Delta F_e}{F_e} - \frac{\Delta z}{z} \to 0 \tag{3.14}$$

从目前测量水平来看，容易在技术上确保式 (3.14) 的满足，参见 7.1.3 节。

综上所述，为了确保纳米压入仪的测试范围尽量宽，机架刚度 K_m 应尽量高，支撑弹簧的垂直刚度 K_s 应尽量低。为了提高压入载荷–深度测量的准确性，电磁载荷和位移的测量分辨力和线性度应足够高，K_s 的线性度应足够高即 $\Delta K_s/K_s \to 0$。

3.2.2 载荷–深度曲线的测量

纳米压入测试的第一步，是准确可靠地测量压入载荷–深度曲线，需要满足如下条件。

1. 提高测量的分辨力

对于电磁载荷 $F_e(t) = BlI(t)$，线圈导线长度 l 固定不变，假设磁感应强度 B 均匀稳定，则有 $F_e(t) \propto I(t)$。在电测中，如果能高分辨力地控制电流 I，也就能实现高分辨力的载荷控制。对于压头位移，通常选用差动平板电容式传感器实现高分辨力的位移测量。因此，在现有技术条件下，驱动载荷和压头位移的计量分辨能力基本满足测量需要。

2. 提高测量的准确性

对于压入载荷[7]，由图 3.2 可知，并不等于电磁驱动载荷，而是

$$F(t) = F_e(t) - K_s z \tag{3.15}$$

在确保支撑弹簧线性度足够高的条件下，可近似认为 K_s 等于常数。参见 7.1.3 节。

对于压入深度，应为

$$h(t) = z(t) - z_0 - \frac{F}{K_m} - v_t \Delta t \tag{3.16}$$

式中，v_t 为热漂移速率，即温度波动引起活动部件膨胀或收缩的速率；Δt 为测试时间。在确定可靠接触点、确保 K_m 为常数和局部环境温度稳定的条件下，才能获得准确的压入深度。

对于电磁驱动式纳米压入仪，借助式 (3.15) 和式 (3.16)，计算并绘制出压入载荷–深度曲线，参见图 3.3。

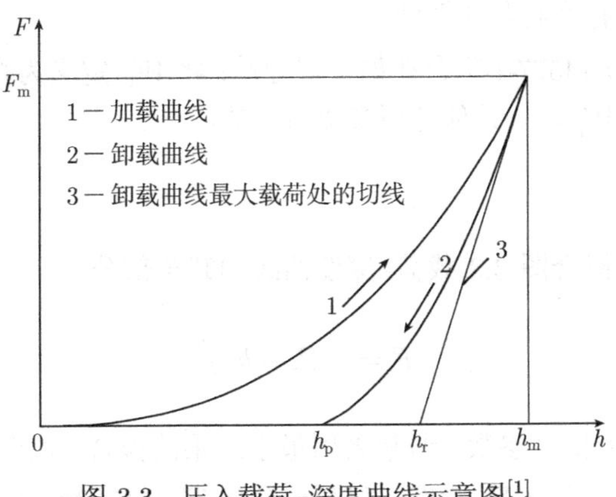

图 3.3 压入载荷–深度曲线示意图[1]

3.3 测 量 参 量

ISO14577-1[8] 和 GB/T 22458[1] 规定，基于载荷–深度数据得到的参量，除包括最大压入载荷和深度、压入总功和卸载功、接触刚度外，还包括马氏硬度 (Martens hardness)、压入蠕变、压入松弛等。

3.3.1 压入载荷和深度

载荷和深度是压入仪中最基本的测量参量。对于电磁式纳米压入仪，可借助式 (3.15) 和式 (3.16) 计算。对于宏观压入仪，由载荷和位移传感器测量。

3.3.2 压入总功和卸载功

压入总功可通过计算载荷–深度曲线中加载曲线下方的面积确定，参见图 3.3，表示为

$$W_{\mathrm{t}} = \int_0^{h_{\mathrm{m}}} F \mathrm{d}h \tag{3.17}$$

式中，h_{m} 为最大压入深度。压入卸载功可通过计算载荷–深度曲线中卸载曲线下方的面积确定，参见图 3.3，表示为

$$W_{\mathrm{u}} = \int_{h_{\mathrm{p}}}^{h_{\mathrm{m}}} F \mathrm{d}h \tag{3.18}$$

压入功恢复率定义为

$$\eta_{\mathrm{IT}} = \frac{W_{\mathrm{u}}}{W_{\mathrm{t}}} \tag{3.19}$$

在压入过程中，压入总功 W_t 转化成材料变形的弹性能和塑性能。在卸载过程中，仅有部分弹性能释放出来；由于压痕的存在，剩余的弹性能无法释放，而是以残余应力的形式储存在材料中[9,10]。

需要注意，ISO 14577-1[8] 存在如下误导性：将 W_u 定义为弹性功 W_{elast}，$W_t - W_u$ 定义为塑性功 W_{plast}。具体分析参见 9.4 节。

3.3.3　接触刚度

采用如下函数拟合图 3.3 载荷–深度曲线的卸载部分

$$F = B\left(h - h_f\right)^b \tag{3.20}$$

式中，B，b 和 h_f 为拟合参数。通常采用最小二乘法拟合，拟合范围多选为初始卸载点至卸载曲线上部的 25%~50%，观察拟合曲线逼近卸载曲线的效果，调整拟合范围，直到确定出最佳的拟合参数。微分式 (3.20)，并在 h_m 处取值，得到初始卸载接触刚度

$$S = \left.\frac{\mathrm{d}F}{\mathrm{d}h}\right|_{h=h_m} = Bb\left(h_m - h_f\right)^{b-1} \tag{3.21}$$

这种方式只能从卸载曲线中得到接触刚度，暂称为单一刚度测量方法。目前，还有一种高效的连续刚度测量方法，参见 3.4 节。

3.3.4　马氏硬度

马氏硬度 HM 定义为

$$\mathrm{HM} = \frac{F}{A_s\left(h\right)} \tag{3.22}$$

式中，$A_s(h)$ 为压头压入试样的表面积。马氏硬度是针对维氏和玻氏两种棱锥压头定义的，它反映材料抵抗弹塑性变形的能力，因此对所有材料均适用。

马氏硬度还可以通过载荷–深度曲线的斜率确定，用 $\mathrm{HM_s}$ 表示

$$\mathrm{HM_s} = \frac{1}{k^2}\frac{h^2}{A_s\left(h\right)} \tag{3.23}$$

该式适用于均质材料的部分载荷–深度曲线，应选择最大载荷 50%~90%的部分。

$$h = k\sqrt{F} \tag{3.24}$$

式中，k 为线性回归式 (3.24) 的斜率。这种方法对均质材料不必确定接触零点。

3.3.5 压入蠕变率

保持载荷不变，测量压入深度随时间的变化，参见图 3.4。用压入深度的相对变化率表征材料的蠕变行为

$$C_{\mathrm{IT}} = \frac{h_2 - h_1}{h_1} \times 100\% \tag{3.25}$$

式中，h_1 为达到恒载荷 t_1 时刻的深度；h_2 为保持恒载荷结束 t_2 时刻的深度。

注意，蠕变数据可能受到热漂移的显著影响。

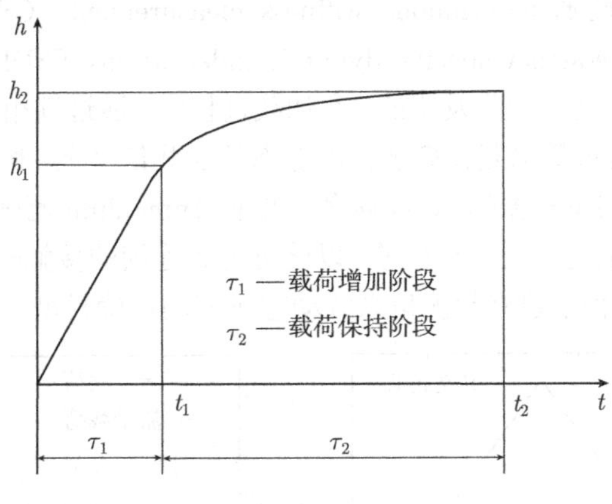

图 3.4 压入蠕变示意图[1]

3.3.6 压入松弛率

保持压入深度不变，测量载荷随时间的变化，参见图 3.5。用压入载荷的相对变化率表征材料的松弛行为

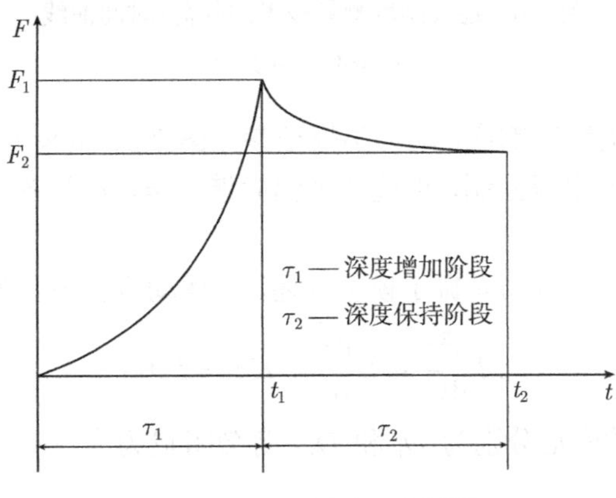

图 3.5 压入松弛示意图[1]

$$R_{\mathrm{IT}} = \frac{F_1 - F_2}{F_1} \times 100\% \tag{3.26}$$

式中，F_1 为达到恒定深度 t_1 时刻的载荷；F_2 为保持恒定深度结束 t_2 时刻的载荷。

3.4 连续刚度测量

如果仪器采用准静态加载方式，只能利用卸载曲线得到单一接触刚度。如果采用动态加载方式，能得到加载段的连续接触刚度。

连续刚度测量技术 (continuous stiffness measurement，CSM) 或特定频率的动态压入测量法 (frequency-specific dynamic indentation，FSDI)，最早是由 Pethica、Oliver 和 Pharr 等[11−14] 发明的。在加载过程中，通过锁相放大器将相对较高频率 (如 45Hz) 的可调简谐载荷叠加在准静态的加载信号上，利用反馈电路保持压入过程中压头的简谐位移振幅稳定，幅值一般在 1nm~2nm 范围，并测量出简谐载荷与简谐位移的振幅之比及其相位差，以此可得到连续的接触刚度和接触阻尼，参见图 3.6。该技术依赖于建立起测量系统动态响应的精确模型。

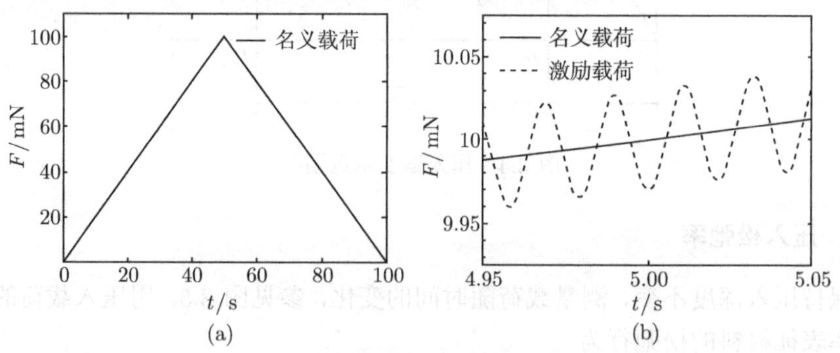

图 3.6 连续刚度测量技术的载荷–时间曲线

(a) 全部；(b) 局部

如果考虑仪器的动态响应，动力学模型参见图 3.2。压头上的准静态载荷由加在线圈上缓慢变化的电流控制，再叠加小幅简谐分量，参见图 3.6，这可由锁相放大器的振荡器完成。

测量系统可以用一维简谐振子模型描述，其运动方程表示为

$$M\frac{\mathrm{d}^2 z}{\mathrm{d}t^2} + D\frac{\mathrm{d}z}{\mathrm{d}t} + Kz = F_{\mathrm{e}}(t) \tag{3.27}$$

式中，系统和试样的阻尼分别为 D_{i} 和 D_{s}，等效阻尼为

$$D = D_{\mathrm{i}} + D_{\mathrm{s}} \tag{3.28}$$

假设激励载荷表示为

$$F_{\mathrm{e}}(t)=F_0\mathrm{e}^{\mathrm{i}\omega t} \tag{3.29}$$

则产生的位移表示为

$$z(t)=A\mathrm{e}^{\mathrm{i}(\omega t-\phi)} \tag{3.30}$$

式中，F_0 为激励载荷幅值；A 为位移幅值；ϕ 为位移滞后载荷的相位角；ω 为角频率，$\omega=2\pi f$。将式 (3.29) 和式 (3.30) 代入式 (3.27)，可得动态刚度和相位角，分别表示为

$$\frac{F_0}{A}=[(K-m\omega^2)^2+(\omega D)^2]^{\frac{1}{2}} \tag{3.31}$$

$$\tan\phi=\frac{\omega D}{K-m\omega^2} \tag{3.32}$$

如果运动部件悬浮在空气中而不与试样接触，系统的刚度为 $K=K_{\mathrm{s}}$，阻尼为 $D=D_{\mathrm{i}}$，则可以通过空载试验拟合确定仪器参数 K_{s}、m 和 D_{i}。一般情况下，仪器的阻尼是压头位置的函数。将压头处于最低阻尼处，进行第一次校准。第二次校准将用来测量阻尼和压头位置的函数关系，由式 (3.31) 可得系统的阻尼

$$D_{\mathrm{i}}=\frac{1}{\omega}\left[\left(\frac{F_0}{A}\right)^2-\left(K_{\mathrm{s}}-m\omega^2\right)^2\right]^{\frac{1}{2}} \tag{3.33}$$

因此，在单一频率 (通常指正常工作频率) 下，动态刚度可以通过压头运动范围内的一系列位置进行测量，并且利用式 (3.33) 计算出不同位置的阻尼。阻尼与位置的关系可以用表格形式或者作为最佳拟合函数储存起来。如果试验系统被应用到一定的频率范围，则阻尼应表示为压头位置和频率的函数。

试验起始阶段，加载速率应较慢，然后逐渐加快，可确保试验系统能够平滑地调节简谐载荷的振幅，以便简谐位移的振幅保持稳定。驱动方式应满足

$$\frac{1}{F}\left(\frac{\mathrm{d}F}{\mathrm{d}t}\right)=C \tag{3.34}$$

式中，$0.02\mathrm{s}^{-1}<C<0.2\mathrm{s}^{-1}$。这种算法的载荷和时间关系参见式 (6.6)。

根据式 (3.31) 和式 (3.32)，可解出 K 和 D，进而可得试样的接触刚度式 (3.35) 和接触阻尼系数式 (3.36)

$$S=\left[\frac{1}{\frac{F_0}{A}\cos\phi-(K_{\mathrm{s}}-m\omega^2)}-\frac{1}{K_{\mathrm{f}}}\right]^{-1} \tag{3.35}$$

$$D_{\mathrm{s}}\omega=\frac{F_0}{A}\sin\phi-D_{\mathrm{i}}\omega \tag{3.36}$$

式中，K_m，K_s，m 和 D_i 分别为仪器参量；ω 为试验时的设置参量；F_0，A 和 ϕ 分别为待测参量。

参 考 文 献

[1] GB/T 22458—2008. 仪器化纳米压入试验方法通则.

[2] www.home.agilent.com.

[3] www.csm-instruments.com.

[4] www.micromaterials.co.uk.

[5] www.tip.csiro.au/umis.

[6] www.hysitron.com.

[7] Yong Huan, Dongxu Liu, Rong Yang, Taihua Zhang. Analysis of the practical force accuracy of electromagnet-based nanoindenters. Measurement, 2010, 43(9): 1090-1093.

[8] ISO 14577-1:2002. Metallic materials — Instrumented indentation test for hardness and materials parameters — Part 1: Test method.

[9] Rong Yang, Taihua Zhang, Peng Jiang, Yilong Bai. Experimental verification and theoretical analysis of the relationships between hardness, elastic modulus, and the work of indentation. Applied Physics Letters, 2008, 92: 231906.

[10] 杨荣. 仪器化压入的能量标度关系的力学机制. 北京：中国科学院研究生院博士学位论文, 2010.

[11] Pethica J B, Oliver W C. Tip surface interaction in STM and AFM. Physica Scripta, 1987, 19: 61-68.

[12] Pethica J B, Oliver W C. Mechanical properties of nanometer volumes of material: use of the elastic response of small area indentations//Thin Films-Stresses and Mechanical Properties, MRS symposium proceeding, vol.130. Materials Research Society. 1989, 13-23.

[13] Oliver W C, Pethica J B. Methods of continuous determination of the elastic stiffness of contact between two bodies. U.S. Patent No. 4848141, 1989.

[14] Pharr G M, Oliver W C, Brotzen F R. On the generality of the relationship among contact stiffness, contact area, and elastic modulus during indentation. Journal of Materials Research, 1992, 7(3): 613-617.

第4章　测 量 仪 器

测量仪器是压入测试的基本工具，是仪器化压入技术集成化、系统化的产物。压入仪器设计专门的试样固定装置，利用高分辨力的载荷和位移传感器，实时采集、显示和处理载荷和位移数据。仪器化压入技术整合压入试验的各个环节，设定相应的试验条件和操作规程，自动化程度高，可实现批量处理。其特点为：①定量，通过测量压入的载荷和位移，不仅可以测定硬度，还可以测定弹性模量等材料参量，是一种新型材料试验机；②微损，测试后试样表面仅留下微小压痕，对材料和结构本体的破坏较小；③便捷，仪器化减少人工操作，提高测试效率，降低人为因素的影响程度。本章主要介绍压入仪器的分类和发展，列举压头的分类和指标。

4.1　压入仪器的分类和发展

国际标准 ISO 14577-1[1] 根据施加在压头上的荷载 F 和深度 h 大小，将仪器化压入测量分为三个范围，参见表 4.1。

表 4.1　压入测量的三种尺度范围[1]

<table>
<tr><td colspan="2">纳米范围 (nano range)</td><td colspan="2">显微范围(micro range)</td><td colspan="2">宏观范围 (macro range)</td></tr>
<tr><td colspan="2">$h \leqslant 200\text{nm}$</td><td colspan="2">$F < 2\text{N}, h > 200\text{nm}$</td><td colspan="2">$2\text{N} \leqslant F \leqslant 30\text{kN}$</td></tr>
<tr><td colspan="3">纳米压入仪</td><td colspan="3">宏观压入仪</td></tr>
</table>

发展较早、较为成熟的测量范围为纳米范围和显微低范围，适用于此范围的仪器俗称为纳米压入仪。近年来，测量范围覆盖显微高范围和宏观范围的仪器，发展迅速，为叙述方便，统称为宏观压入仪。目前，就仪器的量程而言，已经从最大载荷 10^1mN 的纳米压入仪，发展到最大载荷 10^0kN 的宏观压入仪；就仪器的适用场合而言，有适用于实验室环境的台式仪器，也有适用于现场或野外的便携式仪器，就仪器的设计原理而言，有电磁驱动、静电驱动、马达驱动等形式。

本章以目前主要仪器公司的商业化产品和科研机构的研制设备为例，简要介绍。

4.1.1　纳米压入仪

纳米压入仪是目前最常用的一类压入仪。其载荷组件采用驱动与载荷测量结合的电磁或静电加载方式，能够高分辨地施加载荷，分辨力达到 1nN；采用非接触式的差动电容传感器测量位移，分辨力达到 0.002nm；采用双膜片弹簧支撑结构，以确保压杆按压入方向运动而严格限制横向位移。典型仪器的载荷量程为 10mN 和 500mN，测量原理参见第 3 章。

该类仪器的电磁或静电激励所需的电流不大，电流热效应对热漂移的影响微弱，因此稳定性理想。可实现快速数据采样，保证准确性和重复性。由于压头和压杆等活动部件的质量小，因此具有良好的动态特性，测量频率高达 300Hz。

目前，该类仪器的制造商主要为 Agilent 公司、Hysitron 公司、CSM 公司、MML 公司等，有关仪器的技术指标可以参见各公司的相关网站[2−5] 和文献[6]。

4.1.2 宏观压入仪

2002 年，Minnesota 大学的 Thurn 和 Cook 等[7] 将纳米压入测量原理应用到宏观压入实验，自制宏观压入仪。最大载荷为 100N，载荷和位移的分辨力分别为 50mN 和 50nm。

2004 年，德国 Zwick 公司[8] 基于传统的材料试验机技术，推出商业化的压入仪 ZHU2.5。该仪器有 2N~200N 和 5N~2.5kN 两种测量配件可供替换，其位移分辨力可达到 0.2μm。

美国的 ATC(Advanced Technology Corporation) 公司和韩国的 Frontics 公司，基于马达驱动的方式，推出 10^3N 量级的台式和便携宏观压入仪，有关仪器的技术指标可以参见各公司的相关网站[9,10]。

2001 年，中国科学院力学研究所张泰华等，开始系统地研制宏观压入实验设备。首先，基于 Instron 5848 Microtester 材料试验机为驱动和载荷测量手段 (三个载荷传感器 5N、50N、2kN)，开发相应的压入深度测量部件[11−13] 和试样安装夹具[14]，证实纳米压入测量原理可以应用于显微和宏观压入范围的测量[13]，参见 4.3 节。以此为基础，分别研制基于电磁驱动的台式压入仪[15] 和便携式压入仪[16,17]。编制仪器化压入数据处理和分析的专用软件[18]。同时，研制可水平移动和定位的专用夹具[19]。

4.1.3 仪器设计的基本要素

上述各种压入仪的工作范围决定着其设计原理的不同。主要有以下两种设计原理：马达驱动及其载荷和位移由传感器测量，易于实现位移控制，而载荷控制需要反馈，量程较大，测量分辨能力有限；电磁驱动及其与载荷计量集成，易于高分辨控制，加载平稳，而线圈发热导致载荷量程有限，位移控制也需要反馈。

1. 仪器的驱动控制方式

压入仪的驱动方式对试验过程的高分辨控制起决定性的影响。主要有两种方式：载荷驱动、位移驱动。

(1) 载荷驱动

纳米压入仪多采用此设计方式[2,4,5]，通过控制和计量电流施加高分辨力的载荷。例如，Agilent 公司的 Nano Indenter G200[2]、张泰华等研制的动圈式电磁加载压入仪[15−17]。这类仪器的特点，容易施加高分辨力的驱动载荷，但需要通过力学响应模型的转换 (参见第 3 章)，才能获得作用在试样上的压入载荷。位移测量采用非接触式方法。根据位移传感器在机架上的安装位置和方式的不同，位移测量结果中或多或少地包括机架和夹具等的变形。

仪器要求机架和夹具等刚度无穷大，而局部如支撑弹簧刚度无穷低，以提高压入深度测量的准确性。

(2) 位移驱动

宏观压入仪多采用位移驱动设计方式[8−10,12]，通过外部的反馈电路控制驱动马达的运动。例如，Instron 5848 MicroTester 采用旋转编码器监测并通过外部反馈电路控制无刷直流马达的运动，但旋转编码器监测的位移同样包含传动部件的变形，为此配有直线光栅尺实测作用轴的位移，以满足高精度位移测量的需要[12]。

仪器要求机架和夹具等刚度无穷大，以避免局部机架等变形对压入深度测量的影响。

2. 载荷和位移测量

载荷和位移传感器是压入仪的核心部件。压入载荷和位移测量的数据质量，直接关系到最终测定的力学参数是否准确。传感器需要具有足够的分辨能力，较好的线性度和重复性、较小的迟滞以及灵敏的动态响应速度等。

(1) 载荷传感器

载荷传感器可分为应变式、压电式、压磁式、电感式、压阻式等类型。传感部件工作时受外载作用会发生变形，该变形可能包含在位移传感器的测量结果中。宏观压入仪多采用传感器测量载荷，其压入尺度为微米级，此变形会影响深度测量结果。纳米压入仪，通过计量线圈的驱动电流直接施加载荷，而不采用独立的载荷传感器，测量方法参见 3.1 节。

(2) 位移传感器

位移传感器可以分为接触式和非接触式。对于仪器化压入，为保证载荷测量的准确性，应采用后者。小量程传感器通常采用电容、电涡流、差动变压器等传感技术测量，大量程传感器通常采用光栅、磁栅等传感技术测量。

3. 仪器的使用形式

纳米压入仪的压入尺度在纳米量级，对测试环境要求严格，必须配置特定的隔离温度波动和振动的装置。因此，主要在实验室中作为固定设备使用。

宏观压入仪的载荷明显增大，例如，最大载荷可达数 kN，测试环境的影响显著减弱，但机架柔度的影响凸显出来。

宏观压入尺度的低载荷范围，具备发展便携式压入仪的潜力[9,10,17]：同纳米压入仪相比，载荷适当扩大，可以降低对测试样品和环境的要求；同大载荷宏观压入仪相比，载荷的降低可以减少机架柔度的影响，从而降低设计难度和成本。该类仪器能够实现工程现场/野外的结构、管道等的实时原位测试，以便快速评价其力学特性，满足工程设计、质量监控和性能校核等需要。

4.1.4 测量仪器的发展趋势

近十多年来，商品化的测量仪器发展迅速，主要表现在以下几方面。

1. *实现压头原位扫描成像*

Hysitron、Agilent 和 MML 公司分别发展各自的压头原位扫描成像配件。使用各种形式的金刚石压头，直接在试样上扫描成像，实现快速的原位扫描，可视为一种接触式的扫描力显微镜。对于传统的光学显微镜、扫描电镜和原子力显微镜等独立观察仪器，寻找微米乃至纳米量级的压痕位置非常繁琐，而该技术能快速原位成像，显著提高压痕等观察成像的效率。

2. *提高分辨能力和扩大载荷量程*

仪器制造商，一方面努力提高纳米压入仪的测量分辨能力，以便满足精确测量载荷、位移及其接触零点的需要，如 Agilent 和 Hysitron 公司部分产品的载荷分辨力已经达到 1nN；另一方面，不断扩大仪器的载荷量程，用于研究裂纹扩展等，如 Agilent、Hysitron、MML、CSM 公司分别将载荷量程扩大到 10^1N 量级，产品向着系列化方向发展。

3. *研发多种工作测试模式*

研发多种压入工作模式，以适应不同的测试工况。纳米压入仪对振动、温度等试验条件和试样表面状态要求严格，适于在实验室中使用。目前，宏观压入仪已有便携式的商业化设备，但载荷量程大，高达数 kN；也需要发展在宏观尺度的低载荷范围内的便携式仪器，目前此类仪器较少。

仪器公司纷纷研发划入测量仪器，如 Agilent、CSM 公司等。MML 公司研发纳米冲击测量仪器，用于研究纳米接触疲劳、冲击磨损、薄膜黏附失效等。这些工作模式为模拟材料在各种服役工况下的微/纳米尺度失效提供有效手段，产品向着功能多样化方向发展。

4. *发展动态测试技术*

通过发展连续刚度测量技术和提高仪器自振频率，可以直接获得随压入深度变化的接触刚度、压入硬度和弹性模量，以便研究薄膜材料力学性能随深度的梯度分布，也可以测量黏弹性材料的存储模量和损耗模量等。

5. 发展压入监测技术

为了研究试样破裂或薄膜与基体剥离的发生机制，仅有材料参量的测试和残余形貌的观察有时是不够的，还需要实时监测压入或划入过程中的声发射信息。目前，已有商业化的声发射监测技术。

6. 发展环境控制技术

温度会对材料微/纳米尺度的表面性质产生影响。对于测试试样的温度控制，制造商们正在发展相关技术，努力降低温度漂移对测试的影响。

4.2 压头的结构、类型和选取

压头是压入仪的关键部件。ISO 14577-2[20] 和 GB/T 22548[21] 对各类压头尖端设计形状和尺寸有详细规定。压头尖端的加工质量和使用磨损，影响着其面积函数，从而决定着压入测试结果的可靠性，参见 5.1.5 节和 7.1.1 节。因此，本节将从压头的结构、尖端形状和尺寸的设计等方面，介绍各类标准和非标压头。

4.2.1 压头结构

压头通常由两部分组成。前部常选用金刚石、蓝宝石、硬质合金等材料，其尖端需要精磨成规定的形状和尺寸，用于压入试样；后部常选用钢质材料，加工成规定形状的基托，用于固定压头前部和连接仪器压杆。具体参见图 4.1。

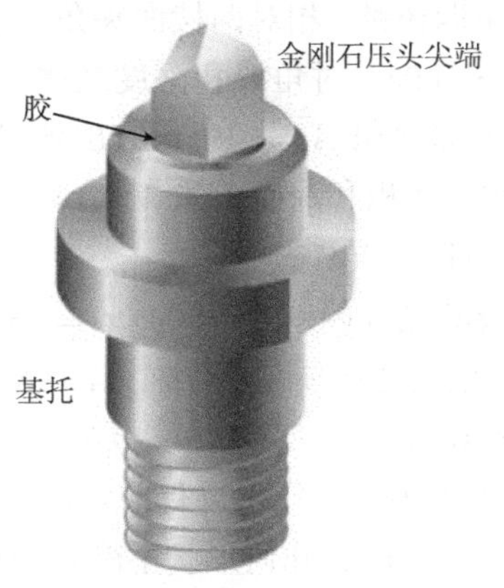

图 4.1 常用压头的结构示意图[22]

压头尖端的形状，主要分成尖锐型 (sharp)、弧面型 (rounded) 和平面型 (flat)。尖锐型主要有三棱锥 (three sided pyramid)、四棱锥 (four sided pyramid)、圆锥

(cone)、楔 (wedge) 等形状。弧面型主要有球面 (spherical) 和柱面 (cylindrical) 形状。平面型主要有圆柱 (column) 和将前两类压头尖端磨平。标准型压头主要有三棱锥形的玻氏 (Berkovich) 压头和立方角 (cube-corner) 压头，四棱锥形的维氏压头 (Vickers) 和努氏 (Knoop) 压头，圆锥形的洛氏 (Rockwell) 压头，球面形的布氏 (Brinell) 压头。非标型的压头，用户可自定形状和尺寸委托制造商加工。关于压头尖端的形状和尺寸，可以详细参见有关标准[20,21]。关于压头的加工和定制，有专业化的制造商[22]。

压头端部的材质，常选用高硬度和高弹性模量的材料。主要为了减小压头在使用过程中的磨损和变形，降低对压入深度及其接触投影面积测量的影响。材质主要为金刚石，也可选择其他硬质材料，如蓝宝石、碳化钨、钨、钢等。金刚石的硬度高、导热系数大、热膨胀系数小、化学惰性强，是压头加工的首选材料。蓝宝石是次选的材料，尽管它没有金刚石硬，但仍能加工成尖锐型压头；由于其单晶体的各向异性明显弱于金刚石，特别适用于圆锥、圆柱和球面压头的加工[22]。

压头接触试样的表面应高度抛光，不应存在碎屑、凹坑、污染和其他缺陷。每个压头都应有唯一的序列号。应检验压头是否满足设计形状和尺寸的要求，在其使用的深度范围内，应有经过校准的面积函数。

基托的主要作用是通过刚性粘结固定压头尖端部分，并连接仪器压杆。其形状和尺寸由制造商根据仪器需要加工，也可由用户根据需要定制。其材质多为钢、钛、可加工陶瓷和其他材料。

4.2.2 维氏压头

维氏压头尖端形状为正四棱锥，相对两棱面夹角 136°，等效半锥角 70.2996°。底面棱长与深度之比 $l/h = 4.95$，对角线和深度之比 $d/h = 7$，投影面积 $A_{\rm p} = 4(h\tan 68°)^2 = 24.504h^2$，表面面积 $A_{\rm s} = 4(h\tan 68°)^2/\sin 68° = 26.429h^2$，投影面积/表面积 $(A_{\rm p}/A_{\rm s}) = 0.927$，体积和深度关系 $V(h) = 8.1681h^3$。其几何关系参见表 4.2，形状与特征参数参见图 4.2(a) 和 (b)。

玻氏压头的棱面夹角及其允许偏差[20,21] 为 $2\alpha = 136° \pm 0.3°$。加工时，棱锥的四个面难以交于一点，不可避免地在顶端产生横刃，相对面之间连接线的长度应小于 0.5μm，参见图 4.2(c) 和 (d)。

显微硬度试验中经常采用该类型压头。目前，理想加工水平，横刃长度小于 1μm[22]。横刃导致在不同尺度下压头几何形状不能自相似，随着压入深度的减小，其引入的误差会逐步增大。为解决该问题，设计有相同投影面积和深度关系 $(A = 24.5h^2)$ 的玻氏压头。某实际使用的压头尖端透射电镜 (TEM) 和扫描电镜 (SEM) 照片，参见图 4.2(d) 和 (e)。

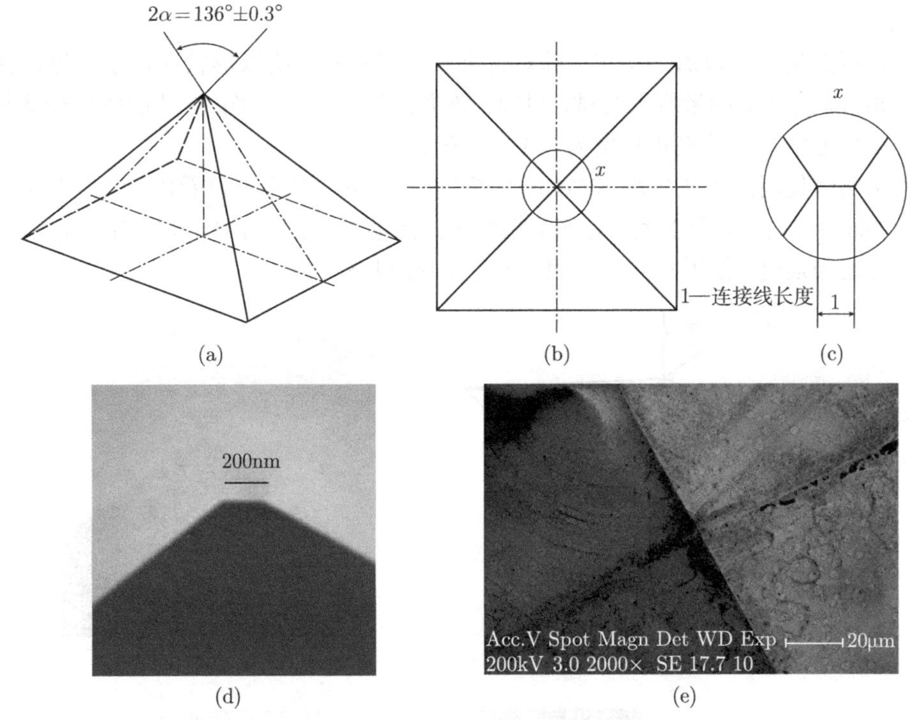

图 4.2 维氏压头

(a) 几何形状与特征参数[21]；(b) 尖端连接线示意图[21]；(c) 横刃示意图[21]；(d) 压头尖端横刃 TEM 照片[22]；(e) 压头尖端 SEM 照片[6]

4.2.3 玻氏压头

为了消除维氏压头尖端横刃的影响，并能与其在等高时具有相同的表面积，设计出三棱锥形状的玻氏压头。为了与维氏压头在等高时具有相同的投影面积，设计出改进型玻氏压头。

改进型玻氏压头尖端形状为正三棱锥，棱面与中心线夹角 $\alpha = 65.3°$，侧面棱边与中心线夹角 77.05°，等效半锥角 70.32°。底面棱边与深度 (即图 4.3(a) 的高) 之比 $l/h = 7.5315$，投影面积 $A_{\mathrm{p}} = 3\sqrt{3}(h\tan 65.3°)^2 = 24.56h^2$，表面面积 $A_{\mathrm{s}} = 3(2\sqrt{3}h\tan 63.5°)^2/(4\sqrt{3}\sin 63.5°) = 27.05h^2$，$A_{\mathrm{p}}/A_{\mathrm{s}} = 0.908$，体积和深度关系 $V(h) = 8.1873h^3$。该类型压头的几何关系参见表 4.2，形状与特征参数参见图 4.3(a)。

玻氏压头的棱面夹角及其允许偏差为 $\alpha = 65.27° \pm 0.3°$[20,21]。对于纳米压入仪所用玻氏压头，由于加工缺陷，其尖端会不同程度地偏离设计形状。为了便于描述，近似将压尖尖端视为球面，其半径常用 TEM 或 SEM 测量，参见图 4.3(b)

和 (c)。

该压头尖端可以磨得很尖，即端部曲率半径很小，所以形状在很小尺度内保持自相似，适合于纳米压入测试。目前，该类压头的加工水平：端部曲率半径低到 20nm，中心线和面的夹角精度为 $\pm 0.025°$[22]。

某实际使用的压头尖端 SEM 照片参见图 4.3(c)。从中可以看出，沿侧面棱边长约 50μm 以内的表面光滑，为加工精磨区；沿侧面棱边长约 10μm 以内为使用区，表面有磨损痕迹，使用时的压入深度常在 3μm 以下。

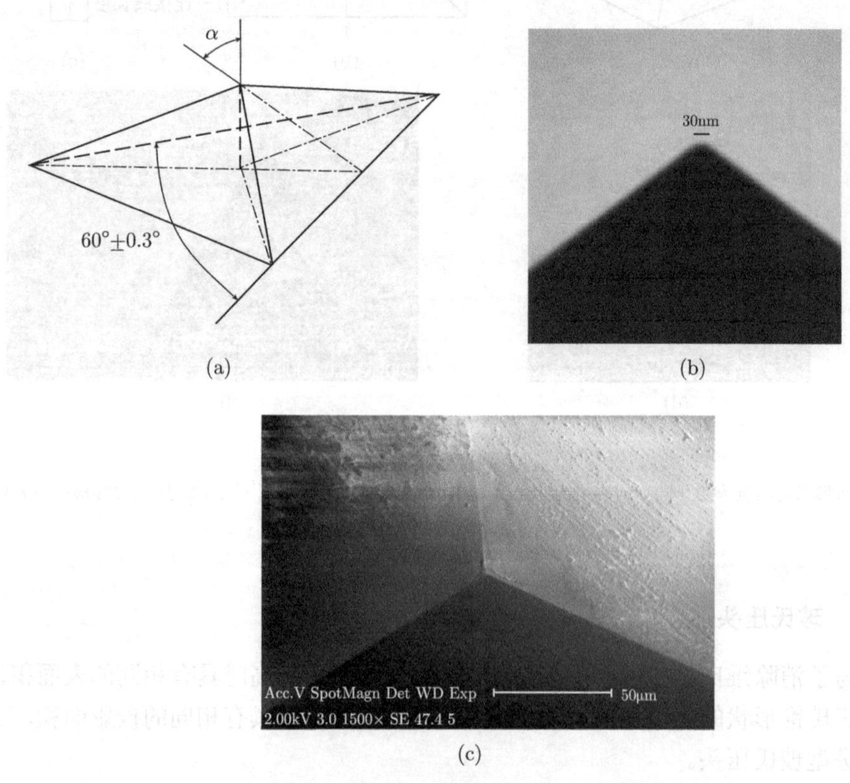

图 4.3　玻氏压头

(a) 几何形状与特征参数[21]；(b) 压头尖端 TEM 照片[22]；(c) 压头尖端 SEM 照片[6]

在纳米压入仪中，通常采用改进型玻氏压头。除非特殊说明，本书为叙述方便，不再区分两种压头，统一简称为玻氏压头。

4.2.4　立方角压头

立方角压头尖端形状为正三棱锥，由于三个棱面相互垂直，似立方体的角，故取此名称。锥面与中心线夹角 35.2644°，等效半锥角 42.28°。底面棱边与深度之比

$l/h = 2.4491$，投影面积 $A_{\mathrm{p}} = 2.5981h^2$，表面面积 $A_{\mathrm{s}} = 4.5000h^2$，投影面积/表面面积 $A_{\mathrm{p}}/A_{\mathrm{s}} = 0.5774$，体积和深度关系 $V(h) = 0.8657h^3$。该类型压头几何关系参见表 4.2。

立方角压头的棱面夹角及其允许偏差为 $\alpha = 35.26° \pm 0.3°$[20,21]。同玻氏压头相比，锥面与中心线夹角较小，会在试样材料接触区内产生较大应变，参见式 (8.16)。

该类型压头主要用于断裂韧性的研究。其能在脆性材料压痕棱边方向产生规则裂纹，这样的裂纹能在微区或微结构中用来估计断裂韧性。另外，该类型压头也可以用来进行划入测试。

4.2.5 努氏压头

努氏压头尖端形状为四棱锥，该类型压头的相对短棱边夹角 130°，相对长棱边夹角 172.5°，底面长对角线和深度之比 $d/h = 30.5$。在显微硬度试验中，d/h 比维氏压头大，主要用于较浅压入的测试。这种压头端部存在横刃，不适合纳米压入测试。

4.2.6 圆锥压头

圆锥具有自相似几何形状，特征参量为锥角 (2α)，参见图 4.4，几何关系参见表 4.2。利用其轴对称特性，便于仪器化压入的模型分析。

由于难以加工出理想的圆锥压头，它在微小压入尺度测试中使用较少，但在较大压入尺度时应用较多[23]。

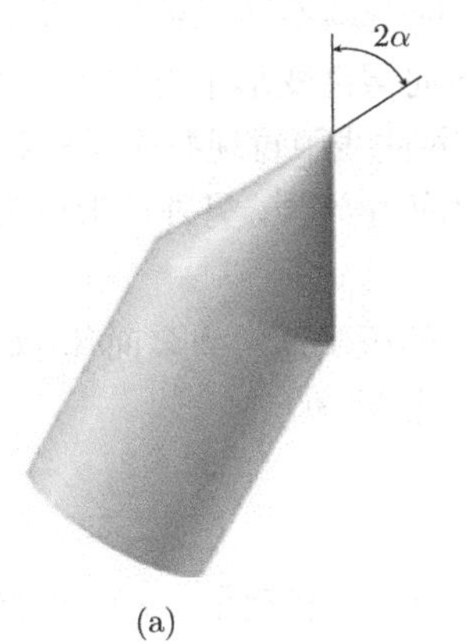

(a)

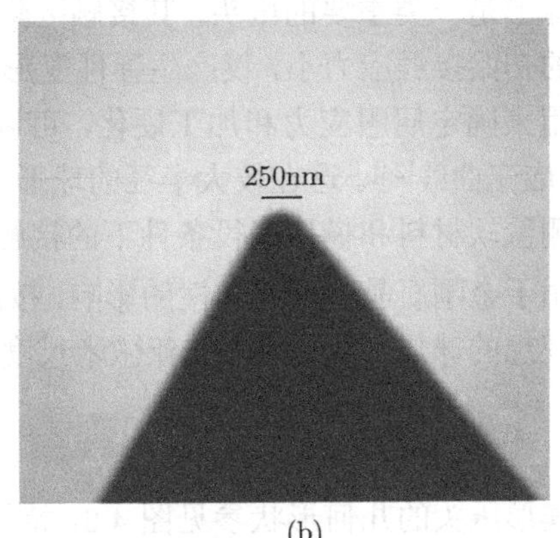

(b)

图 4.4 锥形压头[22]

(a) 几何形状与特征参量；(b) 压头尖端 TEM 照片

4.2.7　球形压头

球形压头一般按球锥形磨制，参见图 4.5，几何关系见参表 4.2。球冠高度 h_s 与圆锥的半锥角 α 和球锥切点处半径 R 之间应满足

$$h_s = R(1 - \sin\alpha) \tag{4.1}$$

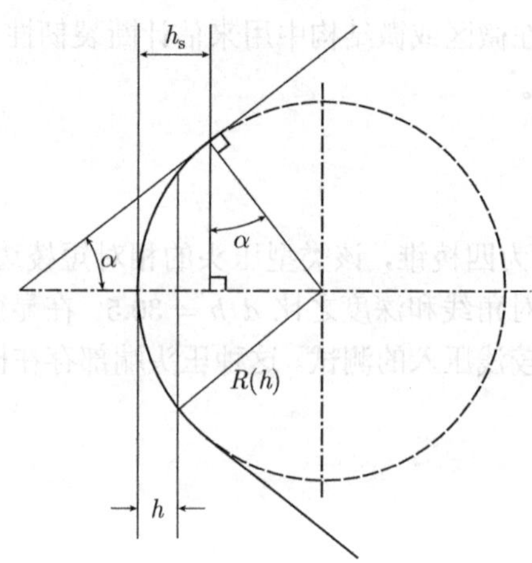

图 4.5　球锥压头的几何特征[21]

考虑到从球冠到圆锥之间的过渡点难以规定，以及 R 和 α 加工误差的影响，当深度超过 $0.5h_s$ 时应注意。

球形是一类重要的压头，其接触区附近的应力–应变场不同于锥形压头。球形压头的初始接触应力小，仅产生弹性变形，接着逐渐向塑性变形平滑过渡。理论上可以用来确定屈服应力和加工硬化，可以从单个压入曲线中再现整个单轴拉伸的应力–应变曲线[24]。这在较大半径的球形压头中获得应用[24,25]，另外球形压头特别适合测量软材料和模拟服役条件下的接触损伤[23]。

由于金刚石晶体各向异性的影响，按照球形加工的压头通常为多面体，难以加工出理想的球形形状，因此在亚微米尺度，使用受到限制[22]。

4.2.8　楔形压头

楔形压头的几何形状参见图 4.6，特征参量为楔长 (L) 和楔角 (2α)。该类型压头能提供线载荷，主要用于 MEMS 中微结构的弯曲测量。

将以上各类型压头的几何关系总结于表 4.2 中。其中，棱锥型压头的等效半锥角是按相同投影面积–深度关系折算成圆锥压头的半锥角，R 为球压头的半径。

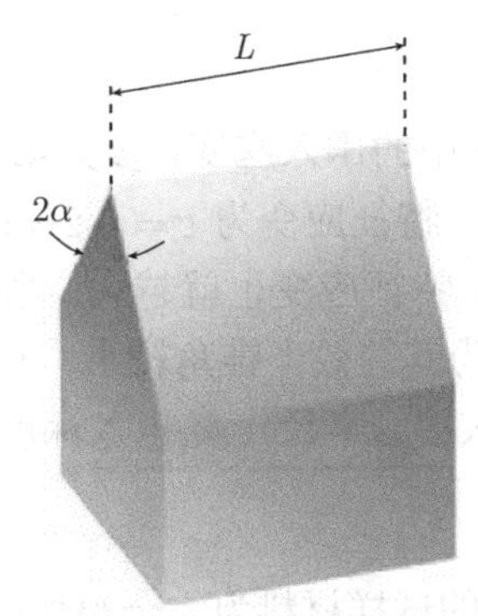

图 4.6 楔形压头的几何形状[22]

表 4.2 常用压头的特征参数[23]

几何量或关系	玻氏	立方角	维氏	锥形	球形
中心线与棱面夹角 (α)	65.3°	35.2644°	68°		
边长/深度 (l/h)	7.5315	2.4491	4.9502		
投影面积 $A_{\mathrm{p}}(h)$	$24.56h^2$	$2.5981h^2$	$24.504h^2$	πa^2	πa^2
体积–深度关系 $V(h)$	$8.1873h^3$	$0.8657h^3$	$8.1681h^3$		
体积–面积关系 $V(A)$	$0.067A^{3/2}$	$0.21A^{3/2}$	$0.067A^{3/2}$		
投影/表面面积 ($A_{\mathrm{p}}/A_{\mathrm{s}}$)	0.908	0.5774	0.927		
等效半锥角(α)	70.32°	42.28°	70.2996°	α	
接触半径 (a)				$h\tan\alpha$	$(2Rh-h^2)^{1/2}$

4.2.9 压头选取的考虑因素

目前压头种类较多，选择使用时，除了需要考虑相应的力学模型外，还需要考虑以下因素。

1. 加工和材质

压头加工质量对测量结果的影响较大。在实际加工磨制压头时，三棱锥压头容易磨制，加工质量最高。玻氏压头尖端的曲率半径可低至 20nm。四棱锥压头，尖端不可避免会出现横刃。球形压头，由于金刚石晶体结构的影响，磨制出现棱面而非理想球面，难以加工出高质量的小半径的球形压头。对于圆柱压头，由于金刚石硬且脆，在使用时容易折断[22]。

2. 角度设计

为了减小压入过程中的摩擦影响，压头设计的锥角一般较大。对于立方角压头，等效锥角较小，压头和试样之间的摩擦力增加。同其他常用压头相比，接触力学机制可能发生变化[23]。

3. 特征应变

可以用特征应变描述试样中的压入应变，参见第 8 章和第 9 章。对于锥形压头，如圆锥和棱锥压头自相似，特征应变为 $\varepsilon = 0.2\cot\alpha$，与载荷和压入深度无关。半锥角或等效半锥角 α 越小，特征应变也就越大。当研究低载荷产生的压入断裂时，可以采用立方角压头，因为其等效半锥角较小，压入应变较大。对于球形压头，特征应变 $\varepsilon = 0.2a/R$(a 为压入接触半径)，随压入深度的增加而连续变化。

4. 材料屈服

一般认为，在压头接触下的试样材料为完全塑性时，所获得的硬度和屈服应力测量值之间成正比关系。大多数压头尖端在很小尺寸范围内可近似看成为球冠形。压头尖端半径越小，实际面积函数越接近于理想面积函数。在低载荷作用下，材料能发生塑性变形，较浅的压入深度即可获得理想的测量结果；反之，就需要较深的压入深度。

要获得稳定的硬度值，接触必须是完全塑性的。对球形压头而言，当理想弹塑性材料满足 $E_{\rm r}a/\sigma_y R > 30$[26]，接触是完全塑性的。如果压头曲率半径越小，材料可在压入深度或接触半径很小时完全屈服。

5. 使用场合

在希望获得纳米压入硬度和弹性模量时，维氏压头端部存在横刃，不适合浅压入深度的测试。立方角压头等效锥角小，压头和试样之间的摩擦增加，接触力学机制可能发生变化。玻氏压头是纳米压入测试中最常用的压头。主要原因：压头端部曲率半径小，低载荷就能引起材料的塑性变形；锥角较大，可减小与材料之间的摩擦；和维氏压头有相同的投影面积–深度关系。

当希望获得连续变化的压入应变时，可以考虑选择球形压头。

当希望获得较大的初始接触刚度时，可以考虑选择圆柱压头。

4.3 开发材料试验机宏观压入功能的实例

张泰华等基于 Instron 5848 Microtester 材料试验机，设计专用夹具和位移测量系统，开发其仪器化宏观压入测试功能[11−13]。

4.3.1 测量系统的设计

压入测量系统参见图 4.7，由以下三部分组成。

材料试验机作为驱动和载荷测量系统，配有量程 5N、50N、2kN 的三个载荷传感器。测量范围在满量程的 1/250 到满量程时，精度为读数的 ±0.4%；在满量程的 1/500~1/250 时，精度为 ±0.5%。

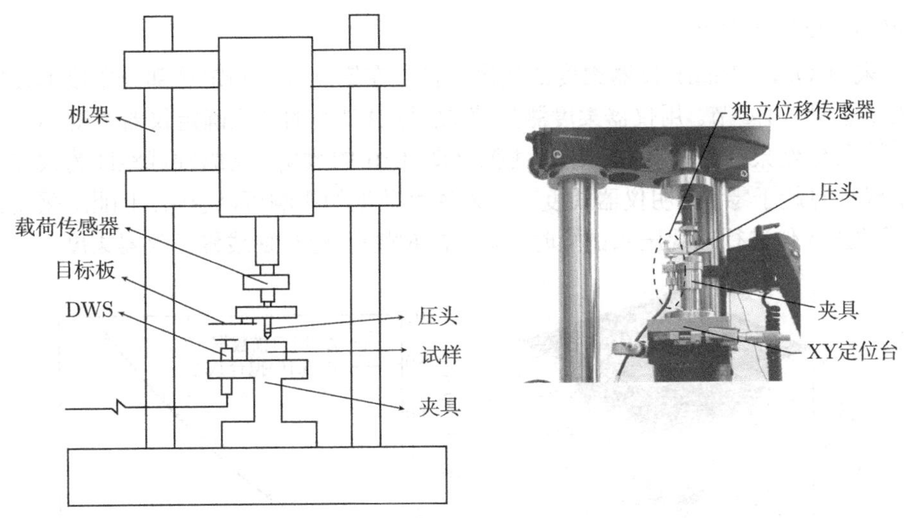

图 4.7 压入仪示意图和局部照片

为了降低机架柔度和安装间隙对压入深度测量的影响，设计专用夹具固定在材料试验机的机架底座上，用于夹持位移传感器的探头和固定试样。

在压头上设计翼状目标板，通过与位移传感器探头之间间距的变化测量压入深度。采用 DWS 电容式位移传感器：量程为 ±30μm，分辨力为 20nm。载荷和位移的精度和分辨力满足 ISO 14577-2[20] 的要求，参见 5.1 节。将位移信号引入试验机的数据采集模块，解决测量同步问题。

4.3.2 仪器的校准和检验

1. 压头面积函数

ISO 14577-2[20] 规定：当压入深度 $h > 6\mu\text{m}$ 时，压头设计的面积函数按 $A_\text{c} = 24.5h_\text{c}^2$ 计算；当 $h < 6\mu\text{m}$ 时，需要考虑压头缺陷的影响。

如果将压头尖端视为球锥形，参见图 4.5。面积函数的计算参见 5.1.5 节的式 (5.10)。要计算接触面积，需知道压头的 α 和 R。利用 DME DualScope DS 45–40 原子力显微镜 (AFM)，对所使用的维氏压头尖端扫描成像，参见图 4.8(a)。在扫描高度范围内取 100 条均匀间距等高线，用式 (5.10) 拟合等高线围成的面积。结果参见图 4.8(b)，得到压头的等效半径 R=4.44μm，等效半锥角 $\alpha = 70.33°$。其中，等效半锥角的值接近压头的设计值 70.3°。

2. 仪器柔度

对比 DWS 和 Instron 5848 Microtester 的位移测量结果，参见图 4.9，可以看出仪器柔度的影响明显降低。因为 DWS 测量结果中仅包括压头的微量变形，测出的位移接近压入深度。

采用 Oliver-Pharr 仪器柔度的校准方法，在铝试样上确定这部分柔度的影响程度，参见 5.1.4 节。用仪器柔度测量值 C_f 与 $A_c^{-1/2}$ 的迭代确定仪器柔度，C_f 与 $A_c^{-1/2}$ 收敛结果参见图 4.10。用直线拟合图 4.10 的数据，其纵轴截距即为仪器柔度，经计算趋于零，说明仪器柔度对压入深度数据的影响可以忽略。因此，采用改进后的压入仪进行宏观压入试验时，无需再对载荷–位移曲线修正仪器柔度。

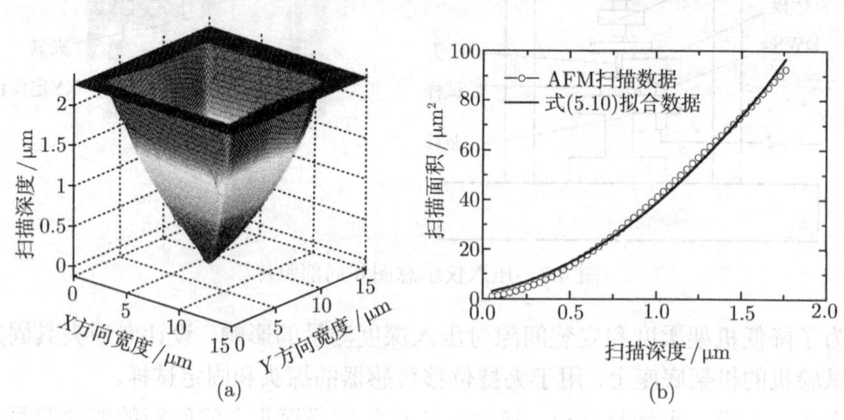

图 4.8 压头形状及其处理数据

(a) 压头尖端的 AFM 扫描反演图；(b)AFM 扫描面积和式 (5.10) 拟合数据

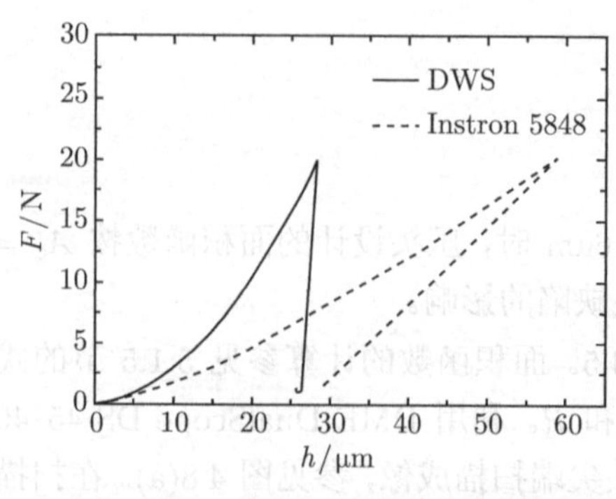

图 4.9 铝试样的压入曲线

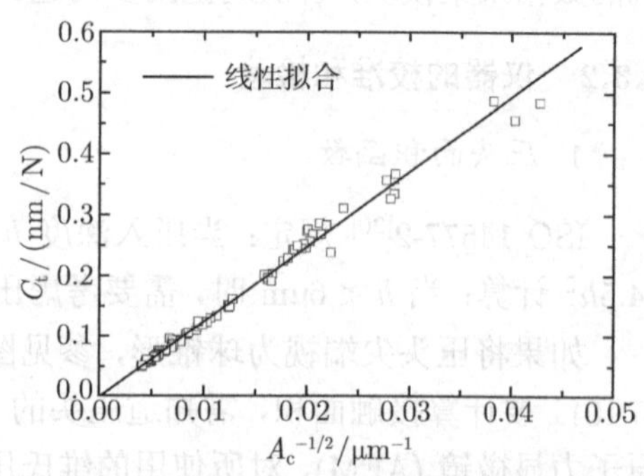

图 4.10 校准仪器柔度的收敛及其拟合曲线

3. 接触零点

外接位移传感器 DWS 测量的是压头行程，必须确定接触零点后才能计算出压入深度。采用两阶多项式拟合外推的办法确定接触零点[1,21]。拟合数据应选在零点附近到最大压入深度的 10%之间。图 4.11 给出拟合确定接触零点的示例。

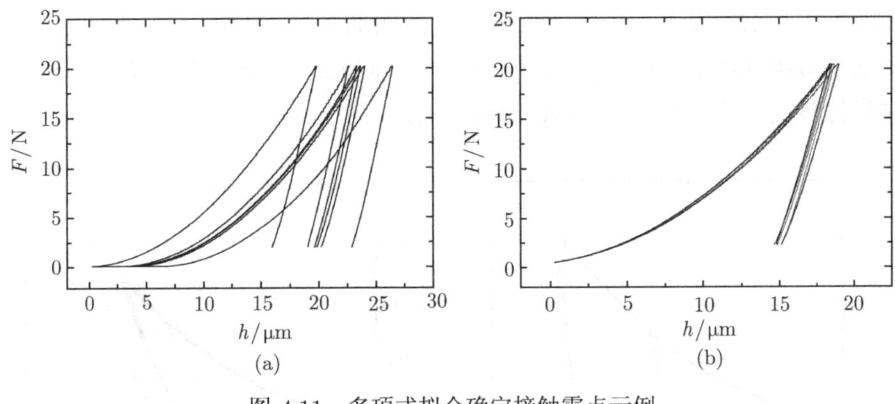

图 4.11 多项式拟合确定接触零点示例

(a) 原始曲线；(b) 零点修正曲线

4.3.3 试验结果和校核

选用五种典型金属材料：铝、镁基非晶、铜、铁、不锈钢。为了避免铜和铁试样中晶界的影响，对其退火处理。退火后，铜的晶粒尺寸大于 1mm，铁的晶粒尺寸在 0.2mm 左右。

压入试验前，机械抛光所有试样。利用 MTS Nano Indenter® XP，测试抛光后的试样表面粗糙度均在 0.2μm 以内。根据 ISO 14577-1[1]，为了使试样测试面粗糙度对压入深度不确定度的影响小于 5%，维氏压头的压入深度至少是试样表面粗糙度 Ra 的 20 倍。因此，压入深度应控制在 4μm 以上。

试验程序[1]：压头接近和压入试样，速率不超过 2μm/s；保载，时间为 30s；卸载，时间为 30s~80s。压入深度范围在 10^0μm~10^1μm。每组压入深度至少试验 5 次。环境温度变化控制在 0.2℃/h，试验设备的温漂可以忽略。

采用 Oliver-Pharr 方法分析处理载荷–深度数据，参见第 10.1.1 章。为了验证所开发压入仪的可靠性，将每种试样的结果分别与 MTS Nano Indenter® XP 的测试结果对比，最大载荷设定值均为其量程上限值 0.5N。

五种金属材料的压入曲线，参见图 4.12。除了不锈钢，均显示出较好的重复性。弹性模量和压入硬度的计算结果分别参见图 4.13(a) 和 (b)，横坐标为压入深度。MTS Nano Indenter® XP 测试系统的结果也显示在图 4.13 中。可以看出，所有试样的弹性模量和压入硬度的测试结果变异系数均小于 10%；对于所有试样的弹性模量，两个测试系统的结果基本一致；而对于压入硬度值，除了铝和不锈钢，两个系统的测试也基本一致。

通过设计独立的位移测量系统和专用夹具，建成以 Instron 5848 Microtester 作为加载平台的宏观压入仪。选用五种典型金属材料，进行宏观压入试验，测试结果的分散性均在 10%以内，验证了测试结果的可靠性。

基于传统材料试验机，结合仪器化压入测试原理，可以开发其宏观压入功能，为试样材料提供微区力学性能测试的有效工具。

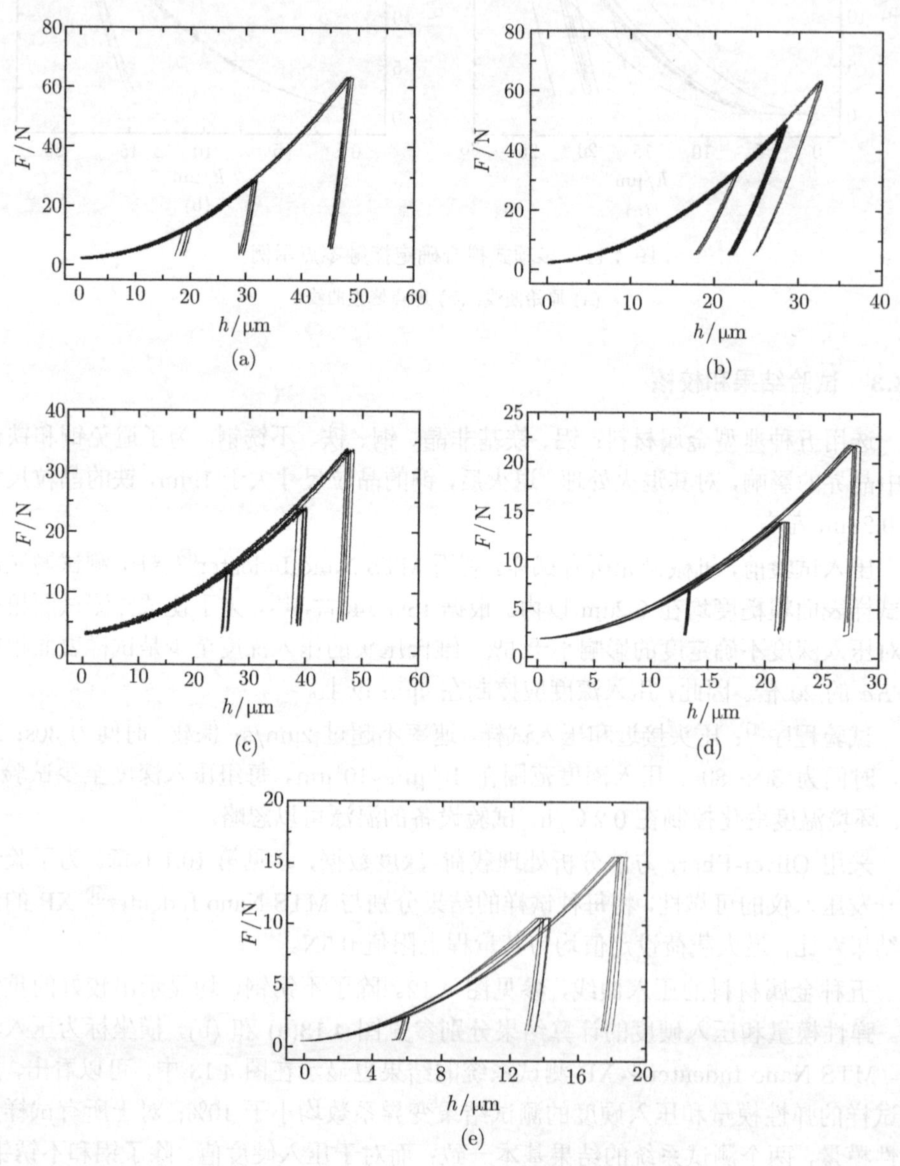

图 4.12　压入试验曲线

(a) 铝; (b) 镁基非晶; (c) 铜; (d) 铁; (e) 不锈钢

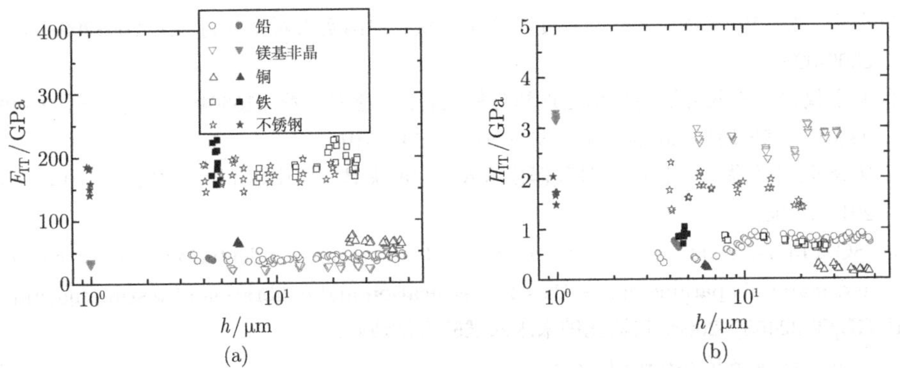

图 4.13 测试结果 (实心图例数据为 Nano Indenter® XP 结果)

(a) 弹性模量; (b) 压入硬度

参 考 文 献

[1] ISO 14577-1:2002. Metallic materials — Instrumented indentation test for hardness and materials parameters — Part 1: Test method.

[2] http://www.agilentnano.com.

[3] http://www.hysitron.com.

[4] http://www.csm-instruments.com/en.

[5] http://www.micromaterials.com.

[6] 张泰华. 微/纳米力学测试技术及其应用. 北京：机械工业出版社, 2004.

[7] Thurn J, Morris D J, Cook R F. Depth-sensing indentation at macroscopic dimensions. Journal of Materials Research. 2002, 17(10): 2679-2690.

[8] http://www.zwick.com.

[9] http://www.atc-ssm.com.

[10] http://www.frontics.com/eng.

[11] 刘东旭. 压入深度测量法在宏观和显微硬度试验中的应用. 北京：中国科学院研究生院硕士学位论文, 2004.

[12] 刘东旭，张泰华，郇勇. 宏观深度测量压入仪器的研制. 力学学报，2007, 39(3): 350-355.

[13] 张泰华，郇勇，刘东旭, 等. 材料试验机的压痕测试功能改进方法及其改进装置: 中国发明专利, ZL200410078245.2. 2008-08-20.

[14] 郇勇，张泰华，杨业敏. 具有自动对心功能的夹具: 中国实用新型专利, ZL2004200879311. 2005-08-17.

[15] 张泰华, 郇勇, 杨业敏, 等. 电磁式微力学压痕测试仪及其测试方法: 中国发明专利, ZL200410074534.5. 2007-12-26.

[16] 姜辛. 一种便携式仪器化压入设备的研制. 北京：中国科学院研究生院硕士学位论文, 2009.

[17] 姜辛, 张泰华, 郇勇, 等. 一种便携式压入仪: 中国实用新型专利, ZL 200820080577.8. 2009-02-04.

[18] 基于仪器化压入方法的数据处理和分析软件. 软著登字第 0163616 号. 登记号 2009SR 036617. 完成时间 2009-06-15. 发表时间 2009-07-01.

[19] 宋金龙, 张泰华, 冯义辉. 一种仪器化压入试验的夹具: 中国发明专利, ZL201010146460.7. 2011-10-05.

[20] ISO 14577-2:2002. Metallic materials — Instrumented indentation test for hardness and materials parameters — Part 2: Verification and calibration of testing machines.

[21] GB/T 22458—2008. 仪器化纳米压入试验方法通则.

[22] http://www.microstartech.com.

[23] Hay J L, Pharr G M. Instrumented Indentation Testing//Kuhn H, Medlin D. ASM Handbook Volume 8: Mechanical Testing and Evaluation (10th edition). Ohio: ASM International, Materials Park, 2000: 232-243.

[24] Tabor D. Hardness of Metals. London: Oxford University Press, 1951.

[25] Field J S, Swain M V. A simple predictive model for spherical indentation. Journal of Materials Research, 1993, 8(2): 297-306.

[26] Johnson K L. Contact Mechanics. Cambridge: Cambridge University Press, 1985.

第5章　校 准 检 验

压入仪器测量装置引起的误差，往往以系统误差的形式出现。这类误差持续影响测试结果，不易觉察，有时可能误判成新的实验现象或规律。发展和加强仪器的校准 (calibration) 和检验 (verification) 技术，可有效降低测试数据的系统误差，是获得可靠测试数据的必要条件之一。本章介绍仪器主要功能的直接校准和检验方法，评价仪器整体性能的间接检验方法，确定仪器运行状态的常规检查方法，校准和检验常用的参考样品和纳米压入仪测试和校准的实例[1,2]。

5.1　直接校准和检验

5.1.1　载荷测量装置校准

ISO 14577[1] 和 GB/T 22458—2008[2] 规定如下。

对试验载荷的校准，推荐采用如下可溯源的方法：利用经校准的电子天平；利用经校准的质量块配平载荷；利用与 GB/T 13634 中第 1 级相一致的校准装置。

用于载荷校准的装置，应准确到每个校准载荷的 0.25%或 1μN 以内，两者当中取其较大者。

压入载荷的重复性应在表 5.1 所示的标称值允许偏差范围之内。仪器校准的载荷范围应规定为从最小校准载荷到最大校准载荷。对纳米范围，强烈推荐允许偏差为 ±1.0%。

表 5.1　压入载荷的允许偏差

载荷范围/N	允许偏差/%
$F \geqslant 2$	±1.0
$0.1 \leqslant F < 2$	±1.5
$0.001 \leqslant F < 0.1$	±2.5

校准仪器的每个加载和卸载范围。至少校准整个压入载荷范围内均匀分布的 16 点，也就是 16 次加载和 16 次卸载。压入过程应重复 3 次。

5.1.2　位移测量装置校准

ISO 14577[1] 和 GB/T 22458—2008[2] 规定如下。

对位移测量装置的校准，推荐采用如下的方法：激光干涉方法，电感方法，电容方法，压电方法。

每次测量值与标称值的误差，应在表 5.2 所给定的允许误差范围之内。仪器校准的位移范围，应规定为最小校准长度到最大校准长度。

表 5.2　位移测量装置的估测能力和最大允许偏差

应用范围	位移测量装置的估测能力/nm	最大允许偏差
宏观范围	$\leqslant 100$	$1\%h$
显微范围	$\leqslant 10$	$1\%h$
纳米范围	$\leqslant 1$	2nm

用于位移校准的装置，应准确到每个校准长度的 0.25%或 1nm 以内，两者当中取其较大者。

对位移测量装置估测能力的要求，取决于测量的最小深度。对应于各种不同深度范围的仪器估测能力，应满足表 5.2 的要求。对纳米范围，强烈推荐允许偏差为 ±1.0%。

对仪器位移测量的所有范围进行校准。在每个范围上，至少对仪器整个行程范围内均匀分布的 16 点进行校准。试验过程应重复 3 次。

5.1.3　压头的要求和检验

ISO 14577[1] 严格规定压头的形状、角度、尖端半径、表面粗糙度等。其中，玻氏压头的尖端半径，对显微范围，应小于 500nm；对纳米范围，应小于 200nm。其检验手段，采用 SEM 和 TEM，侧面平面成像，旋转压头水平放置角度，最后确定出平均等效半径，参见 4.2 节；采用原子力显微镜或共聚焦显微镜，测定压头尖端三维成像信息，以便确定出等效半径，参见 4.3 节。

维氏压头的横刃长度要求，参见表 5.3。其检验方法采用上述方法，直接测量出最大横刃长度。

表 5.3　维氏压头允许的最大横刃长度[1]

压入深度的范围/μm	允许的最大横刃长度/μm
$h > 30$	1
$30 \geqslant h > 6$	0.5
$h \leqslant 6$	$\leqslant 0.5$

5.1.4　仪器柔度校准

压入试验过程中所施加的载荷，不仅产生压入深度，同时也引起仪器局部机架的弹性变形。

估计压杆和压头在不同载荷水平下弹性变形量的数量级。将压杆和压头等效成长 $L=0.1\text{m}$ 和半径 $R=1.5\text{mm}$ 的圆杆，弹性模量约 $E=200\text{GPa}$，其刚度 $K_\text{m}=\pi R^2E/L\approx 10^7\text{N/m}$。如果压入载荷 F_m=10mN，在熔融石英中的压入深度约为 300nm，等效圆杆的变形 $F_\text{m}/K_\text{m}\approx 1\text{nm}$，即约为压入深度的 0.3%。如果压入载荷为 500mN，在熔融石英中的压入深度约为 2000nm，等效圆杆的变形 $F_\text{m}/K_\text{m}\approx 50\text{nm}$，即约为压入深度的 2.5%。因此，为保证压入深度的测量准确性，必须校准仪器柔度。

为了校准仪器的柔度 C_m 或刚度 $K_\text{m}=1/C_\text{m}$，需要从仪器的压入深度测量结果 h_0 中扣除实际的机架变形。如果已知 C_m 或 K_m，在载荷 F_m 作用下的局部机架变形量 $C_\text{m}F=F/K_\text{m}$，压头在试样中的压入深度修正为

$$h=h_0-C_\text{m}F=h_0-F/K_\text{m} \tag{5.1}$$

仪器柔度校准，应在校准载荷和位移测量系统之后进行。制造商在仪器交付使用之前，应确定出仪器的柔度值。

仪器柔度的校准，应至少采用五种不同的试验载荷，在参考样品上进行系列试验。应保证在所选取的载荷范围内，参考样品的性能不随压入深度的增加而变化。最小载荷的选取，受参考样品和压头组合的限制。最大载荷应尽量靠近仪器的载荷量程，因为仪器柔度的校准载荷越大效果越佳，但要保证参考样品不发生开裂等异常响应。压入测量结果偏差应满足相关标准的要求[1,2]，参见表 5.1 和表 5.2。下面为 ISO 14577[1] 和 GB/T 22458—2008[2] 推荐的校准程序。

将仪器的压头和压杆等活动部件和试样分别简化为两个串联弹簧，总的测量柔度 C_t 等于压头压入试样的接触柔度 C_s 和仪器柔度 C_m 之和

$$C_\text{t}=C_\text{s}+C_\text{m} \tag{5.2}$$

设定仪器柔度的初始估计值为 C_m^*(可以为零)，新的仪器柔度值和初始估计值之间的关系按式 (5.3) 确定

$$C_\text{m}=C_\text{m}^*+C_\Delta \tag{5.3}$$

式中，C_Δ 是 C_m^* 的修正值。实际上，总的测量柔度是固定不变的，存在式

$$C_\text{s}+C_\text{m}=C_\text{m}^*+C_\text{s}^* \tag{5.4}$$

式中，C_s^* 是对应于初始估计值 C_m^* 的压头与试样的接触柔度。将式 (5.3) 代入式 (5.4) 后，可以得到

$$C_\text{s}^*=C_\text{s}+C_\Delta \tag{5.5}$$

对于每次试验，均可按照式 (10.3) 和式 (10.4) 计算得到相应的 $C_s^* = (1/S^*)$ 值和接触投影面积 A^* 值。将所有试验得到的系列数据 (A^*, C_s^*) 按式 (5.6) 线性拟合

$$C_s^* = m^*(A^*)^{-\frac{1}{2}} + C_\Delta \tag{5.6}$$

在确定出最佳的拟合参数 m^* 和 C_Δ 后，利用式 (5.3) 可确定出 C_m。实际操作时，可能需要反复迭代，直至获得收敛的值。

由于参考样品的压入模量为不随深度变化的常数，由式 (10.7) 得

$$C_s = \frac{1}{S} = \frac{\sqrt{\pi}}{2\beta E_r}A^{-\frac{1}{2}} = mA^{-\frac{1}{2}} \tag{5.7}$$

通过此式得到的 m 可作为检查拟合效果的参考，最终的 $(m^* - m)/m$ 值应在百分之几以内。

还有一种不计算接触投影面积 A 直接确定 C_Δ 方法。对于玻氏和维氏压头，参考样品的压入硬度不随深度增加而变化，注意球形压头不适用。由式 (10.10) 可得

$$F_m \propto A \tag{5.8}$$

同样可以将所有试验的系列数据 (F_m, C_s^*) 按式 (5.8) 进行线性拟合，以便确定出 C_Δ。

$$C_s^* = m^* F_m^{-\frac{1}{2}} + C_\Delta \tag{5.9}$$

当接触刚度 S 接近仪器刚度 K_m 时，联立式 (5.2) 和式 (5.7) 可知，精确确定 C_m 或 K_m 极为重要。从式 (5.7) 可知，S 随 $\sqrt{A}$ 线性变化，在相对较大深度接触时，修正仪器刚度，就变得非常重要。图 5.1 显示仪器刚度的修正对熔融石英不同压入深度的影响程度[3]。图中使用仪器无穷大刚度 $K_m = 1.0 \times 10^{30}$N/m 和有限刚度 $K_m = 6.8 \times 10^6$N/m，分别处理最大载荷 7mN 和 600mN 下的载荷–深度曲线。当最大载荷 7mN 时，接触刚度较小，接触刚度小于 1%K_m，仪器刚度的修正影响较小。当最大载荷 600mN 时，接触刚度较大，接触刚度约为 10%K_m，仪器刚度的修正影响较大。

如果定义 "接触刚度/仪器刚度"，当其比值较小时，仪器柔度的影响可忽略；否则，必须考虑仪器柔度的影响。对面积函数而言，情况正好相反。如果仪器柔度低、压头相当尖，经过几次迭代循环后，确定的面积函数和仪器柔度就会收敛。如果仪器柔度高、压头相当钝，迭代过程收敛得相当慢，有时甚至不能收敛。数据噪声的影响也会显现，与上述问题相耦合。

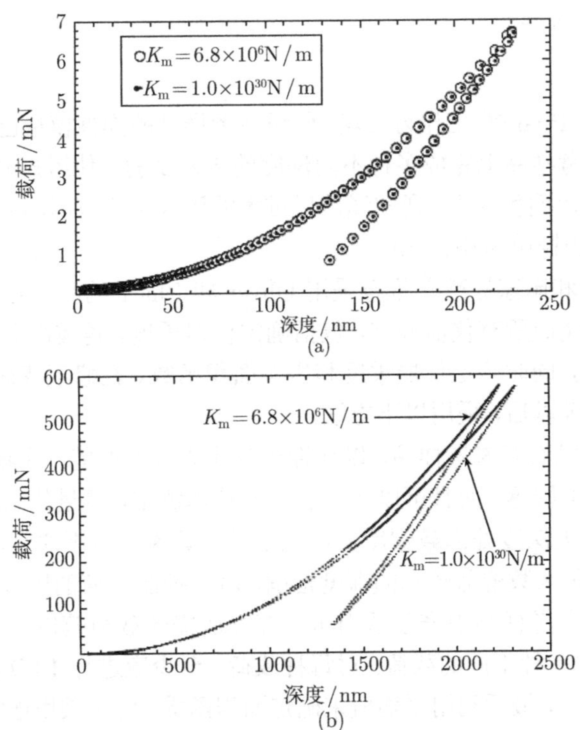

图 5.1 仪器刚度修正的熔融石英载荷–深度曲线[3]

(a) 最大载荷 7mN；(b) 最大载荷 600mN

5.1.5 压头面积函数校准

压头尖端的实际形状与其设计形状之间存在差异。例如，三棱锥压头尖端的圆弧面，四棱锥压头尖端的横刃，压头的加工角度与设计角度之间的偏差，压头使用磨损导致的形状变化。为保证测试结果的准确性，应定期校准压头的面积函数[3]。

压头面积函数通常用描述接触深度和接触投影面积之间关系的函数式表达，即沿压头尖端中心线的投影面积 (截面积) 与压头顶点至相应截面距离之间的函数关系。当接触深度较小时，按设计形状计算的与实际的面积函数之间有明显差异。加工水平的限制和使用磨损的影响，需要发展合适的压头面积函数校准方法。

目前，校准压头面积函数的方法有两种：直接测量方法和间接校准方法。

1. 直接测量方法

利用高分辨力的 AFM 扫描出压头的三维形貌，重构高度和横截面积之间的函数关系。由于该方法对成像工具要求高，费时费工，一般实验室难以完成，也易受成像仪器的测量原理和分辨能力的影响[1,2]。该类方法未能考虑压头在压入硬质材料时其自身的变形。

2. 间接校准方法

(1) 迭代方法

以 Oliver 和 Pharr[4] 工作为代表。假设参考样品的弹性模量已知，且不随压入深度变化，在参考样品上完成多种不同深度的压入试验，使用式 (10.1)~ 式 (10.7) 可反复迭代计算出面积函数。通常涵盖尽量大的压入深度范围，以满足面积函数在不同压入深度范围内的测试需要。

国际标准[1] 和国家标准[2] 推荐采用 Oliver 和 Pharr 的测量方法确定压头的面积函数。要求先完成所有仪器校准，包括确定仪器柔度，再校准面积函数，否则就要采用迭代方法，同时确定仪器柔度和压头面积函数。在修正载荷–深度数据的仪器柔度、热漂移等以后，采用以下方法。

推荐采用熔融石英参考样品，以弹性模量作为标准性能。该参量对加工硬化、热处理、蠕变等不敏感，而且可以通过非压入技术测定，可量值溯源。

对于采用最大深度处卸载刚度的压入试验，其深度范围通常从尽可能小到尽可能大，以便面积函数覆盖较宽的深度范围。对于控制载荷的压入，需要预先进行试验，以建立在参考样品中产生适当压入深度所需的载荷范围。在整个深度范围内，至少应选择 10 种不同的载荷；对每种载荷，至少应进行 10 次压入试验，剔除有明显偏差的数据，最后利用平均值来确定面积函数。对于采用连续刚度法的压入试验，在最大载荷作用下完成约 30 个不同位置的压入测试。

对于每次压入试验，都可以按照式 (10.5) 和式 (10.7) 计算，得到接触深度 h_{c}' 及其对应的接触面积 A'。按式 (5.10) 拟合得到的所有试验系列数据对 (A', h_{c}')，可得到压头面积函数 $A(h_{\mathrm{c}})$

$$A\left(h_{\mathrm{c}}\right)=\sum_{i=0}^{8} C_i h_{\mathrm{c}}^{\frac{1}{2^{i-1}}} \tag{5.10}$$

式中，C_i 为最佳拟合常数。

对于棱锥压头，C_0 可考虑限定为标称面积函数中所用的数值；对于球形或球锥压头，C_1 限定为标称面积函数中所用的数值。如果将所有系数 C_i 都限定为正数，面积函数在大于拟合深度范围也有效。如果不限定 C_i 值的正负，拟合效果较好，但面积函数仅在拟合深度范围内才有效。

为了评估拟合质量，相对变化率参量定义为

$$Var=\frac{A\left(h_{\mathrm{c}}'\right)-A'}{A'} \tag{5.11}$$

如果画 Var 随 h_{c}' 变化的曲线，可以看出拟合得到的面积函数 $A\left(h_{\mathrm{c}}\right)$ 在不同深度处偏离试验测得 A' 的程度。

压头面积函数确定后，参考样品的测试性能与其标称值之间的偏差应小于 5%，否则应重新校准。在压头所确定范围的任意深度，通过以上方法确定的面积函数和标称面积函数之间的差别 (每个测量深度所对应的面积与标称面积之间的相对变化率) 超过 30%，此压头应报废。

存在的问题：①如果预设仪器柔度的偏差较大，迭代过程的收敛会遇到困难。另外，迭代初始参数的设定也会影响面积函数的确定。②压头随试验次数的增多磨损会加剧，为了确保试验的重复性，需要定期标定面积函数。

以上确定压头面积函数的方法，对于参考样品的其他参数也适合，例如，压入硬度 H_{IT} 或者马氏硬度 HM。用 HM 不能确定接触投影面积函数，而是给出压入表面积 A_{s} 随压入深度 h 变化的曲线，即表面积函数。为了确定马氏硬度的表面积函数，推荐使用塑性理想的参考样品。

选择压头面积函数式 (5.10) 的初衷是，能在较宽的深度范围内拟合数据，而不强调其物理意义。事实上，该函数形式可以部分描述压头的重要形状。例如，第一项描述设计的等效圆锥压头的理想锥角；第二项描述抛物形解，在较小压入深度下压头近似为球形，半径为 R 的理想球形压头可以用前两项描述，$C_0 = -\pi$，$C_1 = 2\pi R$[3]。前两项也可以为双曲形的解，即尖端为球形，接着用固定角度的圆锥描述。每一种情况，测试确定的常数可以和用适当几何描述确定的形状相比较。式 (5.10) 的高次项主要用来描述压头尖端实际形状和设计形状的偏离程度，方便研究者在几个数量级范围内发展适当的面积函数。在确定应用范围时有多种线性拟合方法供选择。面积函数的第一项，通常定义为首项，由加工时的棱面和中心线的夹角决定，和表 4.2 有一定的差异。如果按设计的理想压头确定首项，在浅压入时会引起较大误差；如果不按设计的理想压头确定首项，可精确地确定面积函数，参见图 10.2。另外，所有系数可以通过加权拟合感兴趣的深度测量范围确定[5]。

(2) 几何方法

在描述纳米压入仪中所用压头时，根据相同的面积–深度比，将 Vickers 和 Berkovich 压头等效成半锥角为 70.3° 的圆锥。为了校准尖端半径的影响，需要发展压头的面积函数校准方法。式 (5.10) 在较宽压入深度范围内能给出较好的结果，但拟合参数较多，物理意义不够明确。为了说明压头面积函数的物理意义，刘东旭和张泰华[6] 将压头形状视为球冠和圆锥的相切连接，参见图 4.5，提出一种确定压头面积函数的简易方法。

当压入深度在球冠内 $h_{\mathrm{c}} \leqslant R(1-\sin\alpha)$ 时，面积函数为

$$A = -\pi h_{\mathrm{c}}^2 + 2\pi R h_{\mathrm{c}} \tag{5.12}$$

当压入深度在圆锥内 $h_{\mathrm{c}} > R(1-\sin\alpha)$ 时，面积函数为

$$A = \pi a^2 = \pi\left[\frac{h_c}{\cot\alpha} + R\left(\frac{1-\sin\alpha}{\cos\alpha}\right)\right]^2 = \frac{\pi h_c^2}{\cot^2\alpha} + \frac{2\pi RBh_c}{\cot\alpha} + \pi R^2B^2 \quad (5.13)$$

式中，$B=(1-\sin\alpha)\cos\alpha$。其中，右边的第一项描述设计压头的接触面积；第二项描述半径的影响；第三项，当接触深度接近零时，可以阻止接触面积趋于零。为了方便拟合，式 (5.13) 可以表示为

$$A_c = \left(\frac{h_c}{m} + n\right)^2 \quad (5.14)$$

式中，m 为与 α 相关的参数；n 为与 α 和 R 相关的参数。

对棱锥压头，在满足 $h_c > R(1-\sin\alpha)$ 的情况下，接触深度式 (10.5) 不会出现等于零的情况。实际压头的接触面积与设计压头的接触面积之比会随压入深度变浅而增大。式 (5.13) 右边第三项的存在，对预测浅压入时的接触面积尤为重要。

采用 Nano Indenter® XP 和 Berkovich 压头，对比上述两种面积函数所确定的压入硬度和模量。试样材料分别是铝、铜和熔融硅，每个荷载水平至少测试五次。在图 5.2 和图 5.3 中，图例 O-P 为基于 Oliver 和 Pharr 方法计算的面积函数，L-Z 为基于刘东旭和张泰华方法计算的面积函数。可以看出，两种结果趋于一致。

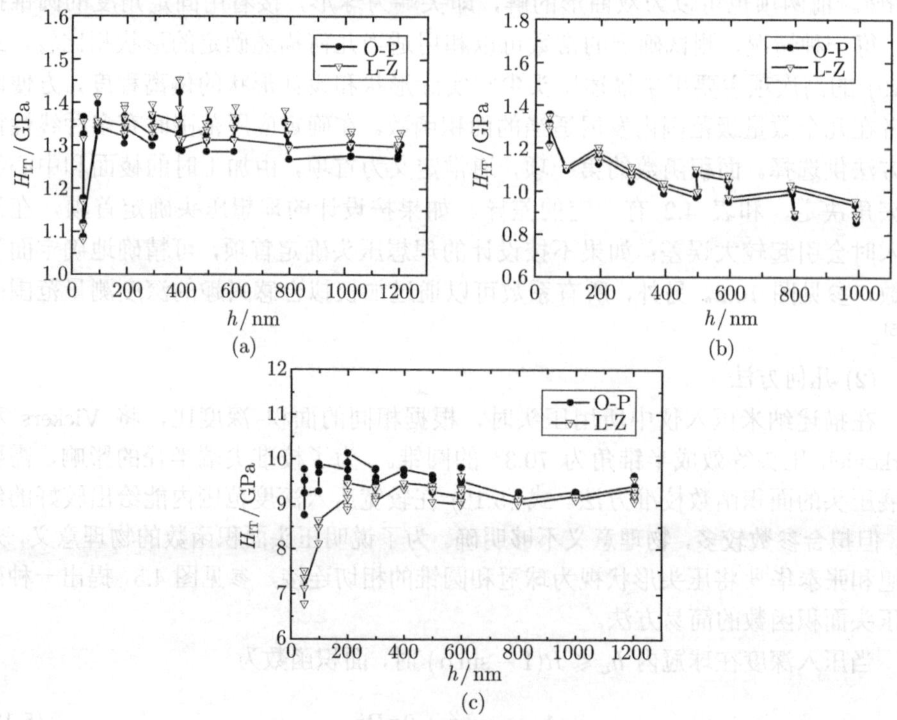

图 5.2　三种材料的压入硬度结果

(a) 铝；(b) 铜；(c) 熔融石英

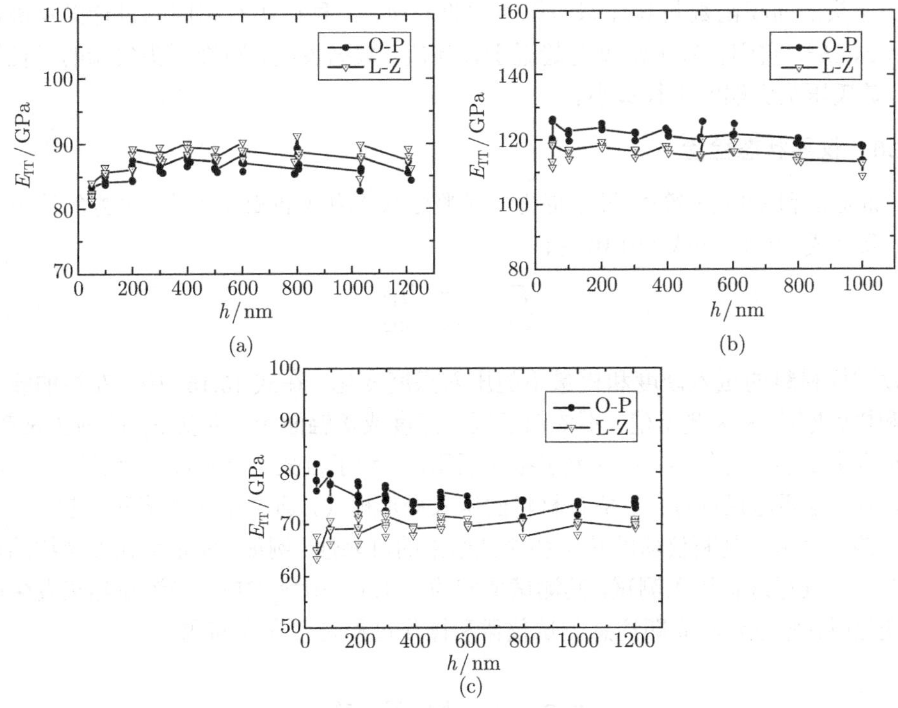

图 5.3 三种材料的弹性模量结果

(a) 铝; (b) 铜; (c) 熔融石英

与 Oliver 和 Pharr 迭代方法中的九参数面积函数相比，刘东旭和张泰华的球锥相切面积函数需要确定的参数较少，物理意义明确，但压头尖端半径 R 的确定则繁琐和困难，参见 4.3.2 节。

目前，报道的最理想压头尖端半径可达 20nm，面角与理想值之间的加工误差已控制在 0.025°[7]。图 5.4 为采用上述 Oliver 和 Pharr 迭代方法校准圆锥、玻氏和

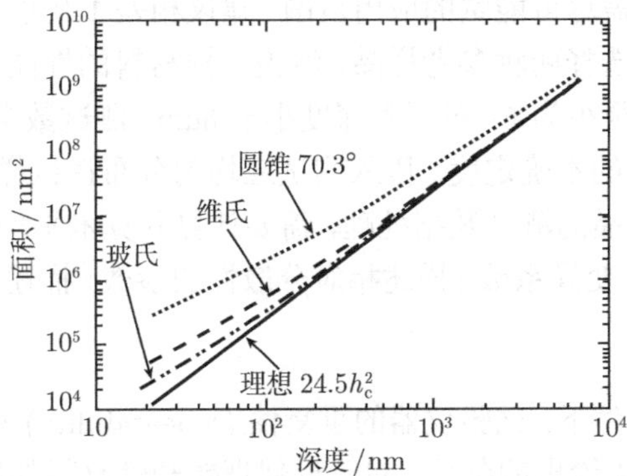

图 5.4 圆锥、玻氏和维氏压头的校准和设计面积函数之间的差异[3]

维氏压头的面积函数与其理想面积函数的差异。三种压头有相同的设计面积函数 $A = 24.5h^2$，它们在较大深度时趋近于设计值。数据表明，圆锥压头尖端的半径较大，玻氏压头尖端的半径最小。

5.1.6　仪器状态检验

Joslin 和 Oliver 等[8] 最早提出一种判断仪器状态的载荷/刚度平方的简单方法。联立式 (10.7) 和式 (10.10) 得

$$\frac{F}{S^2} = \frac{\pi}{4\beta^2}\frac{H_{\rm IT}}{E_{\rm r}^2} \tag{5.15}$$

假设试样材料的压入硬度和模量不随压入深度变化，在式 (5.15) 中，左边的载荷 F 和接触刚度 S 为测量值，不依赖于压入深度或接触面积，所以 F/S^2 应为常数。此组合参量的显著特点：不依赖于接触面积，有利于机架柔度和面积函数测量的解耦，不再需要迭代过程；不依赖材料的压入变形模式，适合压入凹陷和凸起。

该式可用于判断仪器的状态和测试结果的可靠性。例如，要定期在参考样品熔融石英上例行进行压入测试，其测试值应约为 1.5×10^{-3}/GPa。当测试结果发生明显变化时，操作者应立即注意测试仪器和操作过程是否存在问题。

5.2　间 接 检 验

为了检验仪器的整体性能，ISO 14577[1] 和 GB/T 22458—2008[2] 规定间接检验的要求和内容，简要介绍如下。

间接检验应定期进行，或者在要求高精度的测试之前进行。应采用符合规定的参考样品，测试温度范围 23℃ ±5℃及其波动小于 1℃。

间接检验应至少采用经常使用的两种试验载荷。对于每种载荷，应选择两种参考样品，其性能应涵盖尽可能宽的应用范围，建议相差 1 倍以上。如果仪器仅在一种载荷下检验，至少选择两种参考样品，涵盖试样材料的性能范围。对每个参考样品，推荐压入测试数至少为 5；对压入深度小于 6μm，测试数至少为 10 次，以便减少测量平均值重复性的不确定度。压入测试应均匀分布在试样表面。

对于每个参考样品的测试数据处理，需要计算其算术平均值、标准偏差 (描述数据分散性的参数)，变异系数 (描述相对分散性的参数) 描述，具体参见 6.6 节。

5.2.1　仪器重复性

在特定的检验条件下，试验仪器的重复性 (repeatability) 利用测量值的变异系数确定，应满足表 5.4 给出的条件。对于近似理想塑性材料的压入模量，这些限制不可能满足。

表 5.4 仪器的重复性[1,2]

材料参数	不同应用范围的变异系数	
	$0.2\mu m \leqslant h \leqslant 1\mu m$	$h > 1\mu m$
HM, H_{IT}	5%	2%
E_{IT}	5%	5%

在 90%置信度条件下，通过以上试验得到的参考样品性能的算术平均值 $\bar{q}$ 与标称值 q 之间的偏差小于 5%，可以认为仪器的整体性能能够满足试验的要求。

当间接检验结果不符合要求时，应按照制造商的仪器故障检修指南排查原因，然后重复进行间接检验。如果结果仍不符合要求，仪器的间接检验失败。

5.2.2 仪器误差

仪器的误差由下列差别描述

$$|\bar{q} - q| \tag{5.16}$$

使用 t 统计描述

$$t = \frac{\bar{q} - q}{s(q)} \times \sqrt{n} \tag{5.17}$$

t 应小于在 95% 置信水平下 $n-1$ 自由度的临界值 t_c。n 和 t_c 的例值见表 5.5。

表 5.5 n 和 t_c 的例值[1]

n	5	10	20
t_c	2.78	2.26	2.09

5.3 常规检查

至少采用两种不同的试验载荷在一块已知材料参数的试样上进行试验。应采用合适的图表记录试验结果。如果结果超出该试样的正常重复性范围，应进行间接检验。

当常规检查结果不符合要求时，应按照制造商的仪器故障检修指南排查原因，然后重复进行常规检查。如果结果仍不符合要求，仪器的常规检查失败。

5.4 参考样品

参考样品主要用于日常检查仪器的状态、校准仪器的柔度和压头的面积函数。应选择满足均质性、均匀性和稳定性的方法制造参考样品。对每块参考样品，都应规定其适用的深度或载荷范围，以及适用的压头形状。

试样特性限制压入载荷范围。例如，超过某一特定载荷，脆性试样会开裂；低于某一特定载荷，表面粗糙度或者微尺度不均匀性会导致不符合分散性要求的试验结果。压入载荷范围还与压头形状相关。如果必要，给出参考样品的有效期。

参考样品应进行均匀性检验、稳定性检验和定值。

5.4.1 材料选择

制作参考样品的材料应具有如下的特性[1,2]：均匀的成分和性能、表面化学性质稳定、压痕周围无凸起、无明显时间相关性。推荐采用各向同性材料，例如，熔融石英作为参考样品的选材。

5.4.2 样品加工

参考样品的厚度应大于 2mm，或压入深度的 20 倍，两者当中取其较大者。如果是制造过程的需要，这些数值可以略低些。测试面和支撑面的平整度在 50mm 内不超过 5μm，两者平行度在 50mm 内不超过 10μm[1,2]。

对于底面置于试样台上的参考样品，上下表面的平行度应小于 0.5°。对利用侧面进行装卡的参考样品，侧面与试验表面的垂直度应小于 0.5° [1,2]。

参考样品测试表面应尽可能光滑。对宏观和显微范围，参考样品的测试和支撑面粗糙度 Ra 在采样长度 0.80mm 内分别不超过为 15nm 和 0.8μm。对纳米范围，Ra 在采样长度 0.80mm 内不超过 10nm；如果用原子力显微镜测量，在采样长度为 10μm 内不超过 10nm。对纳米范围，考虑粗糙度的空间波长和幅值极为重要[1,2]。

参考样品的加工应采用对其表面性能影响最小的方式进行，从而保证利用压入等方法获得的试样的表面性能与试块整体性能尽可能接近。

如果参考样品是镶嵌在大块固定材料中的小块，或者是沉积在基底上的表层，镶嵌材料或基底材料的刚度应足够高，以减小其柔度对参考样品测试的影响。

参考样品应无磁性。如果材料为钢，推荐在加工结束后对其去磁处理。

表 5.6 为常用参考样品的力学参数，表中 HM0.25 表示作用载荷 0.25N。在实际纳米压入测试过程中，一般选择熔融石英作为参考样品。该材料具有以下特点：表面光滑，容易获得可重复结果；非晶，各向同性；中等力学特性，压入模量 72GPa，压入硬度 9GPa~10GPa；在卸载时有较大的弹性恢复，有利于压头面积函数的校准；良好的抗氧化性能，材料近表面和内部的性质类似，材料性质不依赖于压入深度；在压入过程中无凸起变形，典型的陶瓷行为；在室温压入过程中，无明显时间相关性，易于确定热漂移的变形效应。

表 5.6 常用参考样品的压入硬度和模量[1]

材料	HM0.25/GPa	E_{IT}/GPa
钢	1.0~8.4	210.0
玻璃	3.0~5.0	65.0~85.0
玻璃 BK7	4.2	82.0
玻璃 SF6	2.8	56.0
陶瓷	10.0~18.0	200.0~380.0
钨	4.0~5.0	411.0
融熔石英	4.8~5.2	72.0

5.5 纳米压入仪测试和校准的实例

目前，纳米压入仪的测试和校准技术得到进一步的完善。下面，以 MTS Nano Indenter® XP 为例进行说明[5]。仪器柔度和玻氏压头面积函数的校准测试在熔融石英上进行，由于采用连续刚度测量技术，可以控制和测量如下参数：简谐载荷 (harmonic load，载荷信号的波动幅值)、简谐深度 (harmonic displacement，位移信号的波动幅值)、简谐频率 (harmonic frequency)、相位角 (phase angle，简谐载荷和简谐深度之间的相位差)、简谐刚度 (harmonic stiffness，通过以上各量计算)。该仪器是载荷控制型设备，可以通过反馈控制以保持简谐深度为常数。

测试过程。第一步，压头缓慢逼近试样表面，通过测量载荷、位移和刚度，精细确定接触表面位置。表面逼近速度为 10nm/s，位移简谐幅值 3nm，频率 80Hz。微小的位移波动可以避免对总测量位移的影响， 但是大的波动将能提高信噪比，合适幅值为 3nm。第二步，确定接触表面后，开始用 $\dot{F}/F = 0.3$ 控制，这样可以保证在对数坐标中低的和高的载荷段数据密度接近。在前 400nm 压入深度内，反馈控制位移的简谐幅值为 3nm。在 400nm 处，测试暂停 10s 以便位移幅值增加到 8nm，目的是为了降低噪声水平。这种措施对硬材料的测试较为有利，但对软材料，如铝可能会导致测试误差。随后载荷继续增加至最大，约 630mN。第三步，保持载荷 10s，用于修正蠕变的影响。第四步，开始以恒载荷速率 $\dot{F} = 19\text{mN/s}$ 卸载至最大载荷的 10%。第五步，保持载荷 200s，确定热漂移率，修正深度数据。第六步，卸载至零。各测试量的采样速率为 5Hz，为便于统计平均，测试重复 10 次。

图 5.5(a) 是用于校准的典型载荷–深度曲线，经过热漂移修正。该图显示抛物形加载和幂律卸载的形状，在深度 400nm 处未见停顿。图 5.5(b) 是使用 CSM 组件测量的简谐接触刚度图，400nm 处的停顿也不明显。说明这些停顿不影响测试数据。采用该系统的原位扫描组件对残余压痕扫描成像，扫描速度 2μm/s，接触载荷 5μN，图像分辨力 512×512 像素，结果分别参见图 5.5(c) 和 (d)。

确定接触零点。将各测试参量在接触点附近局部放大，参见图 5.5(e)、(f)、(g) 和 (h)，显示在接触试样表面过程中的变化光滑和连续，没有突然变化，这样会导致接触点探测的不确定程度。相比较而言，图 5.5(h) 中的简谐接触刚度在接触点附近的增加较快，是提供接触零点探测的最好估计。

试样表面会存在似水的薄吸附层。当压头逼近表面时，新月面的形成会在接触之前导致刚度测量值减小，难以确定接触点，但可以确认此范围在 ±2nm 以内。理想接触表面的确定，主要依赖于试样材料表面特性和仪器的测量能力。测试仪器的共振频率特别重要 (这里使用仪器的共振频率为 12Hz)，它是探测表面在刚刚接触之前最敏感的频率，也是仪器易受噪声如震动等影响的频率。

校准仪器柔度。确定接触点后，分析载荷/刚度平方–深度 (F/S^2-h) 曲线，参见图 5.5(i)。为了确定接触刚度 S，必须用式 (5.7) 去除仪器柔度部分。当压入深度大于几百纳米时，熔融石英的压入硬度和模量不随压入深度变化， 从式 (5.15) 中可知 F/S^2 应为常数。通过变化不同的 C_m 值，将 F/S^2-h 曲线调至水平，此时的 C_m 值即为校准的仪器柔度，该过程不需要知道面积函数。

在此过程中应该忽略浅压入的数据，这主要是压头缺陷造成的。钝压头导致平均接触压力较低，由于接触行为像球形压头作用在几何表面上，平均接触压力在零压入深度时为零，然后随着压入深度的增加而增加，这是接触压力的真实变化，而不是由于不准确的面积函数造成的。当载荷从零开始增加时，接触首先是弹性的。当压入达到某一深度时，塑性开始发生。当深度继续增大时，试样材料进入塑性主导状态。随后，由于玻氏压头的自相似和熔融石英的均匀性，决定着平均接触压力不随压入深度的增加而变化。这些影响在图 5.5(i) 中是明显的，在前 500nm 曲线处于上升阶段。影响区范围取决于压头情况。 对磨损严重的压头，上升阶段的压入深度较大。

图 5.5(j) 显示三种假设 C_m 的情况。正确值 $C_\mathrm{m}=9.62\times10^{-8}\mathrm{m/N}$，在压入深度 1000nm~2300nm 范围内曲线是平的，压头缺陷的影响小。但是，当 C_m 增加或减小 20%时，导致曲线上升或下降。从经验上看，熔融石英的 F/S^2 合适值为 1.5/TPa±0.1/TPa，该值对载荷、位移和仪器柔度校准的误差敏感。所以，通过检查该值可以快速评估仪器的使用状态。

校准面积函数。当校准仪器柔度并从位移测量中扣除其影响后，可以通过载荷、位移和刚度数据校准压头的面积函数。首先，采用式 (10.5) 和 $\varepsilon=0.75$，从加载曲线每个数据点确定对应的接触深度，相关接触面积可用两种方式建立。

如果精确测量出压头的面夹角，就可以按几何关系直接确定首项 C_0。接着，使用式 $A=(\pi/4)(S/\beta E_\mathrm{r})^2$，从测量的接触刚度中确定出相应的接触面积；再根据式 (5.10) 拟合 A 和 h_c，可确定出面积函数。这种方式适用于新的高加工质量的压头，因为首项在较大压入深度范围内控制面积函数。或直接使用式 $A=(\pi/4)(S/\beta E_\mathrm{r})^2$ 确定接触面积。例如，对于如图 5.5(a) 和图 5.5(b) 的测量数据，采用背反射式激光测角仪 (back-reflection laser goniometer) 测面夹角，计算出的首项 $C_0=24.212$，再经过压头倾斜修正后得 $C_0=24.65$。如果压头不理想或面夹角未测，也可以假定

已知熔融硅的 E_r 值和压头形状因子 β，计算接触面积。通常取熔融石英的弹性模量 E=72GPa 和泊松比 ν=0.17，金刚石取 E=1141GPa 和 ν=0.07，由式 (10.8) 可得 E_r=69.6GPa；通常取 $\beta = 1.034$。球形压头的也可以采用此方法校准。

如果在较宽的压入深度范围内使用面积函数，例如，10nm~1500nm，可以根据面夹角测量结果使用上述方法固定首项，再限定其余系数为正。固定首项可以精确外推的压入深度超过校准深度，强制其他项为正可以使面积函数光滑。例如，对于图 5.5(a)和图 5.5(b)的测试数据，用上述方法获得的面积函数为C_1=202.7，C_2=0.03363，C_3=0.9318，C_4=0.02827，C_5=0.03716，C_6=1.763，C_7=0.04102 和 C_8=1.881。由拟

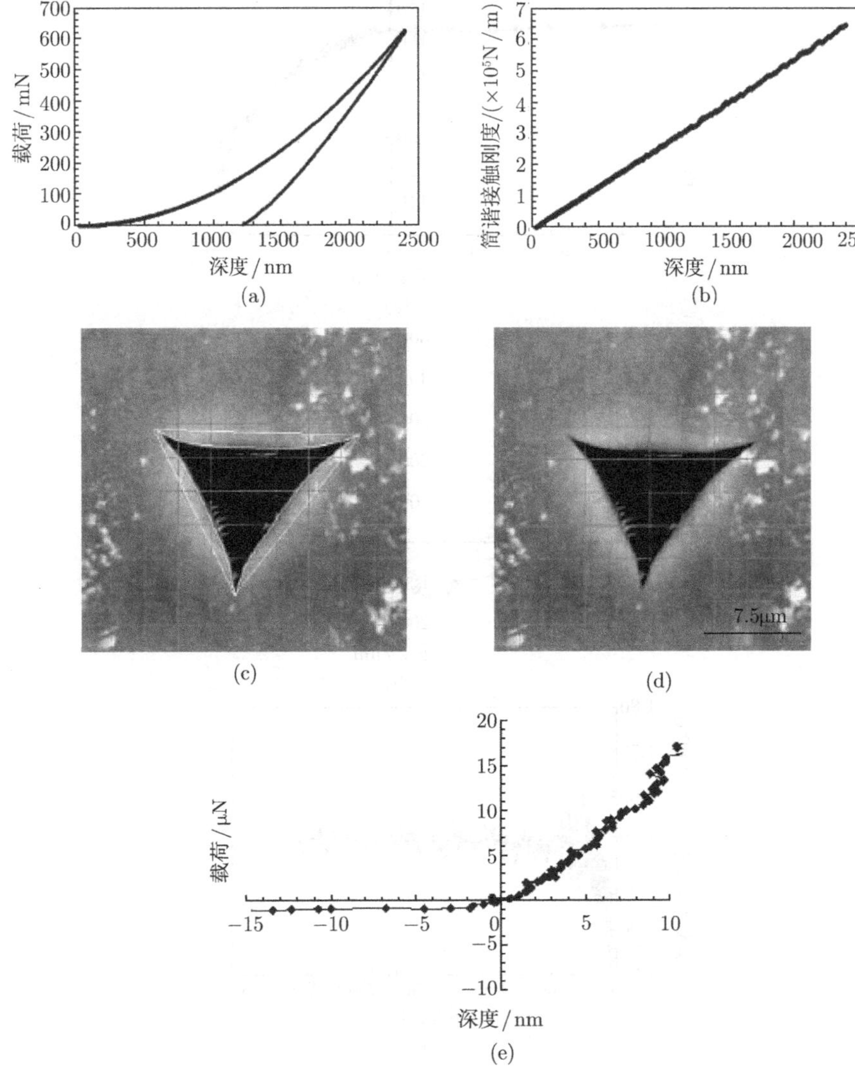

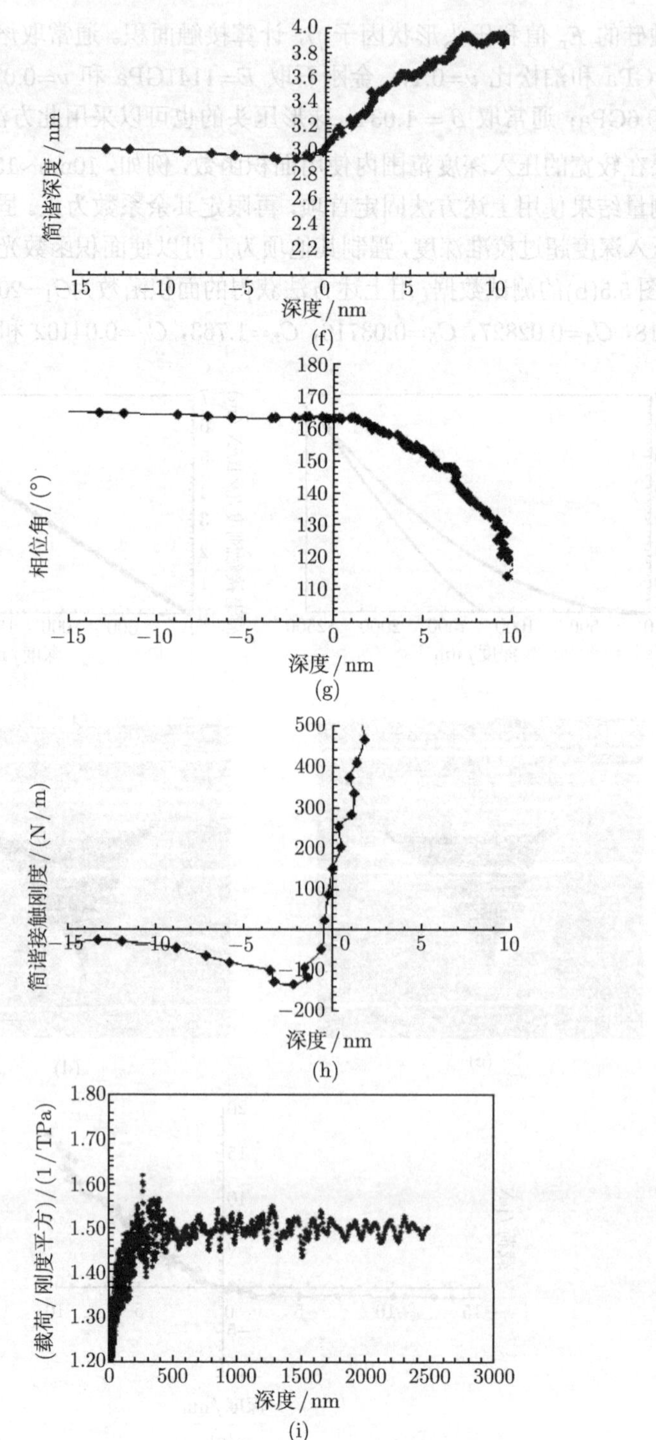

(f)

(g)

(h)

(i)

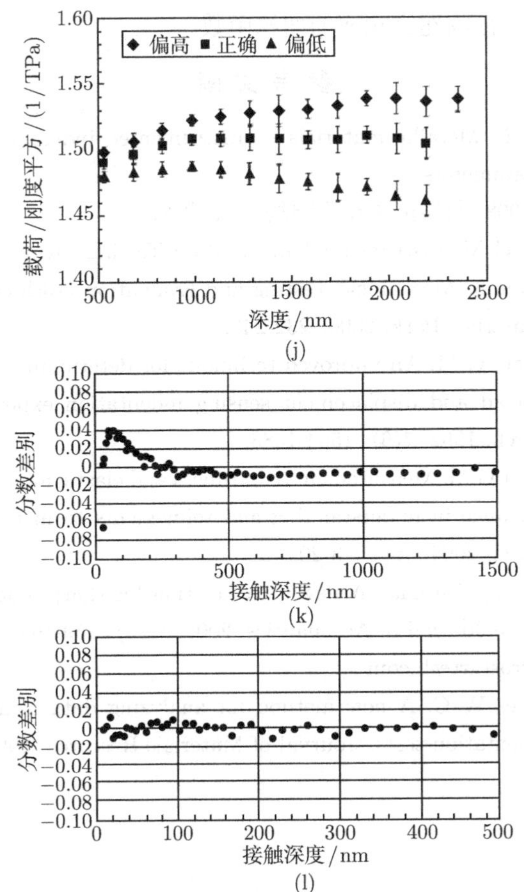

图 5.5 典型的在熔融石英上的校准测试[5]

(a) 载荷–位移；(b) 简谐接触刚度–深度；(c) 和 (d) 不同对比度的压痕原位扫描图像；(e) 接触点附近的载荷–深度；(f) 接触点附近的简谐深度–深度；(g) 接触点附近的相位角–深度；(h) 接触点附近的简谐接触刚度–深度；(i) 载荷/刚度平方–深度；(j) 三种不同仪器柔度值的载荷/刚度平方–深度；(k) 第一种确定面积函数方法的误差–接触深度；(l) 第二种确定面积函数方法的误差–接触深度

合导致的误差参见图 5.5(k)，图中横坐标表示的是，在不同接触深度下的测试面积和由面积函数预测面积的差异。当深度大于 200nm 时，面积函数的预测值和测试值的差别在 1%以内；反之，差别在 4%以内。这可以通过第二种方法改善，限制压入深度的拟合范围，假设 E_r=69.6GPa，可得 $C_0 = 24.261849693995$，$C_1 = 388.715478479561$，$C_2 = -937.723180561482$，$C_3 = 251.535343527613$，$C_4 = 451.330970778406$，$C_5 = 219.019\ 554856779$，$C_6 = -157.740285820129$，$C_7 = -98.1240614964975, C_8 = -72.6226884095761$。面积函数的正负混合有利于消除压头尖端半径的影响，但是图 5.5(l) 不适合较深和较浅的压入测试。实际上，应该根据所关注的压入深度范围建立相应的面积函数。

参考文献

[1] ISO 14577-1:2002. Metallic materials — Instrumented indentation test for hardness and materials parameters.

[2] GB/T 22458—2008. 仪器化纳米压入试验方法通则.

[3] Hay J L, Pharr G M. Instrumented Indentation Testing//Kuhn H, Medlin D. ASM Handbook Volume 8: Mechanical Testing and Evaluation (10th edition). Ohio: ASM International Materials Park, 2000: 232-243.

[4] Oliver W C, Pharr G M. An improved technique for determining hardness and elastic modulus using load and displacement sensing indentation experiments. Journal of Materials Research, 1992, 7(6): 1564-1583.

[5] Oliver W C, Pharr G M. Measurement of hardness and elastic modulus by instrumented indentation: Advance in understanding and refinements to methodology. Journal of Materials Research, 2004, 19(1): 3-20.

[6] Liu Dong-xu, Zhang Tai-hua. A new area function for sharp indenter tips in nanoindentation. Chinese Journal of Aeronautics, 2004, 17(3): 159-164.

[7] http://www.microstartech.com.

[8] Joslin D L, Oliver W C. A new method for analyzing data from continuous depth-sensing microindentation tests. Journal of Materials Research, 1990, 5(1): 123-126.

第6章 测量环节

纳米压入仪的测量尺度小、测试环节多、自动化程度高，因此对测量操作相当敏感，需要长期实践才能熟练掌握[1−5]。本章按照国际标准 ISO14577[1] 和国家标准 GB/T 22458[2]，分别介绍试验准备、环境控制、表面探测、驱动选择、参数设定、数据处理和测试流程等环节，说明注意事项。

6.1 试验准备

6.1.1 试样尺寸

试样尺寸以便于握持和操作为准。压入尺度多在微米量级以下，因此测试对试样尺寸无过多要求。对于形状特殊或尺寸细小不易握持的试样，需要镶嵌或机械夹持。具体可以参照一般金相显微试样的取样和镶样方法[6]。

试样厚度，为避免测试结果受试样支座的影响，应大于或等于压入深度的 10 倍或者压痕半径的 6 倍，两者取其较大值。测试涂层时，应将涂层厚度视为试样厚度。以上是根据经验给出的限度。试样支座对测试结果影响，依赖于所用压头的形状、试样以及支座的性能[1,2]。

6.1.2 表面加工

去除变形层。根据试样材料的特性和测试要求，抛光应采用对试样表面硬度影响最小的方式，热或冷加工通常会改变试样的表面硬度。应精心磨制和抛光试样表面，对于金属试样抛光可参见 ASTM E380[7]。由于压入深度在微米量级以下，对于特殊材料的试样，应从机械抛光、电解抛光和化学抛光等中选用适当的方法。一般说来，机械抛光易引起试样表面的硬化，而电解抛光和化学抛光可以降低硬化的影响。

降低粗糙度。力学分析假设试样表面为平面，只有当试样表面粗糙度极低时，才能近似满足平面假设。一般说来，机械抛光的粗糙度相对较低，而电解抛光和化学抛光的粗糙度相对较大。可通过检查在某区域内多次压入测试结果的分散性，确定粗糙度的影响程度。采用理想的测试仪器和规范的测试方法，对低粗糙度的均匀试样材料，分散度可低于百分之几[3]。为使测试表面粗糙度对压入深度测量不确定度的影响小于 5%，压入深度 h 应至少是粗糙度 Ra 的 20 倍。当深度小于

0.2μm 时，难以满足此要求。为了降低测试结果平均值的不确定度，可以增加测试次数[1,2]。

清洁测试面。除非测试所必需，试样测试表面不得有液体或润滑剂，也不能有灰尘颗粒等外来物。

6.1.3　试样安装

试样测试表面应垂直于测试载荷的方向，建议试样测试面倾斜小于 1°。试样测试面的倾斜应包括在不确定度的计算中[1,2]。

6.1.4　压头检查

压头使用一段时间之后，表面会出现微小裂纹、凹坑等缺陷和污染，应定期检查其缺陷或污染情况。推荐使用 400 倍的显微镜，检查压头表面的污染和较大缺陷。亚微米级的损伤或污染可通过如下方式检查：对记录到的压头变化的判断，或采用参考样品的间接检验和常规检查，或使用扫描探针显微镜观察压头尖端形貌[1,2]。

压头的清洗方法为：设置最大载荷将压头压入较软的材料，例如铝中等，尝试着去除污染。注意，为了避免损伤压头，勿让压头过度承受载荷，尤其是侧向载荷。如果重复以上过程未能奏效，需要从仪器上卸下压头，将其压入膨胀聚苯乙烯表面数次。膨胀聚苯乙烯具有极好的溶解作用，所具有的泡沫状态也不易损伤压头尖端。再将压头平缓地压入无水乙醇棉球，最后使用 400 倍或更高倍数的光学显微镜进行观察，反复数次直至无可见的污染为止[1,2]。

6.2　环境控制

目前，大多数商用仪器的压入深度一般控制在纳米量级至几微米，温度波动和地表振动是导致压入深度测量误差增加的环境因素。

6.2.1　温度波动

温度波动引起试样和测试系统的膨胀和收缩，易导致压入深度的测量误差。一般金属材料的热膨胀系数为 10^{-6}/℃ ~ 10^{-5}/℃。如果假设压头和压杆总长为 10^{-1}m，温度 0.1℃波动引起长度的变化约 10nm。这种变化耦合在位移传感器的测量结果中，成为压入深度的测量误差。

测试应在规定的温度和湿度范围内进行，需记录测试的温度和湿度。典型的测试环境温度范围为 10℃ ~35℃，相对湿度范围为 20%~80%。推荐测试条件：环境温度为 23℃ ± 5℃，其波动小于 1℃；热漂移速率小于或等于 0.05nm/s；相对湿度小于 50%[1,2]。

测试前应控制引起温度波动的影响因素，以便保持测试过程中温度的稳定。为此，测试仪器应放置在密闭柜内，以便减少仪器局部空气的流通，确保温度在测试过程中保持稳定，减小热漂移对压入深度测量的影响。

如果试样材料为热稳定的，如无时间相关性，可以采用式 (3.16) 的热漂移校准技术，修正其对压入深度测量的影响。对时间相关性试样材料，因为无法从压入深度测量中区分热漂移和蠕变等影响，所以必须严格控制测试温度的波动，否则会引起压入深度的不确定度增大[1,2]。

6.2.2 地表振动

地表振动的幅值一般在微米量级，所以商品化仪器的测量部分都配置减振台。在条件许可的情况下，建议将仪器测量部分安装在有防振地基的实验室中，测试时尽量回避或减少周围环境引起的振动。

6.3 表 面 探 测

对纳米压入测量，试样表面的精确探测极为重要。尤其对纳米量级压入深度的测量，确定表面位置的微小误差，都会对测试结果产生较大的偏差[8]。因为硬度与接触深度的平方成反比，接触深度的微小误差可能导致硬度的较大偏差。

对于每次测试，都应指定接触零点。接触零点位置的不确定范围不宜超过最大压入深度的 1%；如超过，应记录在测试报告中[1,2]。

在载荷–深度曲线最初 10%的位移范围内，应采集足够多的数据点，以便能在允许的不确定范围内指定接触零点。推荐采用以下两种方法确定接触零点。

(1) 外推拟合函数法。通常用二次多项式拟合从零到不超过 10%最大压入深度范围内的数据。计算零点的不确定度来源于拟合函数、拟合参数和外推的长度。压入曲线的最初部分 (例如 5%) 可能受振动和其他噪声的影响。拟合范围的上限应小于接触响应发生改变 (例如，由开裂和塑性屈服引起) 的压入深度。

(2) 判断测试的接触载荷或接触刚度的首个骤增点的方法。在接触零点附近，载荷或位移的步长应足够小，以便使零点的不确定范围小于极限要求。典型的载荷步长小于 5μN[1,2]。

对于第一种方法，适合较大压入深度测试。当压入深度接近或大于 6μm 时，高品质玻氏和维氏压头的实际形状接近设计形状，适合用二次多项式拟合载荷–深度曲线。Cheng 和 Cheng 认为[9]，对于圆锥和理论上可等效成圆锥压头的玻氏和维氏压头，加载曲线满足 $F = ch^2$；对于球锥类压头，满足 $F = c_0h^2 + c_1h + c_2$，式中 c 和 c_0 为材料特性的函数，c_1 和 c_2 为压头尖端球半径和材料特性的函数。

对于第二种方法，适合较小压入深度测试。因为当压入深度较小时，压头尖端偏离设计形状，加之仪器噪声水平等因素的影响，如果用二次多项式拟合载荷–深度曲线会带来较大误差。这时适合采用载荷或接触刚度的变化确定接触零点的方法。当试样较硬时，适合采用连续刚度变化量探测接触零点，例如，金属和陶瓷；当试样较软时，刚度变化量不大，适合采用载荷变化量探测接触零点，例如，软的高聚物和生物组织。

6.4 驱 动 选 择

压入驱动的控制方式有三种：载荷率控制、位移率控制和应变率控制。从第 3 章的测量原理上看，电磁或静电驱动的基本方式为载荷率控制，马达驱动的基本方式为位移率控制。如果利用反馈电路，可以实现三种控制方式。

载荷率控制方式。载荷与时间成线性关系，具体为

$$\frac{\mathrm{d}F}{\mathrm{d}t} = k \tag{6.1}$$

对于玻氏、维氏和圆锥压头，存在 $F = ch^2$，则深度–时间曲线关系为

$$h^2 = \frac{k}{c}t \propto t \tag{6.2}$$

载荷–时间和深度–时间曲线形状分别参见图 6.1。

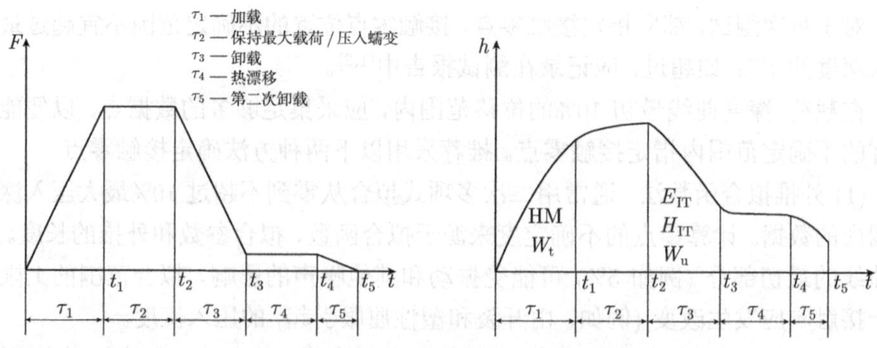

图 6.1 载荷率控制的测试过程示意图[2]

位移率控制方式。深度与时间成线性关系，具体为

$$\frac{\mathrm{d}h}{\mathrm{d}t} = k \tag{6.3}$$

对于玻氏、维氏和圆锥压头，则载荷–时间曲线关系为

$$F = ck^2t^2 \propto t^2 \tag{6.4}$$

深度–时间和载荷–时间曲线形状分别参见图 6.2。

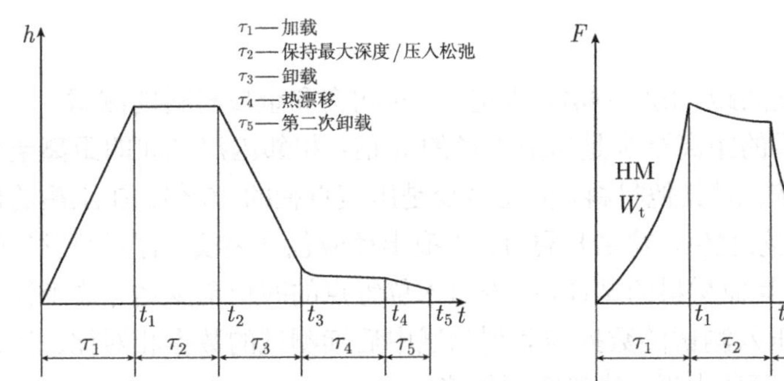

图 6.2 位移率控制的测试过程示意图[2]

应变率控制方式。$\dot{h}/h$ 为常数，具体为

$$\frac{\dot{F}}{2F}=\frac{2ch\dot{h}}{2ch^2}=\frac{\dot{h}}{h}=k \tag{6.5}$$

对于载荷，因为 $\mathrm{d}F/F=2k\mathrm{d}t$，所以 $F=F_0\mathrm{e}^{2kt}$，即为

$$F\propto \mathrm{e}^{2kt} \tag{6.6}$$

对于深度，同理为

$$h\propto \mathrm{e}^{kt} \tag{6.7}$$

载荷–时间和深度–时间曲线形状分别参见图 6.3。

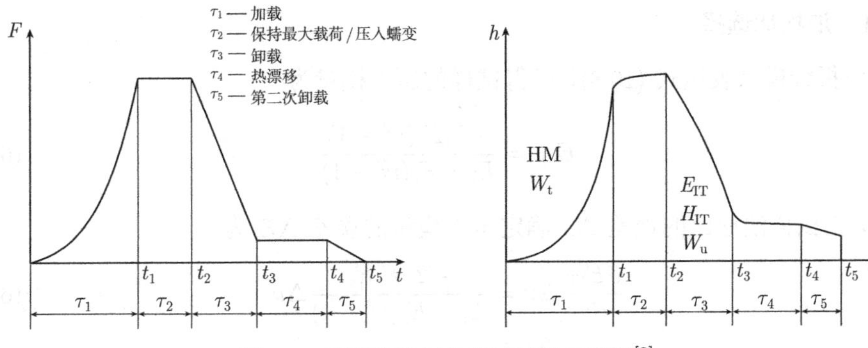

图 6.3 应变率控制的测试过程示意图[2]

6.5 参数设定

6.5.1 测试数量

对于压入测试数量，ISO 14577 规定[1]：宏观范围，压入测试至少为 5 次；显微和纳米范围，压入测试至少为 15 次。以便提高测量平均值的可靠性和重复性。

6.5.2 压入间距

对于最小压入测试间距，ISO 14577 规定[1]：对陶瓷和金属材料的测试，压入位置与界面或试样边界的距离至少是压痕直径的 3 倍；相邻压痕之间的距离至少是最大压痕直径的 5 倍。对其他材料，间距至少是压痕直径的 10 倍。在压痕的棱角上，偶尔会有开裂现象发生。发生开裂时，压痕半径应包含裂纹。有开裂发生的测试数据应剔除。对于其他材料的试样，推荐压入位置点的间距至少是压痕半径的 20 倍。建议将第一次压入测试的数据与系列测试中后续测试的数据相对比。如果有显著的不同，压入点可能太近，建议间距加倍。

在实际纳米压入测试中，为了方便起见，对玻氏压头，相邻压入测试位置之间的距离一般保持在最大压入深度的 20 倍以上。

6.5.3 压入深度

对于最大压入深度，取决于仪器的最大载荷和试样的力学性质。当施加最大载荷时，试样越软，压入越深；试样越硬，压入越浅。例如，对于熔融石英 (中等力学特性，弹性模量 72GPa，压入硬度 9GPa~10GPa)，载荷 450mN 所产生的压入深度约为 2μm；对于单晶铝，载荷 25mN 的压入深度约为 2μm；参见图 14.11。

对于最小压入测试深度，取决于压头尖端半径、试样的表面性质和力学性质、仪器的载荷和位移传感器的噪声水平等因素。目前，纳米压入仪的测试范围，压入深度为 20nm 或塑性深度为 15nm 以上[11,12]。

6.5.4 泊松比选择

由折合模量表达式 (10.8)，可得试样的压入模量为

$$E_{\mathrm{IT}}=\frac{-E_{\mathrm{i}}E_{\mathrm{r}}(\nu^2-1)}{E_{\mathrm{i}}+E_{\mathrm{r}}(\nu_{\mathrm{i}}^2-1)} \tag{6.8}$$

式中，由试样泊松比的误差 $\Delta\nu$ 确定压入模量的误差 ΔE 为

$$\frac{\partial E_{\mathrm{IT}}}{\partial\nu}\Delta\nu=\frac{-2\nu E_{\mathrm{i}}E_{\mathrm{r}}}{E_{\mathrm{i}}+E_{\mathrm{r}}(\nu_{\mathrm{i}}^2-1)}\Delta\nu \tag{6.9}$$

所以试样弹性模量的误差

$$\frac{\Delta E_{\mathrm{IT}}}{E_{\mathrm{IT}}}=\frac{2\nu}{\nu^2-1}\Delta\nu \tag{6.10}$$

试样材料的泊松比一般在 $0\leqslant\nu\leqslant0.5$。对于大多数工程材料，泊松比一般在 0.15~0.35，这里估计的典型值选择为 0.25。对于试样泊松比的误差为 ±0.1(相对误差为 40%)，压入模量的误差为

$$\left|\frac{2\times0.25}{0.25^2-1}\right|\times0.1=5.3\%$$

如果测试时不知道试样的泊松比，可选择 0.25，对压入模量测试结果的影响不大。如果事后知道其值，还可以进行修正。观察式 (6.8) 可知，$E \propto (\nu^2-1)$。只需对原测定的压入模量值乘以 $(\nu^2-1)/(0.25^2-1) \approx 1.067(\nu^2-1)$ 即可。

目前，在标准 ISO 14577[1] 和 ASTM E2546[10] 中无泊松比选择的论述。为了增强测试的可操作性，GB/T 22458 增加泊松比选择的论述：$E_{\rm IT}$ 和 $E_{\rm r}$ 是不同的。在确定 $E_{\rm IT}$ 时，如果不知道 ν，可以参照公开发表的数据。常见材料的 ν 为 0.15~0.35。如果 $\nu=0.25\pm0.10$，由此导致的 $E_{\rm IT}$ 的误差为 5.3%。因此，可以选择 $\nu=0.25$。在一些情况下，$E_{\rm r}$ 也可以作为复合弹性参量直接使用[2]。典型材料的参数可参见表 6.1。

表 6.1 典型材料的参数[5]

<table>
<tr><th>材料</th><th>弹性模量/GPa</th><th>泊松比</th><th>折合模量/GPa</th><th>压入硬度/GPa</th></tr>
<tr><td>熔融石英</td><td>72</td><td>0.17</td><td rowspan="2">69.6</td><td>9~10</td></tr>
<tr><td>金刚石</td><td>1141</td><td>0.07</td><td>/</td></tr>
<tr><td>单晶铝</td><td>70.4</td><td>0.345</td><td>74.7</td><td>~ 0.3</td></tr>
</table>

6.6 数据处理

对于测试结果的处理，一般用“算术平均值 ± 标准偏差”的形式表示。其中，算术平均值可近似为测量参量的真值，标准偏差为表征测量值分散程度的参数。

n 个测试值 $q_1,\cdots,q_n$ 的算术平均值为

$$\bar{q}=\frac{1}{n}\sum_{i=1}^{n}q_i \tag{6.11}$$

标准偏差为

$$s(q)=\sqrt{\frac{\sum\limits_{i=1}^{n}(q_i-\bar{q})^2}{n-1}} \tag{6.12}$$

反映相对分散性的变异系数为

$$V=\frac{s(q)}{\bar{q}}\times 100\% \tag{6.13}$$

在特定条件下，测试结果的重复性可用变异系数表示。

6.7 测试流程

根据 GB/T 22458[2] 的规定，测试流程如下：

(1) 安装试样。为了降低仪器柔度，试样应牢固放置在刚性的支座上或者夹具内，试样与支座或夹具之间为刚性连接。试样表面应垂直于压入载荷。

(2) 选择测试位置。测试结果可能受到界面、自由表面或其他压痕的影响，这取决于压头形状和试样性能。

(3) 确定接触零点。对于每次测试，都应指定接触零点。推荐采用 6.3 节两种方法确定零点。

(4) 规定测试循环。包括：①压头接近试样表面的速度，为了避免试样表面的力学性能因为碰撞而发生改变，压头的接近速度要小，不应超过 2μm/s，最后接近的典型速度为 10nm/s~20nm/s，或者更小；②驱动的属性，例如，压入载荷率、位移率或应变率控制方式及其参数的变化形式和数值；③最大的载荷或深度；④每个阶段的时间，例如，加载时间、卸载时间和在最大载荷下的保载时间均为 30s，卸载 90%后测量热漂移速率的保持时间为 60s；⑤数据采集速率；⑥ 热漂移速率的设定。

(5) 执行测试循环。根据制造商或测试方法的要求执行测试循环，记录载荷–位移–时间数据。

(6) 修正数据。所获得的数据应修正接触零点、热漂移和仪器柔度。

(7) 分析结果。测试结果应按照 6.6 节分析修正过的测试数据。

(8) 测试结果的不确定度。应按照 JJF 1059—1999 进行不确定度的完全评价。

不确定度可分成 A 和 B 两类。A 类不确定度包括：零点确定；载荷和位移测量 (包括环境振动和磁场强度变化产生的影响)；卸载曲线的拟合；热漂移速率；由表面粗糙度引起的接触面积的变化。B 类不确定度包括：载荷、位移；仪器柔度；压头面积函数确定值；由测试仪器温度不确定性和上次校准至今的时间间隔所造成的校准漂移；试样表面的倾斜。通常，难以定量评价所有已识别的不确定度对随机不确定度的影响。

(9) 测试报告。宜包括：注明采用标准信息；试样的必要细节；测试仪器的标识信息；压头材料和形状，以及压头面积函数。测试循环的详细描述应包括：循环次数；加载率、位移率或应变率和时间；保持阶段的位置和保持时间；数据采集速率或者循环每一阶段所采集的数据点数；所得测试结果和测试次数；确定接触零点的方法；未作规定的所有操作，或者是认为可选择的操作；可能已经影响测试结果的任何细节；测试环境温度和湿度；测试日期和时间；测试数据分析方法。有时需要在测试报告中描述压入点在试样上的分布位置。

参 考 文 献

[1] ISO 14577:2002. Metallic materials — Instrumented indentation test for hardness and materials parameters.

[2] GB/T 22458—2008. 仪器化纳米压入试验方法通则.

[3] Hay J L, Pharr G M. Instrumented indentation testing//Kuhn H, Medlin D. ASM Handbook Volume 8: Mechanical testing and evaluation (10th edition). Ohio: ASM International Materials Park, 2000: 232-243.

[4] Anthony C. Fischer-Cripps. Nanoindentation. New York: Spring-Verlag, 2002.

[5] 张泰华. 微/纳米力学测试技术及其应用. 北京：机械工业出版社, 2004.

[6] 孙业英, 陈南平. 光学显微分析. 北京：清华大学出版社, 1997.

[7] ASTM E 380-1993. Standard Methods of preparation of metallographic specimens.

[8] Mencik J, Swain M V. Errors associated with depth-sensing microindentation tests. Journal of Materials Research, 1995, 10(6): 1491-1501.

[9] Yang-Tse Cheng, Che-Min Cheng. Further analysis of indentation loading curves: effects of tip rounding on mechanical property measurements. Journal of Materials Research, 1998, 13(4): 1059-1064.

[10] ASTM E 2546-07. Standard practice for instrumented indentation testing.

[11] Oliver W C, Hutchings R, Pethica J B. Microindentation techniques in materials science and engineering//Blau P J, Lawn B R. Philadelphia, ASTM, 1986, STP 889: 90-108.

[12] Bhushan B, Xiaodong Li. Nanomechanical characterization of solid surfaces and thin films. International Materials Reviews, 2003, 48(3): 125-164.

第 7 章　影响因素

由第 3 章至第 5 章可知，纳米压入技术尽管在测量原理、测量仪器和校准检验等方面发展显著，但由于其测量的环节多、尺度小，测试过程不可避免地存在着诸多影响因素。主要来自以下方面 [1,2]：测量仪器 (压头缺陷、接触零点、测量分辨力、电噪声、仪器柔度等)、试样表面状态 (粗糙度、自然吸湿、抛光引起的加工硬化、残余应力等) 和材料性质 (蠕变、压入凹陷和凸起等)、测量环境 (温度波动、振动噪声等)、参数设定 (压痕之间的距离、离试样边界的距离等)。实际上，这些影响因素会带来不同程度的测量误差，尤其在压入深度测量中引起偏移量。本章以纳米压入测量为例，分别介绍上述四方面的典型影响因素，最后列举测量所面临的问题。

7.1　测量仪器的影响

7.1.1　压头钝化

压头钝化，即加工缺陷和使用磨损所导致的压头尖端实际形状偏离设计形状，为纳米压入测量中最重要的影响因素之一。压头尖端的几何形状决定着压入接触的深度和投影面积之间的函数关系。表 4.2 给出了压头设计的深度和投影面积之间的几何关系。由于金刚石晶体的各向异性、加工水平、使用磨损等影响，表 4.2 中的几何关系，在较浅的压入深度测量中难以满足。

为了纳米压入测量的可靠，首先，需要发展有效的方法确定压头的几何形状，以便建立压入的接触深度和接触投影面积之间的准确关系；其次，需要产生完全塑性的压入变形，只有这样硬度测量值才有可能稳定，参见 5.1.5 节或 14.1.1 节，这是获得可靠硬度测量结果的最小压入深度。

1. 钝化的观察和影响的确认

对于玻氏压头，由于加工水平的限制，三个棱面不可能交于一点，一般将其尖端视为具有一定半径的球冠，参见图 7.1(a)。由于使用磨损的原因，压头尖端半径会逐渐增大，棱面粗糙度变大，参见图 7.1(b)[3]。对于另一种纳米压入仪所用的压头，采用原子力显微镜观察，其尖端存在微小曲面，即三条棱难以交于一点，参见图 7.1(c)[4]；如果将此曲面等效成球冠，其半径为 933nm，参见图 7.1(d)[4]；采用扫描电镜，该压头磨损形貌参见图 7.1(e)[4]。

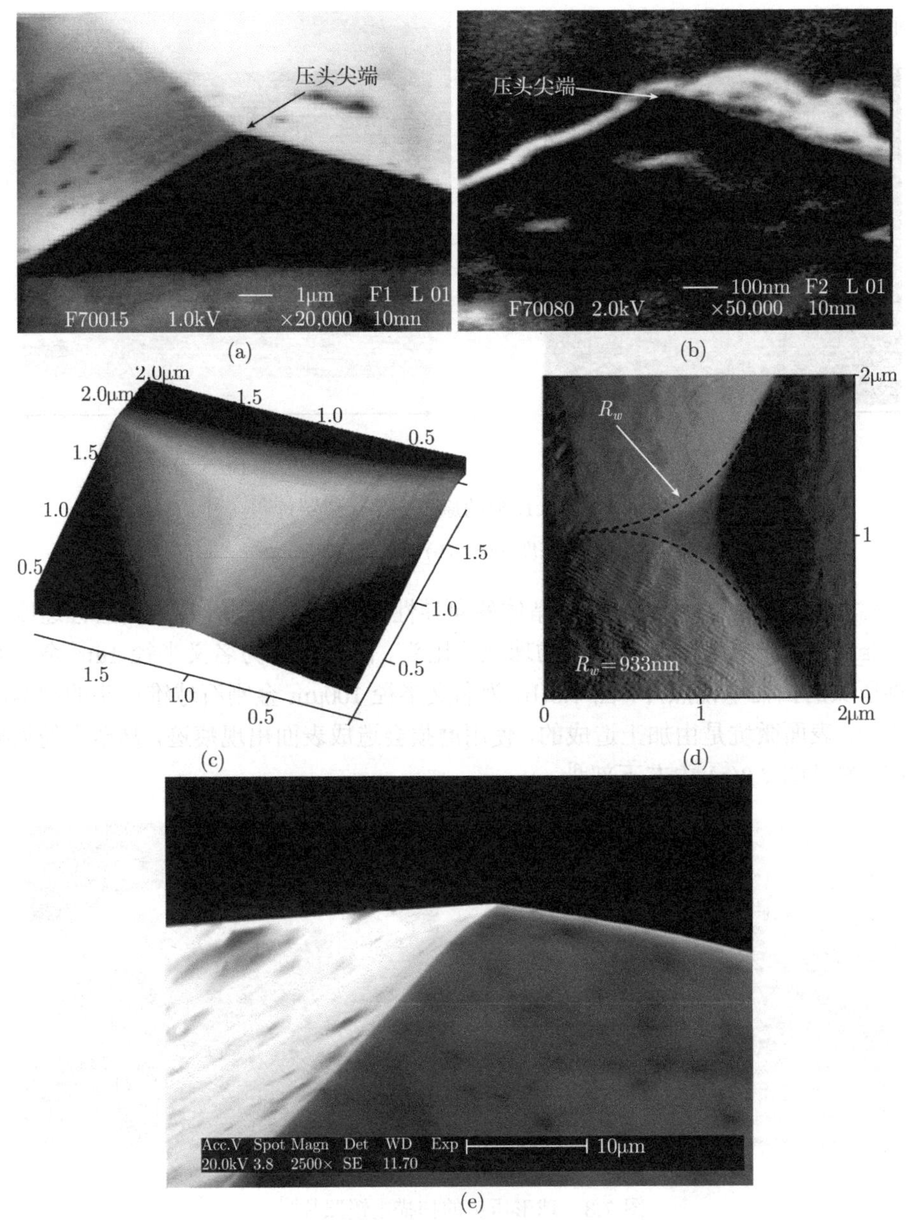

图 7.1 玻氏压头尖端的各种照片

(a) 新压头扫描电镜照片[3]；(b) 旧压头扫描电镜照片[3]；(c) 压头尖端原子力显微镜照片[4]；(d) 压头尖端局部放大原子力显微镜照片[4]；(e) 压头扫描电镜照片[4]

文献 [5] 给出钽酸盐 (anodic tantala) 试样中两种不同压入深度的残余压痕形貌，参见图 7.2。对于设定深度 2μm，残余压痕为三棱形；对设定深度 55nm，残余压痕形状不规则，说明压头尖端钝化。

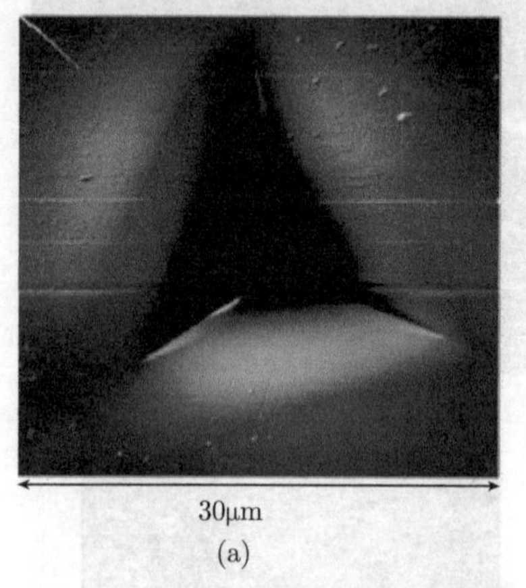

30μm　(a)　　2.3μm　(b)

图 7.2　残余压痕的原子力显微镜照片[5]

(a) 压入深度 2μm；(b) 压入深度 55nm

对于球形压头，由于金刚石晶体各向异性的影响，磨制时各方向磨蚀速度不同，难以加工出高品质微小半径的球冠形压头。图 7.3(a) 为名义半径 1μm 金刚石球锥压头的扫描电镜照片，图 7.3(b) 为名义半径 100μm 金刚石球锥压头的扫描电镜照片。表面微坑是由加工造成的，使用磨损会造成表面出现痕迹，甚至大的划痕存在，参见图 7.3(a) 中左下部[6]。

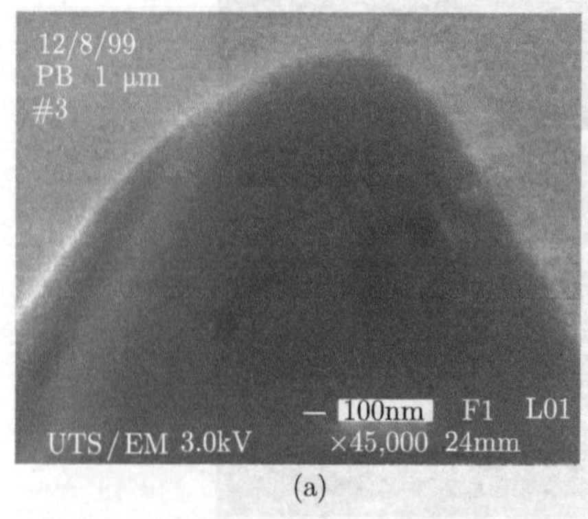

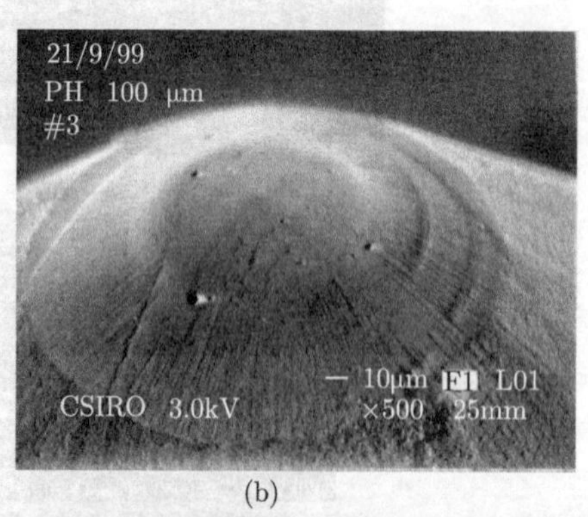

(a)　　(b)

图 7.3　球形压头的扫描电镜照片[6]

(a) 标尺 100nm，名义半径 1μm；(b) 标尺 10μm，名义半径 100μm

压头尖锐程度对测试结果有较大影响。使用 MTS Nano Indenter® XP，分别采用端部较尖和较钝的玻氏压头，在熔融石英上进行压入测试。观察残余压入深度，参见图 7.4，在端部较尖压头的加载和卸载曲线分离明显，说明材料发生塑性变形明显；在端部较钝压头的加载和卸载曲线分离不明显，说明材料主要发生弹性变形。对比在最大压入深度 24nm 处的载荷，尖压头和钝压头的载荷分别为 0.12mN 和 0.67mN，说明在压入深度相同的情况下，钝压头的接触面积明显增加。

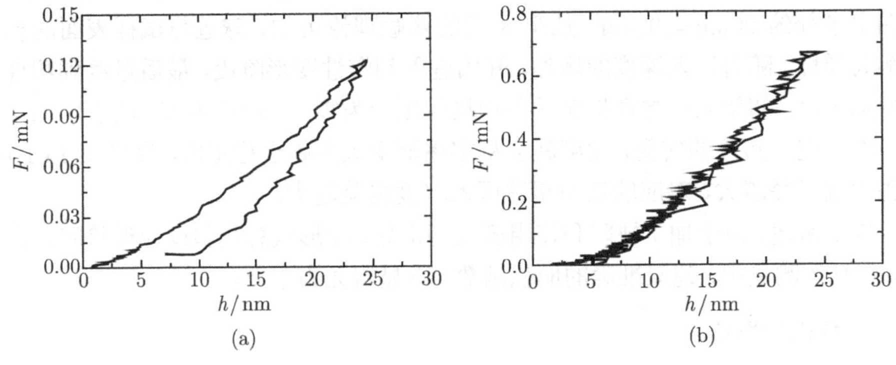

图 7.4 不同尖锐程度玻氏压头的载荷–深度曲线

(a) 端部较尖；(b) 端部较钝

定性对比理想锥形压头和非理想压头的接触面积：在相同压入深度下，非理想锥形压头的实际接触面积，大于按设计尺寸计算理想锥形压头的面积，参见图 7.5[2]。如果按理想面积函数计算硬度，会导致硬度测定值偏大。

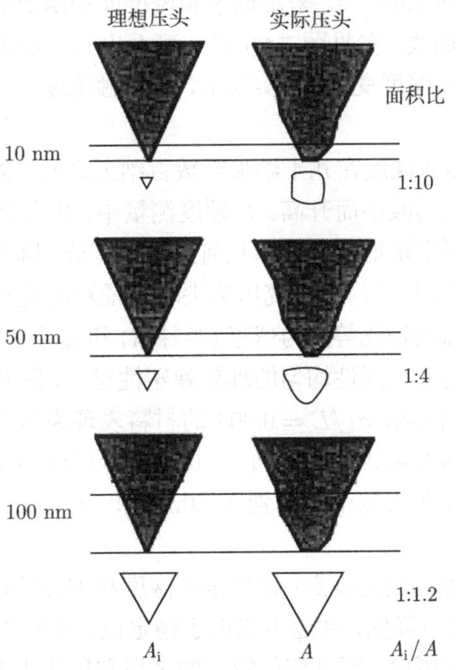

图 7.5 理想和非理想锥形压头接触面积的对比示意图[2]

由于压头端部的实际形状与设计形状之间存在一定的偏离，通常将棱锥和锥形压头的尖端钝化处理成球锥形，参见 4.3.2 节。目前，玻氏压头的加工水平为，端部曲率半径约 20nm~100nm。从第 8 章的接触理论可知，球冠与试样表面的初始接触为弹性，随着压入深度的增加，开始进入到塑性变形阶段，最后过渡到塑性主导变形阶段。初始表面弹性接触的平均接触压力为零，即硬度为零。随着压入接触从弹性到完全塑性的转变，硬度就会从零逐渐变大并趋于稳定值，参见图 14.1(b)。压头尖端半径越大，对应的最小塑性压入深度也就越大。

综上所述，由于加工缺陷和使用磨损，压头实际形状总是和设计形状间存在差异。在具体测量中，建立准确的面积函数，就显得尤为重要。

2. 钝化的影响

为了研究压头尖端钝化半径对弹塑性变形的影响，Shih 等[7] 用不同半径的球冠模拟压头尖端的钝化形状，假设无弹性恢复，给出压头投影接触面积和实际接触面积的几何关系。图 7.6(a) 显示实测接触面积–深度的数据，其中 Pethica 等[8]、Doerner 和 Nix[9] 分别提供镍和 α 铜的试验数据。图中尖端半径为 1μm 压头数据拟合最好；如果有弹性恢复，试验数据小于设计的理想值，压头半径应该大于 1μm。采用有限元方法模拟 Pethica 镍的载荷–深度测试数据，拟合出压头尖端半径为 1μm，参见图 7.6(b)[7]。采用理想和校准面积函数的压头，获得在单晶硅 (111) 上的硬度–深度曲线，参见图 7.6(c)[7]。可看出必须校准压头形状，因为单晶硅的压入硬度不随压入深度变化[9]。实际上，在接触深度相同时，压头实际接触面积大于理想预测结果。

早期发现，对于压入深度在几十纳米至数百纳米之间，金属材料的硬度值不为常数，而是随压入深度的减小而升高。在硬度测量中，压入尺寸效应和压头尖端半径影响同时存在，需要定量地从物理和几何上加以区分。陈伟民、张泰华和郑哲敏等[10] 基于有限元模拟，从几何上研究压头尖端半径对硬度测量的影响。

假设刚性压头尖端的钝化等效为球冠 (半径 R) 和圆锥 (半锥角 70.3°) 的相切连接，参见图 4.5。试样为各向同性均匀的理想弹塑性材料，取两种典型参数：$\sigma_y/E = 0.1$ 的材料表现为压入凹陷，$\sigma_y/E = 0.003$ 的材料表现为压入凸起，泊松比取 0.3。这里，压头尖端的球冠和圆锥相切点 $h_{\rm s} = 0.059R$。采用 ABAQUS 有限元软件模拟，针对每种材料，压头尖端半径分别取 50nm 和 400nm。模拟结果分别参见图 7.7(a) 和 (b)。

两种材料压入硬度的共同特点：①当压入深度从零开始增加时，压入硬度也在增加，并达到峰值；随后降低，并逐步趋近于稳定值，该值即为理想压头测定的硬度值。②在压入深度范围内，硬度变化较大的区域和压头尖端半径相当。

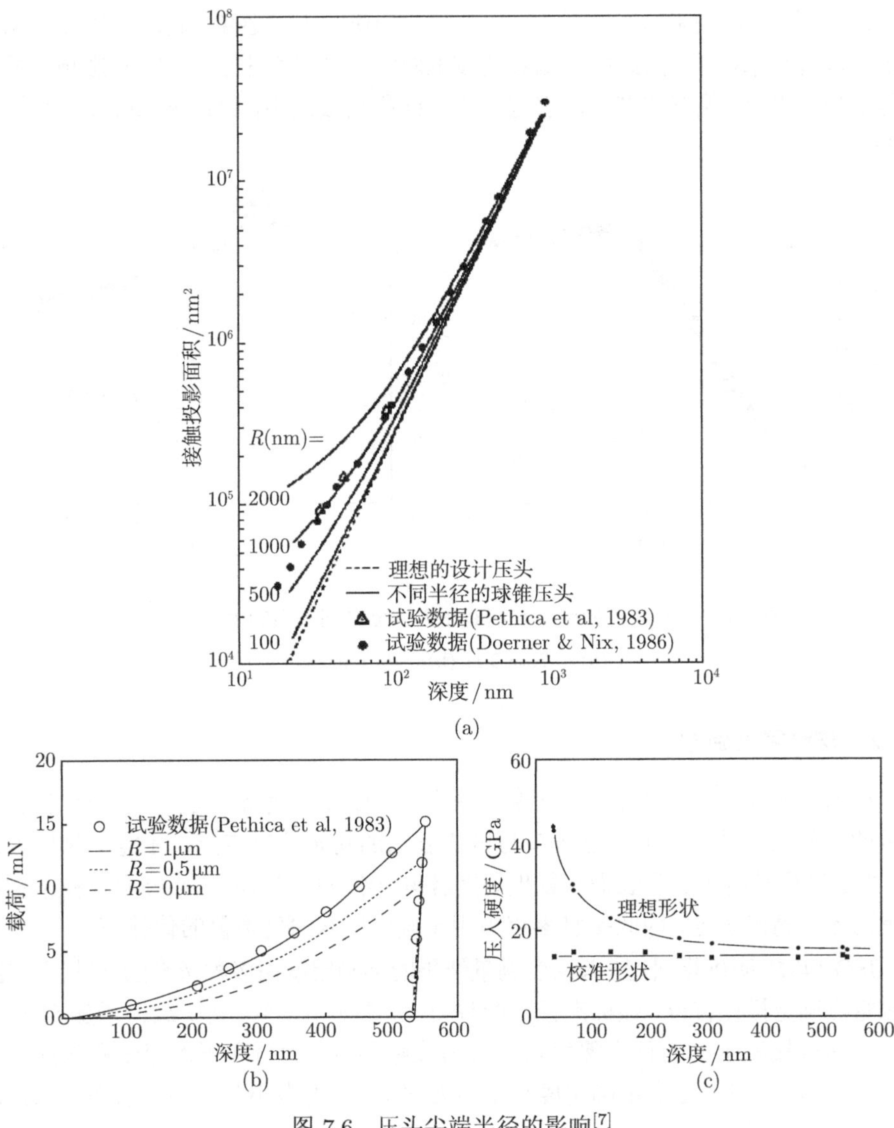

图 7.6 压头尖端半径的影响[7]

(a) 接触投影面积–深度；(b) 载荷–深度；(c) 采用理想和校准面积函数的单晶硅压入硬度–深度曲线

两种材料压入硬度的不同特点：①对于硬度的峰值相对稳定值的比率，低 σ_y/E 值的材料大于高 σ_y/E 值的材料，即对于低 σ_y/E 值的材料，压头尖端钝化的尺寸效应明显。②对于 h_s 的位置，在低 σ_y/E 值的材料中位于硬度峰值压深左侧，意味着峰值硬度对应的压入深度位于球冠体内，而在高 σ_y/E 值的材料中位于峰值硬度压深右侧，意味着峰值硬度对应的压入深度位于圆锥体内。

综上所述，在纳米压入测量中，压头钝化的影响不可避免，其压入深度影响范围多在数百纳米以下，因此面积函数的校准对测量结果有重要影响。其影响以系统误差的形式出现，现有校准方法引起计算的面积函数偏小，导致压入硬度和弹性模量偏大。

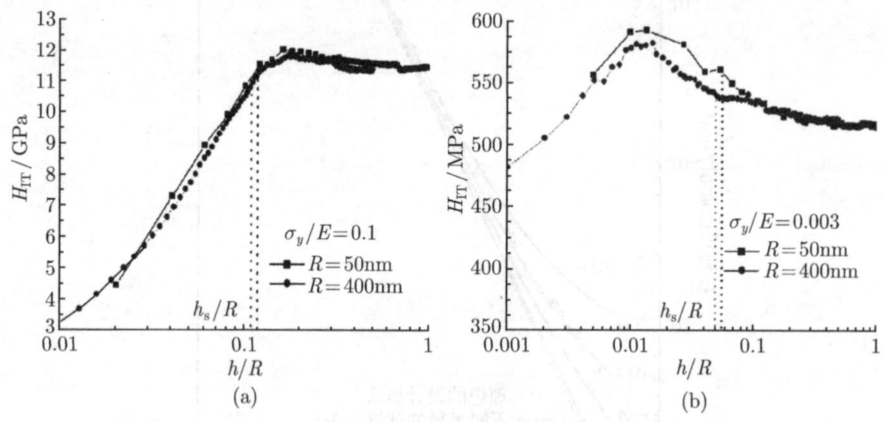

图 7.7 球锥压头的硬度和相对压入深度之间关系的模拟结果[10]

(a)$\sigma_y/E = 0.1$；(b)$\sigma_y/E = 0.003$

7.1.2 接触零点确定

纳米压入仪通过驱动压头接触试样表面，需要接触载荷尽可能小。位移传感器测量的是压头位移，必须确定压头与试样表面的初始接触零点，才能测量压入深度。由于试样黏附压头和表面粗糙度、仪器噪声水平等的影响，接触零点在某位移范围内无法精确确定，因此接触零点为用于确定压入深度数值的估计值。

ISO 14577 明确指出，压入深度测量结果的不确定度由多种影响因素共同决定，接触零点确定排在首位。该标准推荐两种方法，参见 6.3 节，其中载荷增加方法为：测试载荷或接触刚度的首次骤增点定义为接触零点，载荷和压入深度测量的步进尺度应足够小，以便零点不确定度小于需要限度，典型微小载荷步进值在纳米范围内应小于 5μN[11,12]。

采用上述确定接触零点的方法，试样为熔融石英，以压入深度分别约 2000nm 和 30nm 的 Nano Indenter® XP 测试结果为例，说明零点选择对不同压入深度测试结果的影响。

对于设定深度 2000nm，6 次测试结果较为重复，参见图 7.8(a)。分析硬度最大的测试 1(压入深度 2036nm)，图 7.8(b) 为压头接触试样表面的局部放大图，其中内嵌图为接触零点附近的再次放大，显示该仪器满足有关标准[11,12] 的要求。仪器自动选择 A 点为接触零点，测试硬度值为 9.3GPa；如果人为选择接触零点在 M

点 (向上移动 3.2nm)，硬度值为 9.2GPa，自动值比人为值仅大 1%。对于微米级压入深度，接触零点的数纳米偏差对测试结果影响不大。

对于设定深度 30nm，6 次测试结果分散性较大，参见图 7.9(a)。分析硬度最大的测试 6(压入深度 25.6nm)，图 7.9(b) 为压头接触试样表面的局部放大图，其中内嵌图为接触零点附近的再次放大。仪器自动选择 A 点为接触零点，测试硬度值为 13.6GPa；如果人为选择接触零点在 M 点 (向上移动 5.4nm)，硬度值为 8.6GPa，自动值比人为值大 58%。对于纳米级压入深度，接触零点的数纳米移动对测试结果影响较大。

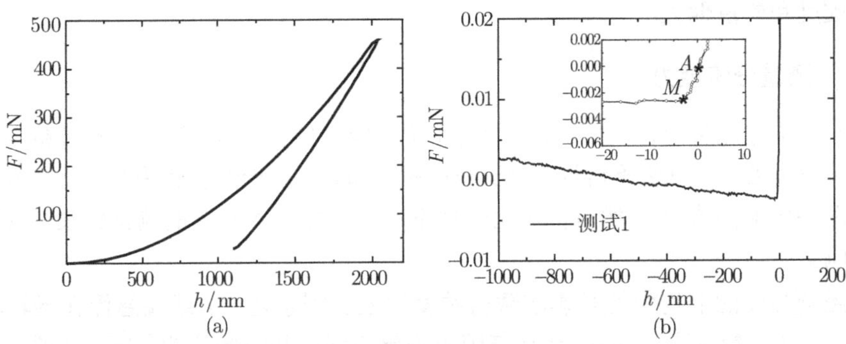

图 7.8 深度 2000nm 的 XP 测试结果

(a) 载荷–深度曲线；(b) 接触零点的选择

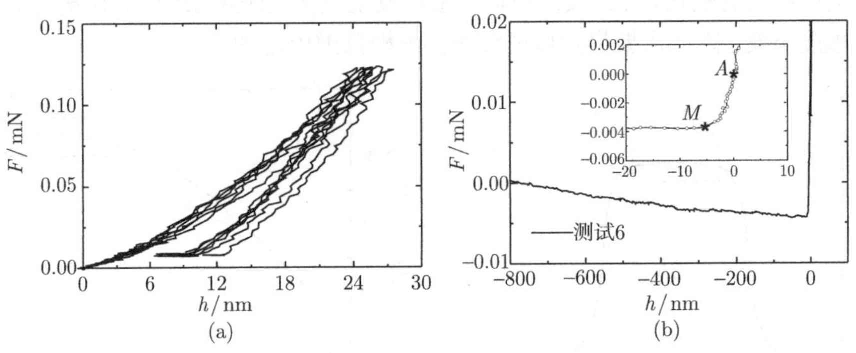

图 7.9 深度 25nm 的 XP 测试结果

(a) 载荷–深度曲线；(b) 接触零点的选择

仪器位移传感器测量的结果为压头位移。要确定出压入深度和式 (10.10) 硬度 $H = F_{\mathrm{m}}/A(h_{\mathrm{c}})$ 中的接触深度，必须首先确定压头和试样表面的接触零点。接触零点偏移数纳米，对压入深度较大时影响较小，但对压入深度较小时影响较大。

由于试样表面具有粗糙度，所以在数纳米范围内无法准确确定接触零点，给压入深度在几十纳米范围内的硬度测试结果带来较大的不确定性。测量时，表面探测灵敏度 (surface approach sensitivity) 选择为 50%，表示当压头探测的接触刚度骤增超过 $500\mathrm{N/m} \times 50\% = 250\mathrm{N/m}$ 时，仪器判断为试样表面。事实上，接触零点可能在 A 点和 M 点之间。对于设定深度 30nm 的测试，如果选择 A 点，可能会低估压入深度，会导致硬度偏高，甚至导致模量随压入深度减小而整体偏高，参见式 (10.10) 和式 (10.7)。

综上所述，压头与试样之间接触零点的确定对几十纳米压入深度的测试有重要的影响。其影响以系统误差的形式出现，现有确定方法引起压入深度偏小，导致压入硬度和模量偏大。

7.1.3 测量分辨能力

对于位移测量而言，由于采用差动平板电容传感器，其分辨力和测量精度足以满足测量需要，这里暂不讨论。对于载荷测量而言，由于结构较为复杂，这里主要讨论两种影响因素[13]；然后再对比两种不同分辨力压入装置的测试结果，以体现其影响。

磁场强度的非均匀性是影响载荷精度的主要因素之一。线圈悬浮在磁轭环形气隙出口处，参见图 3.1(b)。环形气隙中磁感应强度和线圈位置之间的关系，参见图 7.10(a)，其中虚框范围内的磁感应强度均匀。在此范围内，如果保持电流不变，驱动载荷将正比于磁感应强度，即 $F_{\mathrm{e}}(t) \propto B$。实际上，环形气隙中的磁场在线圈可移动范围内有变化，导致实际载荷灵敏度发生变化，而驱动载荷的计量是默认载荷灵敏度不变，因此需要尽量保证线圈在虚框范围内运动。

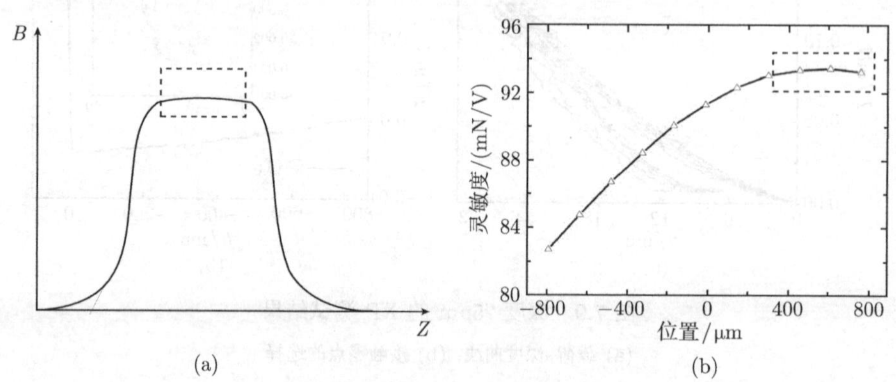

图 7.10　典型纳米压入仪的驱动原理示意图[13]

(a) 磁感应强度和线圈位置之间的关系；(b) 载荷灵敏度和线圈位置的关系

驱动载荷的灵敏度和线圈位置之间的非线性，反映着环形气隙内磁场强度的非均匀性，参见图 7.10(b)。在线圈可移动的 ±0.75mm 范围，载荷灵敏度的平均值为 89.6mN/V，最大波动幅值约为 8%。

实际上，仪器制造商将工作区间限制在灵敏度波动较小的范围内，例如，在虚框范围 +0.30mm~+0.75mm 内，载荷灵敏度在 92.6mN/V~93.0mN/V 变化。如果平均值取为 92.8mN/V，最大波动幅值约为 0.24%。磁场非均匀性所导致的偏差与电磁驱动载荷 (近似于压入载荷) 成正比，对应的压入载荷相对偏差稳定在 0.24%以下，在可接受的范围之内。

支撑弹簧的非线性是影响载荷精度的另一主要因素。由式 (3.15) 可知，压入载荷的测量也会受到支撑弹簧非线性的影响，尤其测量载荷较小时，弹簧非线性的影响会体现出来。在未安装试样之前，实测支撑弹簧刚度。驱动载荷与活动部件位移关系参见图 7.11(a)，刚度与活动部件位移关系参见图 7.11(b)。

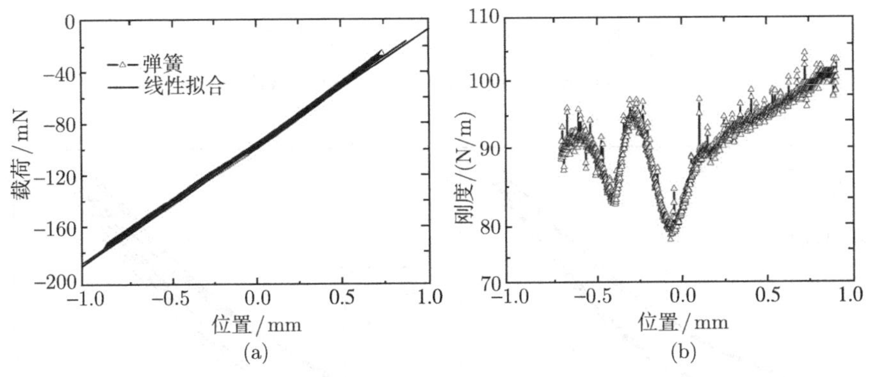

图 7.11 支撑弹簧的力学响应[13]

(a) 载荷–位置曲线；(b) 刚度–位置曲线

估计支撑弹簧刚度的非线性对压入载荷的影响程度。实际上，仪器在 0mm~0.75mm 内测量，具体位置无法确定。在此范围内，刚度近似单调递增，取中间值为平均值，半增幅为偏差，写成 $K_s \pm \Delta K_s = (95 \pm 5)$N/m。如果压入深度约为 1μm，经误差传递 $\Delta F = \Delta K_s \cdot \Delta z = 5$μN。从图 7.12(b) 可以得到证实，在 −0.7μm~0μm 的载荷变化为 3μN。因此，不论载荷多大，该支撑弹簧非线性影响载荷的偏差为 10^0μN 量级。在图 7.12(a) 中，载荷约为 170mN，深度约为 1μm，此因素影响不大；但随着载荷急剧减小，此因素影响会显示出来。支撑弹簧的非线性所导致的绝对偏差与压入位置相关。在移动范围 0mm~0.75mm 内，对于接触零点的确定有影响，参见 6.3 节，这主要取决于最大压入载荷或深度，例如，载荷小于 1mN。

对比两种不同分辨力压入装置的测试结果。Nano Indenter® XP 和 DCM 组件的名义最大载荷和分辨力分别为 500mN/50nN 和 10mN/1nN，位移分辨力分别为 0.01nm 和 0.0002nm。当最大压入深度约为 25nm 时，XP 和 DCM 组件测试结果的重复性差异明显，参见图 7.9(a) 和图 7.13(a) 的载荷–深度曲线。相对 XP 而言，DCM 的载荷量程较小，分辨力提高 50 倍，因此适合浅压入测试，例如，压入深度适合在 10^1nm~ 10^2nm，参见图 7.13。

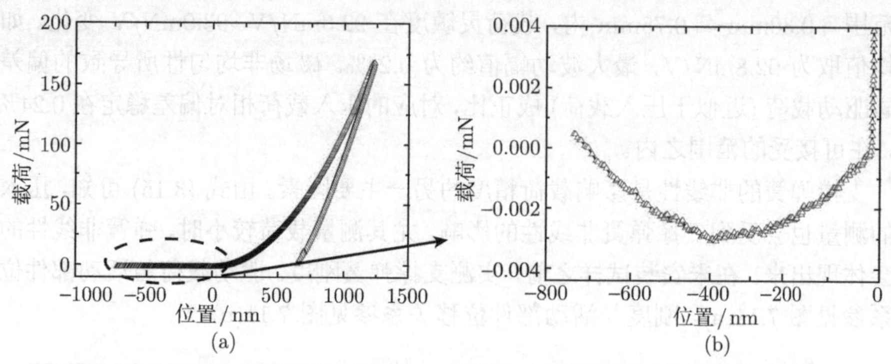

图 7.12　熔融石英的载荷–位置曲线

(a) 完整的载荷–位置曲线；(b) 压入零点附近的载荷–位置曲线

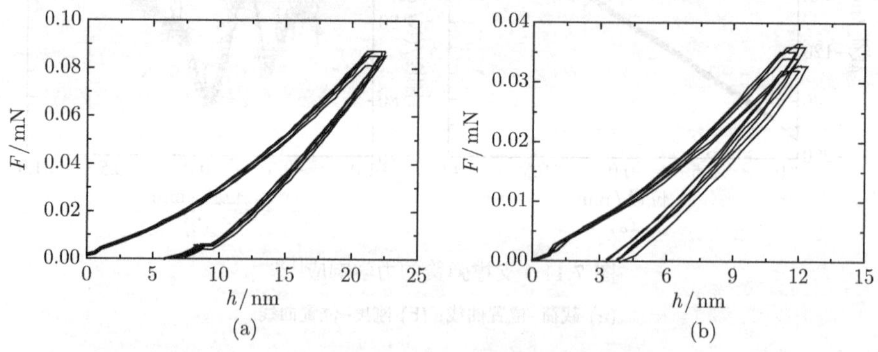

图 7.13　DCM 测量结果

(a) 压入深度约 22nm；(b) 压入深度约 12nm

7.2　试样表面的影响

7.2.1　表面粗糙度

试样表面为物理表面，即存在着一定的粗糙度。为粗略估计粗糙度对压入深度的影响，采用 Nano Indenter® LFM 和玻氏压头，接触载荷 20μN，在熔融石英上测量 10 次。以粗糙度最小测试结果为例，参见图 7.14，如果选择评定长度 10μm，其表面粗糙度不超过 4nm；如果选择评定长度 1μm，不超过 2nm。

表面粗糙度通常用粗糙峰和空间分布描述。可以用下面的粗糙参量表征[2]

$$\alpha = \frac{\sigma_s R}{a_0^2} \tag{7.1}$$

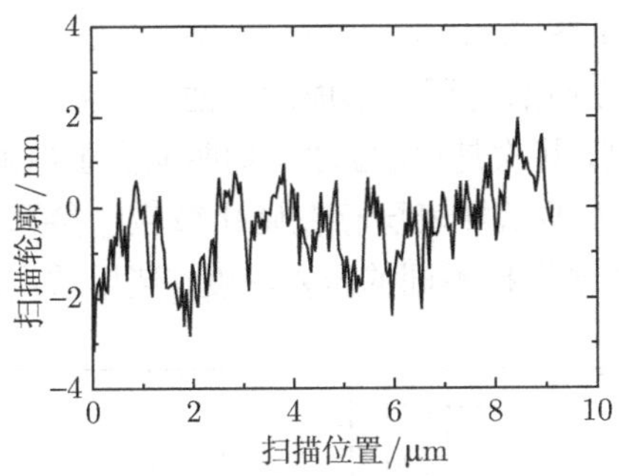

图 7.14 熔融石英的表面粗糙度

式中，σ_s 为粗糙峰的最大高度值；R 为压头尖端半径；a_0 为在几何平面上同样载荷下的接触半径。Johnson 发现[14]，当 $\alpha > 0.05$ 时，表面粗糙度对弹性接触方程有明显的影响。总的粗糙度影响，随着接触半径的增加，平均接触压力减少。所以，对给定的载荷，压入深度减小，折合模量也减小[2]。式 (7.1) 显示，粗糙度参数随压头尖端半径的增加和压入载荷的减小而增加。对球形压头，当载荷较小时，表面粗糙度对测试结果有明显影响。

表面粗糙度的要求依赖于压入深度和接触面积不确定的容忍度。如果粗糙度的特征波长和压入深度可比，当压头在波谷时从载荷–深度数据中获得的接触面积会低估实际的接触面积，当在波峰时会高估实际的接触面积。误差的大小依赖于与接触尺寸相关的粗糙度的波长和幅值[15]。国际标准 ISO14577[11] 建议，对维氏压头，当压入深度 $h \geqslant 20Ra$(粗糙度) 时，以保证表面粗糙度引起压入深度的不确定度小于 5%。按上述原则，在如图 7.14 所示熔融石英中，当压入深度在 40nm 以上时，以保证粗糙度引起压入深度的不确定度小于 5%。

可通过检查在某区域内多次压入测试结果的分散程度，以确定粗糙度的影响程度。Joslin 和 Oliver[16] 提出一个新的材料参量 $H_{\rm IT}/E_{\rm r}^2$，参见式 (5.15)，该参量反映材料抵抗塑性变形的能力，对粗糙度的影响不敏感。所以，可以从 $H_{\rm IT}/E_{\rm r}^2$ 达到稳定值时对应的压入深度判断粗糙度的影响。

试样的表面粗糙度对纳米压入的测量有显著影响。其影响以随机误差的形式出现。在第 10 章的分析模型中，假设试样表面为几何平面。如果试样表面越粗糙，也就越偏离假设，压入硬度和模量的测试数据也就越分散。

7.2.2 抛光工艺

不同抛光工艺条件对试样表面硬度测试的影响有所区别。采用三种表面抛光工艺，制备低碳钢 Q235 压入试样：1#为化学腐蚀 (试样纵截面)，2#(试样纵截面) 和 4#(试样正面) 为电解抛光，3#为机械抛光 (试样纵截面)。使用 Nano Indenter® XP 和 Berkovich 压头进行测试，压入深度 3μm，热漂移速率小于 0.05nm/s。

从压入硬度测试结果图 7.15(a) 可以看出，2#和 4#硬度相当，基本为水平线，说明电解抛光消除试样在研磨过程中形成的表面硬化层。在压入深度约 500nm 以内，机械抛光的硬度最高，其次是化学抛光，均明显高于电解抛光试样表层的硬度，说明机械抛光和化学抛光的试样表层存在硬化效应，参见局部放大的图 7.15(b)。因此，对于金属材料，需要根据不同的压入深度，选用适当的抛光工艺。

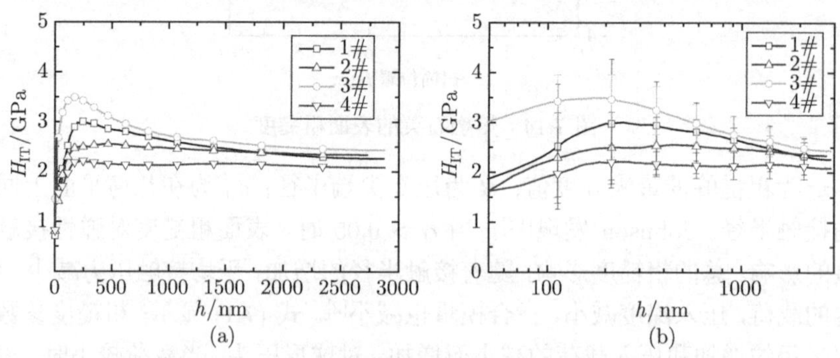

图 7.15 试样表面抛光工艺影响压入硬度测试的结果

为了降低试样表面硬化和表面粗糙度的影响，需要仔细抛光。机械抛光可以显著降低金属试样表面的粗糙度，但是会在试样表面产生变形层，进而导致应变硬化。电解抛光是电化学的溶解过程，没有机械载荷的作用，但是在降低粗糙度方面不如机械抛光理想。化学腐蚀的效果处于上述两种抛光工艺之间。对于金属样品的抛光，可参见 ASTM E380[17]。

试样表面的制备是获得可靠纳米压入测试结果的关键环节之一，需要认真对待。试样表面的加工硬化对纳米压入测量有重要的影响，其改变试样的表面性质，影响以系统误差的形式出现。

7.2.3 压入凹陷和凸起变形

压入凹陷 (sink-in) 和凸起 (pile-up) 是压入变形的两种典型模式，参见图 7.16。对于块体试样，当周围材料随压头向下沉陷变形时，其位置低于初始试样表面，此为压入凹陷，例如，玻氏压头在熔融石英上的压入。当周围材料沿压头表面向上隆起时，其位置高于初始试样表面，此为压入凸起，例如，玻氏压头在单晶铝上的压入。典型材料的残余压痕照片参见图 14.11(e)。对于薄膜试样，由于膜基材料性质差异较大，有时会强化凹陷和凸起程度。在图 7.17 中，软膜硬基的 Al/Glass 试样，由于基材较硬，限制铝膜向下变形，只能向上流动，所以变形模式为压入凸起。但对硬膜软基 NiP/Cu 试样，由于铜材较软，有利于硬膜的向下变形，所以变形模式为压入凹陷[18]。

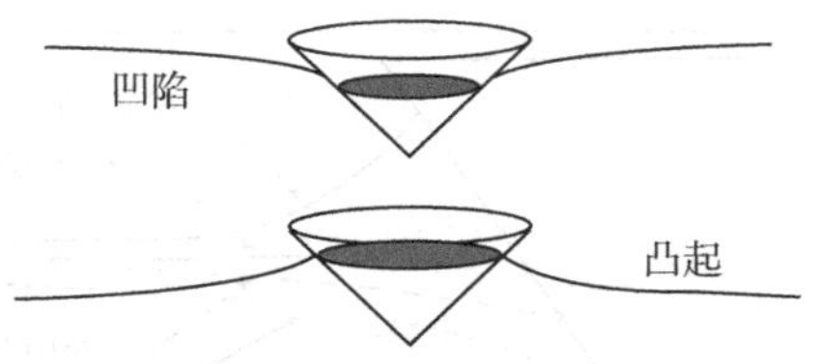

图 7.16 压入过程中的凹陷和凸起

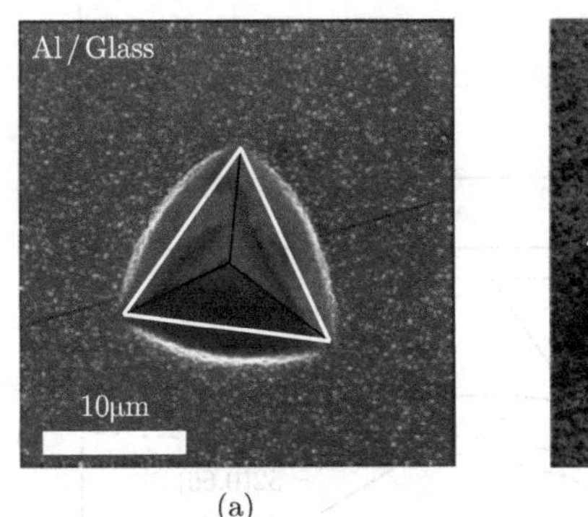

(a)

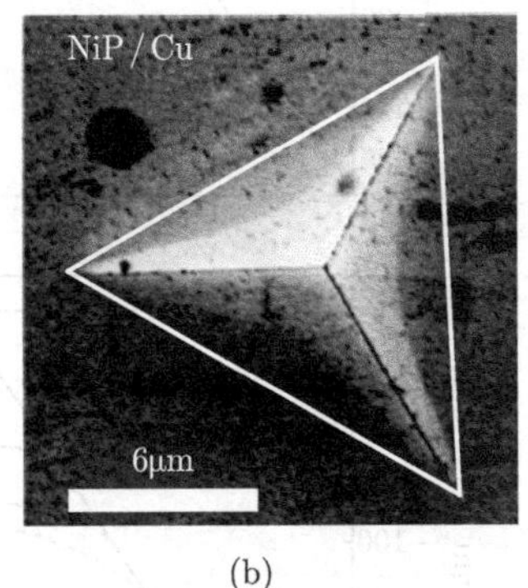

(b)

图 7.17 两种典型薄膜材料的压入凹陷和凸起照片[18]

Oliver-Pharr 分析方法仅适用于压入凹陷模式，因为它基于 Sneddon 的弹性解。对于压入凸起的情况，应用 10.1.1 节分析方法会低估压入面积，造成压入硬度和模量高估，严重时甚至分别偏高 50%和 30%[19,20]。

有限元模拟结果显示，弹性模量/屈服应力 (E/σ_y) 之比和加工硬化特性为判断材料发生压入凸起的重要影响因素[19,21]；当 E/σ_y 越大且加工硬化率越低甚至没有，压入凸起越严重。加工硬化能抑制压入凸起，因为在变形过程中压头周围材料的表面硬化限制材料向表面上方流动。具体有限元模拟参数[19]：圆锥压头的半锥角 70.3°；试样材料的弹性模量 70GPa，泊松比 0.25；为了检查不同的塑性行为，屈服强度选择在 0.114GPa~26.62GPa 变化，考虑无加工硬化行为即加工硬化率 $\eta = \mathrm{d}\sigma/\mathrm{d}\varepsilon = 0$ 和线性加工硬化行为即 $\eta = 10\sigma_y$，屈服强度和加工硬化率覆盖从金属到陶瓷的较宽范围。

参量 $h_\mathrm{p}/h_\mathrm{m}$($h_\mathrm{m}$ 为最大压入深度，h_p 为残余压入深度) 容易从卸载曲线上获得，可以表征材料压入的变形行为。由于锥形和玻氏压头的几何自相似，该参量不依赖于压入深度，范围为 $0 \leqslant h_\mathrm{p}/h_\mathrm{m} \leqslant 1$。该参量的下限对应于完全弹性变形，上限对应于理想塑性变形。压入凸起和压入凹陷的程度依赖于 $h_\mathrm{p}/h_\mathrm{m}$ 和加工硬化特性，特别是当 $h_\mathrm{p}/h_\mathrm{m}$ 接近于 1 和加工硬化弱时，材料明显凸起；当 $h_\mathrm{p}/h_\mathrm{m} < 0.7$ 时，不论材料的加工硬化行为如何，几乎看不到凸起现象。参见图 7.18。

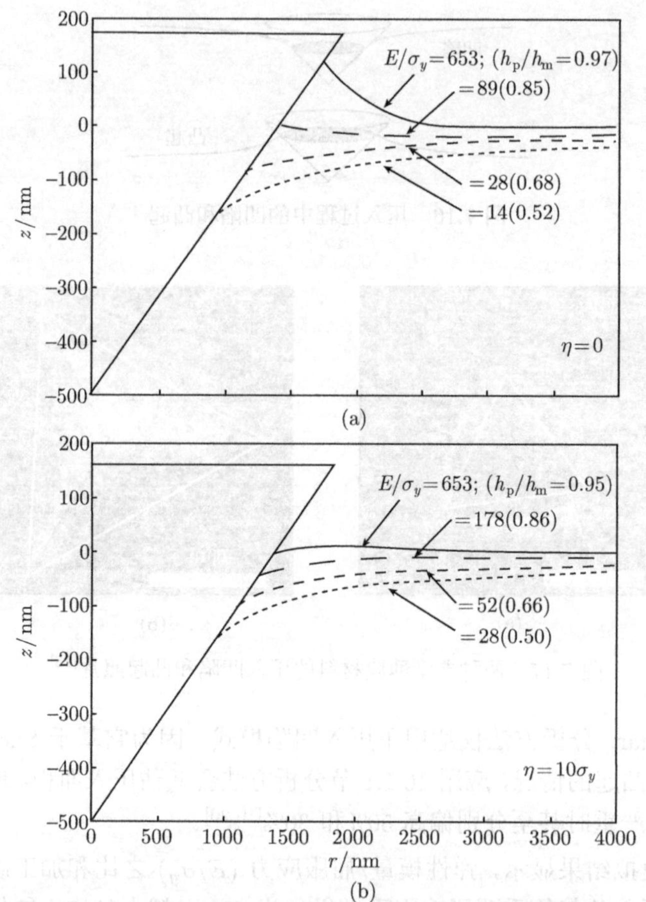

图 7.18　锥形压头接触剖面的有限元模拟结果[19]

(a) 非加工硬化材料；(b) 线性加工硬化材料

考虑 h_p/h_m 和接触面积之间关系。在图 7.19 中，包括有限元计算出的接触面积 A_{true} 和测量出的接触面积 A_{expt}，A_{af} 为既无凸起也无凹陷的最大压入深度时的面积函数。如果 A/A_{af} 大于 1 时，为压入凸起；A/A_{af} 小于 1 时，为压入凹陷。当凸起明显时，接触面积的测量值明显低估真实值即计算值；当 $h_p/h_m > 0.7$ 时，测量值的精度依赖于材料加工硬化率；如果为理想弹塑性材料，接触面积会低估 50%。

从测试的角度看，仅依靠载荷–深度数据，是不可能预测材料的加工硬化的。当 $h_p/h_m < 0.7$ 时，Oliver-Pharr 方法获得的接触面积和有限元的结果符合较好，它与加工硬化无关。当 $h_p/h_m > 0.7$ 时，需要注意，Oliver-Pharr 方法可能会导致较大的接触面积测量误差。由误差分析可知，参见式 (10.42) 和式 (10.41)，仅考虑接触面积的单独影响，由 $\Delta A/A$ 引起 $\Delta H_{\mathrm{IT}}/H_{\mathrm{IT}}$ 和 $\Delta E_{\mathrm{IT}}/E_{\mathrm{IT}}$ 的误差放大系数分别为 1 和 0.5。

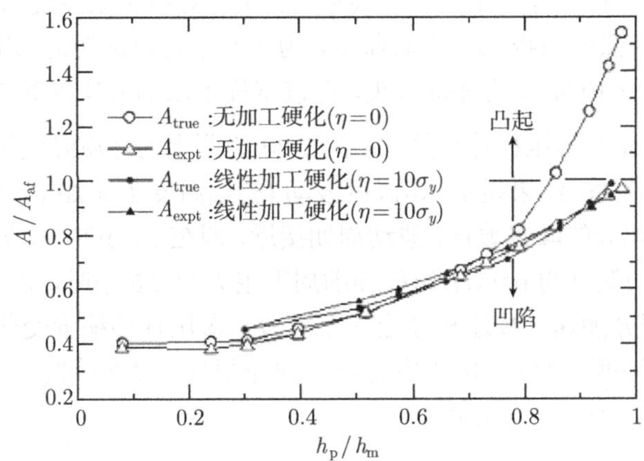

图 7.19 接触面积和压入深度的有限元模拟和测量结果对比[19]

在实际情况下，如果根据 $h_{\mathrm{p}}/h_{\mathrm{m}}$ 判断可能会有明显的压入凸起发生，应通过光学显微镜、扫描电镜或原子力显微镜观察实际的压入凸起情况，以便确定根据载荷–深度曲线计算接触面积测试结果的可靠性。

为了避免观察压入形貌而直接确定凸起程度，Cheng 等[21−23] 采用有限元模拟的方法，研究压头半锥角 68° 的情况，检查各种不同加工硬化行为的弹塑性材料在压入过程中的凸起程度，说明凸起依赖于压入功恢复率 $W_{\mathrm{u}}/W_{\mathrm{t}}$。以此发现压入能量标度关系，并建立一种不依赖接触面积的压入硬度和模量分析方法，分别参见 9.1 节和 10.1.2 节。

7.2.4 表面吸湿

固体表面具有自然吸湿的特性，会附着一定厚度的水膜等。在压头逼近试样表面的过程中，出现明显的吸附区域，导致在一定范围内难以精确确定压头和试样表面的接触零点。作为参考，接触零点通常选择载荷曲线重新回到零点的位置。例如，MTS 公司的科研人员采用 MTS Nano Indenter® DCM 组件，研究熔融石英和高聚物试样表面对压头的吸附情况[24]，参见 14.5 节及其图 14.26。

7.3 测试环境的影响

在测试环境中，温度波动是最主要的影响因素。下面，以温度波动的影响为例进行说明。

准备测定室温变化。使用 Nano Indenter® XP，编制保载测量方法，实时测定深度–时间曲线。环境条件为空调加热保温；采用热电偶 (分辨力 0.1℃，采样频率 0.2Hz) 测量温度，将其置于压入仪隔离箱内，由计算机记录温度–时间数据，进而组合成相应温度–深度曲线，24 小时监测。为了减小材料蠕变的影响，试样选为熔融石英，采用半径 10.6μm 的球锥压头，在该试样上以 50mN 保载 24 小时。

研究室温变化及其压杆伸缩规律。图 7.20 为测定的环境温度波动和压杆伸缩量随时间的变化关系，结果显示：①温度波动 (初始温度 $T = 25.7$℃) 和压杆伸缩量相关，两者具有相同的峰谷数量，波动周期接近，即在 24 小时中，温度波动周期大致 2.5 小时，波动幅度约 0.9℃；压杆伸缩周期也大约 2.5 小时，波动幅度 0.24μm。②空调工作周期分加速、减速和停止三个阶段。③压杆伸缩量变化滞后于温度波动，分膨胀和收缩两个阶段。因为室温由空调控制且温度传感器的频响较快，而压杆伸缩量被动响应且热传导较慢。

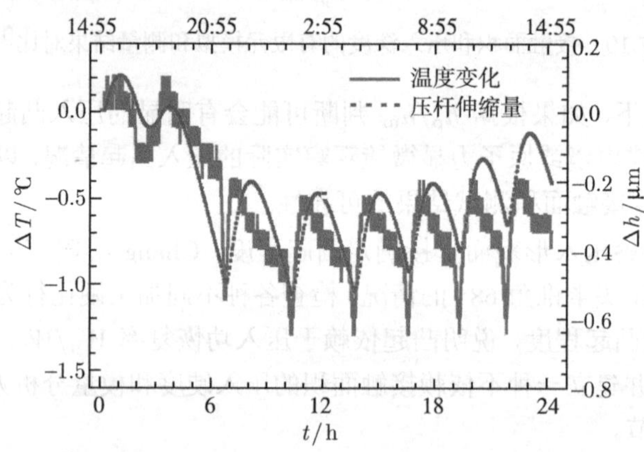

图 7.20　温度波动和压杆伸缩量随时间的变化

确定压入时间对测试结果的影响。加载时间分别选为 100s(约 2 分钟，常规压入时间)、1000s(约 20 分钟) 和 10000s(约 3 小时，与空调调温周期相近)，如果设定热漂移速率为 0.050nm/s，所引起的最大伸缩量为 5nm、50nm 和 500nm；如果热漂移速率为 0.020nm/s，所引起的最大伸缩量为 2nm、20nm 和 200nm。由此估计可以确定压杆伸缩量对具体测试深度的影响程度，例如，如果热漂移速率默认值 0.050nm/s，加载时间 100s，压入深度 500nm，则伸缩量/压入深度为 1%，基本满足测试要求。

举例说明长时间测试中温度波动对结果的影响。以 Mg 合金 (Y2-TW-6-C) 的 10 次压入蠕变测试为例，设定热漂移速率 0.050nm/s，从零加载 5s 至 500mN，并保载 3000s，测量结果参见图 7.21。从图中可以看出，压入蠕变量并非全部单调递增的；即使单调递增，压入蠕变量最大也不超过 100nm。假如测试过程中保持热漂移速率 −0.050nm/s 不变，3000s 的收缩量为 −150nm，这就可以解释压入蠕变量并非全部单调递增的原因。因此，在实验室空调控温能力下，应该注意测试参数的选择：适当降低默认的热漂移率阈值，如设定 0.02nm/s；测试时间不宜过长，如不超过 1000s。

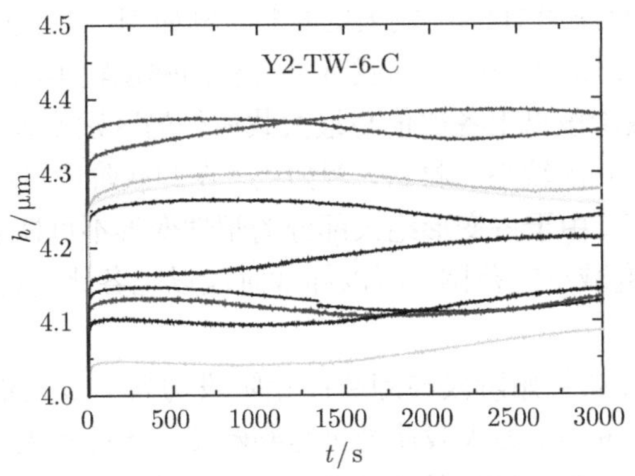

图 7.21 保载阶段的深度–时间曲线

7.4 压入位置的影响

在压入硬度和模量的分析方法中，假设试样为半无限大空间，参见 10.1 节。实际上，试样的侧表面、内部各种界面和预先残余压痕的存在对测试结果都会产生影响，其程度依赖于压头几何形状和试样材料性质[1]。例如，在图 16.10(c) 中，压痕 L1 的形状畸变受自由边界的影响；在图 16.12(b) 中，压痕 S 受压痕 L9 的硬化影响。李敏和张泰华等[3] 采用有限元模拟，研究压入影响区范围和边界效应。

7.4.1 压入影响区的有限元模拟

采用 MSC/NASTRAN 接触滑动线单元，建立三维有限元模型，模拟有滑动接触的加卸载过程。选用典型的两种金属材料：铜和钨，E/σ_y 分别为 1280 和 95，涵盖较宽金属材料范围。模拟测试采用载荷控制方式，铜和钨的最大载荷分别为 23mN 和 120mN，压入深度 1μm。由于压入位移场、应变场与塑性应变场图像相似，以塑性应变场图像为例说明图 7.22(a) 中各项参量的意义。以压入深度 h 为度量单位，W_z^d、W_z^ε、$W_z^{p\varepsilon}$ 分别表示沿深度方向位移、应变、塑性应变；W_x^d、W_x^ε、$W_x^{p\varepsilon}$ 分别表示沿水平方向位移、应变、塑性应变。考虑到计算误差，以上各量均以最大值的 5%为度量阈值，所以真实影响区范围应比图 7.22 中显示的数值稍大。

图 7.22(b)、(c) 和 (d) 分别表示位移影响区、应变影响区、塑性应变影响区在

加卸载过程中的变化。其中需要说明：加载初始阶段约 20%区域与卸载终止阶段约 10%区域，由于计算模型单元尺度和接触算法的原因，计算结果的精度低于其他区域的结果。考察这几组数据，得到以下的初步结论。

尽管材料性质有较大差异，但不同材料的位移场、应变场、塑性应变场范围与压入深度的比例关系并无显著差异，参见加卸载中间过程的曲线。

对于 E/σ_y(128GPa/0.1GPa) 较大的材料，例如铜，由于其屈服强度低，弹性变形占总变形的比例相对较小，在卸载阶段材料回弹量较小，压头与材料接触时间较短，所以整个卸载阶段以上各比值与最大载荷处的区别不大，曲线相对平缓。对于 E/σ_y(381GPa/4GPa) 较小的材料，例如钨，在卸载阶段材料回弹量较大，压头与材料接触时间较长，由于占变形绝大部分的塑性变形不可恢复，造成变形场缩小的范围小于压入深度减小的范围，所以卸载阶段以上各比值逐步上升均大于最大载荷处的各量。

尽管各比值在加载初始阶段与卸载终止阶段均高于最大载荷点，但以变形场范围的绝对值大小为标准，最大载荷处仍是判断变形场范围大小的位置。沿深度方向，变形场各量范围与压入深度的比值为 4~6，水平方向为 7~9，水平方向影响区域比压入方向的大 50%左右。

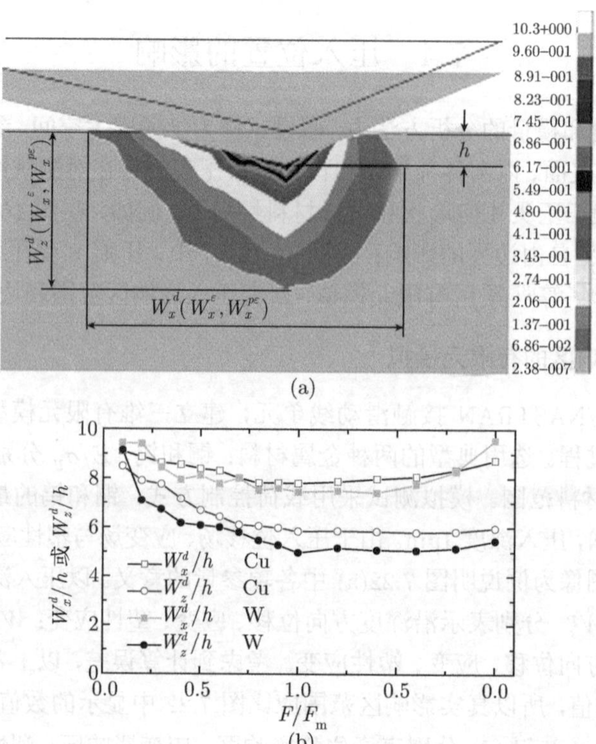

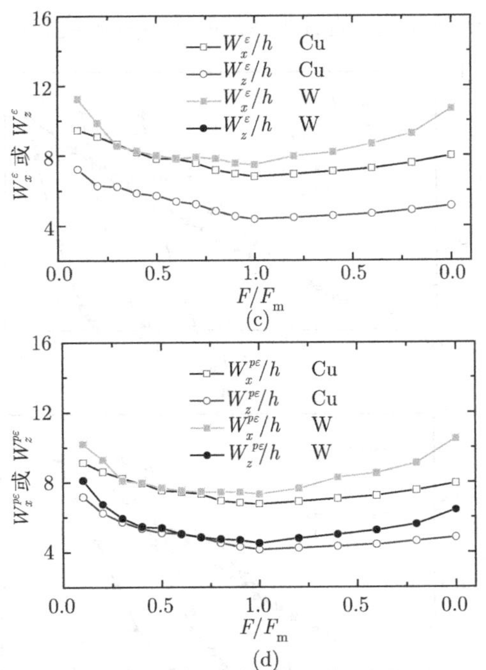

图 7.22 压入影响区的数值模拟[3]

(a) 压入影响区示意图；(b) 位移场范围在压入过程中的变化；(c) 应变场范围在压入过程中的变化；(d) 塑性应变场范围在压入过程中的变化

以上结论基于均匀材料在边界足够远的情况。对于非均匀材料、非对称边界条件或有初始应力的情况，以上的数值具有参考意义。

7.4.2 边界距离影响的有限元模拟

考虑铜和钨，计算中变化从 $L \sim 40L$(玻氏压头的中心线到棱面的距离 $L = 2.174h$)。图 7.23 为压入位置距不同边界距离下铜和钨的压入载荷–深度曲线，图中各条曲线的载荷分别相等。为了便于比较，压入载荷以其最大值归一化，压入深度以距边界 $40L$ 的深度值归一化。

铜和钨压入位置的边界效应对载荷–深度曲线的影响是类似的，由于硬材料的深度影响区比软材料稍小，所以同样条件下边界效应对硬材料测试结果影响较小。

对于铜和钨材料，当压入位置距边界距离 d 为 $4L$(或 $8.7h$) 时，载荷–深度曲线均收敛于边界距离为 $40L$(模拟无边界效应的状况) 的结果；当边界距离为 $3L$(或 $6.5h$) 时，深度偏差小于 5%。

根据图 7.23(a) 和 (b)，得到边界效应影响两种材料测试结果的变化曲线，参见图 7.24(c)。图中边界效应引入的误差以距离 $d = 40L$ 的相对偏差表示。说明在距

边界 $10h$ 以内，边界效应明显，随着距离的减小压入硬度和模量测试结果将偏小。

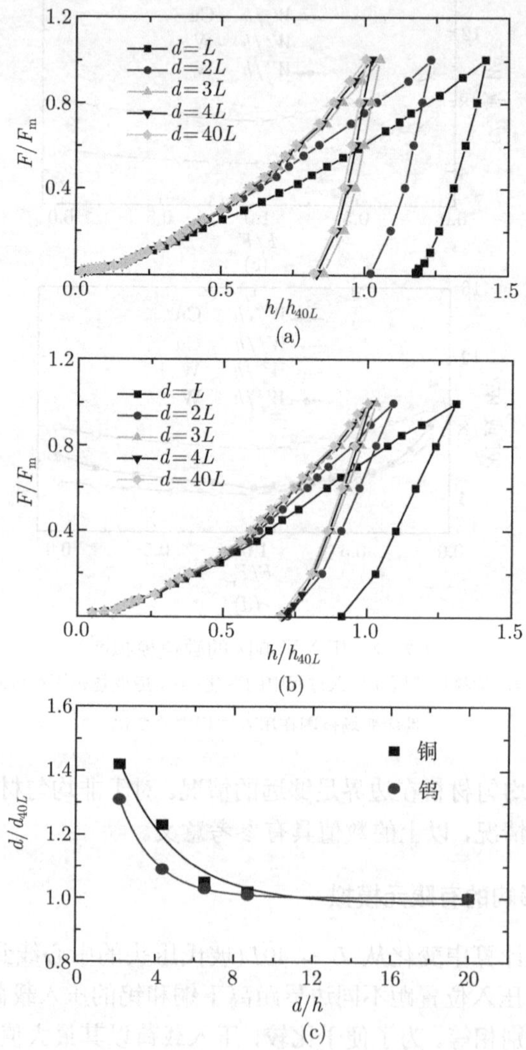

图 7.23　不同边界距离对压入测试的影响

(a) 铜；(b) 钨；(c) 边界效应引入的误差

7.4.3　压入间距影响的实验验证

相对于边界问题，由于局部边界效应和试样材料硬化效应，压入间距影响问题比较复杂。这两种因素的效果是软化和硬化材料，二者竞争的结果通过总体影响体现。该问题用数值模拟的方法构造边界条件与材料特性分布比较困难，所以直接用实验方式显示压入间距的影响。

采用 MTS Nano Indenter® XP，试样材料为在硅片上电镀 9μm 厚的镍膜，设定压入深度 1μm，压痕位置参见图 7.24(a)。照片中心为第一个压痕，第二个压痕离第一个压痕间距为 7.5μm，以后依次为 10μm、15μm 和 30μm。第二个压痕的形状比较规则，没有明显的扭曲现象，说明压痕局部边界影响不是主要因素。图 7.24(b) 是不同位置处测试的压入硬度–深度曲线，当压痕间距与压入深度的比值小于 15 时，预制的中心压痕对附近的压入硬度影响明显，压入硬度偏高 10%以上。

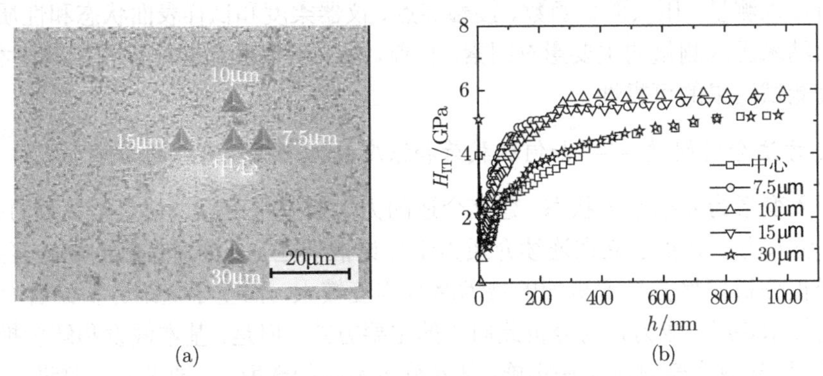

图 7.24 压入位置对镍膜测试结果的影响

(a) 压痕位置照片；(b) 硬度–深度曲线

从测试结果可知，在压入间距问题中局部边界效应范围有限，只要压痕不是相互重合，边界效应不会对测试结果产生显著影响；而材料预硬化效应对后续压入测试的影响显著。对于均匀镍膜，压入间距应大于 20 倍的压入深度。

上面给出对特定材料的边界和压入间距的影响范围。对其不同的材料，影响区的范围会略有不同，但是以上数值仍具有参考意义。测试时如对压入位置无特殊要求，压入测试位置之间或压入测试位置与边界的距离应该尽量大，以避免影响测试结果。具体参见 ISO 14577[11] 和 GB/T 22458[12] 关于压入间距的规定。

7.5 纳米压入技术面临的问题

纳米压入仪的驱动由电磁力或静电力提供，通过计量作用在驱动机构上的电信号换算出载荷，通过平板电容式传感器测量位移，因此载荷和位移的分辨力可以大幅度提高。但是，由于测试过程复杂和影响因素众多，仍需解决如下问题。

1. 压入测量问题 —— 如何获得可靠的载荷和深度数据

纳米压入仪和试样共同组成力学响应系统，来自试样表面和环境的各种微小载荷会在不同距离内起作用，这些微小载荷和仪器的噪声水平相当或略高，作用距离影响着压头接近和接触试样表面的特性。因为电磁或静电驱动仅能提供原始驱动载荷，实际上是精确的致动器，无法及时“探测”其他载荷。对测试系统而言，这些微小载荷相当于外界激励。如何从该系统中确定出真正作用在试样上的载荷，或者将其影响降到最低，就成为纳米尺度可靠测量的关键。在某些特定情况下，仪器的响应时间也会影响测量的可靠性，只有当系统平衡后，从力学响应中解出的载荷才是可靠的。

对压入测量，压头面积函数、接触零点、仪器柔度和试样表面状态和性质等都会成为纳米压入测量的主要影响因素。目前，需要提高和完善检验和校准技术，以便提高测试结果的可靠性。

2. 方法分析问题 —— 如何从载荷和深度数据中提取可靠的力学参数

压入变形为复杂应力状态，建立合适的力学模型是可靠识别力学参数的关键。目前，压入力学分析建立在连续介质力学理论框架之上。面对接触问题的复杂性，试图经正分析严格推导解析解的技术路线难度较大，而基于量纲分析结合有限元模拟的技术路线，成为目前分析此问题的主要方式。但是，基本假设和解析推导的过于苛刻，导致力学测试无法实施；基本分析参量的选取，需要考虑其测量的可行；数值模拟的经验拟合，无法说明压入机制；基于简单和复杂应力状态的参量分析方法明显不同，不易说明压入测试和拉伸测试的参数相关性；现有经典接触力学理论的向微尺度延伸的适用范围何在，如何考虑材料微结构的特征尺寸的影响，等等，诸多问题成为关注和质疑的焦点。

基本假设的局限性、分析参量的可测性、经验拟合的近似性、经典理论的适用性等都会成为纳米压入分析方法的主要影响因素。目前，需要通过数值模拟和成熟的测试技术，例如，基于传统单轴拉伸和超声波等技术，检验压入分析方法的有效性，确保测试结果的可靠性。

3. 测试范围问题 —— 如何确定纳米压入测试的可靠和可用范围

纳米尺度的压入问题，需要考虑原子尺度或材料微结构如晶粒和位错等的影响，基于连续介质力学定义的力学参量可能需要修正或重新定义。

待测材料的性质千差万别，需要明确分析方法的基本假设所对应的实测条件，需要确定力学测量和分析方法的影响因素。

仪器测量精度和压头加工水平等决定着纳米压入测试的深度下限。目前，纳米压入仪在压入深度 50nm 以上，测试相对可靠；在 50nm~10nm，测试结果可用，主要用于比较不同的材料响应。

综上所述，需要改进和完善现有测量技术，提出新的力学参量分析方法，以满足力学性能测试的需求。

参 考 文 献

[1] 张泰华. 微/纳米力学测试技术及其应用. 北京：机械工业出版社, 2004.

[2] Fischer-Cripps A C. Nanoindentation. New York: Spring-Verlag, 2002.

[3] 李敏. 微尺度压入实验的数值模拟及相关问题研究. 北京：中国科学院力学研究所博士后研究工作报告, 2002.

[4] Torres-Torres D, Munoz-Saldana J, Gutierrez-Ladron-de L A, et al. Geometry and bluntness tip effects on elastic–plastic behaviour during nanoindentation of fused silica: Experimental and FE simulation. Modelling Simulation Materials Science and Engineering, 2010, 18: 075006.

[5] Alcala G, Skeldon P, Thompson G M, et al. Mechanical properties of amorphous anodic alumina and tantala films using nanoindentation. Nanotechnology, 2002, 13: 451-455.

[6] Fischer-Cripps A C. A review of analysis methods for sub-micron indentation testing. Vacuum, 2000, 58: 569-585.

[7] Shih C W, Yang M, Li J C M. Effect of tip radius on nanoindentation. Journal of Materials Research, 1991, 6(12): 2623-2628.

[8] Pethica J B, Hutchings R, Oliver W C. Hardness measurement at penetration depths as small as 20 nm. Philosophical Magazine A, 1983, 48(4): 593-606.

[9] Doerner M F, Nix W D. A method for interpreting the data from depth-sensing indentation instruments. Journal of Materials Research, 1986, 1(4): 601-609.

[10] Weimin Chen, Min Li, Taihua Zhang, Yang-Tse Cheng, Che-Min Cheng. Influence of indenter tip roundness on hardness behavior in nanoindentation. Materials Science and Engineering A. 2007, 445-446: 323-327.

[11] ISO 14577-1:2002. Metallic materials — Instrumented indentation test for hardness and materials parameters — Part 1: Test method.

[12] GB/T 22458—2008. 仪器化纳米压入试验方法通则.

[13] Yong Huan, Dongxu Liu, Rong Yang, et al. Analysis of the practical force accuracy of electromagnet-based nanoindenters. Measurement, 2010, 43(9): 1090-1093.

[14] Johnson K L. Contact Mechanics. Cambridge: Cambridge University Press, 1985. (中译本：徐秉业, 罗学富, 刘信声等译. 接触力学. 北京：高等教育出版社, 1992.)

[15] Bobji M S, Biswas S K, Pethica J B. Effect of roughness on the measurement of nanohardness - a computer simulation study. Applied Physics Letters, 1997, 71(8): 1059-1061.

[16] Joslin D L, Oliver W C. A new method for analyzing data from continuous depth-sensing microindentation tests. Journal of Materials Research, 1990, 5(1): 123-126.

[17] ASTM E3-01. Standard guide for preparation of metallographic specimens.

[18] Hay J L, Pharr G M. Instrumented indentation testing//Kuhn H, Medlin D. ASM handbook vol. 8: Mechanical testing and evaluation (10th edition). Ohio: ASM Inter-

national, Materials Park, 2000, 232-243.

[19] Bolshakov A, Pharr G M. Influences of pile-up on the measurement of mechanical properties by load and depth sensing indentation techniques. Journal of Materials Research, 1998, 13(4): 1049-1058.

[20] Oliver W C, Pharr G M. Measurement of hardness and elastic modulus by instrumented indentation: Advance in understanding and refinements to methodology. Journal of Materials Research, 2004, 19(1):3-20.

[21] Yang-Tse Cheng, Che-Min Cheng. Scaling approach to conical indentation in elastic-plastic solids with work hardening. Journal of Applied Physics, 1998, 84: 1284-1291.

[22] Yang-Tse Cheng, Che-Min Cheng. Relationships between hardness, elastic modulus, and the work of indentation. Applied Physics Letters, 1998, 73: 614-616.

[23] Yang-Tse Cheng, Che-Min Cheng. Scaling relationships in conical indentation of elastic-perfectly plastic solids. International Journal of Solids and Structures, 1999, 36: 1231-1243.

[24] Lucas B N, Oliver W C, Swindeman J E. The dynamic of frequency-specific, depth-sensing indentation testing//Neville R M. Fundamentals of Nanoindentation and Nanotribology, MRS symposium proceeding, vol.522. Pennsylvania: Materials Research Society, 1998, 3-10.

第三篇 方法分析

仪器化压入测试主要包括压入参量的测量和测量数据的分析。其中，前一部分参见第二篇的各章内容，后一部分为本篇的主要内容。仪器化压入包含压头与试样材料的接触、摩擦、变形等多种响应的耦合，试样材料的应力状态复杂，理论分析困难。因此，发展简化的理论分析模型，建立可行的参数识别方法，确定可靠的试验测试结果，成为目前研究的焦点。

本篇主要内容包括基础原理、参数识别的分析及其测试方法两部分。基础原理部分，简要介绍相关分析模型和压入能量标度关系；参数识别的分析及其测试方法部分，详细介绍压入硬度和弹性模量、屈服应变和幂硬化指数、断裂韧度、蠕变柔量的参数识别方法。

第8章　分 析 原 理

本章重点介绍研究压入问题的主要基本假设和分析模型。具体包括：针对试样材料、压头形状和压入过程的基本假设，弹塑性、断裂和黏弹等参数识别方法章节中所涉及的自相似理论、Sneddon 解、孔洞扩张模型、特征应变理论及其适用范围。这些基本假设和分析模型，主要用于弹塑性材料的压入变形场分析，可为参数识别方法的建立提供必要的基本方程，是方法分析的基础。

8.1　压入问题的基本假设

由于压入变形场复杂，分析压入问题时需简化。压入属微区测试，其影响因素不仅包含试样材料的微观结构 (例如，晶粒、晶界、裂纹、缺陷等) 和表面状态 (例如，试样抛光时的加工硬化、氧化、表面吸附、粗糙度等)，还耦合着压入过程的接触、摩擦、变形等多种响应，因此应力状态复杂，理论分析困难，现有理论仅能获得有限情况下的解析解答。而基于量纲分析、数值模拟和实验验证等，可以简化压入问题的分析，从而在现有解析结果的基础上，获得一定条件下的近似。其近似程度，受制于假设符合实际测试的程度，因此借助解析方法分析压入问题时，需先了解压入问题中常用的假设及其简化原则。本章所述的基本假设和分析模型，在一定条件下，可推广到包含断裂或黏弹塑行为材料的压入变形场分析，例如，裂纹扩展所需的能量远小于卸载过程中释放的能量时的压入问题。

对于试样材料，一般假设其为均匀、各向同性和无缺陷。压入问题的分析基于连续介质力学的相关理论，因此需要满足如下假设：均匀，指材料内部所有位置都可以用同一组材料参数表征；各向同性，指在某一位置处所有方向上的材料参数都相同；无缺陷，指试样材料无裂纹、孔洞等。上述假设确保材料是连续的，然而在微/纳米尺度的实际测试中，由于各种微观结构和表面状态的影响，需要根据实际情况具体分析。例如，当压入深度周围 10 倍区域位于试样晶粒内部时，可以不考虑晶界影响。

对于压头形状，通常将其等效成轴对称的锥形、球形或球锥形，这样可以将压头几何特征转换成等效半锥角或等效球半径。有限元结果证实，可以将玻氏和维氏压头通过体积等效，简化为圆锥压头处理。Li 等[1] 有限元模拟三维的玻氏、维氏、努氏和圆锥压头的压入问题，指出这几种压头引起的材料变形场在压入区附近存在一定差异；尽管玻氏和维氏压头不完全满足轴对称的形状，但是其载荷-深度曲线都与半锥角为 70.3° 的圆锥氏头接近，因此通过体积等效可将这两种压头近似成圆锥压头；而努氏压头形状明显偏离轴对称，不能采用这种等效。Shim[2] 等、Swaddiwudhipong 等[3] 和 Sakharova 等[4] 的工作也得到相似的结论。实际压头的尖端由于加工缺陷和使用磨损，不能保持为设计的理想形状。由于其形状较复杂，此时一般按照体积等效，将压头形状等效成为球锥形，以便分析变形场，参见图 4.5。对于球形压头或球锥形压头，当接触深度小于尖端的球冠高度时，此时压头的几何特征仅有等效球半径。

对于正三棱锥 (玻氏和立方角压头) 或正四棱锥 (维氏压头) 压入的部分特殊问题，例如，压入断裂韧度的测试，压头棱边处产生的裂纹长度是测试的分析参量，采用轴对称压头则无法得到应力集中的变形场，此时不宜采用轴对称等效方式。另外，Sakharova 等[4] 指出，体积等效适合理想刚塑性材料的压入问题，应用到弹性较好的情况下，需要注意适用范围。

对于压入测试，压入应变率 $\dot{\varepsilon}_{\rm I}$ 和等效单轴应变率 $\dot{\varepsilon}$ 之间的关系为 $\dot{\varepsilon}=0.09\dot{\varepsilon}_{\rm I}$[5]。如果采用恒压入应变率 $\dot{\varepsilon}_{\rm I}=0.05s^{-1}$ 控制，则等效应变为 $4.5\times10^{-3}s^{-1}$，可视为准静态加载。基于上述关于试样和压头的假设，可将压入问题简化成轴对称问题，从而降低解析求解过程的推导难度和有限元模拟的计算规模。对于塑性变形为主导的材料，例如，金属，锥形压入和球形深压入的有限元模拟结果显示，压头下方的等效应力场呈现为近似的半球形，此时也可简化为球对称问题，可进一步降低求解难度。压入卸载过程的有限元模拟结果显示，材料一般不发生进一步的塑性变形或者塑性变形微弱[6]。因此，研究一般将卸载视为弹性恢复过程。

8.2　分析模型和适用范围

8.2.1　自相似理论

基于量纲分析，获得压入问题的无量纲参量，据此简化解析模型的分析和优化数值模拟参数取值的范围，从而通过较少的参量组合确定完整的关系。压入问题的自相似解主要基于量纲分析。

对于锥形压入问题，在满足 8.1 节关于试样材料和压入过程的假设基础上，量纲分析可以给出以下结论：①压入载荷与压入深度的平方成正比，即 $F\propto h^2$；②接触深度或接触半径与压入深度成正比，即 $h_{\rm c}\propto h$ 和 $a_{\rm c}\propto h$；③压入硬度与压入深度无关。基于上述结论可得到诸多关于锥形压入问题的结果，详细的量纲分析可以参见 9.1 节。

对于球形压入问题，自相似理论侧重于获得测量参量之间的函数关系。初期主要基于观察试验现象，缺乏严格意义上的理论推导。早在 1908 年，Meyer[7] 提出如

下的经验关系式

$$F = Ba_{\mathrm{c}}^{m} \tag{8.1}$$

式中，B 和 m 为与材料力学性能相关的参数。1951 年，Tabor[8] 在定义特征应变 (参见 8.2.4 节) 的基础上，获得式 (8.1) 的如下具体形式

$$\begin{cases} F = 2.8\pi k a_{\mathrm{c}}^{2}\left(0.2\dfrac{a_{\mathrm{c}}}{R}\right)^{m-2} \\ n = m-2 \end{cases} \tag{8.2}$$

式中，$k = E\varepsilon_{y}^{1-n}$；$a_{\mathrm{c}}$ 为接触半径，可用卸载后的残余半径 a_{p} 估算。对式 (8.2) 两边同时取对数，可获得线性关系，利用该直线的截距和斜率，即可求解出塑性参数。

1989 年，Hill[9] 在假设 $a_{\mathrm{c}}^{2}/2Rh$ 为常数的前提下，利用接触半径归一化处理位移场，把不定常边界问题定常化，严格证明 Meyer 关系式，获得压入凸起和材料硬化指数之间的关系

$$c^{2} = \frac{a_{\mathrm{c}}^{2}}{a^{2}} = \frac{a_{\mathrm{c}}^{2}}{2Rh} = \frac{5(2-n)}{2(4+n)} \tag{8.3}$$

式中，c 为压入凸起或凹陷对接触半径的影响系数；n 为幂硬化指数；a 和 a_{c} 分别为几何半径和接触半径，参见图 8.1。1993 年，Field 和 Swain[10] 根据 Hill[9] 的理论结果，将式 (8.3) 代入到式 (8.2) 后，两边取对数得

$$\log F = \log\left[2.8\pi k c^{n+2}\left(\frac{0.2}{R}\right)^{n}\right] + m\log a \tag{8.4}$$

式中，$m = n+2$，n 可由式 (8.4) 中 $\log F$ 和 $\log a$ 曲线的斜率计算得到，其中 $a = \sqrt{2Rh - h^{2}}$。由此可见，式 (8.4) 建立起载荷–深度数据与材料硬化指数 n 之间的关系，为基于仪器化压入技术识别硬化指数提供理论基础。

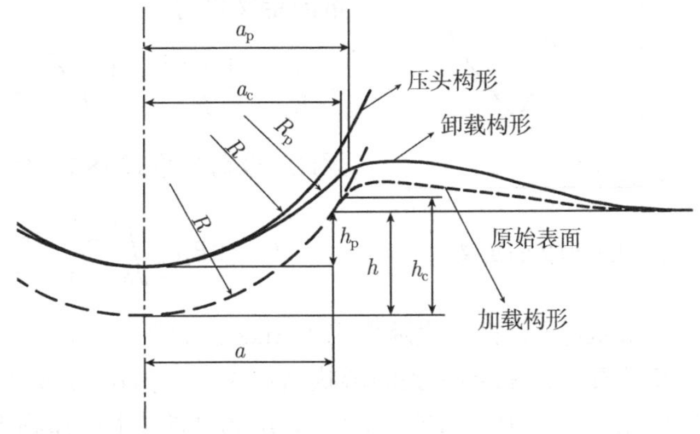

图 8.1 球压入的压入剖面构形及其分析参量

1995 年，Biwa 和 Storakers[11] 将自相似理论扩展到纯塑性压入问题中。式 (8.2) 中的常数 2.8 和 0.2 分别被 3.07 和 0.16 取代，a_c 和 R 分别由 a_p 和 R_p 取代，各参数具体含义参见图 8.1，即

$$F = 3.07\pi k a_p^2 \left(0.16\frac{a_p}{R_p}\right)^n \tag{8.5}$$

球形压入的自相似理论是在非线性弹性材料和小变形假设下得到的，导致其适用范围有不确定性问题。

8.2.2 弹性压入变形场的基本关系

对于轴对称的弹性压入问题，最常用的是 Sneddon 给出的解析解。基于形状满足 $z = w(\rho)$ 的轴对称压头 (图 8.2)，研究线弹性材料的压入问题，1965 年，Sneddon[12] 给出其压入深度 h 和载荷 F 的解析形式

$$h = \int_0^1 \frac{f'(x)}{\sqrt{1-x^2}}\mathrm{d}x \tag{8.6}$$

$$F = \frac{4Ga_c}{1-\nu}\int_0^1 \frac{x^2 f'(x)}{\sqrt{1-x^2}}\mathrm{d}x \tag{8.7}$$

式中，f 定义为 $w(\rho) = f(\rho/a_c) = f(x)$；$a_c$ 为特征长度，代表最大压入深度下的接触半径；G 为剪切模量，与弹性模量和泊松比的关系为

$$G = \frac{E}{2(1+\nu)} \tag{8.8}$$

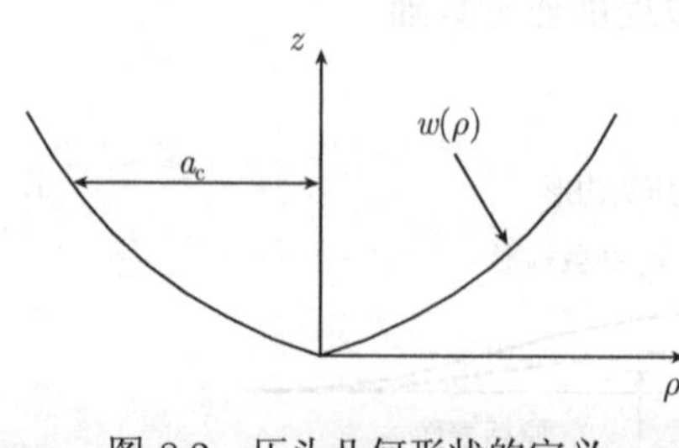

图 8.2 压头几何形状的定义

假设压头为刚性 ($E_i \gg E$)，根据折合模量的定义可得

$$\frac{1}{E_r} = \frac{1-\nu_i^2}{E_i} + \frac{1-\nu^2}{E} \approx \frac{1-\nu^2}{E} \tag{8.9}$$

因此，载荷关系式 (8.7) 为

$$F = 2E_r a_c \int_0^1 \frac{x^2 f'(x)}{\sqrt{1-x^2}}\mathrm{d}x \tag{8.10}$$

对于典型压头形状，杨荣将形状函数代入 Sneddon 解，获得其压入深度、载荷和硬度的关系，参见表 8.1。锥形压头的形状函数为 $z = \rho\cot\alpha$，α 为等效半锥角；球形压头的形状函数为 $z = R - \left(R^2 - \rho^2\right)^{1/2}$，$R$ 为球的半径；抛物形压头的形状函数为 $z = \rho^2/4p$，$(0, p)$ 为抛物线的焦点。

表 8.1 基于 Sneddon 解的典型形状压头的压入深度、载荷和硬度关系

特征参量	锥形	球形		抛物形
	α	R		p
$f(x)$	$xa_c\cot\alpha$	$R-\left(R^2-a_c^2x^2\right)^{\frac{1}{2}}$	$\frac{a_c^2}{2R}x^2$①	$\frac{a_c^2}{4p}x^2$
$f'(x)$	$a_c\cot\alpha$	$a_c^2x\left(R^2-a_c^2x^2\right)^{-\frac{1}{2}}$	$\frac{a_c^2}{R}x$	$\frac{a_c^2}{2p}x$
$h_c(a_c)$	$a_c\cot\alpha$	$R-\left(R^2-a_c^2\right)^{\frac{1}{2}}$	$\frac{a_c^2}{2R}$	$\frac{a_c^2}{4p}$
$h(a_c)$	$\frac{\pi}{2}a_c\cot\alpha$	$\frac{1}{2}a_c\ln\frac{R+a_c}{R-a_c}$	$\frac{a_c^2}{R}$	$\frac{a_c^2}{2p}$
$F(a_c)$	$\frac{\pi}{2}E_ra_c^2\cot\alpha$	$\frac{1}{2}E_r\left[\left(a_c^2+R^2\right)\ln\frac{R+a_c}{R-a_c}-2a_cR\right]$	$\frac{4}{3R}E_ra_c^3$	$\frac{2}{3p}E_ra_c^3$
$F(h)$	$\frac{2}{\pi}E_rh^2\tan\alpha$	—	$\frac{4}{3}E_rR^{\frac{1}{2}}h^{\frac{3}{2}}$	$\frac{4\sqrt{2}}{3}E_rp^{\frac{1}{2}}h^{\frac{3}{2}}$
$H_{IT}(h)$	$\frac{1}{2}E_r\cot\alpha$	—	$\frac{4}{3\pi}E_rR^{-\frac{1}{2}}h^{\frac{1}{2}}$	$\frac{2\sqrt{2}}{3\pi}E_rp^{-\frac{1}{2}}h^{\frac{1}{2}}$
$h_c(h)$	$\frac{2}{\pi}h$	—	$\frac{1}{2}h$	$\frac{1}{2}h$
$S=\mathrm{d}F/\mathrm{d}h$	$2E_ra_c$	$2E_ra_c$	$2E_ra_c$	$2E_ra_c$

① 此列为球形形状函数在 $a_c/R\to 0$ 展开式的首项；对于线弹性情况，在 $a_c/R<0.63$ 范围内有效。

8.2.3 弹塑性压入变形场的基本关系

通过将压入问题转化为轴对称问题 (常称为 Boussinesq 问题)，可采用 Sneddon 解求解弹性压入问题；对于弹塑性压入问题，通常进一步简化为球对称问题，常用的模型为孔洞扩张模型 (expanding cavity model，ECM)。

1957 年，Samuals 和 Mulhearn[13] 通过对等效应变云图的绘制发现，在压头压入过程中材料类似于沿径向扩散。在这种位移模式的启发下，Bishop 和 Mott[14] 提出孔洞模型，后经 Hirst 和 Howse[15] 试验修正。直到 1970 年，Johnson[16,17] 在 Hill 工作的基础[18] 上，增加关于核心区体积守恒的假设，从理论上分析压头几何形状的影响；同时考虑塑性区域的体积变化，确定弹塑性区边界的函数关系。至此，该模型得到较为广泛的认可。其具体的假设[16,17] 归纳如下。

球形假设。圆锥、球形或者棱锥压头引起材料的位移场由初始接触点开始，近似为放射状，并伴有半球形的等应变线，参见图 8.3。由此，位移分量只剩下径向位移 u_r，所有的剪切应力和应变都为零，求解 16 个分量的问题简化为求解 7 个分量的问题，问题分析明显简化。

分区假设。压头下方的材料可以分为三个区，参见图 8.3。核心区：半径为与压头接触半径 a 相同的半球区域，此区域内的材料假设为只承受静水压力 $\bar{p}$ 的不可压缩材料；弹性区：半径 c 以外的区域；塑性区：核心区和弹性区之间的区域。Johnson 的模型中假设核心区的材料为不能承受剪力的流体[16,17]。

体积守恒假设。视核心区内的材料为不可压缩，所以在压入深度增加 $\mathrm{d}h$ 的加载过程中，核心区边界的材料位移需适应体积增加量。对于锥形压头，接触半径与压入深度满足 $a = h\tan\alpha$，将此关系代入核心区体积变化的表达式中，可得到

$$2\pi a^2 \mathrm{d}u_r(a) = \mathrm{d}\left(\frac{\pi}{3}a^2 h\right) = \mathrm{d}\left(\frac{\pi}{3}a^3\cot\alpha\right) = \pi a^2 \cot\alpha \mathrm{d}a \tag{8.11}$$

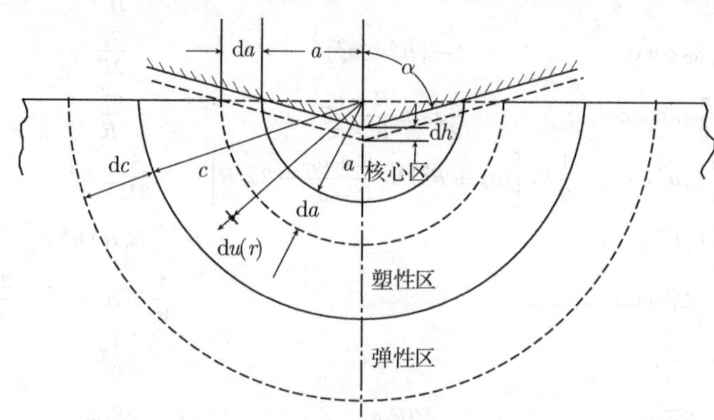

图 8.3　圆锥孔洞扩张模型示意图

自相似假设。对于锥形压头，在扩张过程中，核心区半径与塑性区半径的比例保持不变，即扩张过程是自相似的，可表示为

$$\frac{\mathrm{d}a}{\mathrm{d}c} = \frac{a}{c} = \mathrm{const} \tag{8.12}$$

确定位移的形式之后，就可以通过式 (8.11) 和式 (8.12) 确定其核心区半径与塑性区半径的关系式 (8.13) 和硬度与材料属性之间的关系式 (8.14)

$$\frac{c}{a} = \left[\frac{\dfrac{E}{\sigma_y}\cot\alpha + 4(1-2\nu)}{6(1-\nu)}\right]^{\frac{1}{3}} \tag{8.13}$$

$$\frac{H}{\sigma_y} = \frac{2}{3} + 2\ln\left(\frac{c}{a}\right) \tag{8.14}$$

对于球形压头，考虑到压头的几何非线性，式 (8.14) 需要加一个常数项 −0.19，变为

$$\frac{H}{\sigma_y} = \frac{2}{3} + 2\ln\left(\frac{c}{a}\right) - 0.19 \tag{8.15}$$

8.2.4　特征应变关系

通过特征应变关系，可以将非自相似压头在不同压入深度获得的硬度和深度与单轴拉伸的应力和应变建立联系，并结合硬度与屈服强度的关系，从而直接通过

压入测试获得材料的应力–应变关系。由于压头下应力场复杂，为简化分析，研究者针对锥形和球形压头分别定义相应的特征应变。特征应变法分为硬度定义法和载荷定义法两类[19]，下面介绍硬度定义法。

1951 年，Tabor[8] 基于大量试验发现，对于锥形压入的不同锥角 α 或球形压入的 a_{p}/R，都存在特定的应变水平 ε_r。只要材料单轴应力–应变曲线经过 $(\varepsilon_y+\varepsilon_r,\sigma_r)$ 点 (图 8.4)，其硬度 $H=F/\pi a_{\mathrm{c}}^2$(压头下的平均接触压力) 都相等，即形成硬度 H 与 σ_r 的单值对应关系 $H=f(\sigma_r)$，极大地简化反分析问题。这里，定义 ε_r 为特征应变，σ_r 为特征应力，其中 ε_r 只与压入过程中的几何参量 (α 或 a_{p}/R) 有关。针对锥形压头的特征应变，给定维氏压头的特征应变为 0.08。结合滑移线理论的结果 $\sigma_r\approx H/2.8$，可确定特征应变为 0.08 时的特征应力。因为有两个塑性参数 (ε_y 和 n) 需要求解，所以至少需要两对代表性应力和应变值。1965 年，Atkins 和 Tabor[20] 给出半锥角为 68° 圆锥压头的特征应变为 0.11。1970 年，Johnson[16] 则针对锥形压头建立普适性的特征应变关系式

$$\varepsilon_r=0.2\cot\alpha \tag{8.16}$$

可见，只需要测量出材料在不同锥角压头下的硬度，然后利用关系式 $\sigma_r\approx H/2.8$ 和式 (8.16)，获得一系列的特征应力和应变点，便可对 ε_y 和 n 求解 (假设弹性模量已知)。对于球形压头，Tabor[8] 同样给出如下特征应力–应变关系

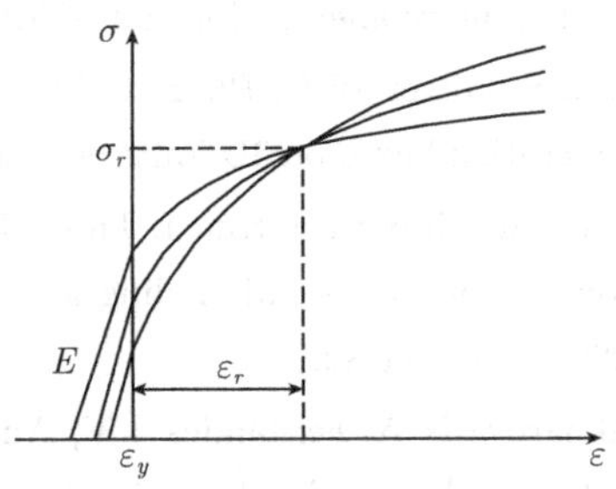

图 8.4 特征应力–应变曲线中有关参量的含义

$$\begin{cases}\sigma_r=\dfrac{F}{2.8\pi a_{\mathrm{p}}^2}\\ \varepsilon_r=0.2\dfrac{a_{\mathrm{p}}}{R}\end{cases} \tag{8.17}$$

这里假设压痕残余投影半径和接触半径相等 ($a_{\mathrm{p}}=a_{\mathrm{c}}$)，参见图 8.1。

由于采用滑移线理论，该方法只适用于压入过程中的纯塑性阶段，而且需要测量多次卸载后的压痕残余形貌，比较繁琐。后续的诸多研究均是围绕着如何提高该方法的便捷性和普适性而展开的。在仪器化测试技术日趋成熟的情况下，为了克服接触半径测量所带来的不便，Dao 和 Suresh 等[21] 重新定义特征应变的概念，直接建立载荷和相应特征应力的类似关系。然而，特征应变的一些基本问题还有待于解答，例如，它对应于压入变形场中何处的应变？锥形压入中特征应变关系中的系数代表什么？这些问题的解答，参见 9.5 节。

8.2.5　适用范围

上述分析模型是在一定假设条件下建立的，存在着各自的适用范围。Mesarovict 和 Fleck[22] 通过大量有限元模拟，分析了各种理论模型的适用范围。对于球形压入问题，本章 8.2.1 节介绍的自相似理论，适用于相对接触半径 (a/R) 在 10^{-2} 与 10^{-1} 之间，屈服应变约 10^{-4} 以下的材料；8.2.2 节介绍的轴对称弹性压入理论的适用范围，对应于屈服应变约 10^{-3} 以上的材料；8.2.3 节的孔洞扩张模型和 8.2.4 节的特征应变理论，其适用范围大致为上述两种模型之间。大体规律总结如下，弹性接触理论适用于压入的弹性阶段，弹塑性阶段一般采用孔洞扩张模型，塑性阶段的初始部分可用自相似理论，后一部分采用滑移线理论。上述结果是针对硬化指数为 0.3 的材料给出的。对于其他材料，尚需要进一步研究。

参 考 文 献

[1] Li M, Chen W M, Liang N G, et al. A numerical study of indentation using indenters of different geometry. Journal of Materials Research, 2004, 19(1): 73-78.

[2] Shim S, Oliver W C, Pharr G M. A critical examination of the Berkovich vs. conical indentation based on 3D finite element calculation. MRS Proceedings, 2005, 841: 39-44.

[3] Swaddiwudhipong S, Hua J, Tho K K, et al. Equivalency of Berkovich and conical load-indentation curves. Modelling and Simulation in Materials Science and Engineering, 2006, 14(1): 71-82.

[4] Sakharova N A, Fernandes J V, Antunes J M, et al. Comparison between Berkovich, Vickers and conical indentation tests: A three-dimensional numerical simulation study. International Journal of Solids and Structures, 2009, 46(5): 1095-1104.

[5] Poisl W H, Oliver W C, Fabes B D. The relationship between indentation and uniaxial creep in amorphous selenium. Journal of Materials Research, 1995, 10(8): 2024–2032.

[6] Oliver W C, Pharr G M. Measurement of hardness and elastic modulus by instrumented indentation: Advances in understanding and refinements to methodology. Journal of Materials Research, 2004, 19(1): 3-20.

[7] Meyer E. Tests on the Harte test and Harte. Physikalische Zeitschrift, 1908, 9: 66-74.

[8] Tabor D. The hardness and strength of metals. Journal of the Institute of Metals, 1951, 79(1): 1-18.

[9] Hill R, Storakers B, Zdunek A B. A theoretical-study of the Brinell hardness test. Proceedings of the Royal Society of London, series A-mathematical, physical and engineering sciences, 1989, 423(1865): 301-330.

[10] Field J S, Swain M V. Determining the mechanical properties of small volumes of material from submicrometer spherical indentations. Journal of Materials Research, 1995, 10(1): 101-112.

[11] Biwa S, Storakers B. An analysis of fully plastic Brinell indentation. Journal of the Mechanics and Physics of Solids, 1995, 43(8): 1303-1333.

[12] Sneddon I N. The relation between load and penetration in the axisymmetric Boussinesq problem for a punch of arbitrary profile. International Journal of Engineering Science, 1965, 3: 47-57.

[13] Samuels L E, Mulhearn T O. An experimental investigation of the deformed zone associated with indentation hardness impressions. Journal of the Mechanics and Physics of Solids, 1957, 5(2): 125-134.

[14] Bishop R F, Mott N F. The theory of indentation and hardness tests. Proceedings of the Physical Society of London, 1945, 57(321): 147-159.

[15] Hirst W, Howse M. The indentation of materials by wedges. Proceedings of the Royal Society of London, series A - mathematical and physical sciences, 1969, 311(1506): 429-444.

[16] Johnson K L. The correlation of indentation experiments. Journal of the Mechanics and Physics of Solids. 1970, 18(2): 115 -126.

[17] Johnson K L. 接触力学. 徐秉业，罗学富，刘信声, 等译. 北京：高等教育出版社，1992.

[18] Hill R. The mathematical theory of plasticity. New York: Oxford University Press, 1998.

[19] 姜鹏. 幂硬化材料塑性参数的仪器化球压入表征技术. 北京：中国科学院研究生院博士学位论文，2009.

[20] Atkins A G, Tabor D. Plastic indentation in metals with cones. Journal of the Mechanics and Physics of Solids, 1965, 13(3): 149-164.

[21] Dao M, Chollacoop N, Van Vliet K J, et al. Computational modeling of the forward and reverse problems in instrumented sharp indentation. Acta Materialia, 2001, 49(19): 3899-3918.

[22] Mesarovic S D, Fleck N A. Spherical indentation of elastic-plastic solids. Proceedings of the Royal Society of London, series A - mathematical, physical and engineering sciences, 1999, 455(1987): 2707-2728.

第 9 章 压入能量标度关系

本章主要介绍压入能量标度关系 (scaling relationship of indentation work)，从量纲分析和有限元模拟、实验验证和理论推导三方面阐述该关系的发现、证实和导出；再结合理论分析的结果，指出国际标准 ISO14577-1:2002 中压入功定义的误导性和特征应变的物理含义。本章介绍的压入能量标度关系，是后续分析方法中的基本方程之一，参见第 10 章中的压入能量–接触刚度方法和第 12 章的断裂韧度识别方法。

9.1 压入能量标度关系的发现

1998 年，Cheng Yang-Tse(郑仰泽) 和 Cheng Che-Min(郑哲敏) 采用量纲分析和有限元模拟，研究锥形压头压入线弹性 - 幂硬化材料的变形问题时，发现压入硬度 $H_{\rm IT}$、折合模量 $E_{\rm r}$、卸载功 $W_{\rm u}$ 和压入总功 $W_{\rm t}$ 之间存在近似线性关系[1]。

压入问题涉及的物理量包括：材料参量 (弹性模量 E、泊松比 ν、屈服强度 σ_y、幂硬化指数 n)、压头几何参量 (等效半锥角 α) 和控制变量 (一般选取为压入深度 h，包含相应的最大压入深度 $h_{\rm m}$)。选取 E 和 h 作为基本量，压入载荷 F、$H_{\rm IT}$、$W_{\rm u}$ 和 $W_{\rm t}$ 等都可以由基本量导出。

在压入加载阶段，载荷 F 可表示为

$$F = f_F\left(E, \nu, \sigma_y, n\,; \alpha\,; h\right) \tag{9.1}$$

其无量纲关系表示为

$$F = Eh^2 \prod\nolimits_\alpha\left(\frac{\sigma_y}{E}, \nu, n, \alpha\right) \tag{9.2}$$

根据压入总功的定义，得到

$$W_{\rm t} = \int_0^{h_{\rm m}} F{\rm d}h = \frac{Eh_{\rm m}^3}{3} \prod\nolimits_\alpha\left(\frac{\sigma_y}{E}, \nu, n, \alpha\right) \tag{9.3}$$

从式 (9.2) 和式 (9.3) 可见，F 和 $W_{\rm t}$ 分别正比于 $h_{\rm m}^2$ 和 $h_{\rm m}^3$。

在卸载阶段，载荷可表示为

$$F = Eh^2 \prod\nolimits_\gamma\left(\frac{\sigma_y}{E}, \frac{h}{h_{\rm m}}, \nu, n, \alpha\right) \tag{9.4}$$

当载荷卸完时，有

$$F = Eh_{\rm m}^2 \prod\nolimits_\gamma \left(\frac{\sigma_y}{E}, \frac{h_{\rm p}}{h_{\rm m}}, \nu, n, \alpha\right) = 0 \tag{9.5}$$

式中，$h_{\rm p}$ 为残余深度，是 $\sigma_y/E, \nu, n, \alpha$ 和 $h_{\rm m}$ 的函数。而卸载功由如下关系给出

$$\begin{aligned} W_{\rm u} &= \int_{h_{\rm p}}^{h_{\rm m}} F{\rm d}h = Eh_{\rm m}^3 \int_{h_{\rm p}/h_{\rm m}}^{1} x^2 \prod\nolimits_\gamma \left(\frac{\sigma_y}{E}, x, \nu, n, \alpha\right){\rm d}x \\ &\equiv Eh_{\rm m}^3 \prod\nolimits_u \left(\frac{\sigma_y}{E}, \nu, n, \alpha\right) \end{aligned} \tag{9.6}$$

由此可获得卸载功和总功之间的如下关系[1]

$$\frac{W_{\rm t} - W_{\rm u}}{W_{\rm t}} = 1 - 3\frac{\prod_u \left(\dfrac{\sigma_y}{E}, \nu, n, \alpha\right)}{\prod_\alpha \left(\dfrac{\sigma_y}{E}, \nu, n, \alpha\right)} \equiv \prod\nolimits_w \left(\frac{\sigma_y}{E}, \nu, n, \alpha\right) \tag{9.7}$$

另外，压入硬度和弹性模量之间存在如下关系[2]

$$\frac{H_{\rm IT}}{E} = \prod\nolimits_h \left(\frac{\sigma_y}{E}, \nu, n, \alpha\right) \tag{9.8}$$

因此，由式 (9.7) 和式 (9.8) 显示，需要研究 $H_{\rm IT}/E_{\rm r}$ 和 $(W_{\rm t} - W_{\rm u})/W_{\rm t}$ 的函数关系，这里 $E_{\rm r} \approx E/(1-\nu^2)$。

采用有限元软件 ABAQUS，假设压头为刚性圆锥 (半锥角 $\alpha = 68°$)，垂直压入各向同性均匀材料；忽略压头和试样表面之间的摩擦；试样为线弹性–幂硬化材料。有限元模拟结果和五种典型材料测试结果参见图 9.1，显示所有数据点均大致在同一直线上，斜率近似为 −0.2，可表示为

$$\frac{H_{\rm IT}}{E_{\rm r}} \approx \Pi_\theta \left(\frac{W_{\rm t} - W_{\rm u}}{W_{\rm t}}\right) \approx 0.2\frac{W_{\rm u}}{W_{\rm t}} \tag{9.9}$$

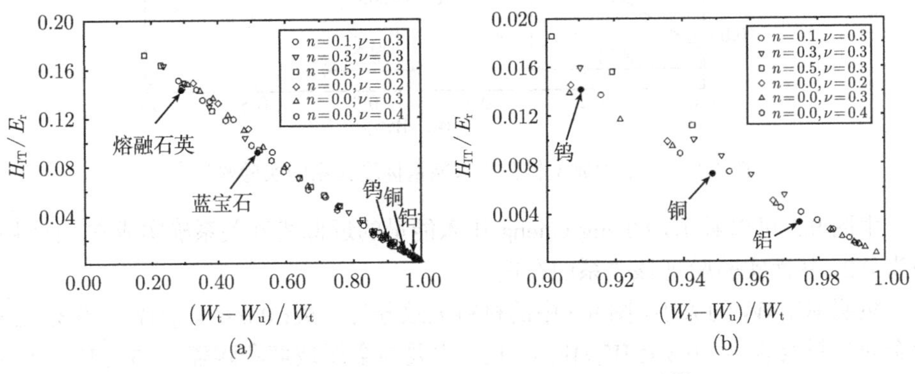

图 9.1 $H_{\rm IT}/E_{\rm r}$ 和 $(W_{\rm t} - W_{\rm u})/W_{\rm t}$ 的关系[1]

(a) $0.00 < (W_{\rm t} - W_{\rm u})/W_{\rm t} < 1.00$; (b) $0.90 < (W_{\rm t} - W_{\rm u})/W_{\rm t} < 1.00$

Cheng 等所发现的压入能量标度关系，为比值 H_{IT}/E_r 的测试及其应用奠定基础。该比值还与其他学科中的一些参量相关[1,3]：在摩擦学中，与塑性指数 (plasticity index) 相关，可用于描述压头接触的粗糙表面发生塑性变形的程度，或者确定其变形特征是塑性主导还是弹性主导[4]；在断裂力学中，该比值为断裂韧度计算式中的参量[5,6]，参见第 12 章。

该压入能量标度关系的建立基于量纲分析和有限元模拟的结果，缺乏足够的实验验证，无法显示材料力学参数和压头形状参数的影响。针对上述问题，杨荣和张泰华等[7−9] 实验验证该压入能量标度关系，并推导出线弹性、理想弹塑性和考虑材料硬化和可压缩性情况下的解析表达式。

9.2 压入能量标度关系的实验验证

张泰华和杨荣等 [7] 选用二十种典型材料，以便这些材料的压入功恢复率 (W_u/W_t) 尽量等间距的分布。压入测试采用 MTS Nano Indenter® XP，压入深度控制在 1μm~3μm，以避免玻氏压头钝化对测试结果的影响，具体结果参见图 9.2。

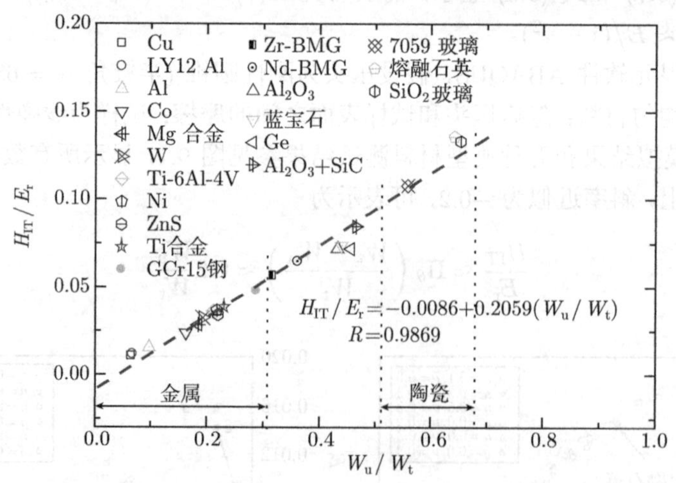

图 9.2 二十种典型材料压入能量标度关系的实验验证[7]

由图 9.2 可以看出，Cheng-Cheng 压入能量的近似线性关系确实成立，且斜率约为 0.2，从而实验验证该关系的存在。

按照 W_u/W_t 的大小，图 9.2 中的材料大致分为三类：$0.0 < W_u/W_t < 0.3$，主要为金属材料及合金；$0.3 < W_u/W_t < 0.5$，主要为金属玻璃和陶瓷；$0.5 < W_u/W_t < 0.7$，主要为陶瓷。其中，熔融石英的压入功恢复率较大，比值在 0.65 左右。由此可见，压入功恢复率可作为反映材料弹塑性变形的一种指标。

9.3 压入能量标度关系的理论推导

在以上实验结果的基础上，杨荣和张泰华等，首先针对材料弹塑性响应的两个极端情况 —— 线弹性本构关系 (无塑性) 和理想弹塑性本构关系 (无硬化) 进行推导[7]，然后推广到同时考虑可压缩和硬化的一般情况[8]。下面，分别介绍采用球对称假设求解锥形压入问题所涉及的基本方程、求解弹性区加载过程、采用 Lamé解求解卸载过程并获得卸载功的解析表达式[7−9]。

9.3.1 球对称假设下基本方程的化简和求解

在球对称近似下，压头下材料的位移量只有径向位移 u_r 变量，且与 θ 和 φ 无关 (r、θ 和 φ 分别是球坐标系中的三个坐标)，记为 $u_r = u(r)$，切应力和切应变的分量均为零，因此本问题需要求解的分量共七个，分别为 $u, \varepsilon_r, \varepsilon_\theta, \varepsilon_\varphi, \sigma_r, \sigma_\theta, \sigma_\varphi$。求解这些分量，共需要七个方程，它们是：几何方程 (三个)，平衡方程 (一个)，本构方程 (三个)。在本构方程中，包括弹性和塑性阶段的方程。在弹性阶段，采用广义的胡克定律。在塑性阶段，采用简单加载的全量关系。另外，为了确定各分量，还需要给定边界条件或连续条件，共有七个，它们分别是：无穷远处 $r=\infty$ 的无应力条件 (三个)，弹塑性边界 $r=c$ 处的塑性区的初始屈服条件 (二个)，塑性区的 Mises 屈服准则 (一个)，$r=c$ 处的位移连续条件 (一个)。下面给出这些基本方程和边界条件的具体形式。

基本方程包括：

几何方程为

$$\begin{cases} \varepsilon_r = \dfrac{\mathrm{d}u}{\mathrm{d}r} \\ \varepsilon_\theta = \varepsilon_\varphi = \dfrac{u}{r} \end{cases} \tag{9.10}$$

平衡方程为

$$\frac{\mathrm{d}\sigma_r}{\mathrm{d}r} + 2\frac{\sigma_r - \sigma_\theta}{r} = 0 \tag{9.11}$$

本构方程为，对于弹性情况可以采用广义胡克定律

$$\sigma_{ij} = 2G\varepsilon_{ij} + \lambda\varepsilon_{kk}\delta_{ij} = \frac{E}{1+\nu}\varepsilon_{ij} + \frac{\nu E}{(1+\nu)(1-2\nu)}\varepsilon_{kk}\delta_{ij} \tag{9.12}$$

对于塑性情况，分析时一般将应力和应变表示成相应的球量和偏量，然后分别建立应力和应变的球量、应力和应变的偏量之间的本构关系。应力 σ_{ij} 和应变 ε_{ij} 分量表示如下

$$\sigma_{ij} = s_{ij} + \sigma_m\delta_{ij} = s_{ij} + \frac{1}{3}\sigma_{kk}\delta_{ij} \tag{9.13}$$

$$\varepsilon_{ij} = e_{ij} + \varepsilon_m\delta_{ij} = e_{ij} + \frac{1}{3}\varepsilon_{kk}\delta_{ij} \tag{9.14}$$

式中，$\sigma_{11},\sigma_{22},\sigma_{33},\varepsilon_{11},\varepsilon_{22},\varepsilon_{33}$ 分别对应于 $\sigma_r,\sigma_\theta,\sigma_\varphi,\varepsilon_r,\varepsilon_\theta,\varepsilon_\varphi$；$s_{ij}$ 和 e_{ij} 分别是应力和应变的偏量；σ_m 和 ε_m 分别是应力和应变的球量；σ_{kk} 和 ε_{kk} 分别是应力和应变的第一不变量。将压入问题视为简单加载问题，应用全量关系[10]

$$\varepsilon_{kk}=\frac{1-2\nu}{E}\sigma_{kk} \tag{9.15}$$

$$e_{ij}=\frac{3}{2}\frac{\tilde{\varepsilon}}{\tilde{\sigma}}s_{ij} \tag{9.16}$$

式中，$\tilde{\sigma}$、$\tilde{\varepsilon}$ 分别为等效应力和等效应变，定义分别为

$$\tilde{\sigma}=\sqrt{\frac{3}{2}s_{ij}s_{ij}} \tag{9.17}$$

$$\tilde{\varepsilon}=\sqrt{\frac{2}{3}e_{ij}e_{ij}} \tag{9.18}$$

式 (9.15) 表示，材料的塑性变形不会引起体积的变化，因此塑性区的体积按照弹性体积变化。材料进入塑性之后等效应力和应变之间的关系，采用与单轴本构关系一致的形式，并记为

$$\tilde{\sigma}=f\left(\tilde{\varepsilon}\right) \tag{9.19}$$

以上式 (9.10)、式 (9.11)、式 (9.15)、式 (9.16) 和式 (9.19) 是求解本问题所需要的七个基本方程。下面是确定方程定解的边界条件和连续条件。

本问题共有七个边界条件和连续条件，包括：

无穷远处的应力为零条件

$$\sigma_r\left|_{r=\infty}=\sigma_\theta\right|_{r=\infty}=\sigma_\varphi\left|_{r=\infty}=0\right. \tag{9.20}$$

弹塑性边界处的塑性区的初始屈服条件

$$\begin{cases}\tilde{\varepsilon}\left|_{r=c}=\dfrac{\sigma_y}{E}\right.\\ \tilde{\sigma}\left|_{r=c}=\sigma_y\right.\end{cases} \tag{9.21}$$

塑性区内部材料都达到屈服，由等效应力的定义，塑性区的屈服点应力 $\sigma_y\left(\tilde{\varepsilon}\right)$ 应满足相应的本构关系，因此，式 (9.17) 的等效应变定义等同于 Mises 屈服准则[11,12]

$$\left(\sigma_r-\sigma_\theta\right)^2+\left(\sigma_r-\sigma_\varphi\right)^2+\left(\sigma_\theta-\sigma_\varphi\right)^2=2\sigma_y^2\left(\tilde{\varepsilon}\right)=2\tilde{\sigma}^2 \tag{9.22}$$

对于理想弹塑性材料，其塑性区单元的等效应力 $\tilde{\sigma}=\sigma_y$，上式退化成常用的 Mises 屈服准则。对于有硬化的材料，其塑性区单元需满足式 (9.22) 的屈服准则，其屈服

应力等于等效应力。另外，弹塑性边界处于临界屈服状态，参见式 (9.21)，应用式 (9.22) 的准则得

$$\left[(\sigma_r-\sigma_\theta)^2+(\sigma_r-\sigma_\varphi)^2+(\sigma_\theta-\sigma_\varphi)^2\right]\Big|_{r=c}=2\sigma_y^2 \tag{9.23}$$

弹塑性边界上 ($r=c$)，可采用位移和等效应力的连续条件。

求解上述基本方程，可分别求解加载过程中的弹性区和塑性区的变形场。

对于弹性区，首先求解加载过程中弹性区的位移、应力和应变分量，进而通过积分求解获得弹性区的弹性能和总能量密度。采用位移解法直接求解本问题[13]，并得到弹性区的所有应力和应变分量

$$\begin{cases}\sigma_r=-\dfrac{2\sigma_y}{3}\left(\dfrac{c}{r}\right)^3\\ \sigma_\theta=\sigma_\varphi=\dfrac{\sigma_y}{3}\left(\dfrac{c}{r}\right)^3\end{cases} \tag{9.24}$$

$$\begin{cases}\sigma_m=0\\ \tilde{\sigma}=\sigma_y\left(\dfrac{c}{r}\right)^3\end{cases} \tag{9.25}$$

$$\begin{cases}\varepsilon_r=-\dfrac{2(1+\nu)\sigma_y c^3}{3Er^3}\\ \varepsilon_\theta=\varepsilon_\varphi=\dfrac{(1+\nu)\sigma_y c^3}{3Er^3}\end{cases} \tag{9.26}$$

$$\tilde{\varepsilon}=\frac{2\,(1+\nu)\,\sigma_y}{3E}\frac{c^3}{r^3} \tag{9.27}$$

将式 (9.25) 代入能量密度计算式

$$w_{\mathrm{t}}^e=w_{\mathrm{e}}^e=\frac{1+\nu}{3E}\tilde{\sigma}^2+\frac{3\,(1-2\nu)}{2E}\sigma_m^2 \tag{9.28}$$

可以得到弹性区的能量密度

$$w_{\mathrm{t}}^e=w_{\mathrm{e}}^e=\frac{1+\nu}{3E}\left[\sigma_y\left(\frac{c}{r}\right)^3\right]^2=\frac{(1+\nu)\sigma_y^2c^6}{3Er^6} \tag{9.29}$$

在塑性区，一般本构关系 $\tilde{\sigma}=f(\tilde{\varepsilon})$ 下，可将应力、应变随着空间位置 r 变化的问题，化简成由以下两个方程表示的空间变化，从而用等效应变表示的塑性区内的应变分布

$$\begin{cases}\tilde{\varepsilon}+\dfrac{4\,(1-2\nu)}{3E}\tilde{\sigma}=\dfrac{C}{r^3}\\ \tilde{\sigma}=f(\tilde{\varepsilon})\end{cases} \tag{9.30}$$

对于卸载过程，材料一般不发生塑性变形或者塑性变形微弱[14]。基于此结论，假设卸载为弹性恢复，卸载阶段可以用经典的 Lamé解描述，由此得到卸载功。

根据球形对称假设，卸载是球腔内边界压应力逐渐降为零的过程。卸载阶段，可以在加载结束时的弹塑性场上，反向叠加弹性 Lamé场来描述。卸载结束时，根据应力的边界条件可知，满足压应力为零的条件。卸载阶段反向叠加的应力为弹性应力，因此不再需要区分弹性区和塑性区。

在 $r=a$ 的球面上，承受压力为 $\bar{p}$ 的 Lamé弹性解[15] 的形式为

$$\left\{\begin{aligned} \sigma_r^* &= -\bar{p}\frac{a^3}{r^3} \\ \sigma_\theta^* &= \sigma_\varphi^* = \bar{p}\frac{a^3}{2r^3} \end{aligned}\right. \tag{9.31}$$

将式 (9.31) 分别代入应力球量和等效应力式 (9.17) 可得

$$\left\{\begin{aligned} \sigma_m^* &= 0 \\ \tilde{\sigma}^* &= \frac{3}{2}\frac{a^3}{r^3}\bar{p} \end{aligned}\right. \tag{9.32}$$

对加载的弹塑性场反向叠加 Lamé解[15] 可得到材料的残余应力场 σ^{r}。对加载弹性区的残余应力场可由加载应力场式 (9.24) 与卸载应力场式 (9.31) 相减给出

$$\left\{\begin{aligned} \sigma_r^{\mathrm{r}} &= -\frac{2\sigma_y}{3}\left(\frac{c}{r}\right)^3 + \bar{p}\frac{a^3}{r^3} \\ \sigma_\theta^{\mathrm{r}} &= \sigma_\varphi^{\mathrm{r}} = \frac{\sigma_y}{3}\left(\frac{c}{r}\right)^3 - \bar{p}\frac{a^3}{2r^3} \end{aligned}\right. \quad (r \geqslant c) \tag{9.33}$$

对于加载塑性区的残余应力场，由于这里尚未给定具体本构关系，暂时无法给出其具体形式，暂记为 σ^{p}，所以其残余应力场为

$$\left\{\begin{aligned} \sigma_r^{\mathrm{r}} &= \sigma_r^{\mathrm{p}} + \bar{p}\frac{a^3}{r^3} \\ \sigma_\theta^{\mathrm{r}} &= \sigma_\varphi^{\mathrm{r}} = \sigma_\theta^{\mathrm{p}} - \bar{p}\frac{a^3}{2r^3} \end{aligned}\right. \quad (a \leqslant r \leqslant c) \tag{9.34}$$

由于卸载过程为弹性，根据弹性能密度的计算式 (9.28)，并将相应的等效应力和应力球量值式 (9.32) 代入可得

$$w_{\mathrm{u}} = \frac{1+\nu}{3E}\left(\tilde{\sigma}^*\right)^2 + \frac{3\left(1-2\nu\right)}{2E}\left(\sigma_m^*\right)^2 = \frac{3}{4}\frac{1+\nu}{E}\frac{a^6}{r^6}\bar{p}^2 \tag{9.35}$$

积分叠加的弹性场，即可得到压入卸载功

$$W_{\mathrm{u}} = \int_a^\infty 2\pi r^2 w_{\mathrm{u}}\mathrm{d}r = \int_a^\infty 2\pi r^2\frac{3}{4}\frac{1+\nu}{E}\frac{a^6}{r^6}\bar{p}^2\mathrm{d}r = \frac{\pi\left(1+\nu\right)}{2E}\bar{p}^2a^3 \tag{9.36}$$

该式显示，卸载功和压力 $\bar{p}$ 的平方成正比。

9.3.2 线弹性和理想弹塑性材料的压入能量标度关系

按照问题的复杂程度，针对线弹性和理想弹塑性这两种本构关系，分别研究相应材料的压入能量标度关系，试图揭示压入能量标度关系的物理内涵[8]。首先借助 Sneddon 解，可确定线弹性本构关系下压入能量标度关系的系数，以便探究压入能量标度关系的物理意义。其次，求解理想弹塑性本构关系下加载塑性区应力–应变等参量，确定其压入能量标度关系的系数。

根据 8.2.2 节结果，线弹性本构关系下硬度的定义为

$$H_{\mathrm{IT}} = E_{\mathrm{r}} \frac{\cot \alpha}{2} \tag{9.37}$$

由于 $W_{\mathrm{u}}/W_{\mathrm{t}} = 1$，因此线弹性材料的压入能量标度关系为

$$\frac{H_{\mathrm{IT}}}{E_{\mathrm{r}}} \Big/ \frac{W_{\mathrm{u}}}{W_{\mathrm{t}}} = \frac{H_{\mathrm{IT}}}{E_{\mathrm{r}}} = \frac{1}{2} \cot \alpha \tag{9.38}$$

由该式可知，对于锥形压入线弹性材料，其压入能量标度关系的比例系数，只取决于压头的等效半锥角，说明压入能量标度关系主要受锥形压头几何形状的影响。

当压头等效半锥角为 68° 时，$(\cot \alpha)/2 \approx 0.20$，这与 Cheng 和 Cheng 的有限元模拟结论相符[16]。对于常用的玻氏压头和维氏压头，等效半锥角约为 70.3°，该值约为 0.18。

以上借助 Sneddon 解，分析线弹性本构关系材料的压入能量标度关系。再推导塑性区等效应变和半径关系在理想弹塑性本构关系下的退化解，以便确定在理想弹塑性本构关系情况下的压入能量标度关系。

理想弹塑性材料的本构关系为 $\tilde{\sigma} = f(\tilde{\varepsilon}) = \sigma_y$，将其代入式 (9.11) 可得

$$\frac{\mathrm{d}\sigma_r}{\mathrm{d}r} = 2\frac{\tilde{\sigma}}{r} = 2\sigma_y \frac{1}{r} \tag{9.39}$$

求解式 (9.39) 可得

$$\sigma_r = 2\sigma_y \ln \frac{r}{c} + C_1 \tag{9.40}$$

进而可得位移和应变的解为

$$u = \frac{-2(1-2\nu)\sigma_y}{3E} r \left(1 + 3\ln\frac{c}{r}\right) + \frac{(1-\nu)\sigma_y}{E}\frac{c^3}{r^2} \tag{9.41}$$

$$\begin{cases} \varepsilon_\theta = \varepsilon_\varphi = \dfrac{-2(1-2\nu)\sigma_y}{3E}\left(3\ln\dfrac{c}{r} + 1\right) + \dfrac{(1-\nu)\sigma_y}{E}\dfrac{c^3}{r^3} \\ \varepsilon_r = \dfrac{-2(1-2\nu)\sigma_y}{3E}\left(3\ln\dfrac{c}{r} - 2\right) - \dfrac{2(1-\nu)\sigma_y}{E}\dfrac{c^3}{r^3} \end{cases} \tag{9.42}$$

并有

$$\frac{c^3}{a^3} = \frac{E\cot\alpha + 4\sigma_y(1-2\nu)}{6\sigma_y(1-\nu)} \tag{9.43}$$

利用弹塑性边界上的应力连续条件，利用弹性场的径向应力式 (9.24)，可确定式 (9.40) 中的常数 C_1，进而得到应力分量为

$$\begin{cases} \sigma_r = 2\sigma_y \ln \dfrac{r}{c} - \dfrac{2}{3}\sigma_y \\ \sigma_\theta = \sigma_\varphi = 2\sigma_y \ln \dfrac{r}{c} + \dfrac{1}{3}\sigma_y \end{cases} \tag{9.44}$$

通过对应力和应变场进行积分，可得到塑性区的弹性能和总能量密度为

$$\begin{cases} w_{\mathrm{e}}^{\mathrm{p}} = \dfrac{\sigma_y^2}{2E} \\ w_{\mathrm{t}}^{\mathrm{p}} = \dfrac{\sigma_y^2}{E}\dfrac{c^3}{r^3} - \dfrac{\sigma_y^2}{2E} \end{cases} \tag{9.45}$$

积分核心区、弹性区和塑性区的能量密度，可得到全场的弹性能和总能量

$$W_{\mathrm{e}} = \int_a^c 2\pi r^2 w_{\mathrm{e}}^{\mathrm{p}} \mathrm{d}r + \int_c^\infty 2\pi r^2 w_{\mathrm{e}}^{\mathrm{e}} \mathrm{d}r = \frac{\pi \sigma_y^2}{3E}\left(2c^3 - a^3\right) \tag{9.46}$$

$$\begin{aligned} W_{\mathrm{t}} &= w_{\mathrm{t}}^{\mathrm{c}} V_c + \int_a^c 2\pi r^2 w_{\mathrm{t}}^{\mathrm{p}} \mathrm{d}r + \int_c^\infty 2\pi r^2 w_{\mathrm{t}}^{\mathrm{e}} \mathrm{d}r \\ &= \frac{2\pi\sigma_y^2 c^3}{E} \ln\frac{c}{a} + \frac{\pi\sigma_y^2}{6E}a^3 + \frac{2\pi a^3 \sigma_y \cot\alpha}{9} - \frac{\cot^2\alpha}{9}\pi a^3 \sigma_y + \frac{\pi a^3 \sigma_y^2 \cot\alpha}{6E} \\ &\approx \frac{2\pi\sigma_y^2 c^3}{E} \ln\frac{c}{a} + \frac{2\pi a^3 \sigma_y \cot\alpha}{9} \end{aligned} \tag{9.47}$$

将核心区的径向压力等效为压入过程中的硬度，由式 (9.44) 可得

$$H_{\mathrm{IT}} = \bar{p} = -\sigma_r|_{r=a} = \left(2\ln\frac{c}{a} + \frac{2}{3}\right)\sigma_y \tag{9.48}$$

根据式 (9.36)，不可压缩材料 ($\nu = 0.5$) 的卸载功变为

$$W_{\mathrm{u}} = \frac{\pi(1+\nu)}{2E}\bar{p}^2 a^3 \tag{9.49}$$

卸载功将式 (9.49) 和总功式 (9.47) 联立，可得

$$\frac{W_{\mathrm{u}}}{W_{\mathrm{t}}} \approx \left(3 + \frac{1}{\ln\dfrac{c}{a}}\right)\frac{(1+\nu)}{2\cot\alpha}\frac{H_{\mathrm{IT}}}{E} \approx \frac{3(1+\nu)}{2\cot\alpha}\frac{H_{\mathrm{IT}}}{E} = \frac{3}{2(1-\nu)\cot\alpha}\frac{H_{\mathrm{IT}}}{E_{\mathrm{r}}} \tag{9.50}$$

整理得到理想弹塑性材料的压入能量标度关系为

$$\frac{H_{\mathrm{IT}}}{E_{\mathrm{r}}}\bigg/\frac{W_{\mathrm{u}}}{W_{\mathrm{t}}} \approx \frac{2(1-\nu)}{3}\cot\alpha \tag{9.51}$$

压入能量标度关系的具体情况参见图 9.3。可压缩、理想弹塑性材料的压入能量标度关系的解析结果、近似关系式 (9.51) 和有限元模拟的结果对比参见图 9.3。

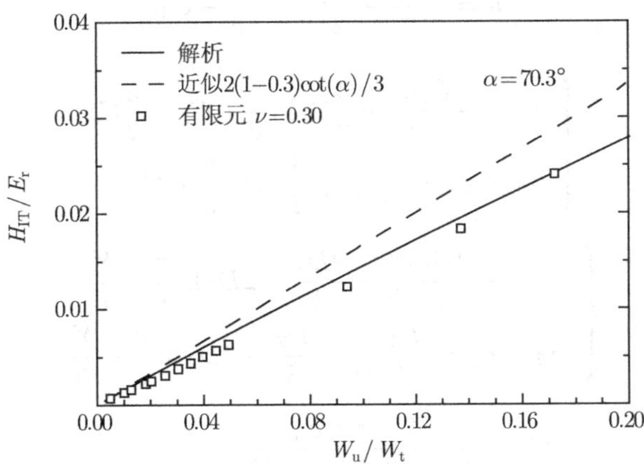

图 9.3 理想弹塑性材料的压入能量标度关系解析、近似关系和有限元结果对比[9]

Cheng[16] 有限元模拟得到等效半锥角 60° ∼ 80° 的压入能量标度关系，给出

$$\frac{H_{\mathrm{IT}}}{E_{\mathrm{r}}}=\kappa\frac{W_{\mathrm{u}}}{W_{\mathrm{t}}} \tag{9.52}$$

式中，$\kappa=1/[\lambda(1+\gamma)]$，$\lambda=1.50\tan\alpha+0.327$，$\gamma=0.27$。将解析结果式 (9.50)、本文数值模拟的结果与 Cheng 的关系式 (9.52) 比较，如表 9.1 所示，其中 $\nu=0.3$。可以看出，解析结果和模拟结果与 Cheng 的结果接近。

表 9.1 压入能量标度关系系数 κ 的解析、数值与 Cheng 有限元结果的对比

$\alpha/(^\circ)$	杨荣和张泰华等的式 (9.51) 解析结果[7]	杨荣和张泰华等的有限元结果[7]	Cheng 等的式 (9.52) 有限元结果[16]
60	0.269	0.266	0.269
70.3	0.167	0.171	0.174
80	0.082	0.091	0.089

9.3.3 可压缩硬化材料的压入能量标度关系

从常用的本构关系出发，杨荣和张泰华等针对可压缩的线弹性–线性硬化和线弹性–幂硬化这两种典型本构关系，研究压入能量标度关系的物理内涵[8]。

对于线弹性–线性硬化材料，其本构关系满足

$$\tilde{\sigma}=f(\tilde{\varepsilon})=\sigma_y+E_{\mathrm{P}}\left(\tilde{\varepsilon}-\frac{\sigma_y}{E}\right) \tag{9.53}$$

将式 (9.53) 代入式 (9.30) 并求解可得

$$u=\frac{C_1c^3}{2r^2}+\frac{3}{2}C_2r\ln\frac{r}{c}+C_3r \tag{9.54}$$

$$\begin{cases}\varepsilon_r=-\dfrac{C_1c^3}{r^3}+\dfrac{3}{2}C_2\ln\dfrac{r}{c}+C_3+\dfrac{3}{2}C_2\\ \varepsilon_\theta=\varepsilon_\varphi=\dfrac{C_1c^3}{2r^3}+\dfrac{3}{2}C_2\ln\dfrac{r}{c}+C_3\end{cases} \tag{9.55}$$

$$\begin{cases}\sigma_r=-\dfrac{2D_1}{3}\dfrac{c^3}{r^3}-\dfrac{2D_2}{3}+2D_2\ln\dfrac{r}{c}-\dfrac{Y}{6}\\ \sigma_\theta=\sigma_\varphi=\dfrac{D_1}{3}\dfrac{c^3}{r^3}+\dfrac{D_2}{3}+2D_2\ln\dfrac{r}{c}-\dfrac{Y}{6}\end{cases} \tag{9.56}$$

$$\begin{cases}C_1=\dfrac{(7-8\nu)\,\sigma_y}{4\,(1-2\nu)\,E_{\mathrm{P}}+3E}\\ C_2=\dfrac{4\,(1-2\nu)\,(E-E_{\mathrm{P}})}{[4\,(1-2\nu)\,E_{\mathrm{P}}+3E]}\dfrac{\sigma_y}{E}\\ C_3=\dfrac{(1-2\nu)\,[8\,(1+\nu)\,E_{\mathrm{P}}-15E]}{6\,[4\,(1-2\nu)\,E_{\mathrm{P}}+3E]}\dfrac{\sigma_y}{E}\\ D_1=\dfrac{E_{\mathrm{P}}\,(7-8\nu)\,\sigma_y}{4\,(1-2\nu)\,E_{\mathrm{P}}+3E}\\ D_2=\dfrac{3\,(E-E_{\mathrm{P}})\,\sigma_y}{4\,(1-2\nu)\,E_{\mathrm{P}}+3E}\end{cases} \tag{9.57}$$

进而可得到塑性区的相对大小、压入总功和硬度表达式为

$$\frac{c^3}{a^3}=\frac{E\cot\alpha}{(7-8\nu)\,\sigma_y}+\frac{4\,(1-2\nu)}{3\,(7-8\nu)}\left[\frac{3\,(E-E_{\mathrm{P}})}{E}+\frac{E_{\mathrm{P}}\cot\alpha}{\sigma_y}\right] \tag{9.58}$$

$$W_{\mathrm{t}}\approx\frac{2\pi D_1^2c^6}{3E_{\mathrm{P}}a^3}+\frac{2\pi D_1D_2c^3}{E_{\mathrm{P}}}\ln\frac{c}{a} \tag{9.59}$$

$$H_{\mathrm{IT}}\approx\frac{2D_1}{3}\frac{c^3}{a^3}+2D_2\ln\frac{c}{a} \tag{9.60}$$

进而可将压入能量标度关系简化为

$$\frac{H_{\mathrm{IT}}}{E_{\mathrm{r}}}\Big/\frac{W_{\mathrm{u}}}{W_{\mathrm{t}}}\approx\frac{2\,(1-\nu)}{3}\cot\alpha \tag{9.61}$$

对于不可压缩的线弹性–幂硬化材料，其本构关系满足

$$\tilde{\sigma}=f\,(\tilde{\varepsilon})=\frac{E^n}{\sigma_y^{n-1}}\tilde{\varepsilon}^n\equiv K\tilde{\varepsilon}^n \tag{9.62}$$

代入式 (9.30)，仅在硬化指数 n 取特殊值 ($n = 1/2, 1/3, 1/4$) 时可解出显式的结果，而一般情况下的解可以近似写为

$$\sigma_r \approx -\frac{2}{3n}\tilde{\sigma} \tag{9.63}$$

$$\sigma_\theta = \sigma_\varphi \approx -\frac{2-3n}{3n}\tilde{\sigma} \tag{9.64}$$

塑性区的相对大小、压入总功和硬度表达式为

$$\frac{c^3}{a^3} = \frac{E\cot\alpha}{(7-8\nu)\,\sigma_y} + \frac{4\,(1-2\nu)}{7-8\nu}\left(\frac{E\cot\alpha}{3\sigma_y}\right)^n \tag{9.65}$$

$$\begin{aligned} W_{\mathrm{t}} &\approx \frac{2\pi K^{-\frac{1}{n}}}{n+1}\frac{1}{3n}a^3\tilde{\sigma}_a^{\frac{n+1}{n}} + \frac{2}{3}\pi a^3\frac{1}{1+n}K\left(\frac{\cot\alpha}{3}\right)^{n+1} \\ &= \frac{2}{3n}\pi a^3 K\left(\frac{\cot\alpha}{3}\right)^{n+1} \end{aligned} \tag{9.66}$$

$$H_{\mathrm{IT}} \approx \frac{2}{3n}\tilde{\sigma}_a = \frac{2}{3n}K\left(\frac{\cot\alpha}{3}\right)^n \tag{9.67}$$

将式 (9.66)、式 (9.67) 和式 (9.49) 代入 $(H_{\mathrm{IT}}/E_{\mathrm{r}})/(W_{\mathrm{u}}/W_{\mathrm{t}})$ 并计算其值，压入能量标度关系可简化为与式 (9.61) 相同的形式。

将有限元模拟结果与式 (9.61) 的解析结果对比，可确定解析结果的可靠性。模拟的参数选取范围为 $2.5\times10^{-4} \leqslant \sigma_y/E \leqslant 2.5\times10^{-3}$，对等效半锥角为 70.3° 的情况，模拟范围为 $2.5\times10^{-4} \leqslant \sigma_y/E \leqslant 1\times10^{-1}$。从图 9.4 中的对比可见：①对不同锥角有限元模拟的压入能量标度关系结果，经过 $\cot\alpha$ 归一化后基本呈线性，说明式 (9.61) 中等效半锥角是影响能量标度关系系数的主要参量；②经过 $\cot\alpha$ 归一化后的曲线，其斜率在不同的泊松比取值时，与 $2\,(1-\nu)/3$ 之间存在着一定的差别，说明式 (9.61) 中仅用泊松比单一材料参量描述能量关系的系数时尚显不足；③理想弹塑性材料压入能量标度关系的系数和其他本构关系材料的系数之间存在差异。

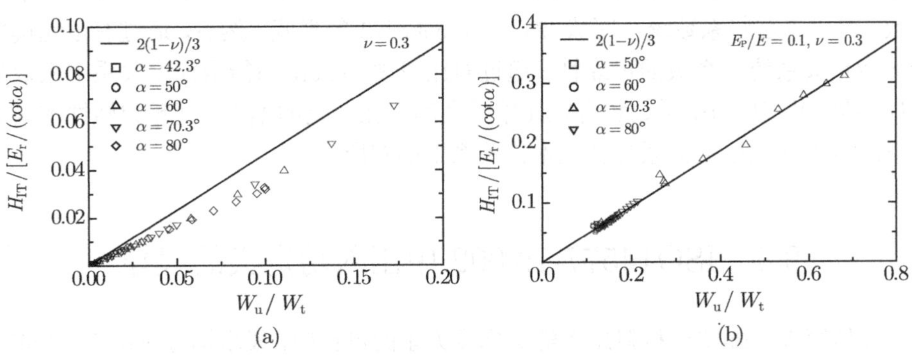

(a) (b)

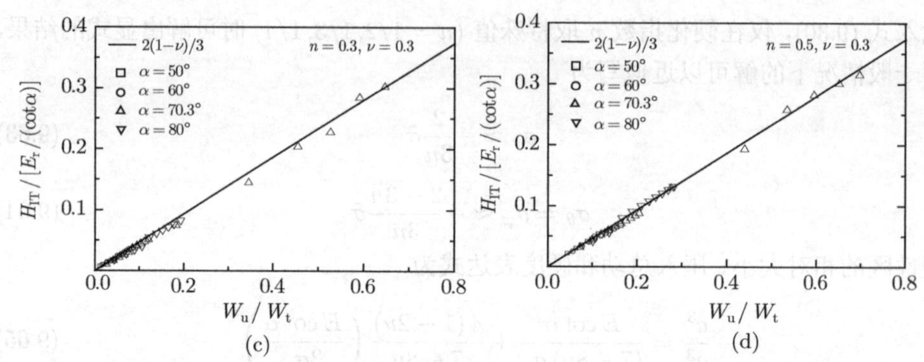

图 9.4 $\nu = 0.3$ 时的压入能量标度关系式 (9.61) 与有限元结果对比[8]

(a) 理想弹塑性材料; (b) 线弹性–线性硬化材料; (c) 和 (d) 线弹性–幂硬化材料

不同本构关系下对应的能量标度关系的系数汇总参见表 9.2。从中可以发现，对于不可压缩材料，压入能量标度关系的系数可统一为 $(\cot\alpha)/3$ 的形式，而对于可压缩材料，系数可统一为 $[2(1-\nu)\cot\alpha]/3$ 的形式。

表 9.2 不同本构关系下对应的能量标度关系的系数汇总

本构关系		能量标度关系的系数
线弹性		$\frac{1}{2}\cot\alpha$
不可压缩 $\nu = 0.5$	理想弹塑性 线弹性–线性硬化 线弹性–幂硬化	$\frac{1}{3}\cot\alpha$
可压缩 $\nu \neq 0.5$	理想弹塑性 线弹性–线性硬化 线弹性–幂硬化	$\frac{2(1-\nu)}{3}\cot\alpha$

以上统一和校核与不同本构关系对应的压入能量标度关系的比例系数。首先，通过对比理想弹塑性、线弹性–线性硬化、线弹性–幂硬化本构关系材料能量关系的系数，可以将这些系数统一写成 $[2(1-\nu)\cot\alpha]/3$ 的形式。然后，通过有限元模拟验证能量关系统一系数的可靠性。通过对比发现，$\cot\alpha$ 为能量标度关系中系数的主控参量，而 $(1-\nu)$ 系数和有限元结果之间存在一定的偏差。理想弹塑性本构关系下的压入能量标度关系与其他本构关系下的有所不同。

9.4 ISO14577-1:2002 中压入功定义的误导

在研究理想弹塑性材料压入能量标度关系的过程中，发现国际标准 ISO14577-

1:2002 中压入弹性功和塑性功的定义存在误导[7]。

ISO14577-1:2002[17] 在 A.8.1 节中描述压入总功、弹性功和塑性功："The mechanical work W_{total} indicated during the indentation procedure is only partly consumed as plastic deformation work W_{plast}. During the removal of the test force the remaining part is set free as work of the elastic reverse deformation W_{elast}"。该标准定义卸载曲线下的面积为弹性功，而将卸载过程中未释放的能量为塑性耗散定义为塑性功，参见图 9.5。ISO14577-1:2002 认为，卸载过程中压入总功未释放的能量用于塑性耗散，释放的能量用于弹性恢复。

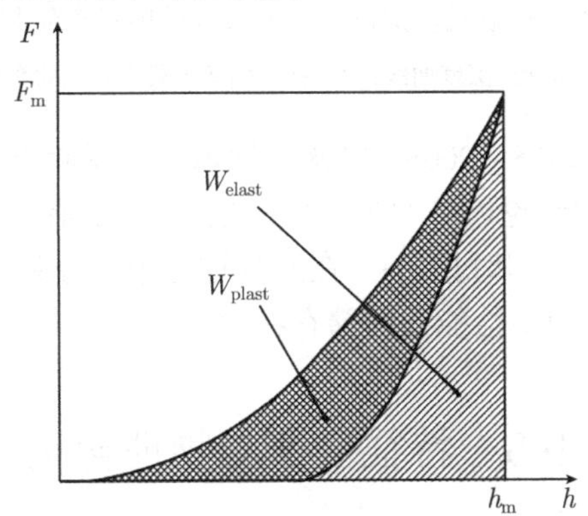

图 9.5 ISO14577-1 中定义压入能量的图解[17]

从 ISO14577–1:2002 表述来看，其混淆卸载功 (卸载释放的能量) 和弹性能之间的区别，误将卸载功视为弹性能。实际上，在卸载过程中，由压入总功所储存的弹性能以卸载功的形式部分释放，其余部分储存在压痕下的材料中。由于压入试验和拉压试验的应力和应变状态不同，拉压试样卸载后，只有残余变形，弹性能完全释放；而压入试样卸载后，残余压痕的存在，导致其下方材料中部分弹性能无法释放。这部分储存在材料中弹性变形的能量和塑性耗散的能量应区别对待，因为它能在特定情况下释放出来。

从解析结果来看，对比弹性功式 (9.46) 和卸载功式 (9.49)，两者明显不同。在卸载过程中，至少弹性区仍有残余的应力，弹性变形的能量尚未完全释放出来。

从典型有限元算例来看，卸载功仅释放加载过程中储存的部分弹性能。有限元模拟的材料参数为 $E = 200\text{GPa}$，$\sigma_y/E = 10^{-3}$，$\nu = 0.3$，$n = 0.15$；压入深度为 100μm。ABAQUS 的输出量 ALLSE(strain energy for whole model) 表示压入过程中产生的弹性应变能，从中可计算相应的 W_{e}；输出量 ALLWK(external work) 表示压入过程中的外力功，从中可计算相应的 W_{u}。在算例图 9.6 中，压入储存的总弹性能为 $W_{\text{e}} = 0.67\text{mJ}$，而卸载功为 $W_{\text{u}} = 0.39\text{mJ}$，大约有 41%的弹性能在卸载过程中以残余应变能的形式储存而未释放。

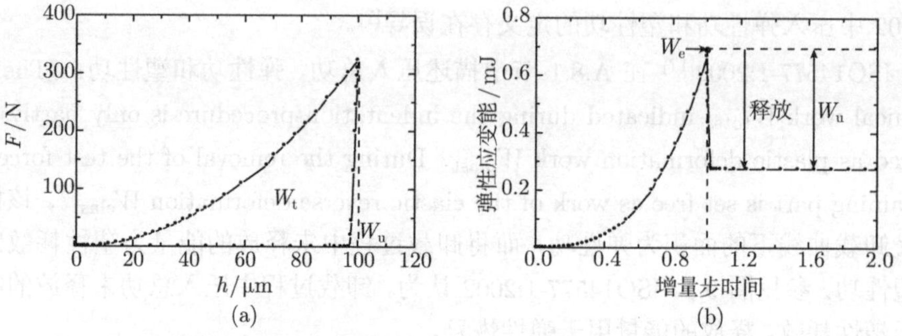

图 9.6 有限元模拟锥形压入过程的能量存储和释放

(a) 载荷–深度曲线；(b) 弹性能随加载和卸载的变化

国家标准 GB/T 22458—2008《仪器化纳米压入试验方法通则》[18]，采纳上述分析卸载功物理本质的结论，在 C.7 节中分别将加载曲线和卸载曲线下的面积定义为压入总功和卸载功，同时指出："在卸载过程中部分弹性能能够释放出来，剩余的弹性能无法释放，和塑性能共同储存在材料中"。

9.5 特征应变的物理含义

在介绍特征应变关系的 8.2.4 节中，定义锥形压头的特征应变为 $0.2\cot\alpha$。本节从解析分析的角度，探讨锥形压头特征应变的物理含义和对应位置。

将弹塑性边界 $r=c$ 处初始屈服条件式 (9.21) 代入等效应变和半径关系式 (9.30)，确定其中的常数为

$$C=\frac{(7-8\nu)\,\sigma_y}{3E}c^3 \tag{9.68}$$

因此，等效应变和半径关系变为

$$\tilde{\varepsilon}+\frac{4\,(1-2\nu)}{3E}f\,(\tilde{\varepsilon})=\frac{(7-8\nu)\,\sigma_y}{3E}\frac{c^3}{r^3} \tag{9.69}$$

由上式可知，等效应变 $\tilde{\varepsilon}$ 或者等效应力 $\tilde{\sigma}$ 是关于 c/r 的隐函数。应用函数求导的链式法则易得

$$\frac{\partial\tilde{\varepsilon}}{\partial c}=-\frac{r}{c}\frac{\partial\tilde{\varepsilon}}{\partial r} \tag{9.70}$$

$$\frac{\partial\tilde{\sigma}}{\partial c}=-\frac{r}{c}\frac{\partial\tilde{\sigma}}{\partial r} \tag{9.71}$$

σ_r 是 $\tilde{\sigma}$ 的函数，因此也有

$$\frac{\partial\sigma_r}{\partial c}=-\frac{r}{c}\frac{\partial\sigma_r}{\partial r} \tag{9.72}$$

根据几何方程式 (9.10)，利用体积变形的本构关系式 (9.15)、等效应变和半径关系式 (9.30)，位移可以写成如下形式

$$u = r\varepsilon_\theta = r\left(\varepsilon_m + \frac{1}{2}\tilde{\varepsilon}\right) = r\left[\frac{1-2\nu}{E}\left(\sigma_r + \frac{2}{3}\tilde{\sigma}\right) + \frac{1}{2}\tilde{\varepsilon}\right] = \frac{1-2\nu}{E}r\sigma_r + \frac{1}{2}\frac{C}{r^2} \quad (9.73)$$

将式 (9.68) 对 c 求导得

$$\frac{\mathrm{d}C}{\mathrm{d}c} = \frac{(7-8\nu)Y}{3E}\frac{\mathrm{d}\left(c^3\right)}{\mathrm{d}c} = 3\frac{(7-8\nu)Y}{3E}c^2 = \frac{3C}{c} \quad (9.74)$$

而位移式 (9.73) 对 c 求导，再代入式 (9.72) 和式 (9.74) 后得

$$\frac{\partial u}{\partial c} = \frac{1-2\nu}{E}r\frac{\partial \sigma_r}{\partial c} + \frac{1}{2}\frac{1}{r^2}\frac{\mathrm{d}C}{\mathrm{d}c} = -\frac{1-2\nu}{E}c\frac{\partial \sigma_r}{\partial r} + \frac{3}{2}\frac{r}{c}\frac{C}{r^3} \quad (9.75)$$

将平衡方程式 (9.11) 和式 (9.69) 代入上式得

$$\frac{\partial u}{\partial c} = -\frac{1-2\nu}{E}c\frac{2\tilde{\sigma}}{r} + \frac{3}{2}\frac{r}{c}\left[\tilde{\varepsilon} + \frac{4(1-2\nu)}{3E}\tilde{\sigma}\right] = \frac{3}{2}\frac{r}{c}\tilde{\varepsilon} \quad (9.76)$$

因此，有

$$\frac{\partial u(a)}{\partial c} = \frac{3}{2}\frac{a}{c}\tilde{\varepsilon}\,|_{r=a} \equiv \frac{3}{2}\frac{a}{c}\tilde{\varepsilon}_a \quad (9.77)$$

将式 (8.11) 的体积守恒 $2\mathrm{d}u_r(a) = \cot\alpha \mathrm{d}a$ 和式 (8.13) 自相似 $\mathrm{d}a/\mathrm{d}c = a/c$ 的假设代入 (9.77) 得

$$\frac{3}{2}\frac{a}{c}\tilde{\varepsilon}_a = \frac{\partial u(a)}{\partial c} = \frac{\mathrm{d}u(a)}{\mathrm{d}a}\frac{\mathrm{d}a}{\mathrm{d}c} = \frac{\cot\alpha}{2}\frac{a}{c} \quad (9.78)$$

化简后得

$$\tilde{\varepsilon}_a = \frac{1}{3}\cot\alpha \quad (9.79)$$

以上通过隐函数的分析，得到塑性区的最大等效应变。根据孔洞扩张模型的假设，对于一般材料，塑性区的等效应变由接触半径 $r = a$ 处的 $(\cot\alpha)/3$，减小到弹塑性边界 $r = c$ 处的 σ_y/E。核心区和塑性区界面 $r = a$ 处的等效应变为常量 $(\cot\alpha)/3$，该值仅与压头锥角有关。

对比不同研究者，如果圆锥压头的半锥角选为68°，Atkins 和 Tabor[19]、Johnson[20]、式 (9.79) 的特征应变分别为 0.11、0.08、0.13，三者数值接近。对比 Johnson[20] 确定的特征应变形式 $0.2\cot\alpha$，式 (9.79) 与之相似；$(\cot\alpha)/3$ 由解析确定，此应变对应于接触半径处的等效应变，因此物理含义明确。

参考文献

[1] Yang-Tse Cheng, Che-Min Cheng. Relationships between hardness, elastic modulus, and the work of indentation. Applied Physics Letters, 1998, 73(5): 614-616.

[2] Yang-Tse Cheng, Che-Min Cheng. Scaling approach to conical indentation in elastic-plastic solids with work hardening. Journal of Applied Physics, 1998, 84(3): 1284-1291.

[3] Yang-Tse Cheng, Che-Min Cheng. Scaling, dimensional analysis, and indentation measurements. Materials Science and Engineering R, 2004, 44(4-5): 91-149.

[4] William J. Engineering Tribology. New York: Cambridge University Press, 2005.

[5] Taihua Zhang, Yihui Feng, Rong Yang, et al. A method to determine fracture toughness using cube-corner indentation. Scripta Materialia, 2010, 62(4): 199-201.

[6] Yihui Feng, Taihua Zhang, Rong Yang. A work approach to determine Vickers indentation fracture toughness. Journal of the American Ceramic Society, 2011, 94(2): 332-335.

[7] Rong Yang, Taihua Zhang, Peng Jiang, et al. Experimental verification and theoretical analysis of the relationships between hardness, elastic modulus, and the work of indentation. Applied Physics Letters, 2008, 92: 231906.

[8] Rong Yang, Taihua Zhang, Yihui Feng. Theoretical analysis of the relationships between hardness, elastic modulus, and the work of indentation for work-hardening materials. Journal of Materials Research, 2010, 25(11): 2072-2077.

[9] 杨荣. 仪器化压入的能量标度关系的力学机制. 北京：中国科学院研究生院博士学位论文，2010.

[10] 王仁，黄文彬，黄祝平. 塑性力学引论 (修订版). 北京：北京大学出版社, 1992.

[11] Gao X L, Jing X N, Subhash G. Two new expanding cavity models for indentation deformations of elastic strain-hardening materials. International Journal of Solids and Structures, 2006, 43(7-8): 2193-2208.

[12] Gao X L. Elasto-plastic analysis of an internally pressurized thick-walled cylinder using a strain gradient plasticity theory. International Journal of Solids and Structures, 2003, 40(23): 6445-6455.

[13] 陆明万，罗学富. 弹性理论基础 (第 2 版) 上册. 北京：清华大学出版社，2001.

[14] Oliver W C, Pharr G M. Measurement of hardness and elastic modulus by instrumented indentation: Advances in understanding and refinements to methodology. Journal of Materials Research, 2004, 19(1): 3-20.

[15] Hill R. The mathematical theory of plasticity. New York: Oxford University Press, 1998.

[16] Yang-Tse Cheng, Zhiyong Li, Che-Min Cheng. Scaling, relationships for indentation measurements. Philosophical Magazine A, 2002, 82(10): 1821-1829.

[17] ISO14577-1:2002. Metallic materials — Instrumented indentation test for hardness and materials parameters — Part 1: Test method.

[18] GB/T 22458—2008. 仪器化纳米压入试验方法通则.

[19] Atkins A G, Tabor D. Plastic indentation in metals with cones. Journal of the Mechanics and Physics of Solids, 1965, 13(3): 149-164.

[20] Johnson K L. The correlation of indentation experiments. Journal of the Mechanics and Physics of Solids, 1970, 18(2): 115-126.

第 10 章　压入硬度和弹性模量

随着仪器化压入技术的广泛使用，识别压入硬度和弹性模量的分析方法日趋成熟[1]，同时促进测试标准的制定。目前，国际标准 ISO14577:2002[2]、美国标准 ASTM E 2546–07[3] 和中国标准 GB/T 22458—2008[4] 已颁布实施，仪器化压入逐渐成为微尺度力学的通用测试技术。2008 年颁布的《仪器化纳米压入试验方法通则》(GB/T 22458)，推荐三种识别压入硬度和弹性模量的分析方法：接触刚度–接触深度方法、压入能量–接触刚度方法和纯压入能量方法。

本章首先介绍上述三种参数识别的分析方法，然后再从数值验证、影响因素分析、实验确认等三方面讨论参数识别方法的可靠性。由于这些分析方法源于连续介质力学的理论，因此分析数据时与压入尺度无关。

10.1　三种典型的分析方法

对于仪器化压入测试，直接可测参量有：压入载荷F、压入深度h；间接可测参量有：压入总功 W_{t}、卸载功 W_{u} 和接触刚度S 等。在力学建模时，按压头接触投影面积等效原则，将实际使用的棱锥压头等效成圆锥压头，既用到上述部分测量参量作为直接分析参量，还引入间接分析参量，例如，压入接触深度h_{c} 和接触面积 $A(h_{\mathrm{c}})$。h_{c} 和 $A(h_{\mathrm{c}})$ 为非测量参量，需通过力学模型与压入深度 h 建立关系。下面分别介绍国家标准《仪器化纳米压入试验方法通则》[4] 中推荐的三种分析方法。

10.1.1　接触刚度–接触深度方法

1. Oliver-Pharr *方法介绍*

1992 年，Oliver 和 Pharr[5] 在 Doerner 和 Nix[6] 工作的基础上，完善基于接触刚度和接触深度识别压入硬度和弹性模量的分析方法，发展纳米压入仪器[7]。分析方法和测试仪器的共同发展，为纳米压入技术的广泛应用奠定了基础。近二十年来，该方法逐渐成为通用的识别方法，其主要利用载荷–深度曲线中的卸载部分信息。在长期的使用过程中，逐步完善测试技术和方法，如连续刚度测量技术、压头面积函数拟合方法，用于卸载分析的等效压头形状[8] 等。下面，主要介绍该分析方法的主要原理。

从弹性接触理论出发[9]，给定基本假设：试样为各向同性均匀材料，忽略微结构方向和尺寸的影响；试样几何尺寸远大于压入深度，忽略边界效应的影响；试样表面为几何平面，忽略粗糙度和摩擦的影响；接触深度总是小于压入深度，仅适用于压入凹陷的变形模式；试样无蠕变和松弛，忽略时间因素的影响。

接触刚度和接触深度为关键分析参量。目前，常用两种形式的幂函数关系拟合卸载阶段的载荷–深度数据。第一种形式[4,5]

$$F = B\left(h - h_{\mathrm{f}}\right)^{b} \tag{10.1}$$

式中，B、b 和 h_{f} 为采用最小二乘法拟合得到的参数。拟合范围通常选为卸载曲线上部的 25%~50%，观察拟合曲线和卸载曲线的逼近效果，调整拟合范围，直到确定出最佳的拟合参数。第二种形式[2,4]

$$F = B\left(h - h_{\mathrm{p}}\right)^{b} \tag{10.2}$$

式中，B、b 为拟合参数；h_{p} 为完全卸载后的残余深度。式 (10.2) 适用于宏观压入仪，因为位移控制型仪器易于精确测量 h_{p}；式 (10.1) 适用于纳米压入仪，因为载荷控制型仪器不易精确测量 h_{p}。

对式 (10.1) 和式 (10.2) 求导，并在 h_{m} 处取值，可获得接触刚度 S 为

$$S = \left.\frac{\mathrm{d}F}{\mathrm{d}h}\right|_{h=h_{\mathrm{m}}} = Bb\left(h_{\mathrm{m}} - h_{\mathrm{f}}\right)^{b-1} \tag{10.3}$$

$$S = \left.\frac{\mathrm{d}F}{\mathrm{d}h}\right|_{h=h_{\mathrm{m}}} = Bb\left(h_{\mathrm{m}} - h_{\mathrm{p}}\right)^{b-1} \tag{10.4}$$

确定接触深度h_{c} 为

$$h_{\mathrm{c}} = h_{\mathrm{m}} - \varepsilon\frac{F_{\mathrm{m}}}{S} \tag{10.5}$$

式中，$\varepsilon F_{\mathrm{m}}/S$ 为试样的压入变形量，可由 Sneddon 解[10] 得到，由于要求 $h_{\mathrm{c}} > 0$，该式仅适用于压入凹陷的变形模式；ε 为与压头形状有关的常数，对于玻氏压头、维氏压头和球压头，$\varepsilon = 0.75$；对于圆锥压头，$\varepsilon = 0.72$。

接触面积依赖于接触深度。对于给定形状的压头，获得 h_{c} 后，$A(h_{\mathrm{c}})$ 就可以通过事先确定好的压头面积函数关系求得。实际上，由于加工水平的限制和后续使用的磨损，压头尖端的实际形状与设计形状之间存在差异。为了保证测试结果的准确性，需要根据使用情况重新校准压头面积函数 A，参见 5.1.5 节。校准后的压头面积函数形式为

$$A\left(h_{\mathrm{c}}\right) = \sum_{i=0}^{8} C_i h_{\mathrm{c}}^{\frac{1}{2^{i-1}}} \tag{10.6}$$

式中，C_i 为拟合系数。

锥形压入的卸载阶段满足如下关系

$$E_{\mathrm{r}}=\frac{\sqrt{\pi}}{2\beta}\frac{S}{\sqrt{A}} \tag{10.7}$$

式中，β 为与压头几何形状有关的常数，球形压头 $\beta=1.000$，玻氏压头 $\beta=1.034$，维氏压头 $\beta=1.012$[11]。

试样材料的压入折合模量(reduced modulus)E_{r} 为

$$\frac{1}{E_{\mathrm{r}}}=\frac{1-\nu_{\mathrm{i}}^{2}}{E_{\mathrm{i}}}+\frac{1-\nu^{2}}{E_{\mathrm{IT}}} \tag{10.8}$$

其压入模量为

$$E_{\mathrm{IT}}=\frac{1-\nu^{2}}{\dfrac{1}{E_{\mathrm{r}}}-\dfrac{1-\nu_{\mathrm{i}}^{2}}{E_{\mathrm{i}}}} \tag{10.9}$$

式中，E_{IT} 和 ν 是试样材料的压入弹性模量和泊松比；E_{i} 和 ν_{i} 是压头材料的弹性模量和泊松比，金刚石取 1140GPa 和 0.07。在确定 E_{IT} 时，如果不知道 ν，可以参照公开发表的数据。常见材料的 ν 为 0.15~0.35。如果 $\nu=0.25\pm0.1$，由此导致的 E_{IT} 的偏差为 5.3%[1]。因此，可以选择 $\nu=0.25$。具体可参见 6.5.4 节。

压入硬度H_{IT} 定义为最大压入载荷除以此时压头与试样接触的投影面积

$$H_{\mathrm{IT}}=\frac{F_{\mathrm{m}}}{A\left(h_{\mathrm{c}}\right)} \tag{10.10}$$

需要注意，压入硬度 (H_{IT}) 是压头作用于试样材料上的平均接触压力，其在物理内涵上等同于 Meyer 硬度。

该方法的分析流程：利用式 (10.1) 或式 (10.2) 的幂函数关系拟合卸载曲线，经过式 (10.3) 或式 (10.4) 确定接触刚度 S；根据式 (10.5) 确定接触深度 h_{c}；基于校准后的面积函数，采用式 (10.9) 和式 (10.10) 分别确定弹性模量和压入硬度。

二十多年来，Oliver-Pharr 分析方法经过大量实验的修正和确认，得到经验性的改进和广泛的应用。目前，已成为国际上的标准方法。该方法简单方便，力学机制清楚，仅在压入凸起和浅压入深度情况下存在局限。

基于弹性接触理论建立分析方法的适用性有限。接触深度式 (10.5) 的分析模型源于 Sneddon 的弹性解并经验修正，仅适用于压入凹陷的材料变形模式。对于压入凸起材料，采用该方法的弹性假设会低估接触面积，从而造成压入硬度和模量的高估，严重时可能分别高估 50%和 30%[8,12]。

压头面积函数在压入深度拟合下限处的准确性有限。从压入硬度和折合模量的定义式 (10.10) 和式 (10.7) 可知，当 $h\to0$ 时，$A(h_{\mathrm{c}})\to0$，计算 H_{IT} 和 E_{r} 成为求 “0/0” 极限问题。式 (10.6) 在拟合该区间数据时的准确性难以保证。

压入测试过程中，难以实时获得实际接触面积和材料压入变形的情况。目前，研究压头参数、材料参数等对参数识别分析方法的影响，有限元模拟成为压入问题研究的重要手段[12−17]。

2. 压头钝化影响的数值模拟和分析

从 7.1.1 节可知，棱锥压头尖端钝化对测试结果尤其是压入硬度有明显影响。为了说明压头钝化影响测试结果的力学机制，陈伟民、张泰华和郑哲敏等[13] 基于量纲分析和有限元模拟，从几何上研究钝化半径对 Oliver-Pharr 方法的影响，检查该方法的可靠性。

采用 ABAQUS 有限元软件，选定已知材料参数 (E、ν 和 σ_y/E，或 $E_{\rm r}$ 和 $\sigma_y/E_{\rm r}$) 的参考样品和满足式 (10.11) 的球锥形压头 (特征参量 R 和 α)。通过正分析，模拟出不同载荷 $F_{\rm m}$ 或深度 $h_{\rm m}$ 水平下的载荷–深度曲线和 $h_{\rm c}$、A、$H_{\rm IT}$。通过反分析，基于同一载荷–深度曲线，利用 Oliver-Pharr 方法计算出 $h_{\rm cOP}$、$A_{\rm OP}$、$H_{\rm OP}$ 和 $E_{\rm rOP}$。以正分析的模拟结果作为约定真值，以反分析的计算结果作为评估值，评定该方法在不同压入深度下的准确程度。本节讨论仅限定在压入凹陷模式。

假设压头为刚性，尖端钝化等效为球冠 (半径 R 分别取 50nm 和 400nm) 和圆锥 (半锥角 $\alpha=70.3°$) 的相切连接，参见图 4.5，其接触面积由接触深度 $h_{\rm c}$ 表示为

$$\begin{cases} \dfrac{A}{\pi R^2}=\dfrac{h_{\rm c}}{R}\left(2-\dfrac{h_{\rm c}}{R}\right), & 当\dfrac{h_{\rm c}}{R}\leqslant 1-\sin\alpha \\ \dfrac{A}{\pi R^2}=\left[\tan\alpha\left(\dfrac{h_{\rm c}}{R}+\dfrac{1-\sin\alpha}{\sin\alpha}\right)\right]^2, & 当\dfrac{h_{\rm c}}{R}\geqslant 1-\sin\alpha \end{cases} \tag{10.11}$$

式中，$\alpha=70.3°$；$1-\sin\alpha=0.059$。接触球冠转变到圆锥的转折点 $h_{\rm s}=0.059R$，压入深度小于和大于 $h_{\rm s}$，分别对应上式中的在球冠和圆锥中的接触面积。对于上述球锥压头，采用式 (10.6) 拟合确定 C_0 和 C_1。试样为各向同性均匀材料，服从理想弹塑性本构关系，材料参数取 $\sigma_y/E=0.1$，$E=70\text{GPa}$ 和 $\nu=0.3$。

有限元模拟，设定压入深度 200nm 和 2000nm，针对压头尖端半径为 50nm 和 400nm 及其面积函数的首项 C_0 固定为 24.56 或放开情况，对比 $H_{\rm OP}$ 和 $H_{\rm IT}$(有限元模拟) 之间的差异，参见图 10.1 和图 10.2(a)。在浅压深 ($h<R$) 时，$H_{\rm OP}$ 明显偏离 $H_{\rm IT}$，且 $H_{\rm OP}$ 随压入深度 h 和首项 C_0 的改变明显不同。实际上，Oliver-Pharr 方法计算常常高估硬度值。同样，对比 $E_{\rm rOP}$ 和 $E_{\rm r}$，两者偏离显著。因此，Oliver-Pharr 方法在浅压深时分析结果可能不够准确。

为了说明 Oliver-Pharr 方法的精度，以反分析的计算结果 $(h_{\rm cOP}, A^*_{\rm OP})$ 与正分析的模拟结果 $(h_{\rm c}, A)$ 的比值 $A^*_{\rm OP}/A$ 和 $h_{\rm cOP}/h_{\rm c}$ 作为表征参量。根据式 (10.5)，计算出不同压入深度的接触深度，用一一对应的系列数据点 $(h_{\rm cOP}, A^*_{\rm OP})$ 拟合出相

应的面积函数 $A_{\mathrm{OP}}(h_{\mathrm{cOP}})$，这会引入误差，即 $A_{\mathrm{OP}}(h_{\mathrm{cOP}})/A^*_{\mathrm{OP}}(h_{\mathrm{cOP}}) \neq 1$。根据式 (10.5)，由 $A_{\mathrm{OP}}(h)$ 转换出 $A_{\mathrm{OP}}(h_{\mathrm{cOP}})$，这也会引入误差。

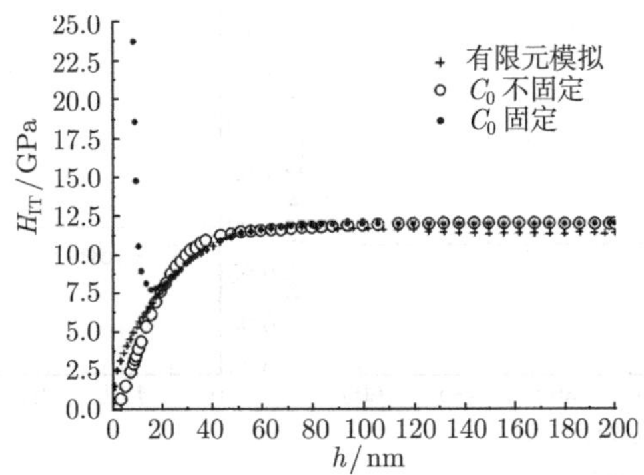

图 10.1 压头钝化半径 50nm 的压入硬度–深度曲线[13]

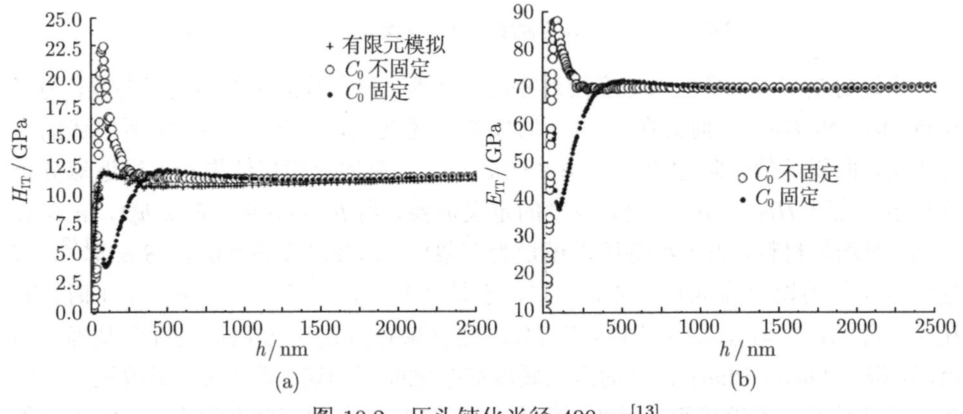

图 10.2 压头钝化半径 400nm[13]

(a) 压入硬度–深度曲线；(b) 压入模量–深度曲线

对于压入模量，根据 Oliver-Pharr 方法，反分析得到的 $E_{\mathrm{rOP}}(h)$ 并不等于正分析的设定值 E_{r}(为常数)，它们之间的关系为 $E_{\mathrm{rOP}}(h)\sqrt{A_{\mathrm{OP}}(h)} = E_{\mathrm{r}}\sqrt{A^*_{\mathrm{OP}}(h)}$，因此 $E_{\mathrm{rOP}}/E_{\mathrm{r}}$ 可以用来表征拟合处理的精度，在浅压深时曲线拟合的效果不佳，参见图 10.2(b)。

对于压入硬度，由定义可知 $AH_{\mathrm{IT}}(h) = A_{\mathrm{OP}}(h)H_{\mathrm{OP}}(h) = F_{\mathrm{m}}$，得到关系式 $H_{\mathrm{OP}}/H_{\mathrm{IT}} = A/A_{\mathrm{OP}} = (A/A^*_{\mathrm{OP}})(A^*_{\mathrm{OP}}/A_{\mathrm{OP}}) = (E_{\mathrm{OP}}/E)^2(A/A^*_{\mathrm{OP}})$，其中 A^*_{OP}/A 为使用式 (10.7) 所得到 $A^*_{\mathrm{OP}}(\beta = 1.08)$ 的相对精度，参见图 10.3(a)。这里，β 为经验常数，小变形时 $\beta = 1.0$，大变形时 $\beta > 1.0$。在浅压深时，取 $\beta = 1.0$ 合适，卸载刚度 S 误差较大。

对于接触深度，用 $h_{\mathrm{cOP}}/h_{\mathrm{c}}$ 代表其随压入深度的精度变化，参见图 10.3(b)，在浅压深时，其值明显偏离 1。因为式 (10.5) 来源于理想圆锥弹性压入关系，不适于此处的球压入问题。

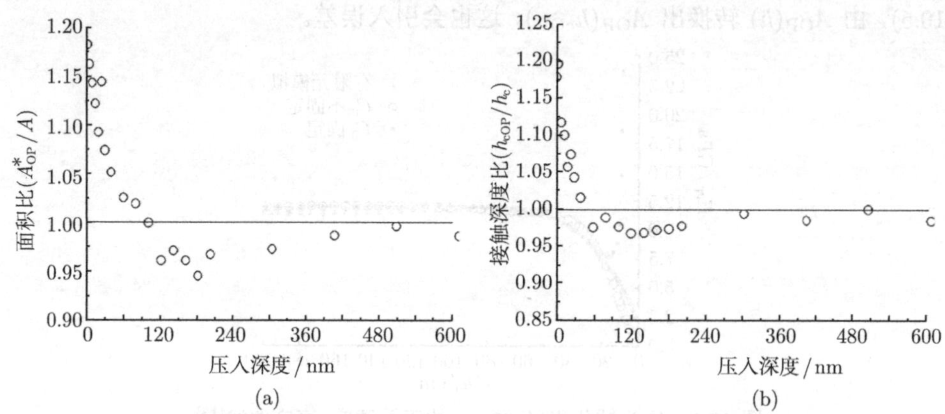

图 10.3　相对接触面积和接触深度与压入深度的关系[13]

(a) 接触面积比率–压入深度曲线；(b) 接触深度比率–压入深度曲线

上述分析显示，当压入深度接近零时，上述三种参数的误差均变得明显。为了检查 A_{OP} 和 H_{OP} 为何会在 $h \to 0$ 时发生上述变化，对于式 (10.11) 所描述的理想压头，面积函数一阶近似为 $A \approx 2\pi Rh_{\mathrm{c}} \propto h_{\mathrm{c}}$，有限元模拟结果和上述近似分析均显示，此时 $H_{\mathrm{IT}} \to 0$。于是，硬度的定义需要，当 $h_{\mathrm{c}} \to 0$ 时，$F \propto h_{\mathrm{c}}^m$，$m > 1$。否则，对均匀材料，为了维持压入模量为有限值，卸载刚度必须满足 $S \propto h_{\mathrm{c}}^{1/2}$。假定接触面积的误差为 $\delta A = A_{\mathrm{OP}} - A$，于是 $\delta A \propto C_i h_{\mathrm{c}}^{1/2^{i-1}}$，当 $h_{\mathrm{c}} \to 0$ 时，有 $H_{\mathrm{IT}} = F_{\mathrm{m}}/A_{\mathrm{OP}} = F_{\mathrm{m}}/(A + \delta A) \approx F_{\mathrm{m}}/\delta A$，这意味着当 $h_{\mathrm{c}} \to 0$ 时总是存在某确定的范围，根据 Oliver-Pharr 计算的压入硬度被接触面积的误差所控制，导致压入硬度和模量计算结果不够可靠。例如，负的 C_i 可能导致负的接触面积出现。因为面积函数的系数依赖于诸多因素，如原始数据的质量和数量、接触深度的拟合范围、面积函数首相是否固定和系数的个数，等等。在 $h_{\mathrm{c}} \to 0$ 时压入硬度的变化不够可靠。由于同样原因，该区间的范围也受上述因素的影响。

Oliver-Pharr 方法，对理想弹塑性材料，在足够大的压入深度时，例如，略大于压头尖端半径时，压入硬度和模量的测试结果可靠；在压入深度足够小时，例如，大概小于 $0.059R$ 时，可能给出误导性结果。在小于 $0.059R$ 范围内，接触面积很小，可靠地计算压入硬度和模量困难；采集数据稀少，拟合效果差；式 (10.5) 的误差大；面积函数解析形式描述接触面积的效果欠佳。由于拟合面积函数曲线的平滑需要，在浅压深所产生的误差影响就会体现出来，其影响范围可能取决于多种因素，如校准过程、初始数据的质量和数量等，参见图 10.1 和图 10.2。

总之，对于理想弹塑性材料，①在压入深度与尖端半径相当时，压头钝化可能引起压入硬度的可观增加。随着 σ_y/E 值的减少，几何尺寸效应明显。参见图

7.7。②压入硬度随深度变化明显的范围大致在 R 量级。③在凹陷压入变形模式下，Oliver-Pharr 是一种有效的分析工具。但是应选择合适的校准面积函数的压深范围，以便提高在大于 R 压入深度的硬度和模量的准确性，并且仔细判读浅压深 $(h < R)$ 的测试结果，因为该方法难以提供精确的接触面积值。这种误差可能诱导在纳米尺度压入尺寸效应的因素之一。④为了恰当地判读浅压入的数据，应在小范围内校准面积函数的基础上，压入硬度和模量相互检查，因为面积函数的信息有助于鉴别包含在测试结果中的可能误差。

10.1.2　压入能量–接触刚度方法

Oliver-Pharr 方法的基本假设和分析流程，难以解决压入凸起材料和依赖压头面积函数的困境，影响着该方法的适用性和普适性。因此，寻找规避上述缺点的分析方法，特别是寻找不依赖面积函数的方法，成为研究人员追求的目标之一。在这种需求下，出现分析参量不同于 Oliver-Pharr 方法的压入能量方法。

1998 年，Cheng 和 Cheng[18] 采用量纲分析和有限元模拟，研究线弹性–幂硬化材料的压入问题，发现 $H_{\mathrm{IT}}/E_{\mathrm{r}}$ 和 $W_{\mathrm{u}}/W_{\mathrm{t}}$ 之间存在某种关系

$$\frac{H_{\mathrm{IT}}}{E_{\mathrm{r}}} \approx f\left(\frac{W_{\mathrm{u}}}{W_{\mathrm{t}}}\right) \tag{10.12}$$

大量工作表明，式 (10.7) 适用性好，对有加工硬化和初始应力的情况也成立[19]，而式 (10.10) 为定义式，利用这两式可以消去压头面积函数 A，得到

$$\frac{H_{\mathrm{IT}}}{E_{\mathrm{r}}^2} = \frac{4\beta^2}{\pi}\frac{F_{\mathrm{m}}}{S^2} \tag{10.13}$$

联立式 (10.12) 和式 (10.13) 求解，得到

$$E_{\mathrm{r}} = \frac{\pi}{4\beta^2} f\left(\frac{W_{\mathrm{u}}}{W_{\mathrm{t}}}\right)\frac{S^2}{F_{\mathrm{m}}} \tag{10.14}$$

$$H_{\mathrm{IT}} = \frac{\pi}{4\beta^2} f^2\left(\frac{W_{\mathrm{u}}}{W_{\mathrm{t}}}\right)\frac{S^2}{F_{\mathrm{m}}} \tag{10.15}$$

由此发展出新的分析方法，以下称之为 Cheng-Cheng 方法。

2008 年，杨荣和张泰华等[20] 实验证实和理论证明，对于玻氏和维氏压头

$$\frac{H_{\mathrm{IT}}}{E_{\mathrm{r}}} \approx 0.2\frac{W_{\mathrm{u}}}{W_{\mathrm{t}}} \tag{10.16}$$

联立式 (10.13) 和式 (10.16) 求解，得到简化的 Cheng-Cheng 方法

$$E_{\mathrm{r}} \approx \frac{\pi}{20\beta^2}\frac{W_{\mathrm{u}}}{W_{\mathrm{t}}}\frac{S^2}{F_{\mathrm{m}}} \tag{10.17}$$

$$H_{\mathrm{IT}} \approx \frac{\pi}{100\beta^2}\left(\frac{W_{\mathrm{u}}}{W_{\mathrm{t}}}\right)^2 \frac{S^2}{F_{\mathrm{m}}} \tag{10.18}$$

该简化方法的分析流程：基于载荷–深度曲线，确定 F_{m} 和 $W_{\mathrm{u}}/W_{\mathrm{t}}$；基于式 (10.1) 或式 (10.2) 的幂函数关系拟合卸载曲线，经过式 (10.3) 或式 (10.4) 确定接触刚度 S；采用式 (10.17) 或式 (10.18) 计算压入模量和硬度。

Cheng-Cheng 方法采用压入能量标度关系和接触刚度，消去压头面积函数 A 项，因此对材料压入凹陷和凸起变形模式无特殊限定，拓宽材料的测试范围，但测试结果的准确性依赖于其压入能量标度关系和接触刚度。

10.1.3 纯压入能量方法

2005 年，Ma(马德军) 等[21] 建立一种无需采用接触刚度的能量方法，以下简称为 Ma 方法。其主要分析参量为：名义硬度 H_{n}、卸载功 W_{u} 和压入总功 W_{t}、压头体积钝化率 V_{r}。名义硬度 H_{n}(nominal hardness) 的定义如下

$$H_{\mathrm{n}} = \frac{F_{\mathrm{m}}}{A\left(h_{\mathrm{m}}\right)} \tag{10.19}$$

式中，F_{m} 为最大压入载荷；$A(h_{\mathrm{m}})$ 为间接分析参量，不等于压入深度为 h_{m} 处的压头接触投影面积。

对于圆锥压头，存在

$$\frac{H_{\mathrm{n}}}{E_{\mathrm{r}}} \approx \psi\left(\frac{W_{\mathrm{u}}}{W_{\mathrm{t}}}\right) \tag{10.20}$$

所以得到

$$E_{\mathrm{r}} \approx \frac{H_{\mathrm{n}}}{\psi(W_{\mathrm{u}}/W_{\mathrm{t}})} = \frac{1}{\psi(W_{\mathrm{u}}/W_{\mathrm{t}})}\frac{F_{\mathrm{m}}}{A\left(h_{\mathrm{m}}\right)} \tag{10.21}$$

由 (10.12) 得到

$$H_{\mathrm{IT}} \approx \frac{f(W_{\mathrm{u}}/W_{\mathrm{t}})}{\psi(W_{\mathrm{u}}/W_{\mathrm{t}})}\frac{F_{\mathrm{m}}}{A\left(h_{\mathrm{m}}\right)} \tag{10.22}$$

式 (10.19)~ 式 (10.22) 中，F_{m}、h_{m}、W_{u} 和 W_{t} 均可由载荷–深度曲线直接确定。

定义 $V_{\mathrm{r}} = V_0/V_1$ 为钝化压头的相对钝化率，其中 V_0 和 V_1 分别为对应最大深度的理想压头体积和实际钝化压头体积。$H_{\mathrm{n}}/E_{\mathrm{r}}$ 与 V_{r}、$W_{\mathrm{u}}/W_{\mathrm{t}}$ 的函数关系可表示为

$$\frac{H_{\mathrm{n}}}{E_{\mathrm{r}}} = \frac{1}{V_{\mathrm{r}}}\sum_{i=1}^{6} b_i \left[\frac{W_{\mathrm{u}}/W_{\mathrm{t}}}{1+(1.4337/V_{\mathrm{r}}^3 - 0.9799/V_{\mathrm{r}}^2 + 0.2517/V_{\mathrm{r}} + 0.2316)(1-1/V_{\mathrm{r}})}\right]^i \tag{10.23}$$

式中，$b_1 = 0.18408$；$b_2 = -0.24835$；$b_3 = 0.50721$；$b_4 = -0.86118$；$b_5 = 0.75187$；$b_6 = -0.25388$。

该方法的分析流程：采用 Oliver-Pharr 方法校准玻氏压头的面积函数 $A(h_\mathrm{m})$，参见式 (10.6)；根据式 $V_0=\left[A(h_\mathrm{m})\sqrt{A(h_\mathrm{m})/24.56}\right]\Big/3$ 和 $V_1=\displaystyle\int_0^{h_\mathrm{m}}A(h)\mathrm{d}h$，可得到体积钝化率 $V_\mathrm{r}=V_0/V_1$；根据压入试验的加卸载曲线，计算 H_n、W_t 和 W_u；利用式 (10.23)，确定出 E_r。

马德军和张泰华等[22] 还考虑压头尖端为其他钝化形式的情况。在钝化压头和理想压头投影面积相同的约束下，计算相应的体积钝化率 $V_\mathrm{r}(h_\mathrm{m}/R)=V_0/V_1$，选用 h_m/R 作为描述钝化程度的参量，通过有限元分别计算七种不同钝化率压头压入线弹–幂硬化材料的情况，以便提高计算精度。

Ma 等定义可直接测量的名义硬度 H_n，通过有限元模拟建立新的压入能量标度关系 $H_\mathrm{n}/E_\mathrm{r}=\psi(W_\mathrm{u}/W_\mathrm{t})$，从而建立基于测量参量 W_u、W_t 和 H_n 获得 E_r 的测试方法。该方法简单易行，但测试结果的准确性依赖于其压入能量标度关系。

10.2 三种分析方法的对比

上述三种分析方法，分别基于简化理论和近似关系，建立了识别参量与分析参量即测量参量之间的函数关系。通常，测试结果表示成 “平均值 ± 标准偏差”，参见 6.6 节[2,4]。对于理想的测试方法，需要考虑如下环节：首先，此函数关系与真实响应之间存在着一定的差异，这将会以系统误差的形式出现，进而影响测试结果的平均值，最终体现在函数求解的准确性上。其次，分析参量在测量过程中不可避免地存在误差，这将会以随机误差的形式出现，进而影响测试结果的标准偏差，最终体现在函数求解的稳定性上。再次，分析方法是建立在特定假设 (各向同性材料、线弹–幂硬化本构、理想压头、光滑和无硬化的试样表面等) 下的，而测试需要默认试样满足这些假设，实际和假设间存在着一定的差异，这些将分别会以系统误差和随机误差的形式出现，最终体现在分析方法在实际测试中的可行性上。最后，需要选用典型材料，以传统技术的测试结果作为约定真值，综合检验上述各环节对测试结果精确性的影响上，从而确定此测试方法的可靠性。

基于上述分析，进行如下环节的研究：基于有限元模拟，详细评估三种分析方法的准确性；基于误差分析，简要说明分析方法的稳定性，探讨其主要影响因素；基于传统测试技术，对比确认压入测试结果，说明压入测试方法的可靠性。

10.2.1 有限元模拟评估分析方法的准确性

上述三种分析方法为基于简化理论或近似关系而发展起来的，不可避免地与真实响应之间存在着偏差。基于此考虑，马德军和张泰华等[23] 采用 ABAQUS 有限元软件，设定试样的材料参数，模拟压入测试，获得相应的 F-h 曲线、h_c 和 H_IT，以设定的材料参数和模拟结果作为约定真值。基于相同载荷–深度曲线，根据上述三种识别方法，即式 (10.5)、式 (10.9) 和式 (10.10)，依次计算出 h_{cOP}、E_{rOP} 和 H_{OP}，以此计算结果作为评估值，评定三种分析方法的准确性。

假设：压头为刚性圆锥，半锥角 $\alpha=70.3°$，面积函数 $A(h_c)=24.5h_c^2$；试样为各向同性均匀材料，服从线弹–幂硬化本构关系，参见式 (1.1)。材料参数 σ_y 取为 0.035GPa，0.140GPa，0.350GPa，0.700GPa，1.400GPa，2.100GPa，2.800GPa，3.500GPa，4.550GPa，5.600GPa，7.000GPa，10.500GPa，14.000GPa，17.500GPa，n 取为 0.00，0.15，0.30，0.45，共 56 组材料参数。设定 $E=70\mathrm{GPa}$，$\nu=0.3$，$h_m=1.0\mu\mathrm{m}$，则 $E_r=E/(1-\nu^2)=76.923\mathrm{GPa}$。

1. Oliver-Pharr 方法的评估

定义无量纲量 $Q_1=E_{\mathrm{rOP}}/E_r$，根据量纲分析结果，E_{rOP} 用式 (10.7) 代替，有

$$Q_1=\frac{E_{\mathrm{rOP}}}{E_r}=\frac{\sqrt{\pi}}{2\beta}\frac{S}{\sqrt{A}}\frac{1}{E_r}=\Gamma_{Q1}\left(\frac{W_u}{W_t},n\right) \tag{10.24}$$

如果 Oliver-Pharr 方法适合所有材料，不管 $(\sigma_y/E_r,n)$ 或者 $(W_u/W_t,n)$ 如何变化，Q_1 值总应接近于 1。图 10.4(a) 显示，Q_1 依赖于 W_u/W_t 和 n 的不同组合。当 $W_u/W_t\geqslant 0.25$ 时，Q_1 值接近于 1；当 $W_u/W_t<0.25$ 时，Q_1 值除部分 $n=0.45$ 数据点外，大部分数据明显大于 1。说明在低 W_u/W_t 范围，E_{rOP} 倾向于高估。

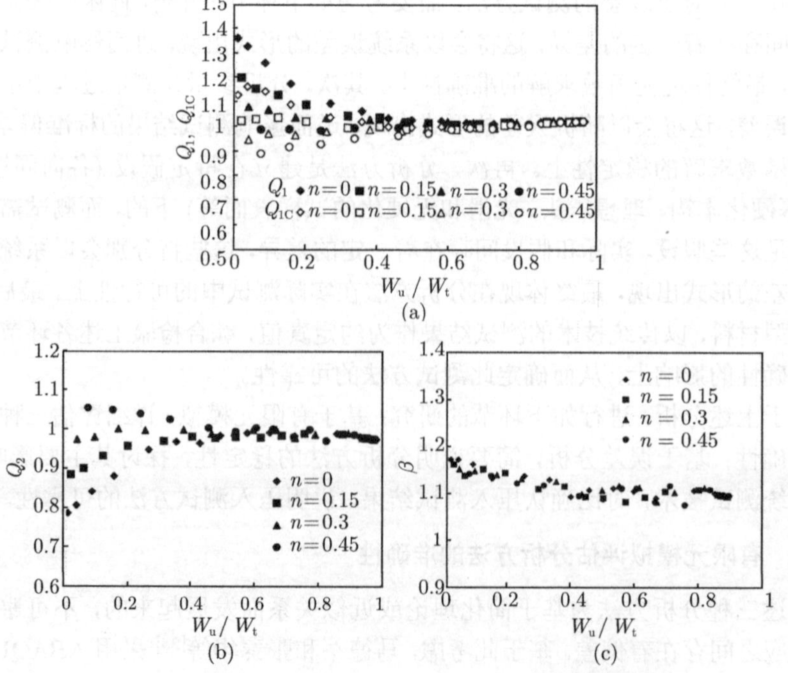

图 10.4 Oliver-Pharr 分析方法的评定结果[23]

(a)Q_1、Q_{1C} 和 W_u/W_t；(b)Q_2 和 W_u/W_t；(c)β 和 W_u/W_t

E_{rOP} 高估的可能原因之一为 h_{cOP} 及其 A_{OP} 的低估。为了探究原因，定义无量纲量 $Q_2 = h_{\mathrm{cOP}}/h_{\mathrm{c}}$，根据量纲分析结果，$h_{\mathrm{cOP}}$ 用式 (10.5) 代替，有

$$Q_2 = \frac{h_{\mathrm{cOP}}}{h_{\mathrm{c}}} = \left(h_{\mathrm{m}} - 0.75\frac{F_{\mathrm{m}}}{S}\right)\frac{1}{h_{\mathrm{c}}} = \Gamma_{Q2}\left(\frac{W_{\mathrm{u}}}{W_{\mathrm{t}}}, n\right) \tag{10.25}$$

图 10.4(b) 显示，当 $W_{\mathrm{u}}/W_{\mathrm{t}} < 0.25$ 时，Q_2 值除部分 $n = 0.45$ 数据点外，大部分数据明显小于 1，与 Q_1 数据点的分布相反。上述结果与早期其他研究结果一致[12,24,25]。另一种可能原因，为与式 (10.7) 的压头形状因子变化不为常数有关。根据量纲分析结果和式 (10.7)，有

$$\beta = \frac{\sqrt{\pi}}{2}\frac{S}{\sqrt{A_{\mathrm{c}}}}\frac{1}{E_{\mathrm{r}}} = \Gamma_{\beta}\left(\frac{W_{\mathrm{u}}}{W_{\mathrm{t}}}, n\right) \tag{10.26}$$

图 10.4(c) 显示，β 值变化不为常数，当 $W_{\mathrm{u}}/W_{\mathrm{t}} < 0.25$ 时，其值明显高于设定值 1.096[26]，与 Q_2 数据点的分布相反。

为了降低目前该分析方法与约定真值的偏离程度，通过乘以修正项的方式实现。因为在式 (10.7) 中，不同的研究者 β 取值略有差异，因此在修正项中取消该系数。修正项具体如下

$$\eta_{\mathrm{c}}\left(\frac{W_{\mathrm{u}}}{W_{\mathrm{t}}}\right) = \frac{\beta}{1.096}\left(\frac{W_{\mathrm{u}}}{W_{\mathrm{t}}}\right)^{0.04} \tag{10.27}$$

E_{r} 和 Q_1 表达式修改为

$$E_{\mathrm{rOP\_c}} = \left(\frac{\sqrt{\pi}}{2\beta}\frac{S}{\sqrt{A}}\right)\left(\frac{\beta}{1.096}\right)\left(\frac{W_{\mathrm{u}}}{W_{\mathrm{t}}}\right)^{0.04} \tag{10.28}$$

$$Q_{1\mathrm{C}} = \frac{E_{\mathrm{rOP\_c}}}{E_{\mathrm{r}}} = \left(\frac{\sqrt{\pi}}{2.192}\frac{S}{\sqrt{A}}\right)\left(\frac{W_{\mathrm{u}}}{W_{\mathrm{t}}}\right)^{0.04}\left(\frac{1}{E_{\mathrm{r}}}\right) \tag{10.29}$$

参见图 10.4(a) 的 $Q_{1\mathrm{C}}$，其值偏离参考值 1 的程度限定在 ±16%之内。这样就可以解释，图 10.10(a) 测试结果相对于约定真值大部分偏高的分布趋势。

2. Cheng-Cheng 方法的评估

无量纲参量 $H_{\mathrm{IT}}/E_{\mathrm{r}}$ 可表示为

$$\frac{H_{\mathrm{IT}}}{E_{\mathrm{r}}} = \Gamma_{H_{\mathrm{IT}}}\left(\frac{W_{\mathrm{u}}}{W_{\mathrm{t}}}, n\right) \tag{10.30}$$

图 10.5(a) 显示数值模拟结果 $\Gamma_{H_{\mathrm{IT}}}(W_{\mathrm{u}}/W_{\mathrm{t}}, n)$ 的函数形式，其中图 10.5(b) 为 $W_{\mathrm{u}}/W_{\mathrm{t}} \leqslant 0.3$ 的局部放大。将其退化成多项式表达

$$\frac{H_{\mathrm{IT}}}{E_{\mathrm{r}}} = f\left(\frac{W_{\mathrm{u}}}{W_{\mathrm{t}}}\right) = \sum_{i=1}^{6} a_i \left(\frac{W_{\mathrm{u}}}{W_{\mathrm{t}}}\right)^{i} \tag{10.31}$$

式中，拟合确定其系数为 a_1=0.14736，a_2=0.15960，a_3=−0.23052，a_4=0.12656，a_5=0.18514，a_6=−0.19733。

式 (10.14) 两边同除以 $E_{\rm r} = 76.923{\rm GPa}$，$E_{\rm rCC}$ 用式 (10.7) 代替，可表示为

$$Q_3 = \frac{E_{\rm rCC}}{E_{\rm r}} = \left[\frac{\pi}{4\beta^2} f\left(\frac{W_{\rm u}}{W_{\rm t}}\right)\frac{S^2}{F_{\rm m}}\right]\frac{1}{E_{\rm r}} = \Gamma_{Q3}\left(\frac{W_{\rm u}}{W_{\rm t}}, n\right) \tag{10.32}$$

图 10.5(c) 显示 $\Gamma_{Q3}(W_{\rm u}/W_{\rm t}, n)$ 数值结果。当 $W_{\rm u}/W_{\rm t} < 0.25$ 时，Q_3 值除部分 $n = 0.45$ 数据点外，大部分数据明显大于 1。说明在低 $W_{\rm u}/W_{\rm t}$ 范围，$E_{\rm rCC}$ 倾向于高估。其值高估的原因之一可能与 β 值变化不为常数有关，同样采用式 (10.27) 修正为

$$E_{\rm rOP\_c} = \left[\frac{\pi}{4.8049} f\left(\frac{W_{\rm u}}{W_{\rm t}}\right)\frac{S^2}{F_{\rm m}}\right]\left(\frac{W_{\rm u}}{W_{\rm t}}\right)^{0.04} \tag{10.33}$$

$$Q_{\rm 1C} = \frac{E_{\rm rCC\_c}}{E_{\rm r}} = \left[\frac{\pi}{4.8049} f\left(\frac{W_{\rm u}}{W_{\rm t}}\right)\frac{S^2}{F_{\rm m}}\right]\left(\frac{W_{\rm u}}{W_{\rm t}}\right)^{0.04}\frac{1}{E_{\rm r}} \tag{10.34}$$

参见图 10.5(c) 的 $Q_{\rm 3C}$，其值偏离参考值 1 的程度限定在 ±16%之内。这样就可以解释，图 10.10(b) 和 (c) 测试结果相对于约定参考值大部分偏高的分布趋势。

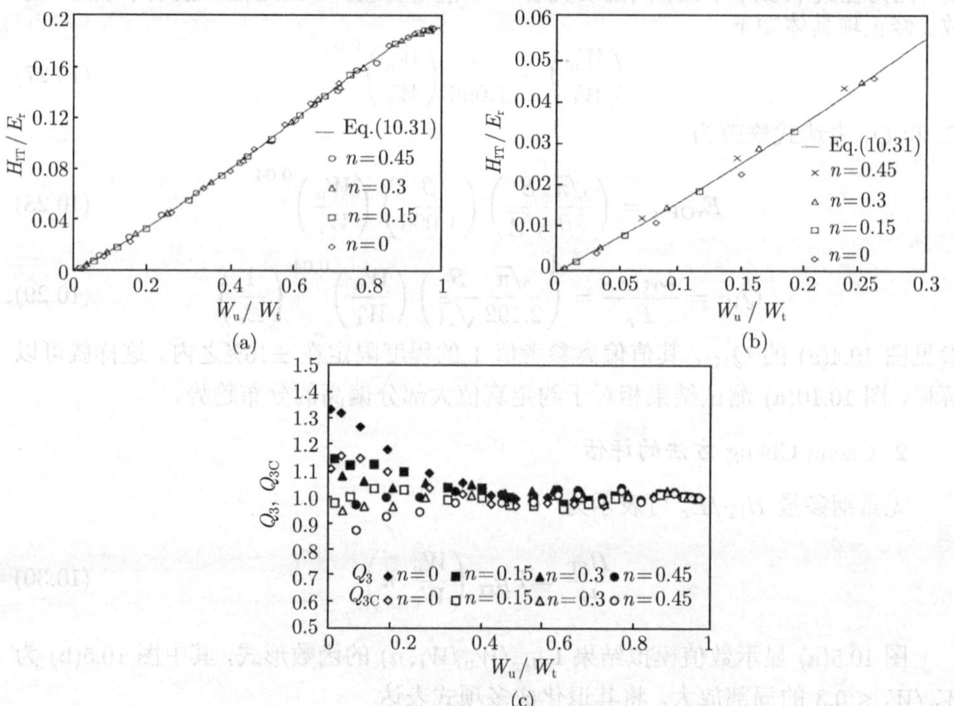

图 10.5 Cheng-Cheng 分析方法的评定结果[23]

(a)$H_{\rm IT}/E_{\rm r}$ 和 $W_{\rm u}/W_{\rm t}$；(b)$H_{\rm IT}/E_{\rm r}$ 和 $W_{\rm u}/W_{\rm t}$ 局部；(c)Q_3、$Q_{\rm 3C}$ 和 $W_{\rm u}/W_{\rm t}$

3. Ma 方法的评估

无量纲参量 H_n/E_r 可表示为

$$\frac{H_n}{E_r}=\Gamma_{H_n}\left(\frac{W_u}{W_t},n\right) \tag{10.35}$$

图 10.6(a) 显示 $\Gamma_{H_n}(W_u/W_t,n)$ 的数值模拟结果，其中图 10.6(b) 为 $W_u/W_t\leqslant 0.3$ 的局部放大。将其退化成多项式表达

$$\frac{H_n}{E_r}=\psi\left(\frac{W_u}{W_t}\right)=\sum_{i=1}^{6}b_i\left(\frac{W_u}{W_t}\right)^i \tag{10.36}$$

式中，拟合确定其系数为 b_1=0.18408，b_2=−0.24835，b_3=−0.50721，b_4=−0.86118，b_5=0.75187，b_6=−0.25388。

式 (10.21) 变化后两边同除以 $E_r=76.923$GPa，E_{rMa} 用式 (10.21) 代替，可表示为

$$Q_4=\frac{E_{rMa}}{E_r}=\left[H_n\psi^{-1}\left(\frac{W_u}{W_t}\right)\right]\frac{1}{E_r}=\Gamma_{Q4}\left(\frac{W_u}{W_t},n\right) \tag{10.37}$$

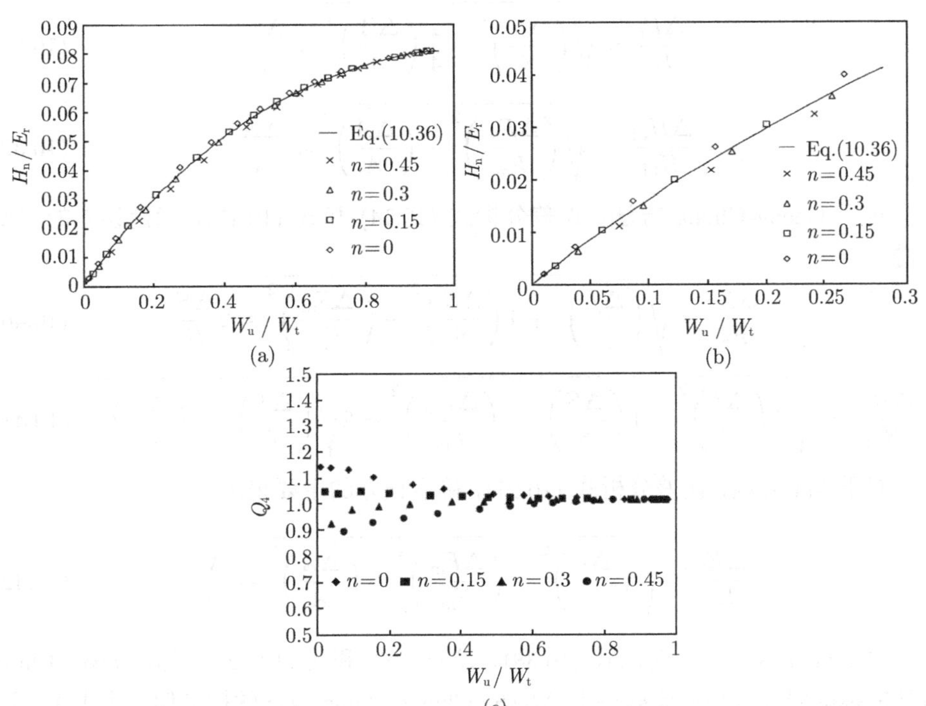

图 10.6 Ma 等分析方法的评定结果[23]

(a)H_n/E_r 和 W_u/W_t；(b)H_n/E_r 和 W_u/W_t 局部；(c)Q_4 和 W_u/W_t

图 10.6(c) 显示 $\Gamma_{Q4}(W_u/W_t,n)$ 数值结果。当 $W_u/W_t<0.25$ 时，Q_4 值没有汇聚到 1。说明式 (10.36) 仍是近似关系式，并不能足够描述所有情况。在无修正的情况下，其值偏离参考值 1 的程度限定在 ±13%之内。这样就可以解释，图 10.10(d) 和 (e) 测试结果分布在约定真值附近的分布趋势。

10.2.2 误差分析探讨分析方法的稳定性

分析参量自身的测量误差及其经与识别参量之间函数关系的误差传递，影响着测试结果的标准偏差，进而影响着分析方法的稳定性。这里，借助简单的误差分析，讨论上述三种分析方法中影响测试结果的主要因素。关于测量误差的传递结果，可参见 11.2.5 节。

根据目前仪器的发展状况可知，载荷测量误差相对较小，可视为 $\Delta F_m/F_m\to 0$；由前面 10.1.1 节可知，当压入深度远大于压头尖端半径 R 时，可视为 $\Delta A/A\to 0$；而接触刚度为拟合测量参量，测量误差随压入深度的减小逐渐变大。

对于 Oliver-Pharr 方法，误差分析式 (10.7) 和式 (10.10)，确定误差的主要来源

$$\frac{\Delta E_r}{E_r}=\sqrt{\left(\frac{\Delta S}{S}\right)^2+\frac{1}{4}\left(\frac{\Delta A}{A}\right)^2}\approx\frac{\Delta S}{S}\tag{10.38}$$

$$\frac{\Delta H_{IT}}{H_{IT}}=\sqrt{\left(\frac{\Delta F_m}{F_m}\right)^2+\left(\frac{\Delta A}{A}\right)^2}\approx\frac{\Delta A}{A}\tag{10.39}$$

对于 Cheng-Cheng 方法，误差分析式 (10.14) 和式 (10.15)，确定误差的主要来源

$$\frac{\Delta E_r}{E_r}=\sqrt{\left(\frac{\Delta f}{f}\right)^2+4\left(\frac{\Delta S}{S}\right)^2+\left(\frac{\Delta F_m}{F_m}\right)^2}\approx 2\frac{\Delta S}{S}\tag{10.40}$$

$$\frac{\Delta H_{IT}}{H_{IT}}=\sqrt{4\left(\frac{\Delta f}{f}\right)^2+4\left(\frac{\Delta S}{S}\right)^2+\left(\frac{\Delta F_m}{F_m}\right)^2}\approx 2\sqrt{\left(\frac{\Delta f}{f}\right)^2+\left(\frac{\Delta S}{S}\right)^2}\tag{10.41}$$

对于 Ma 方法，误差分析式 (10.21)，确定误差的主要来源

$$\frac{\Delta E_r}{E_r}=\sqrt{\left(\frac{\Delta \psi}{\psi}\right)^2+\left(\frac{\Delta F_m}{F_m}\right)^2+\left(\frac{\Delta A}{A}\right)^2}\approx\frac{\Delta \psi}{\psi}\tag{10.42}$$

对于折合模量 E_r，对比式 (10.38)、式 (10.40) 和式 (10.42) 可知，Oliver-Pharr 方法的标准偏差大小主要取决于 $\Delta S/S$，Cheng-Cheng 方法的标准偏差大小主要取决于 $\Delta f/f$ 和 $\Delta S/S$，Ma 方法的标准偏差大小主要取决于 $\Delta\psi/\psi$。接触刚度 S 是间接测量参量，误差较大。在式 (10.40) 中，接触刚度的测试误差被放大。Δf 或 $\Delta\psi$ 的误差来自两方面，一是压入能量标度关系引入的误差；二是 W_u/W_t 的误差。

由于 W_u/W_t 通过积分得到，其误差较小，可认为 $W_u/W_t \to 0$。而压入能量标度关系是通过拟合一定材料参数范围的力学响应数据得到的，在此范围内不同位置处的拟合误差程度不同, 是能量方法中的重要误差源。

对于压入硬度 H_{IT}，对比式 (10.39) 和式 (10.41) 可知, Oliver-Pharr 方法的标准偏差主要取决于 $\Delta A/A$, Cheng-Cheng 方法的标准偏差主要取决于 $\Delta f/f$ 和 $\Delta S/S$。

值得注意，建立分析方法时，宜选取基于可精确测量参量作为分析参量。

10.2.3　传统实验和压入实验的对比确认

压入实验是一种非量值溯源的测试技术，需要比对传统实验的测试结果，才能确认压入测试的可靠性。这里，通过单轴拉伸法、超声波法、共振法和弯曲法等测定典型材料的弹性模量，以此作为约定真值，比对确定压入测试结果的可靠性。

1. 根据 W_u / W_t 的大小，选用三种典型材料对比确认

熔融石英和单晶铝试样由仪器制造商 MTS 公司提供，并给定弹性模量，分别为 72GPa 和 70.4GPa; GCr15 钢试样由上海材料所提供，超声波速法测定弹性模量，为 204GPa。以上述给定值或测定值为弹性模量的约定真值。压入硬度无约定真值，在此暂不讨论。

设定最大压入深度为 2μm，以降低压头缺陷等对测试结果的影响。压入模量处理结果参见图 10.7~ 图 10.9 和表 10.1。为了表达方便，以下简称 Oliver-Pharr 方法为 O-P 方法，标记为 O-P; Cheng-Cheng 方法简称为 C-C 方法，如果选用能量标度关系为线性且拟合斜率为 0.2，参见式 (10.17)，标记为 C-C，如果选用 Ma 等[23] 给出的多项式拟合关系，标记为 C-C_Ma; Ma 等方法[21] 简称为 Ma 方法，标记为 Ma。

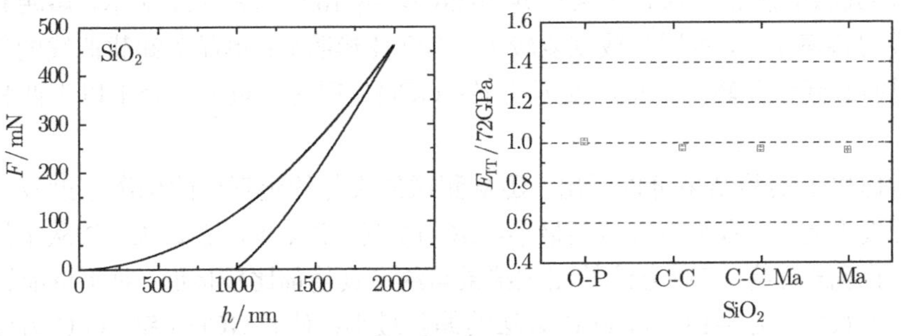

图 10.7　熔融石英压入载荷–深度典型曲线及其压入模量的对比

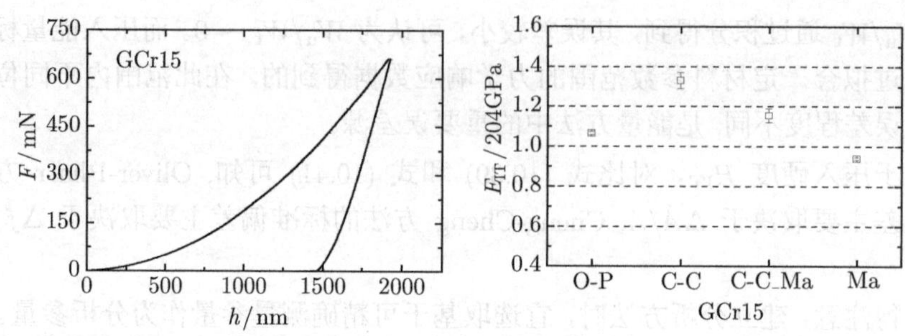

图 10.8　GCr15 钢压入载荷–深度典型曲线及其压入模量的对比

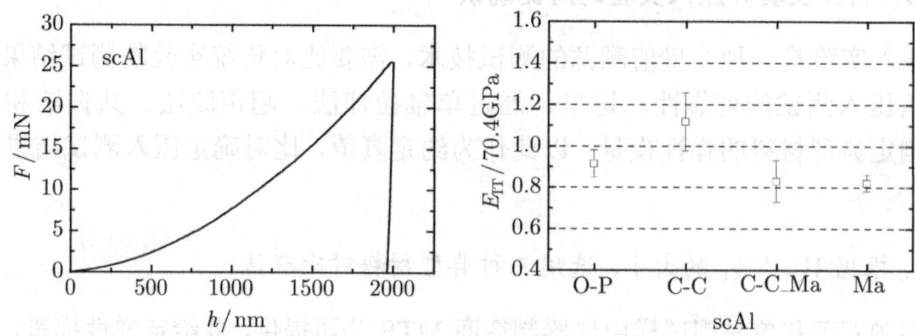

图 10.9　单晶铝压入载荷–深度典型曲线及其压入模量的对比

表 10.1　三种方法识别压入模量的对比结果(经约定真值归一化)

方法	熔融石英		GCr15 钢		单晶铝	
	平均值	变异系数	平均值	变异系数	平均值	变异系数
O-P	1.003	0.005	1.061	0.014	0.910	0.070
C-C	0.969	0.012	1.327	0.042	1.110	0.140
C-C_Ma	0.965	0.012	1.149	0.037	0.820	0.100
Ma	0.958	0.003	0.936	0.010	0.817	0.044

这三种材料的压入功恢复率 W_u/W_t 有较大跨度，其平均值分别为：单晶铝 2.33%，GCr15 钢 28.70%，熔融石英 66.36%。图 10.7~ 图 10.9 显示，熔融石英卸载曲线的斜率较小，说明卸载恢复较大，弹性变形明显；单晶铝卸载曲线的斜率较大，说明卸载恢复较少，塑性变形明显；GCr15 钢的卸载情况介于以上两种材料之间。

对比以上实验结果可以看出：①从测试结果与约定真值的偏离程度及其自身分散程度上看，大致为熔融石英最小、GCr15 钢其次、单晶铝最大。②从平均值上看，对于熔融石英，三种方法的测试结果与约定真值都比较接近；对于单晶铝，Ma 方法偏差最大，为 −18.3%，O-P 方法的偏差最小；对于 GCr15 钢，C-C 方法偏差最大，为 32.7%，O-P 方法偏差最小。这是因为 W_u/W_t 越大，三种分析方法的准确性越高，具体参见 10.2.1 节。③从变异系数上看，O-P 法和 Ma 法相当，C-C 法相对较大。这是因为 C-C 方法易受 S 测试误差的影响，具体参见 10.2.2 节。④Ma 方法的结果趋于偏小，C-C 方法趋于偏大。

综上所述，对 W_u/W_t 较高的材料，三种方法的效果相当，均比较理想，而对 W_u/W_t 较低的材料，均出现不同程度的偏差。说明 W_u/W_t 越高的材料，其压入模量测得越准。下面，针对 W_u/W_t 较低的情况，选择系列典型金属材料，实验对比测试结果。

2. 缩小 W_u / W_t 的范围，选用多种金属材料对比分析

姜鹏和杨荣等[27,28] 选用十三种金属材料，以单轴拉伸法[29]、超声波速法[30]、共振频率法[31] 或梁弯曲法[32] 等常规实验方法测定的弹性模量，作为约定真值；进行压入试验，对比不同方法的处理结果，以确定识别金属材料弹性模量的可靠性。

单轴拉伸试验详细情况参见 11.2.6 节。九种材料的弹性模量测试结果参见表 10.2。在该表中，大部分材料的泊松比取为 0.3，小部分取自 Adams 材料库[33]，分别用上标①和②表示。

表 10.2 九种金属单轴拉伸测试结果[27]和泊松比取值

材料种类	弹性模量/GPa		泊松比
	平均值	标准偏差	
纯铁 DT4	205.7	2.7	0.3①
钢 Q235A	209.1	1.2	0.3①
钢 S45C	205.10	0.85	0.3①
硬铝 LY12	72.90	0.57	0.3①
铝 Al5083	74.0	1.9	0.33②
铝 Al7075	70.77	0.53	0.31①
紫铜 T2	111.6	3.2	0.324②
黄铜 H62	100.6	1.9	0.35①
钛 TC4	120.50	0.99	0.3①

对于钢 (IF) 和钨 (W)，采用超声法、共振法、弯曲法测定弹性模量和泊松比，共振法和弯曲法的测试结果由宝山钢铁股份有限公司提供；对于轴承钢 (GCr15)，采用超声波速法测定弹性模量和泊松比；单晶铝 (Al) 试样及其弹性模量和泊松比由 MTS 公司提供。测试结果参见表 10.3。

表 10.3 四种材料弹性模量和泊松比的结果

样品名称	弹性模量/GPa		泊松比	
	平均值	标准偏差	平均值	标准偏差
钢 IF	203.3	4.1	0.305	0.064
钨 W	406	17	0.261	0.020
钢 GCr15	204	—	0.289	—
单晶铝 Al	70.4	—	0.345	—

C-C 方法和 Ma 方法的解析形式。在杨荣和张泰华等[20] 发展的解析能量标度关系中，如果假设核心区半径等于接触半径，无需区分接触深度 h_c 和压入深度 h_m，即 $h_c = h_m$，C-C 的能量标度关系式 (10.12) 等同于 Ma 的能量标度关系式 (10.20)。下面，分别给出 C-C 方法和 Ma 方法的解析形式，分别简称为 E1 法和 E2 法。

方法 E1：C-C 方法中使用卸载刚度 S 和 F_m 求解折合模量，利用式 (9.51) 替代 C-C 方法中的式 (10.12)，代入式 (10.14) 和式 (10.15)，获得折合模量和压入硬度

$$E_r = \frac{\pi}{4\beta^2}\frac{2(1-\nu)}{3}\cot\alpha\frac{W_u}{W_t}\frac{S^2}{F_m} = \frac{\pi(1-\nu)}{6\beta^2}\frac{S^2}{F_m}\frac{W_u}{W_t}\cot\alpha \tag{10.43}$$

$$H_{IT} = \frac{\pi}{4\beta^2}\left[\frac{2(1-\nu)}{3}\cot\alpha\frac{W_u}{W_t}\right]^2\frac{S^2}{F_m} = \frac{\pi(1-\nu)^2}{9\beta^2}\frac{S^2}{F_m}\left(\frac{W_u}{W_t}\right)^2\cot^2\alpha \tag{10.44}$$

方法 E2：Ma 方法使用名义硬度 H_n 获得弹性模量，利用式 (9.51) 替代 Ma 方法中的式 (10.20)，获得折合模量

$$E_r = \frac{3}{2(1-\nu)\cot\alpha}\frac{W_t}{W_u}\frac{F_m}{A(h_m)} \tag{10.45}$$

杨荣和张泰华等[20] 发展的解析能量标度关系，是建立在孔洞模型的假设之上的，适用范围主要为 $W_u/W_t < 0.3$。在此基础上，给出 C-C 方法的近似解析形式 (10.38) 和式 (10.39)，同样会受到卸载刚度误差的影响；给出 Ma 方法的近似解析形式 (10.40)，也有一定的适用范围。解析方法 E1 和 E2 的精度，不如利用有限元计算获得拟合系数的方法，但是方法 E1 和 E2 适用于不同等效半锥角压头的压入问题，并且考虑材料泊松比的影响。相对于 C-C 和 Ma 方法而言，方法 E1 和 E2 有比较明确的物理内涵，而且简单易用。

压入测试采用 MTS Nano Indenter® XP，设定压入深度 1.2μm(W、GCr15 和 Al) 或 2μm(其余十种材料)，热漂移速率小于 0.05nm/s。下面分别给出十三种材料的五种压入分析方法的处理结果[28]，参见表 10.4。

由表 10.4 和图 10.10 可知，单晶铝的 W_u/W_t 最低，为 2.33%，钢 GCr15 的能量比最高，为 28.70%，钢 Q235A、钢 S45C 号、铝 Al5083 和黄铜 H62 的 W_u/W_t 接近 8%。从图 10.10 中可以看到，五种方法识别弹性模量的结果随 W_u/W_t 的变化规律大致相同：①五种方法识别压入模量的结果，随着 W_u/W_t 的增大，有相近的涨落变化，如从单晶铝 Al 到紫铜 T2，五种方法都由低估转为高估，并且随后的偏离规律大致相同，这可能是由材料自身性质决定的，和方法的选取不太相关；②虽然五种方法随着 W_u/W_t 变化有相似的涨落趋势，但涨落的大小不同，其中 Ma 方法和 E2 法的误差变化较小，O-P 方法次之，C-C 方法和 E1 法的误差变化较大，反映分析方法对不同范围材料的适用性；③在十三种材料中，C-C 法和 E1 法的标准偏差相当且较大，O-P 法次之，Ma 方法和 E2 法均较小，反映方法对分析参量的

表 10.4　十三种材料压入结果和约定真值 (CTV)[28]

材料种类	(W_u/W_t) /%		弹性模量/GPa											
			O-P		C-C_Ma		E1		Ma		E2		约定真值	
	均值	偏差	均值	偏差	均值	偏差	均值	偏差	均值	偏差	均值	偏差	均值	偏差
DT4	4.90	0.22	246	10	218	16	239	17	206.9	8.7	237	11	205.7	2.7
Q235A	7.71	0.71	260.7	7.7	263	23	282	23	201.6	9.5	222	13	209.1	1.2
S45C	7.94	0.43	232.1	9.4	244	21	260	23	174.3	6.8	190.7	8.5	205.10	0.85
LY12	12.13	0.47	96.1	3.8	104.5	5.8	106.9	5.9	74.4	5.2	76.9	5.2	72.90	0.57
Al5083	8.08	0.31	85.6	2.6	83.5	4.1	84.1	4.1	66.1	2.4	80.3	3.0	74.0	1.9
Al7075	15.17	0.44	84.4	2.3	82.9	4.6	83.1	4.5	68.42	0.69	73.14	0.71	70.77	0.53
T2	6.13	0.22	154	13	142	20	147	21	121.3	4.0	151.4	4.9	111.6	3.2
H62	8.09	0.32	120.0	8.8	127.9	9.7	124.6	9.5	84.7	6.4	106.9	8.5	100.6	1.9
TC4	18.80	0.62	134.3	7.4	135	11	132.5	9.9	114.6	5.0	110.6	4.2	120.50	0.99
IF	4.40	0.23	215	10	193	18	211	20	168.0	6.5	208.6	8.7	203.3	4.1
W	10.78	0.47	445	19	428	39	483	45	336.3	9.6	358	10	406	17
GCr15	28.70	0.30	216.5	2.8	234.3	7.4	221.1	6.7	190.9	2.1	152.2	1.8	204	—
Al	2.33	0.13	64.3	4.9	58.1	7.3	60.3	7.6	57.7	3.1	66.9	3.7	70.4	—

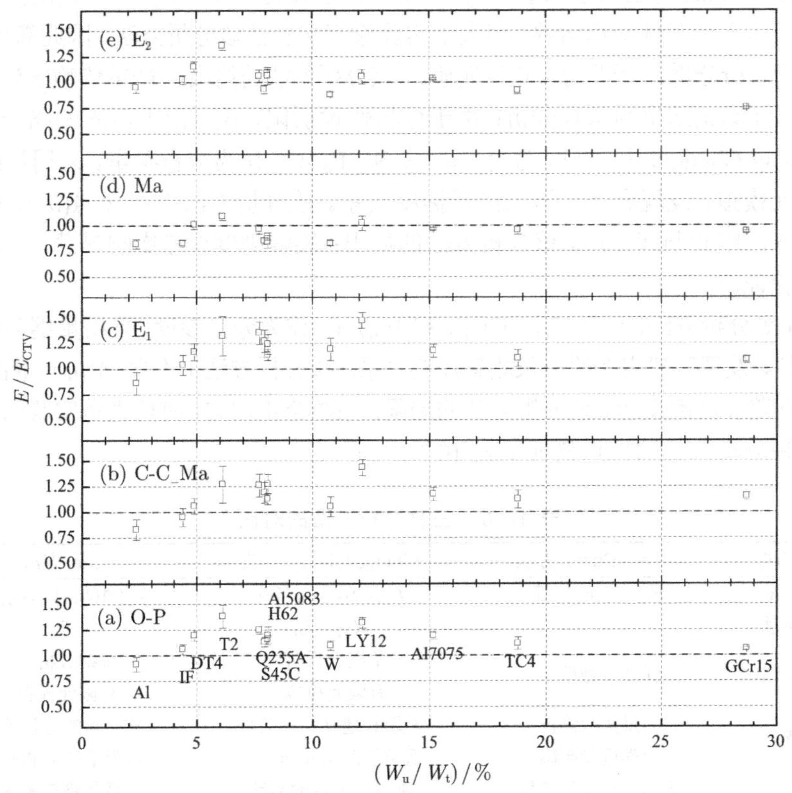

图 10.10　五种方法弹性模量随压入能量比变化情况的对比[28] (CTV 为约定真值)

敏感性；④在五种方法中，E2 法给出单晶铝的弹性模量和约定真值偏离最小，而钢 GCr15 的结果和约定真值偏离最大，显示 E2 法不适于 W_u/W_t 较大的材料，这可能与接触深度等于压入深度的假设有关。

总体来看，方法 E1 和 E2 基本上与其他三种方法相当；五种方法的均值与约定真值相比，O-P 法、E1 法和 C-C 法分析结果偏高的情况较多，而 Ma 法偏低的情况较多，E2 法偏高和偏低的情况相当，原因参见 10.2.1 节。从标准偏差来看，Ma 法和 E2 法分散性较小，O-P 法其次，C-C 和 E1 法较大，原因参见 10.2.2 节。

选用的材料为常见的工业材料，其晶粒尺度多为几十微米。单轴拉伸法、超声波速法等为宏观整体测试，获得的是较大范围内的平均，测试结果的标准偏差较小。本压入试验为微区测试，压入的影响区尺度 (约 $20h$) 与大多数材料的晶粒尺度基本相当，因此晶粒性质和晶界会影响压入结果。

10.2.4　三种分析方法的特点及其与测试方法的关系

1. 分析方法的特点总结

Oliver-Pharr 分析方法，选择 F_m、$A(h_c)$ 和 S 作为分析参量。尽管采用弹性接触理论分析压入弹塑性变形问题，但大量实验修正和验证该分析方法，因此简单可行；由于采用解析分析，因此力学机制明确。该分析方法的局限：严重依赖压头面积函数，小压深测试结果须认真分析；由于分析假设所限，仅适用于压入凹陷变形。

Cheng-Cheng 分析方法，选择 F_m、S 和 W_u/W_t 作为分析参量。采用量纲分析和有限元模拟，发现和建立压入能量标度关系。该分析方法中不含 $A(h_c)$，因此适用于压入凹陷和凸起变形。该分析方法的局限：接触刚度误差影响显著，有待大量实验的验证。

Ma 等分析方法，选择 $F_m/A(h_m)$ 和 W_u/W_t 作为分析参量。采用量纲分析和有限元模拟，发现和建立新的压入能量标度关系。该分析方法中不含 $A(h_c)$，因此适用于压入凹陷和凸起变形。该分析方法的局限：系数修正困难，有待大量实验的验证。

三种分析方法的特点整理于表 10.5 中。

表 10.5　三种分析方法的对比

分析方法	Oliver-Pharr 方法	Cheng-Cheng 方法	Ma 方法
分析参量	F_m，$A(h_c)$，S	F_m，S，W_u/W_t	$F_m/A(h_m)$，W_u/W_t
识别参量	H_{IT}，E_r	H_{IT}，E_r	E_r
分析基础	弹性接触理论	量纲分析 + 有限元模拟	量纲分析 + 有限元模拟
方法特色	大量实验修正 力学机制明确	发现和建立能量关系 适用于凹陷和凸起	建立新的能量关系 适用于凹陷和凸起
方法局限	依赖压头面积函数 仅限凹陷情况	刚度误差影响显著 有待实验验证	系数修正困难 有待实验验证

2. 分析方法和测试方法的关系

综上所述，上述力学分析为正分析过程，在给定基本假设和材料参量的前提下，选定分析参量，一般为力学响应的可精确测量的参量，建立起可测参量与材料参量之间的准确函数关系式，发展出求解识别参量的稳定算法，此为分析方法。而力学测试为反分析过程，首先，在未知材料性质的条件下，默认测试满足力学分析中的各种假设；其次，获得可靠的测量结果，进而确定分析方法中函数关系式的系数；最后，基于此关系式求解出材料参数，此为测试方法。由此可以看出，分析方法是测试方法中的核心组成部分或环节。这就存在如下问题，假设是否满足？测量是否精确？关系式是否普适？

分析方法中的基本假设与实际测试情况之间存在差异。在力学分析中，假设材料为各向同性均匀的，实际上材料内部存在着有方向和大小的微结构，需要其尺寸远小于压入深度，以便降低其影响。假设压入满足半无限大空间的要求，实际上试样几何尺寸只要远大于压入深度，以便保证测试的压入间距或离侧壁距离足够大。假设试样表面为几何平面，实际上试样表面为物理平面，存在粗糙度，需要压入深度远大于粗糙度，以便降低测试结果的分散性。假设试样表面无摩擦，实际上通过设计足够大锥角的压头，以便忽略压头和试样之间摩擦的影响。假设接触深度总是小于压入深度，对应着材料压入凹陷变形，这样基本关系式 (10.5) 才近似成立；实际上测试时往往材料的变形模式未知，如果为凸起变形，现有 Oliver-Pharr 测试方法会低估接触面积，导致压入硬度和弹性模量的高估。假设试样无蠕变和松弛，实际上测试时间一般在分钟量级，测试温度为室温，多数金属、陶瓷等材料可以忽略时间相关的变形。总之，在测试过程中试样和测试环节越接近基本假设，测试结果就会越可靠。

关于如何获得精确的测量结果，可参见第二篇。

分析方法中的分析参量和识别参量之间关系式的适用范围有限。例如，在 Oliver-Pharr 分析方法中，弹性接触理论在分析压入弹塑性变形问题中的拓展范围需要关注；在压入能量分析方法中，核心问题为压入能量标度关系的适用范围及其精度需要关注。应该从压入能量标度关系着手，完善能量方法：借助数值模拟，确定特定参数下能量关系的系数与相关分析参量之间的近似关系；借助近似解析分析，明确能量关系的系数和相关分析参量之间的关系；综合研究压入能量标度关系及其力学机制，以便发展物理意义明确的分析方法。

参考文献

[1] 张泰华. 微/纳米力学测试技术及其应用. 北京: 机械工业出版社，2004.

[2] ISO 14577-1:2002. Metallic materials — Instrumented indentation test for hardness and materials parameters — Part 1: Test method.

[3] ASTM E 2546-07. Standard practice for instrumented indentation testing.

[4] GB/T 22458—2008. 仪器化纳米压入试验方法通则.

[5] Oliver W C, Pharr G M. An improved technique for determining hardness and elastic modulus using load and displacement sensing indentation experiments. Journal of Materials Research, 1992, 7(6): 1564-1583.

[6] Doerner M F, Nix W D. A method for interpreting the data from depth-sensing indentation instruments. Journal of Materials Research, 1986, 1(4): 601-609.

[7] www.agilentnano.com.

[8] Oliver W C, Pharr G M. Measurement of hardness and elastic modulus by instrumented indentation: Advances in understanding and refinements to methodology. Journal of Materials Research, 2004, 19(1): 3-20.

[9] Pharr G M, Oliver W C, Brotzen F R. On the generality of the relationship among contact stiffness, contact area, and elastic modulus during indentation. Journal of Materials Research, 1992, 7(3): 613-617.

[10] Sneddon I N. The relation between load and penetration in the axisymmetric boussinesq problem for a punch of arbitrary profile. International Journal of Engineering Science, 1965, 3: 47-57.

[11] King R B. Elastic analysis of some punch problems for a layered medium. International Journal of Solids and Structures, 1987, 23: 1657-1664.

[12] Bolshakov A, Pharr G M. Influences of pileup on the measurement of mechanical properties by load and depth sensing indentation techniques. Journal of Materials Research, 1998, 13(4): 1049-1058.

[13] Weimin Chen, Min Li, Taihua Zhang, et al. Influence of indenter tip roundness on hardness behavior in nanoindentation. Materials Science and Engineering A, 2007, 445-446: 323-327.

[14] Hay J C, Bolshakov A, Pharr G M. A critical examination of the fundamental relations used in the analysis of nanoindentation data. Journal of Materials Research, 1999, 14(6): 2296-2305.

[15] Gao H J, Chiu C H, Lee J. Elastic contact versus indentation modelling of multi-layered materials. International Journal of Solids and Structures, 1992, 29(20): 2471-2492.

[16] Pharr G M, Bolshakov A. Understanding nanoindentation unloading curves. Journal of Materials Research, 2002, 17(10): 2660-2671.

[17] Shu S Q, Lu J, Li D F. A systematic study of the validation of Oliver and Pharr's method. Journal of Materials Research, 2007, 22(12): 3385-3396.

[18] Cheng Y-T, Cheng C-M. Relationships between hardness, elastic modulus, and the work of indentation. Applied Physics Letters, 1998, 73, 614.

[19] Cheng C M, Cheng Y T. On the initial unloading slope in indentation of elastic-plastic solids by an indenter with an axisymmetric smooth profile. Applied Physics Letters,

1997, 71(18): 2623-2625.

[20] Yang Rong, Zhang Taihua, Jiang Peng, et al. Experimental verification and theoretical analysis of the relationships between hardness, elastic modulus, and the work of indentation. Applied Physics Letters, 2008, 92: 231906.

[21] Dejun Ma, Chung Wo Ong, Sing Fai Wong, et al. New method for determining Young's modulus by non-ideally sharp indentation. Journal of Materials Research, 2005, 20(6): 1498-1506.

[22] Dejun Ma, Chung Wo Ong, Taihua Zhang. An improved energy method for determining Young's modulus by instrumented indentation using a Berkovich tip. Journal of Materials Research, 2008, 23(8): 2106-2115.

[23] Dejun Ma, Taihua Zhang, Chung Wo Ong. Evaluation of effectiveness of representative methods for determining Young's modulus and hardness from instrumented indentation results. Journal of Materials Research, 2006, 21(1): 225-233.

[24] Ni W, Cheng Y-T. Modeling conical indentation in homogeneous materials and in hard films on soft substrates. Journal of Materials Research, 2005, 20(2): 521-528.

[25] Cheng Y-T, Cheng C-M. Effect of 'sinking in' and 'piling up' on estimating the contact area under load in indentation. Philosophical Magazine Letters, 1998, 78(2): 115-120.

[26] Dao M, Chollacoop N, Van Vliet K J, et al. Computational modeling of the forward and reverse problems in instrumented sharp indentation. Acta Materialia, 2001, 49(19): 3899-3918.

[27] 姜鹏. 幂硬化材料塑性参数的仪器化球压入表征技术. 北京：中国科学院研究生院博士学位论文，2009.

[28] 杨荣. 仪器化压入的能量标度关系的力学机制. 北京：中国科学院研究生院博士学位论文, 2010.

[29] GB/T 228—2002. 金属材料　室温拉伸试验方法.

[30] JB/T 7522—2004. 无损检测　样品超声速度测量方法.

[31] GB/T 2105—1991. 金属样品杨氏模量、切变模量及泊松比测量方法.

[32] GB/T 10700—2006. 精细陶瓷弹性模量试验方法　弯曲法.

[33] http://bbs.81tech.com/read.php?tid-87539.html 常用材料的弹性模量及泊松比.

第 11 章　屈服应变和幂硬化指数

仪器化压入测试技术，可测定微小尺度韧性材料的塑性参数 —— 屈服应变 ε_y 和幂硬化指数 n。其利用硬质球形压头压入试样表面，基于测量的载荷-深度数据，通过模型分析和数据处理，识别出材料的塑性参数。此类测试对试样形状和尺寸几乎无要求，仅需具有局部平整光滑的表面。压入测定塑性参量的力学分析比较复杂，虽然已经发展出若干具有实用价值的测试方法，但仍不够成熟完善，尚处于研究和发展阶段。本章将概述典型的塑性参数压入分析方法，详细介绍本研究组新近发展的 ε_y 和 n 压入能量测试方法。

11.1 研究现状

11.1.1 研究进展

压入可测参量分两类，具体参见图 11.1。第一类，在早期，只能借助硬度计进行设定载荷的压入试验，依靠显微镜仅能测量残余压痕半径 $a_{\rm p}$，因此操作繁琐，易受人为因素的影响。而分析参量通常选用接触半径 $a_{\rm c}$，这不是可直接测量的参量，只能假设 $a_{\rm c} \approx a_{\rm p}$。第二类，在近期，借助压入仪，主要测量参量有载荷 F、深度 h、压入总功 $W_{\rm t}$、卸载功 $W_{\rm u}$、接触刚度 S 和 Meyer 系数 m(载荷和深度对数的斜率) 等，因此操作便捷，不受人为因素的影响，可测参量丰富，无需附加设备。目前，测试方法逐渐由早期的硬度测量技术向现在的仪器化压入测试技术发展。

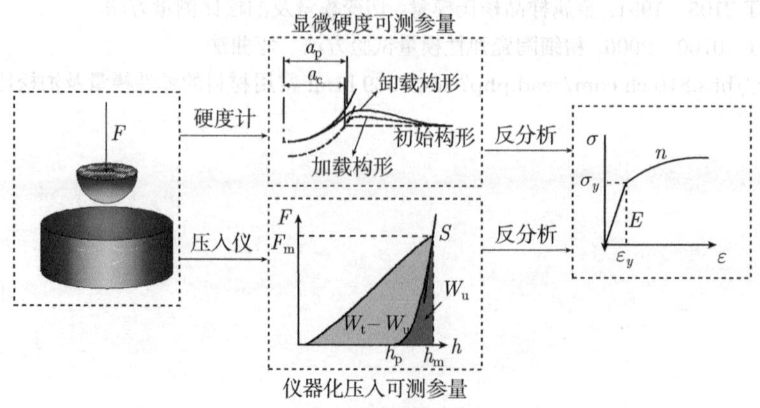

图 11.1　硬度技术和仪器化压入技术的测量参量

目前，在塑性参数识别的研究中，通常采用线弹–幂硬化本构方程描述材料的应力–应变关系，参见式 (1.1)。该方法可用三个参量描述材料的本构关系：弹性模量 E、屈服应变 ε_y 和硬化指数 n。这里，主要关注后面两个塑性参量的识别。目前，识别塑性参量的分析方法大致可分为如下三类。

1. 代表性应变法

早在 1951 年，Tabor[1] 就引入代表性应变的概念，试图建立压入与拉伸实验之间的关系，即利用锥形压头的半锥角 α 或球形压头的 a_c/R(压头半径 R) 表征材料的单轴拉伸应变，利用硬度表征材料的单轴拉伸应力。这样，通过不同锥角的锥形压入实验或不同深度的球形压入实验，获得若干代表性应力和应变点[1]。如果采用线弹–幂硬化本构关系且弹性模量已知，则需要两个代表性应力和应变点，就可以解出屈服应变和硬化指数，参见 8.2.4 节。对于锥形压入方法，需要两个不同锥角压头的分别压入测试；对于球形压入方法，则需要单次压入测试。

早期的代表性应变法源于传统硬度技术，依赖于压痕残余形貌的测量，易受人为因素的影响，因此实验和数值修正工作主要集中在如何提高此类方法的准确性[2]。随着仪器化压入技术的发展，代表性应变法逐渐适应这种新的测量方式[3]，甚至改变代表性应变的定义方式，直接利用压入深度与压头半径的比值定义代表性应变[4,5]。

代表性应变法的初衷是通过大量的试验，尝试建立压入实验与拉伸实验的等效，以简化分析。实际上，压入测量结果是压头和试样的耦合响应，硬度是一种人为定义的综合参量，用以反映材料在压头作用下抵抗弹塑性变形的能力。这种简单的等效缺乏严格的理论基础，所以后来出现大量的修正方法。目前，关于代表性应变的定义存在着众多争议。

2. 模型求解法

由弹性接触理论[6] 可知，在球形压头压入的弹性阶段满足 $h_c = 0.5h$。Oliver 和 Pharr 等[7] 通过观察压入现象，判断出塑性起始点，再利用弹性接触理论即可获得屈服应力。Yu 和 Blanchard 等[8] 结合弹性理论和切线滑移理论，建立硬度、屈服应力、弹性模量、泊松比之间的关系式，但未说明压头接触面积如何确定。Wang 等[9] 直接利用 Johnson 孔洞模型[6]，获得压入过程中的组合控制参量，再利用该参量发展相应的分析方法。姜鹏和张泰华等[10] 基于 Johnson 孔洞模型[6]，考虑材料压入凸起和凹陷变形对体积变化的影响，建立压入总功与力学参量之间的函数关系式；再基于 Meyer 关系，建立 Meyer 系数与力学参量之间的关系式；联立两个关系式，解两个幂硬化塑性参数，由此发展出一种新的分析方法。

上述分析方法源于相应的理论模型，因此分析参量和识别参量之间关系式简单明确。然而，这些理论模型都有严格的假设和适用范围[11]，基于此所发展的分析方法也势必存在着局限性。

3. 数值优化法

此类方法一般采用有限元软件，通过对大量不同参数组合的材料进行压入问题的模拟，优化拟合输入的参数和输出的结果，建立压入可测参量和材料参量之间的关系式，直接将实验可测参量代入到上述关系式中，求解出所需的塑性参数。

对于锥形压入问题，Tho 和 Swaddiwudhipong 等[12] 建立 $W_\mathrm{u}/W_\mathrm{t}$ 与塑性参量之间的关系式，马德军和张泰华等[13] 建立 $\sigma_y+\sigma_\mathrm{b}$ 与 $W_\mathrm{u}/W_\mathrm{t}$ 的关系式。对于球形压入问题，Lu 等[14] 发展一种双模型分析方法，使预测的应力–应变关系不局限于预先设定的本构模型。

此类方法的分析参量均源于压入载荷–深度曲线，无需测量压痕形貌的几何参数，便于利用仪器化压入技术。然而，如何简化分析参量与识别参量之间的关系式，降低方程组求解结果对测试误差的敏感性，成为这类方法需要关注的问题[15]。

分析方法的准确性、稳定性以及和单轴拉伸实验结果的对比验证，均是塑性参数识别技术中的重要环节。例如，Herbert[16] 和 Guelorget[17] 选用典型金属材料，进行单轴拉伸和球形压入实验，分别采用若干球压入分析方法处理压入实验数据，以拉伸实验测定的塑性参数作为约定真值，对比发现大部分方法预测屈服应力的偏差达到 50%以上，有的方法甚至无法得到结果。实际上，压入实验易受测试因素的影响，如试样表面的抛光工艺及其粗糙度、压头实际形状偏离球形设计指标的程度等都会影响实验结果，不可避免地存在测试误差[18]，因此需要研究分析方法对测量误差的敏感程度。Lan[15] 研究多种方法对测量误差的敏感性，如果可测参量如载荷、深度等有 5%的偏差，会导致塑性参量预测值的偏差达 50%左右。

由此可见，需要选择易于精确测量的参量作为分析参量，以便减小测量误差；同时，寻找或建立求解稳定的方程组，降低求解结果对测量误差的敏感性。

11.1.2 发展动态

目前，基于仪器化压入技术，采用球形压头，逐渐成为塑性参数识别分析方法的研究焦点。例如，Herbert 和 Pharr[7]、Cao[4,5]、Lu 等[14] 发展的球压入分析方法。实际上，压入测量结果是压头和材料弹塑性变形的综合响应。对于自相似压头，随着深度的增加，压入应力和应变场的分布也是自相似的[18]，这种自相似特征可能不利于弹/塑性参量的解耦。对于非自相似压头，压入过程中弹性变形和塑性变形的比例是变化的，适合于材料弹/塑性参量的解耦与识别[19]。

对于球压入识别塑性参数，从理论研究上看，球压入变形可分为纯弹性、弹塑性和纯塑性三个阶段，在各个阶段都有相对成熟的理论分析模型，可用于研究和发展参数识别的分析方法[11]。从测试操作上看，对于锥形压入，需要依次更换两个不同锥角的压头进行实验；对于球压入，无需更换压头，只需进行单次压入实验。相对而言，球压入测试的程序简单、费用经济。因此，基于仪器化球压入识别塑性参数的分析方法及其测试技术，就成为目前研究和发展的重点。

11.2 压入能量测试方法

本节基于仪器化球形压入试验中的载荷–深度曲线，选择测量参量中的压入能量和 Meyer 系数作为分析参量，建立识别幂硬化材料塑性参数的分析方法，检验其准确性、稳定性和可靠性，可考虑影响测试的因素，以便发展出一种实用化的测试方法[10,20,21]。需要做到，理论可靠、技术可行、结果可信。这里，分析方法的建立是正分析过程，而力学测试是反分析过程。

在进行力学测量时，应考虑技术上的可行性。因此，在所有的测量参量中，F_{m}、h_{m}、W_{u} 和 W_{t} 易精确测量，而卸载刚度 S 和残余压入深度 h_{p} 不易精确测量；同时，还应考虑压头尖端半径、试样表面粗糙度的影响。

在建立分析方法时，应保证理论可靠、技术可行。首先，选取压入总功 W_{t} 和 Meyer 系数 m 作为分析参量。在选取可测参量作为分析参量时，应注意如下问题：①易测，即应选取仪器化压入试验中可精确测量的参量。②敏感，即应选取的分析参量能充分体现不同材料之间力学参数的差异。③独立，即应选取的分析参量之间不存在与材料参量无关的直接函数关系。敏感和独立是保证分析方法稳定的必要条件。其次，在建立分析参量和识别参量之间的函数关系时，通过考虑压入凸起和凹陷变形的影响，结合有限元模拟方法改进原有的孔洞模型，以此建立压入总功 W_{t} 与材料塑性参量 (ε_y, n) 之间的函数关系；在探讨 Meyer 关系合理性的基础上，在固定范围 $(0.6 \leqslant a/R \leqslant 0.7)$ 内经验性修正该式，解决其适用范围的不确定性问题，使其能准确、方便地用于反分析问题。以上述两个关系式为基础，建立仪器化球压入识别材料塑性参数的分析方法。

在验证分析结果时，需要确认结果精确。因此，应采用有限元模拟结果检验方法的准确性与稳定性。

在将理论的分析方法转化成实用的测试方法时，应确定试样的表面粗糙度和晶粒尺度等影响因素。例如，模型假设试样为几何表面和各项同性，这就需要试样表面粗糙度和晶粒尺度尽量地小，以近似满足模型假设的要求。

在验证测试结果时，需要确认结果可信。因此，应利用单轴拉伸实验验证仪器化压入试验结果的可靠性。

11.2.1　分析参量的选取

1. 压入总功

为了便于分析弹塑性材料的球形压入问题，对于压头，假设半径为 R 的刚性球冠；对于试样材料，假设为连续、均匀、各向同性，其应力–应变关系可采用线弹–幂硬化本构，参见式 (1.1) 和图 1.1。该本构关系能够较好地反映大多数金属及其合金材料的力学特性。

压入载荷 F 可表示为下列独立参量的函数：试样材料的弹性模量 E、泊松比 ν、屈服应力 σ_y、硬化指数 n、压头半径 R 以及压入深度 h，即[10,18]

$$F = f(E, \nu, \sigma_y, n; R; h) \tag{11.1}$$

选用 E 和 R 作为基本量，可得

$$\frac{F}{ER^2} = \prod\left(\nu, \varepsilon_y, n; \frac{h}{R}\right) \tag{11.2}$$

由于泊松比为次要影响因素，故根据常见金属材料的力学特性，可在分析中固定泊松比为 0.3[22]，即

$$\frac{F}{ER^2} = \prod{}_F\left(\varepsilon_y, n; \frac{h}{R}\right) \tag{11.3}$$

式 (11.3) 代入下式可得

$$W_{\mathrm{t}} = \int F(h)\mathrm{d}h = ER^3\int \prod{}_F\left(\varepsilon_y, n; \frac{h}{R}\right)\mathrm{d}\left(\frac{h}{R}\right) = ER^3\prod{}_W\left(\varepsilon_y, n; \frac{h}{R}\right) \tag{11.4}$$

对于固定的压入深度，则上式可简化为

$$\frac{W_{\mathrm{t}}}{ER^3} = \prod{}_W(\varepsilon_y, n) \tag{11.5}$$

2. Meyer 系数

Meyer 系数 m 为 $\log F$ 和 $\log a$ 之间线性关系的斜率，参见 8.2.1 节。在载荷–深度曲线中，F_1 和 F_2 分别为压入深度 h_1 和 h_2 对应的载荷，$a_1 = \sqrt{2Rh_1 - h_1^2}$ 和 $a_2 = \sqrt{2Rh_2 - h_2^2}$ 为 h_1 和 h_2 对应的几何半径，参见图 11.5 中的 a。由式 (8.4) 可得

$$\begin{cases} \log F_1 = \log\left[2.8\pi k c^{n+2}\left(\dfrac{0.2}{R}\right)^n\right] + m\log a_1 \\ \log F_2 = \log\left[2.8\pi k c^{n+2}\left(\dfrac{0.2}{R}\right)^n\right] + m\log a_2 \end{cases} \tag{11.6}$$

将式 (11.6) 中的两式相减可得

$$m = \frac{\log(F_1/F_2)}{\log(a_1/a_2)} \tag{11.7}$$

由式 (11.3) 可得

$$\begin{cases} \dfrac{F_1}{ER^2} = \prod_F \left(\varepsilon_y, n; \dfrac{h_1}{R}\right) \\ \dfrac{F_2}{ER^2} = \prod_F \left(\varepsilon_y, n; \dfrac{h_2}{R}\right) \end{cases} \tag{11.8}$$

把式 (11.8) 代入式 (11.7) 可得

$$m = \frac{\log\left[\prod_F \left(\varepsilon_y, n; \dfrac{h_1}{R}\right) \Big/ \prod_F \left(\varepsilon_y, n; \dfrac{h_2}{R}\right)\right]}{\log(a_1/a_2)} = \frac{\prod_f \left(\varepsilon_y, n; \dfrac{h_1}{R}, \dfrac{h_2}{R}\right)}{\log\left(\sqrt{2Rh_1 - h_1^2} \Big/ \sqrt{2Rh_2 - h_2^2}\right)} \tag{11.9}$$

对于固定的压入深度 h_1 和 h_2，则上式可简化为

$$m = \prod_m (\varepsilon_y, n) \tag{11.10}$$

由上可知，确定函数 $\prod_W$ 和 $\prod_m$ 的具体形式，便可得到分析参量 W_{t}、m 和材料参量 ε_y、n 之间的关系式。而在式 (11.5) 和式 (11.10) 函数关系中，ε_y 和 n 以隐式存在。所以后面的数值分析中，变化 ε_y 和 n 进行模拟，可显著降低工作量。

3. 有效性验证

选用商业有限元软件 ABAQUS 进行模拟。有限元建模时，假设压头为球形刚体，将压入试样简化成半无限大体，采用轴对称模型。模型中共包含 20000 多个四节点二阶轴对称单元。边界条件选取外表面无面力，下表面所有节点固定；材料符合线弹–幂硬化本构关系，选取 Mises 准则作为屈服准则，包含大变形。其几何形状和有限元模型，参见图 11.2。

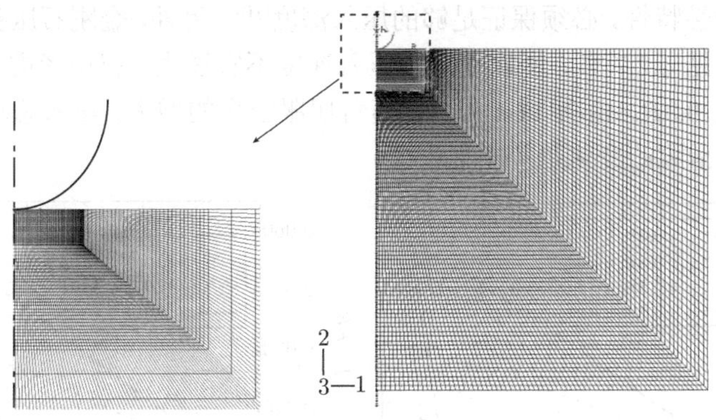

图 11.2 球形压入的数值计算模型

压头与被压试样之间采用库仑摩擦准则，摩擦系数取 0.15，该值被证明能准确反映压头与材料的实际接触情况[22]。压入试样取作圆柱体，底面半径和圆柱高同

取为 $20R$，以消除边界效应的影响。对材料与压头接触表面的网格加密，接触部位最小单元的尺寸约为 $0.005R$。通过将加密网格的计算结果与目前的计算结果相比较，发现计算结果的重复性较好，能够充分保证计算的收敛性。

利用所建模型，共模拟 52 种不同塑性参数组合的材料，参见表 11.1。因为弹性模量是以显式的形式存在函数中，参见式 (11.5) 和式 (11.10)，故弹性模量设定为 50GPa；考虑泊松比是次要影响因素[22]，根据常见金属材料的力学特性，泊松比设定为 0.3。屈服极限 ε_y 从 0.0003 变化到 0.03，硬化指数 n 从 0 变化到 0.5，以使模拟的材料能覆盖大部分常用的金属材料。

为了考查该数值模型模拟结果的准确性，模拟三种力学性能已知的材料 (钢 S45C、钢 IF、铝 6061)，将模拟结果和 MTS Nano Indenter® XP 压入试验结果[10]对比，参见图 11.3，显示本数值分析模型可以准确模拟材料的压入响应过程。

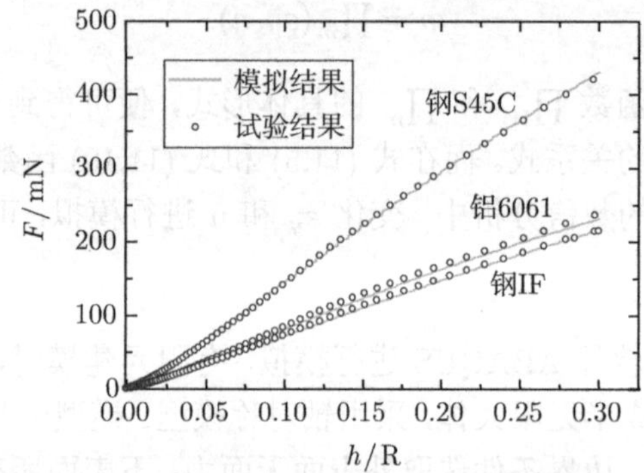

图 11.3　压入载荷–深度曲线的数值结果和试验结果对比

球形压头的压入经历从弹性到塑性的渐变过程。为了使载荷–深度曲线能充分体现材料的塑性特性，必须保证足够的压入深度[10]。另外，金刚石压头的球形压入深度有限，参见 4.2.7 节，所以设定的压入深度不宜过大。权衡考虑，本模拟的压入深度设定为 $0.3R$。由图 11.4 可见，随着屈服应变的增大，压入总功的增大趋势明显；随硬化指数的变化趋势略显平缓。

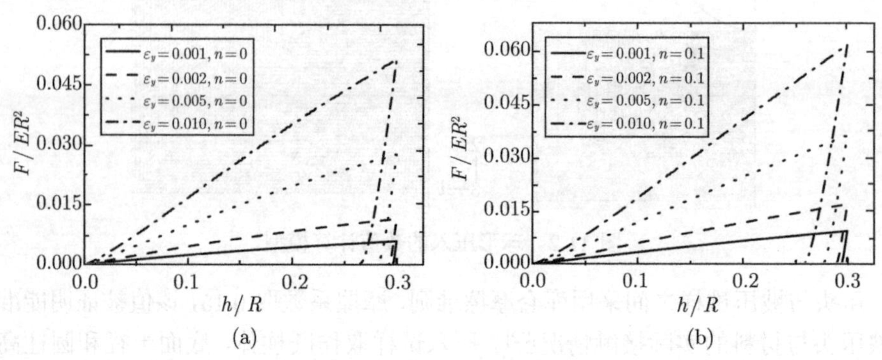

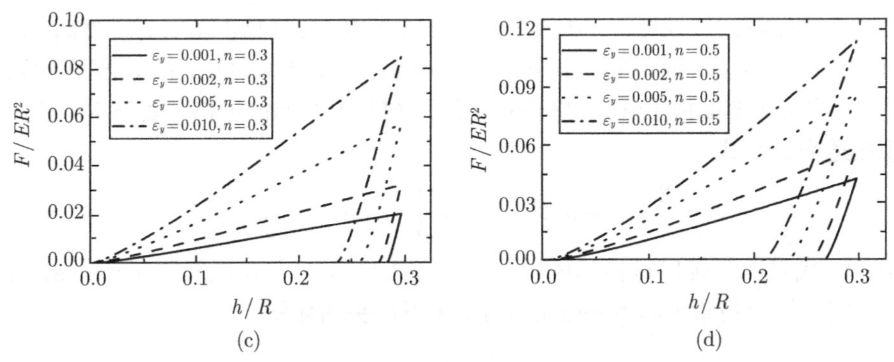

图 11.4 不同材料的载荷–深度曲线模拟结果

11.2.2 压入总功与识别参量关系的建立

孔洞模型的实质是位移模式的假设。在压头压入的过程中，Johnson[6] 把核心区视为不可压流体，参见图 11.5 中的核心区 (core)，并假设该核心以外材料均沿径向扩张。这样便可以利用无限大理想弹塑性体内的孔洞在静水压力下扩张的经典解[23]，求解压入问题。

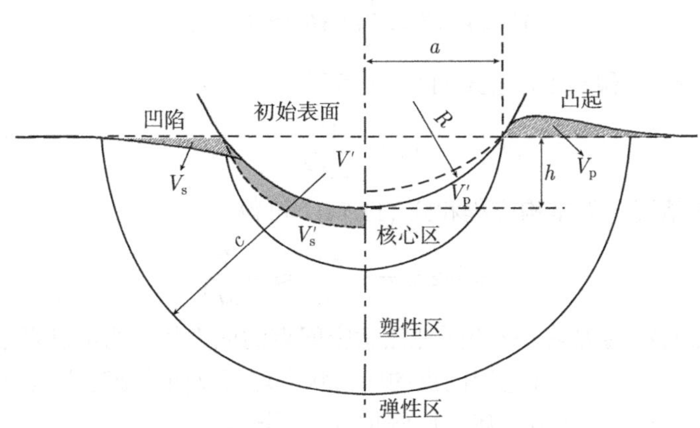

图 11.5 孔洞模型示意图

Johnson 的孔洞模型仅适用于理想弹塑性材料。Gao[24] 在假设材料泊松比为 0.5(不可压缩材料) 前提下，把孔洞模型的适用范围扩展到线性强化和幂强化材料。由于在推导过程中忽略非线性项的影响，该模型只适用于较小压入深度 ($a \ll R$)。

球形压入过程可以分为纯弹性、弹塑性和纯塑性三个阶段。在压入深度 $a \ll R$ 内，材料的弹性变形起主导作用，而塑性变形微弱，可测参量无法充分体现材料的塑性性质[25]。在以上这些模型中并没有考虑压入凸起或凹陷的影响，这会导致其准确性受到影响，为此进行如下工作。

由孔洞模型的假设可知，在核心区以外的应力、位移场都是中心对称的。位移场只有径向位移 u_r，满足关系式 $\sigma_\theta=\sigma_\phi$ 和 $\varepsilon_\theta=\varepsilon_\phi$ [23]。这里，r、ϕ 和 θ 代表球坐标系下的坐标轴。由于假设材料不可压缩，材料沿径向的位移需要与压头排出的体积相适应，可得

$$V=\frac{2}{3}\pi[(r+u_r)^3-r^3]=\frac{2}{3}\pi u_r[3r^2+3ru_r+u_r^2] \tag{11.11}$$

式中，V 代表压头排出材料的体积。当没有凸起 (pile-up) 或凹陷 (sink-in) 发生时，V 应该等于初始平面 (original surface) 下压头的体积，即

$$V'=\frac{1}{3}\pi h^2(3R-h) \tag{11.12}$$

对于大多数金属材料，均会一定程度地发生压入凸起或凹陷，有部分材料挤出或压入初始表面，参见图 11.5 中的 V_p 和 V_s。这时，核心区向外扩张的体积发生变化，从而对核心区以外材料的径向位移 u_r 产生影响。

如果将压入凸起或凹陷的体积等效成部分核心区扩张的体积，参见图 11.5 中的 V'_p 和 V'_s，那么将会简化分析。引入修正系数 κ，考虑凸起或凹陷对核心区扩张体积的影响，表述如下

$$V=\kappa^3V'=\frac{1}{3}\kappa^3\pi h^2(3R-h) \tag{11.13}$$

在小变形 ($u_r\ll r$) 假设下，由式 (11.11) 可得

$$u_r\approx\frac{V}{2\pi r^2} \tag{11.14}$$

结合中心对称情况下的本构方程和式 (11.14)，可得

$$\varepsilon_r=-2\varepsilon_\theta=-\frac{2u_r}{r}\approx-\frac{V}{\pi r^3} \tag{11.15}$$

由于中心对称的关系，核心区外任意空间点的应力状态均可以表示成 $(\sigma_r,\sigma_\theta,\sigma_\phi)$，其中 $\sigma_\theta=\sigma_\phi$。于是，任意空间点的应力状态均可以简化成静水压力 $(\sigma_\theta,\sigma_\theta,\sigma_\theta)$ 叠加单轴应力 $(\sigma_r-\sigma_\theta,0,0)$，属于比例加载情况[23]。

根据经典弹塑性理论，该单轴应力部分的应力–应变关系与材料的单轴应力–应变关系是一致的，可表述如下

$$\sigma_r-\sigma_\theta=g(\varepsilon) \tag{11.16}$$

式中，ε 为单轴应力部分产生的应变；g 为材料的单轴应力–应变函数关系，幂硬化本构关系同式 (1.1)。对于不可压缩材料 (泊松比 $\nu=0.5$)，静水压力部分 $(\sigma_\theta,\sigma_\theta,\sigma_\theta)$ 不会产生附加的弹性应变，故单轴应力部分产生的应变为[23]

$$\varepsilon=-\varepsilon_r+(1-2\nu)\frac{\sigma_\theta}{E}=-\varepsilon_r \tag{11.17}$$

引入幂硬化本构，由式 (1.1) 可得

$$\begin{cases} |\sigma_r - \sigma_\theta| = E\,|\varepsilon_r|, & |\varepsilon_r| \leqslant \varepsilon_y \\ |\sigma_r - \sigma_\theta| = E\varepsilon_y^{1-n}\,|\varepsilon_r|^n, & |\varepsilon_r| \geqslant \varepsilon_y \end{cases} \tag{11.18}$$

可知，塑性区边界位置应满足

$$|\varepsilon_r|_{r=c} = \frac{V}{\pi c^3} = \varepsilon_y \tag{11.19}$$

由上式可以计算出塑性区边界的位置为

$$c = \sqrt[3]{\frac{V}{\pi\varepsilon_y}} = \kappa\sqrt[3]{\frac{h^2(3R-h)}{3\varepsilon_y}} \tag{11.20}$$

式中，c 为塑性区边界的半径，参见图 11.5。

对于不可压缩材料，静水压力不做功，任意点的应变能密度全部由单轴应力部分做功，任意点的应变能密度为

$$w = \int |\sigma_r - \sigma_\theta| \mathrm{d}|\varepsilon_r| \tag{11.21}$$

把式 (11.18) 代入式 (11.21) 中，分别得到弹塑性区和弹性区的应变能密度为

$$\begin{cases} w_1 = \dfrac{n-1}{2(n+1)}E\varepsilon_y^2 + \dfrac{E\varepsilon_y^{1-n}}{n+1}\varepsilon_r^{n+1} & (c \geqslant r \geqslant a) \\ w_2 = \dfrac{1}{2}E\varepsilon_r^2 & (r \geqslant c) \end{cases} \tag{11.22}$$

由于摩擦对压入过程中的载荷-深度曲线影响微弱，因此可以认为压入总功约等于材料变形所产生的总应变能[26]。在孔洞模型中，简化核心区为不可压流体，故该区域无应变能产生[26]。分别积分塑性区和弹性区的应变能，可得压入总功为

$$\begin{aligned} W_{\mathrm{t}} &= \int_a^c w_1 2\pi r^2 \mathrm{d}r + \int_c^\infty w_2 2\pi r^2 \mathrm{d}r \\ &= \int_a^c \left(\frac{n-1}{2(n+1)}E\varepsilon_y^2 + \frac{E\varepsilon_y^{1-n}}{n+1}\overline{\varepsilon}_r^{n+1}\right) 2\pi r^2 \mathrm{d}r + \int_c^\infty \frac{1}{2}E\overline{\varepsilon}_r^2 2\pi r^2 \mathrm{d}r \end{aligned} \tag{11.23}$$

由式 (11.15) 和式 (11.19)，$|\varepsilon_r|$ 可表示为

$$|\varepsilon_r| = \left(\frac{c}{r}\right)^3 \varepsilon_y \tag{11.24}$$

将式 (11.24) 代入式 (11.23) 中可得

$$W_{\mathrm{t}} = \frac{2\pi E\varepsilon_y^2 c^3}{3n(n+1)}\left[\left(\frac{c}{a}\right)^{3n} - 1\right] + \frac{(n-1)\pi E\varepsilon_y^2 a^3}{3(n+1)}\left[\left(\frac{c}{a}\right)^3 - 1\right] + \frac{\pi E\varepsilon_y^2 c^3}{3} \tag{11.25}$$

式中，c 可由式 (11.20) 确定；κ 为考虑压入凸起或凹陷影响的修正系数。下面将确定本修正系数和材料参量之间的关系。

根据 Cheng 和 Cheng[18] 的量纲分析结果可知，在固定压入深度的情况下，材料的压入凸起或凹陷程度仅与材料的塑性参量 ε_y 和 n 相关 (忽略泊松比)。而 κ 正是考虑压入凸起或凹陷程度影响的修正系数，可用如下函数关系表示

$$\kappa = f(\varepsilon_y, n) \tag{11.26}$$

为了确定函数 f 的具体形式，处理有限元模拟的结果，可得到每种材料的压入总功 W_{t}。在有限元模拟中，每种材料 ε_y 和 n 均已知，将 W_{t}、ε_y 和 n 代入式 (11.25) 中，得到不同塑性参数组合情况下的修正系数 κ，参见图 11.6。拟合处理模拟数据，得到函数 f 的拟合式为

$$\begin{aligned}\kappa = f(\varepsilon_y, n) = &(-0.0077n^2 + 0.0534n - 0.0304)\log^2(\varepsilon_y)\\ &+(0.3717n^2 - 0.1331n - 0.0774)\log(\varepsilon_y)\\ &+(0.4950n^2 - 0.3016n + 1.0627)\end{aligned} \tag{11.27}$$

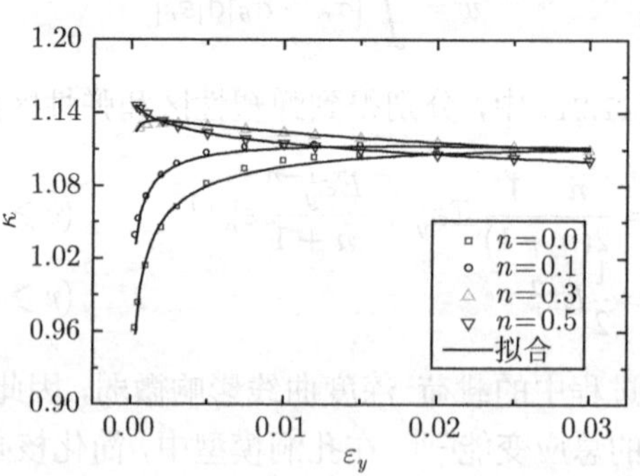

图 11.6 修正系数与塑性参数之间的关系

由图 11.6 可见，当屈服应变 ε_y 较小时，修正系数 κ 可能大于 1，也可能小于 1；而当 ε_y 较大时，所有的 κ 都大于 1，并趋近于稳定值。由式 (11.13) 可知，当 κ 越小时，表示核心区扩张的体积越小，即越多体积挤出材料的初始表面。因此不难推测，κ 越小，意味着凸起程度越高，即 κ 与材料的凸起程度呈相反的趋势。通过对所得到 κ 值 (图 11.6) 和材料凸起程度 (图 1.7)[27] 的对比，可验证作者的推测。

需要强调，在数值分析模型中，取泊松比为 0.3，摩擦系数为 0.15；而在孔洞模型分析中，为了简化分析，取泊松比为 0.5，不考虑摩擦。这些差异可能会造成两个模型之间的失配。由于泊松比和摩擦均为压入变形中的次要影响因素，且已在修正系数 κ 的确定过程中消除此影响，因此不会对式 (11.25) 的应用造成影响。至此，将式 (11.20) 和式 (11.27) 代入式 (11.25) 中，便可建立压入总功和塑性参量的

关系式。在已知材料塑性参数的前提下，可利用该关系式计算材料的压入总功。在上述工作中建立的式 (11.27)，一般只适用于特定压深。对于其他压深，则需要重新建立关系式或进行参数的更换，如 Cao 等[4] 和 Zhao 等[22] 的工作。将本式 (11.25) 的计算结果与有限元模拟的结果对比，参见图 11.7，可见该式适用范围可拓宽至于 $0.1R \leqslant h \leqslant 0.3R$。

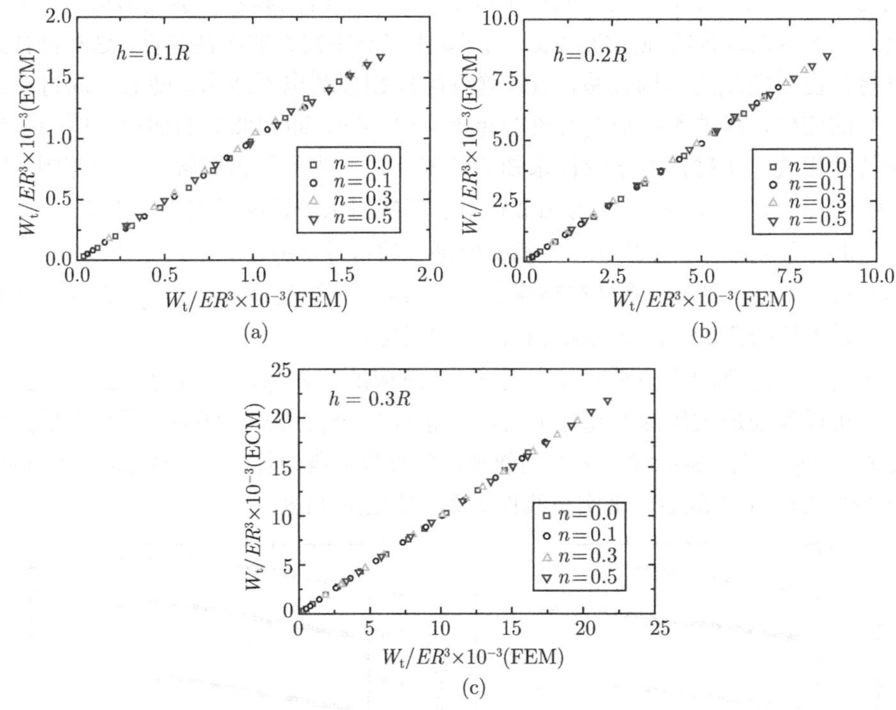

图 11.7 压入总功的有限元模拟结果与孔洞模型计算结果的对比

理论上讲，直接将两个不同压入深度下的总功代入式 (11.25) 中求解方程，可以得到材料的塑性力学参数。但实际上，方程组形式上的过于近似，易于造成方程组的病态解，从而可能导致分析方法的不稳定。因此，需要寻求另一个关系式。

11.2.3 Meyer 系数与识别参量关系的建立

选择分析相似解，因为 Meyer 系数 m 主要和材料的硬化指数 n 相关。由前面的分析可知，压入过程的总功 W_t 同时和塑性参数 ε_y 和 n 相关，且随 ε_y 的变化趋势明显，参见图 11.4。如果选取 m 也作为分析参量，以便保证两个分析参量之间的独立性，有利于分析方法的稳定。

基于 Field 和 Swain[28] 推导结果

$$\log F = \log\left[2.8\pi k c^{n+2}\left(\frac{0.2}{R}\right)^{n}\right] + m\log a \tag{11.28}$$

由于 $m = n + 2$，n 便可由 $\log F$ 和 $\log a$ 曲线的斜率得到，其中 $a = \sqrt{2Rh - h^2}$，参见 8.2.1 节。可见，式 (11.28) 建立载荷–深度数据与硬化指数 n 之间的联系。

Mesarovict 和 Fleck[11] 的有限元模拟分析结果表明，相似解的适用范围仅限制在纯弹性和纯塑性阶段之间的较小范围内。由于相似解采用小变形假设，所以不能适用于压入过程的纯塑性阶段。同时，相似解中假设非线性弹性，这不符合大部分材料在弹性段的本构关系，故在弹性阶段相似解也不适用。随着不同材料力学性能的变化，其进入弹塑性阶段的起始点也不同，即相似解的适用范围和材料力学特性相关。在材料力学特性未知的情况下，无法判断相似解的适用范围。因此，Mesarovict 和 Fleck[11] 认为相似解不能直接用来表征材料的力学性能。

借助有限元模拟，经验性修正相似解是目前可行的办法。在固定范围内，观察 Meyer 系数，无需 Meyer 系数严格满足 $m = n + 2$。这里仅利用 Meyer 系数和硬化指数关系密切的特点，从而确保方程组解的稳定性。

所选的固定范围为 $0.6 \leqslant a/R \leqslant 0.7$，对应的压入深度范围为 $0.2 \leqslant h/R \leqslant 0.293$，可以保证最大压深不超过 $0.3R$。由前面的分析可知，Meyer 系数实质为压入过程中 $\log F$ 与 $\log a$ 线性关系的斜率。分析若干典型算例，发现 $\log F$ 和 $\log a$ 在 $0.6 \leqslant a/R \leqslant 0.7$ 范围内确实呈线性关系，参见图 11.8。

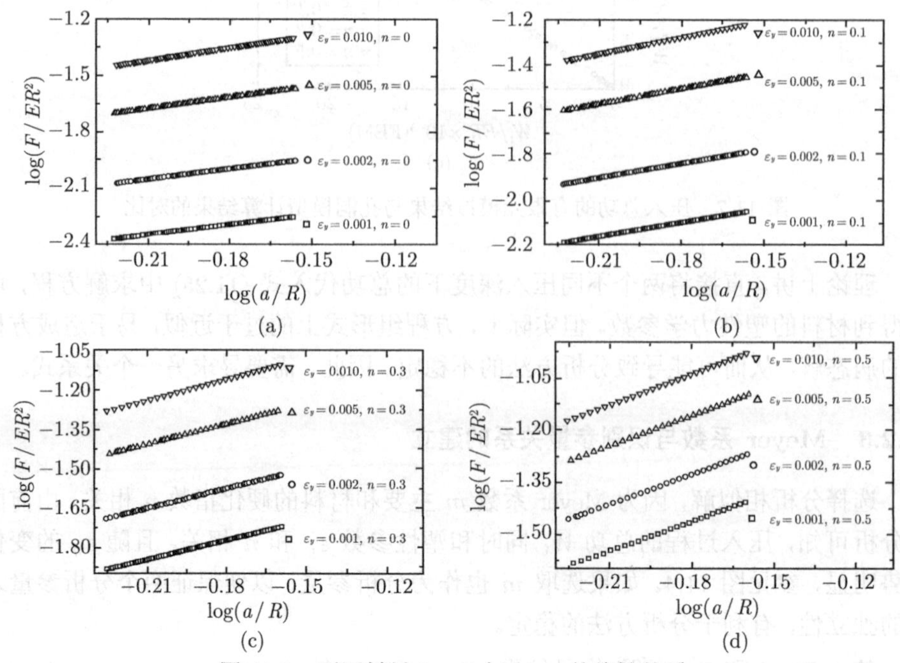

图 11.8 不同材料 $\log F$ 与 $\log a$ 的线性关系

处理 11.2.1 节中的部分有限元模拟结果，用最小二乘法拟合不同材料的 $\log F$ 与 $\log a$ 之间的线性关系，得到的斜率即为 Meyer 系数，参见图 11.9。

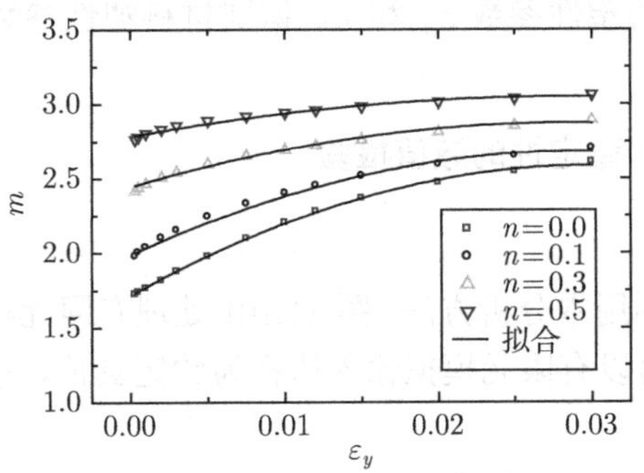

图 11.9 Meyer 系数与塑性参数之间的关系

由前面分析可知，m 是 ε_y 和 n 的函数。拟合可得关系式

$$
\begin{aligned}
m =&(-792.59n^2 + 1675.9n - 962.01)\varepsilon_y^2 + (68.187n^2 - 112.78n + 57.84)\varepsilon_y \\
&- 1.4569n^2 + 2.8637n + 1.7178
\end{aligned}
\tag{11.29}
$$

11.2.4 分析方法的建立和实施流程

如果已知弹性模量 E，联立式 (11.25) 和式 (11.29)，可以建立一种识别材料塑性参数的分析方法。其中，基于加载曲线，可以测定压入总功 W_t 和 Meyer 系数 m。常见金属材料的弹性模量比较稳定，如钢类材料弹性模量近似为 200GPa，铜类材料近似为 110GPa，铝类材料近似为 70GPa，具体可通过查询手册得到；也可采用 Oliver-Pharr 方法[29]，测定金属材料的弹性模量。

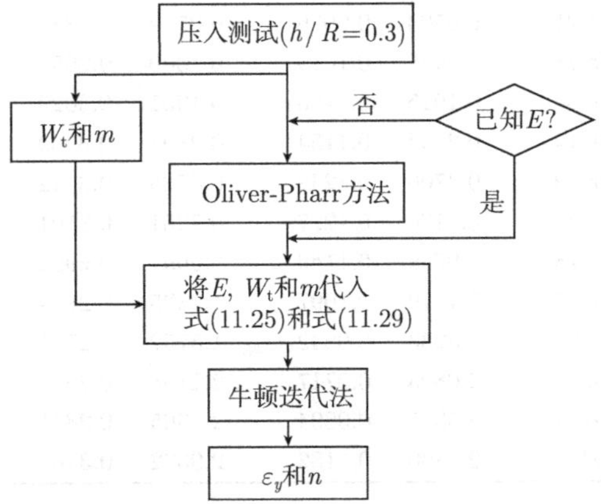

图 11.10 本分析方法识别塑性参数的流程图

进行球形压入试验，设定压入深度为 $h=0.3R$，测定出 W_t、m 值；事先已知或测定 E 值；将 W_t、m 值和 E 值代入式 (11.25) 和式 (11.29)；利用牛顿迭代法求解方程组，得到材料的塑性参数 ε_y 和 n。识别材料塑性参数的过程，参见流程图 11.10。

11.2.5　方法准确性和稳定性的数值检验

1. 准确性检验

准确性检验，即利用本分析方法 (图 11.10) 处理有限元模拟结果，得到材料塑性参数的预测结果。再以有限元模拟输入值作为约定真值，考查本分析方法预测结果的偏差分布情况。

对于每种材料，有限元模拟均给出特定压入深度下 ($h/R=0.3$) 的完整加卸载曲线。处理该曲线，得到相应的压入总功 W_t 和 Meyer 系数 m。

由前面有限元模拟可知，弹性模量设定为 50GPa。将 E、W_t 和 m 代入到上述分析方法中，参见图 11.10，即可得到材料的塑性参数 ε_y 和 n，参见表 11.1。在表中，ε_y 和 n 为本分析方法的预测结果；ε_{y0} 和 n_0 为有限元模拟的输入参数，视为约定真值。对比预测结果和约定真值，绘制偏差分布的三维数据图，参见图 11.11。在考查材料空间内，预测屈服应力的相对偏差 $(\sigma_y-\sigma_{y0})/\sigma_{y0}$ 可控制在 10%以内，多在 5%以下；硬化指数的绝对偏差 $(n-n_0)$ 可控制在 0.05 以内，多在 0.02 以下。可见，本分析方法能较为准确地识别材料的塑性参数。

表 11.1　不同材料的屈服应变和硬化指数预测结果

$\varepsilon_{y0}/\%$	$n_0=0$		$n_0=0.1$		$n_0=0.3$		$n_0=0.5$	
	$\varepsilon_y/\%$	n	$\varepsilon_y/\%$	n	$\varepsilon_y/\%$	n	$\varepsilon_y/\%$	n
0.03	0.0307	−0.0025	0.0314	0.0962	0.0322	0.2886	0.0312	0.4803
0.05	0.0498	−0.0021	0.0508	0.0976	0.0529	0.2886	0.0540	0.4908
0.10	0.0984	−0.0028	0.0985	0.1019	0.1009	0.2954	0.0988	0.5030
0.20	0.1984	−0.0044	0.1915	0.1106	0.1951	0.3029	0.1899	0.5109
0.30	0.2982	−0.0014	0.2854	0.1154	0.2891	0.3069	0.2743	0.5196
0.50	0.5085	−0.0039	0.4706	0.1242	0.4785	0.3112	0.4554	0.5234
0.75	0.7681	−0.0041	0.7176	0.1227	0.7251	0.3101	0.7047	0.5178
1.00	1.0285	−0.0018	0.9789	0.1149	0.9991	0.2992	0.9833	0.5044
1.20	1.2291	−0.0032	1.1879	0.1097	1.2325	0.2874	1.2036	0.4972
1.50	1.5456	−0.0107	1.5233	0.0942	1.5752	0.2753	1.5537	0.4832
2.00	2.0679	−0.0249	2.0803	0.0717	2.1198	0.2657	2.1173	0.4705
2.50	2.5113	−0.0171	2.5357	0.0804	2.5665	0.2821	2.6142	0.4762
3.00	2.8466	0.0211	2.8800	0.1182	2.9332	0.3161	3.0406	0.4975

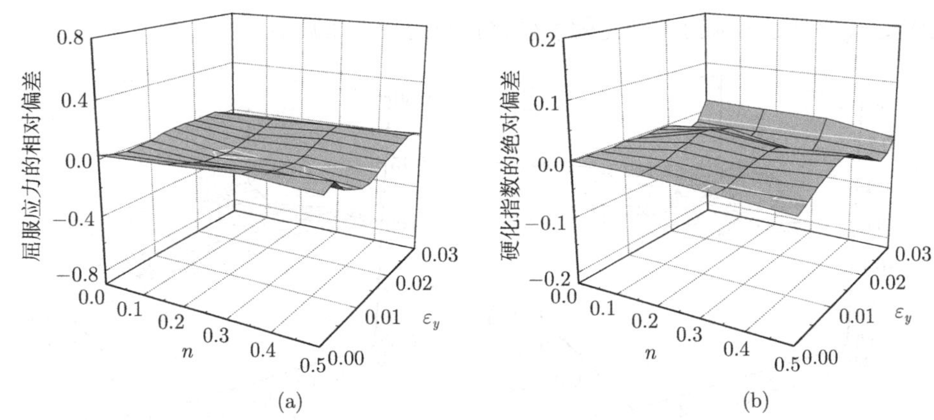

图 11.11　本分析方法预测结果的偏差分布

(a) 屈服应力; (b) 硬化指数

2. 稳定性检验

稳定性检验，即对分析参量引入特定的误差，考查本分析方法在引入误差前后预测结果的偏差情况。考虑到压入试验易受试样材料的均匀程度、表面状态和压头几何形状等因素的影响，检验本分析方法的稳定性十分必要。

由上分析可知，屈服应力和硬化指数可表示为

$$\begin{cases} \sigma_y = f_\sigma(E, W_\mathrm{t}, m) \\ n = f_n(E, W_\mathrm{t}, m) \end{cases} \tag{11.30}$$

为了考查本分析方法的稳定性，人为地对分析参量 E、W_t 和 m 引入特定误差，然后观察输出结果的偏差情况。根据文献 [29] 的建议，对弹性模量 E 引入的误差水平为 $\pm 4\%$。根据测量数据的离散程度[10]，对压入总功 W_t 和 Meyer 系数 m 引入误差的水平分别为 $\pm 3\%$ 和 $\pm 2\%$。

分别对 E、W_t 和 m 引入不同特定误差，采用本分析方法计算，分别得到材料引入误差前后的塑性参数 (σ_{y0}, n_0) 和 (σ_y, n)，观察屈服应力偏差 $(\sigma_y - \sigma_{y0})/\sigma_{y0}$ 和硬化指数偏差 $(n - n_0)$ 的情况。在图 11.12 和图 11.13 中，(a) 和 (b) 图为对弹性模量引入 $\pm 4\%$的误差后，屈服应力和硬化指数的偏差情况；(c) 和 (d) 图为对压入总功引入 $\pm 3\%$的误差后，屈服应力和硬化指数的偏差情况；(e) 和 (f) 图为对 Meyer 引入 $\pm 2\%$的误差后，屈服应力和硬化指数的偏差情况。

由图 11.12 和图 11.13 可见，本分析方法对 Meyer 系数的误差最敏感。对 Meyer 系数 m 引入 $\pm 2\%$ 的误差，屈服应力的偏差程度最大可达到 30%左右。但对于大多数情况，屈服应力的偏差可以控制在 15%以内。根据偏差程度的分布情况可知，当 $\varepsilon_y = 0.0003$、$n = 0.5$ 时，分析方法预测结果的偏差最大。但偏差程度会随着屈

服应变 ε_y 的增大而减小，或是随着硬化指数的减小而减小。

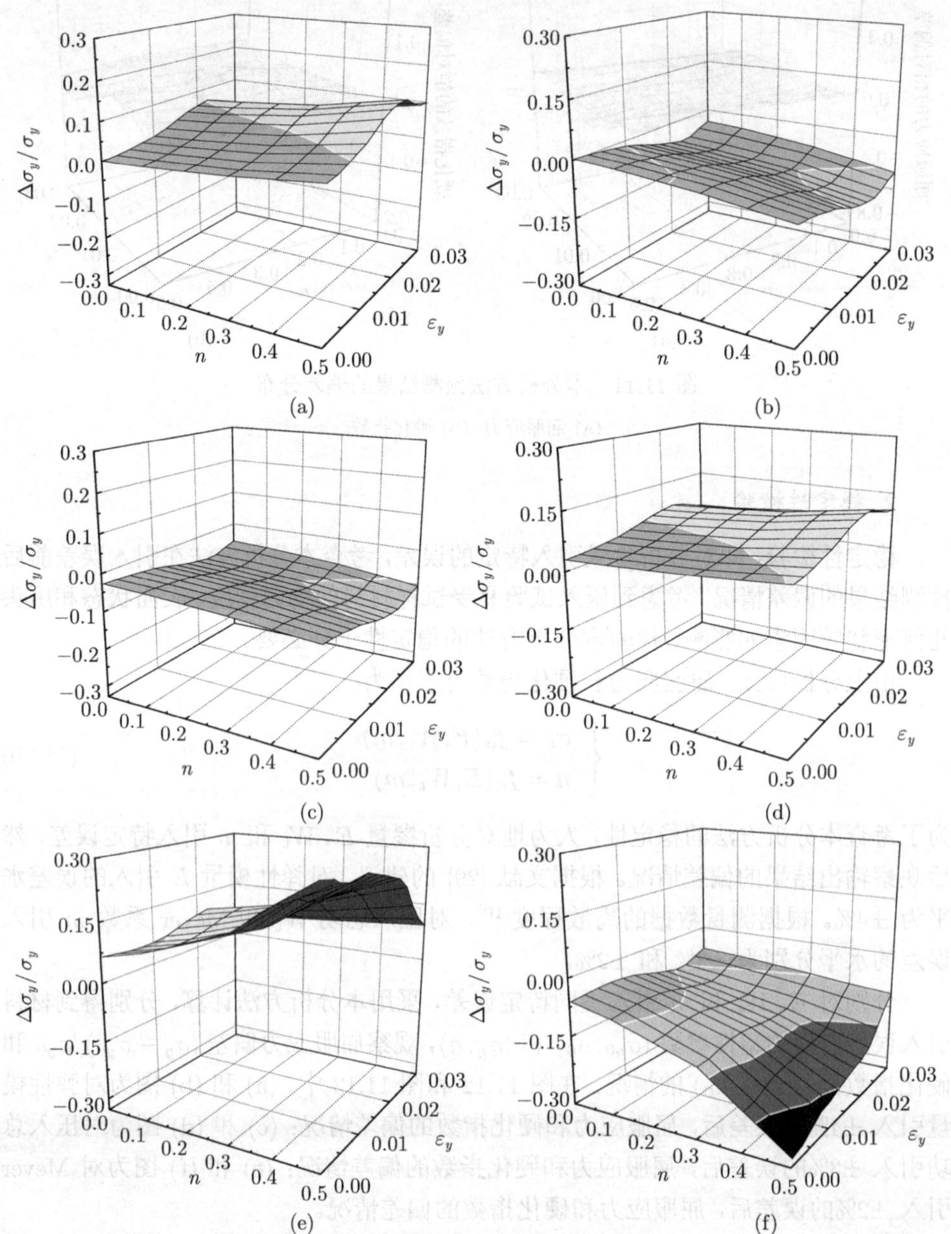

图 11.12　屈服应力的稳定性分析结果

(a) E：+4%的误差; (b) E：−4%的误差; (c) W_t：+3%的误差; (d) W_t：−3%的误差; (e) m：+2%的误差; (f) m：−2%的误差

硬化指数同样是对 Meyer 系数的误差最为敏感，最大的偏差可达到 0.1 左右，对于大多数材料则可以控制在 0.05 以内。但硬化指数对误差敏感性的分布情况，与屈服应力有所不同。随着屈服应变的增大，硬化指数的敏感性有增大的趋势。

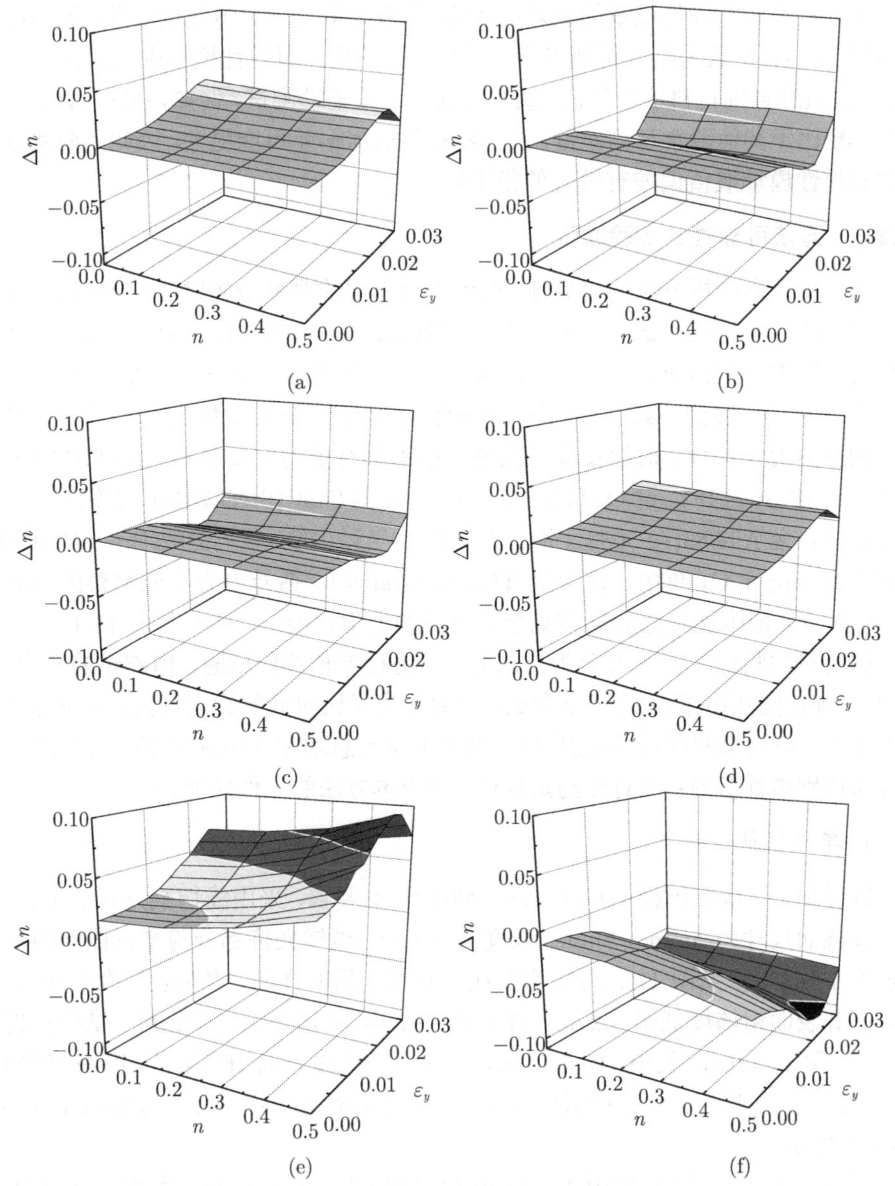

图 11.13 硬化指数的稳定性分析结果

(a) E: +4%的误差; (b) E: −4%的误差; (c) W_t: +3%的误差; (d) W_t: −3%的误差; (e) m: +2%的误差; (f) m: −2%的误差

综上所述，本分析方法的预测结果对弹性模量误差的敏感性最低。在对 E 引入 ±4% 的误差后，屈服应力的偏差可以控制在 15%以内，硬化指数的偏差可以控制在 0.04 以内。对压入总功的敏感性，介于弹性模量和 Meyer 系数之间。

本分析方法对弹性模量的误差不敏感，有利于其向测试方法的转化。因为压入总功和 Meyer 系数为压入可测参量，且易精确测定。而弹性模量则是间接可测参量，需要通过查询材料手册估值，或利用其他方法辅助测试，例如，Oliver-Pharr 方法[29]。相比于其他两个可测参量，弹性模量的取值偏差可能更大，因此需要本分析方法对弹性模量取值偏差有较好的稳定性。

11.2.6 方法可靠性的实验验证

为了确认本分析方法的可靠性，选用十种常用的典型金属材料，分别进行单轴拉伸试验和仪器化压入试验，以常用的拉伸试验结果作为约定真值，对比验证球压入分析方法的处理结果，直观地体现本分析方法在实际工况下的工作性能。

众所周知，线弹–幂硬化本构关系能够较好地反映大多数金属及其合金材料的单轴拉伸力学特性。对比试验选用常见的不同性能的金属材料：纯铁 DT4(Iron DT4)、钢 IF(Steel IF)、钢 Q235A(Steel Gr. D)、钢 S45C(Steel 1045)、硬铝 LY12(Al 2024)、铝合金 Al5083(Al 5083)、铝合金 Al7075(Al 7075)、黄铜 H62(Brass C28000)、紫铜 T2(Copper C11000)、钛合金 TC4(Ti Grade5)。括号内为相应材料的国际牌号，确保验证范围能覆盖大部常见金属材料的力学性能，具体参见表 11.3。

试验对比验证工作主要分为三部分：①进行单轴拉伸试验，由测试的应力–应变曲线，确定出相应的主要力学参数，以此作为对比研究的约定真值；②进行纳米压入试验，由测量的载荷–深度曲线，确定出压入总功和 Meyer 系数，再利用本分析方法识别塑性参数；③对比约定真值，考查本方法的工作性能。

1. 单轴拉伸试验

试样加工。按照国标 GB/T 228—2002[30] 的要求，采用线切割方式加工试样，平行段截面尺寸为 5mm × 5mm，长度为 40mm；试样夹持部分与平行段间的导角半径为 12mm，参见图 11.14(a)；磨制线切割加工后的样品，直至表面有金属光泽，以保证其表面粗糙度低于 3.2μm。对于每种材料，分别加工三个试样。试样实物照片，参见图 11.14(a)。其中，图 11.14(b) 中左边较大试样为 IF 钢，为宝钢提供的拉伸标准试样，主要用于检验材料试验机的拉伸工作性能，截面尺寸为 20mm×1mm，标距长 50mm。

测试过程。拉伸试验采用 MTS 810 材料试验机。在试样标距段内固定引伸计，标距为 25mm，参见图 11.14(c)。加载速率控制在 1mm/min，确保应变率在 0.01/s 内，直至试样拉断，拉断试样参见图 11.14(d)。

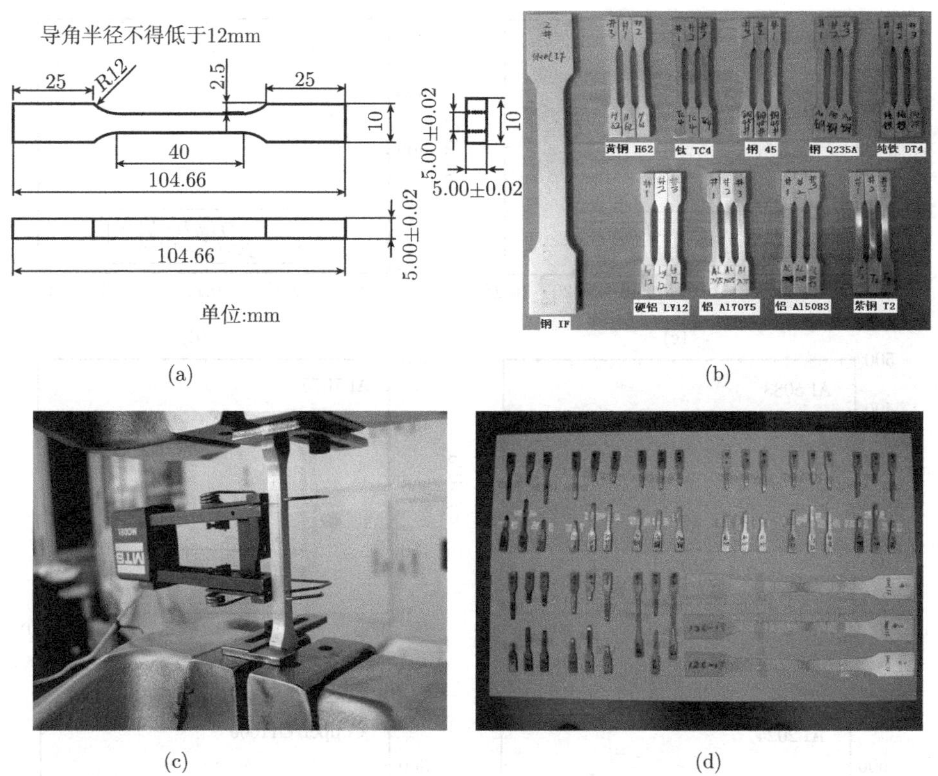

图 11.14　单轴拉伸试验

(a) 试样的几何尺寸; (b) 试样的实物照片; (c) 拉伸试验的局部照片; (d) 拉伸断裂后的试样局部照片

测试结果。拉伸试验测定的是材料的工程应力–应变曲线，进而确定出材料的塑性参数；而本分析方法的预测结果为材料的塑性参数，进而再根据线弹–幂硬化本构关系确定真实应力–应变曲线。因此，需要将测定材料的工程应力–应变曲线转化成真实应力–应变曲线，　转变关系式参见文献[19]，　具体转化结果参见图 11.15。

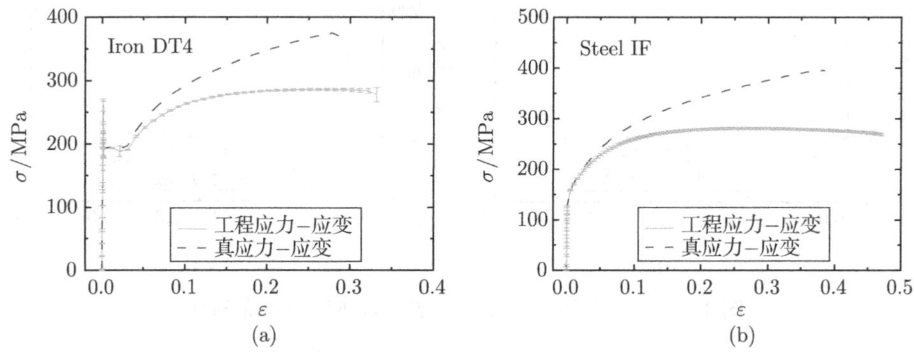

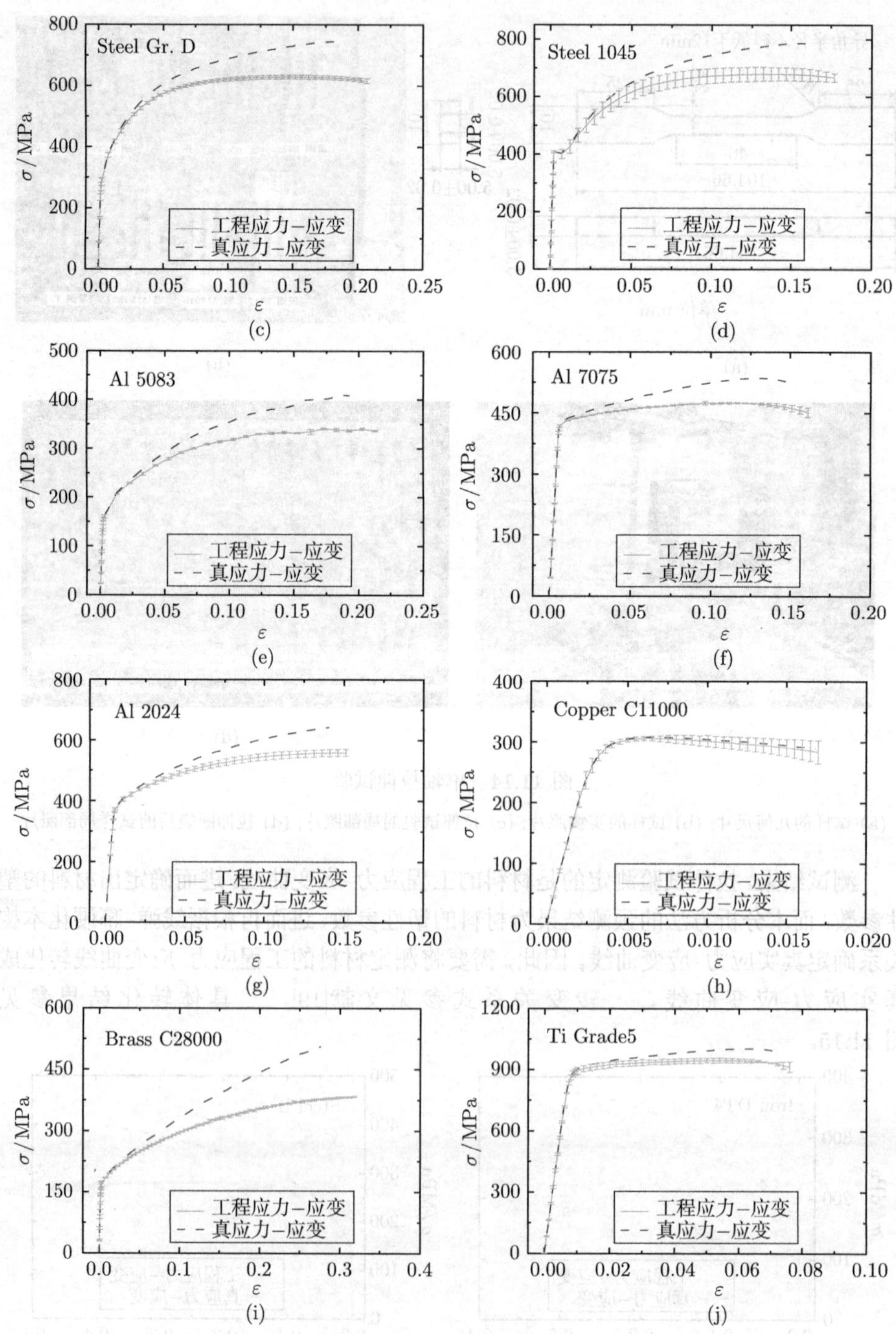

图 11.15　工程应力–应变与真实应力–应变关系的对比

一般金属材料可分为有物理屈服材料和无物理屈服材料。其中，有物理屈服材料的屈服应力分为上屈服应力和下屈服应力，工程上取下屈服应力作为材料的屈服应力；对于无物理屈服材料，屈服应力取为相应于残余应变为 0.2%的应力。利用上述定义方法，每种试验材料的弹性模量、屈服应力和幂硬化指数可通过单轴试验曲线确定，三次试验的平均值和标准偏差参见表 11.3。

2. 仪器化压入试验

压入试样取样。对于每种材料，压入试验和拉伸试验的试样取样于同块材料，以确保材料力学性能一致。采用线切割的方式，将压入试样加工成直径为 Φ31.5mm×21mm 的圆柱形，以符合 MTS Nano Indenter® XP 测试需求。

试样表面抛光。依次采用 400#、600#、800#和 1000#水砂纸磨制试样，每种砂纸磨 10 分钟以上，既要使表面光滑平整，又尽可能减少表层损伤。用金刚石研磨膏抛光，依次使用粒度为 3.5μm 和 1μm 的磨料，每种磨料抛光 30 分钟以上。

表面粗糙度检测。采用 MTS Nano Indenter® XP 划入配件，正压力 20μN，扫描长度 500μm，每种材料测量 6 次，测量结果参见图 11.16。根据国际标准 ISO 4288–1996[31] 处理数据，粗糙度 Ra 和采样长度 l_r 的结果参见表 11.3，Ra 均小于 100nm。根据标准[32,33]，压入深度需大于 20 倍的表面粗糙度。本试验设定压入深度为 3.24μm。

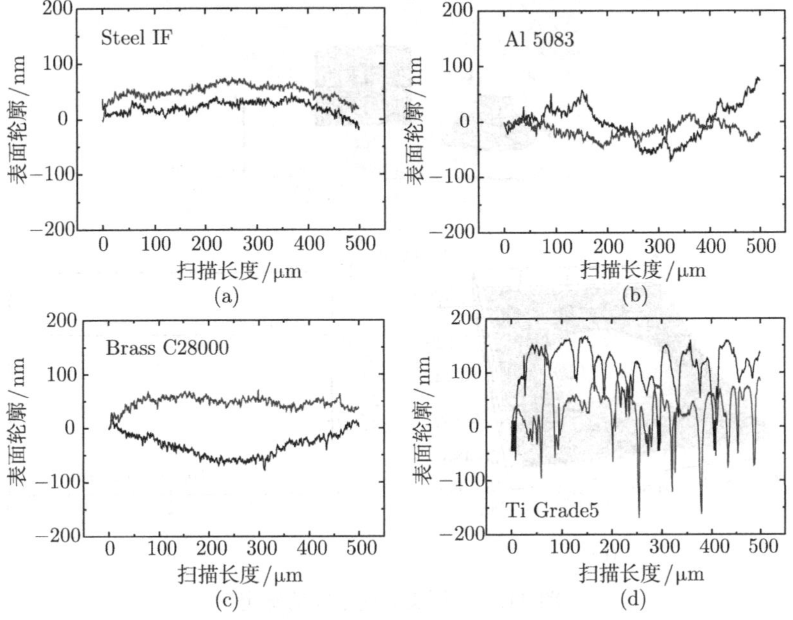

图 11.16 部分试样表面粗糙度测量的结果

压头形貌的确定。本分析方法选定的压头有效压深为 $h = 0.3R$。代入到式 (4.1)，需要满足 $\sin\alpha \leqslant 0.7$，即压头的半锥角为 44.43°。所用压头由 MTS 公司提供，其名义的半锥角为 45°，半径为 10.6μm，基本满足要求。由 4.2 节可知，金刚石晶体为各向异性，各方向上的耐磨性能不同，加工时环向对称性不能严格保证。下面用压头的体积表征其加工缺陷。对于理想的球形压头，在 h_i 深处球缺的体积应满足

$$V(h_i) = \frac{1}{3}\pi h_i^2[3R(h_i) - h_i] \tag{11.31}$$

式中，$V(h_i)$ 为高 h_i 的球冠体积，参见图 4.5。压头的等效半径 $R(h_i)$ 为

$$R(h_i) = \frac{V(h_i)}{\pi h^2} + \frac{h_i}{3} \tag{11.32}$$

这样便可以利用实测的压头体积，得到压头在不同压深下的等效半径。

采用 OLYMPUS OLS3100 激光共聚焦显微镜，参见图 11.17(a)，测量压头形貌，垂直和水平分辨力分别为 0.01μm 和 0.12μm。压头表面成像结果参见图 11.17(b)。利用 Matlab 程序处理压头三维形貌数据，获得不同压深下压头的体积。然后，利用式 (11.32) 可得到压深 3.5μm 以内的压头等效半径，参见图 11.17(c)：压深在 0μm~1μm 内，等效半径由 5.24μm 增长到 9.28μm；在 2.16μm~3.24μm 内，等效半径约为 10.8μm，与名义值相近。该压头满足实际测试压深 0.3R(3.24μm) 的需求。

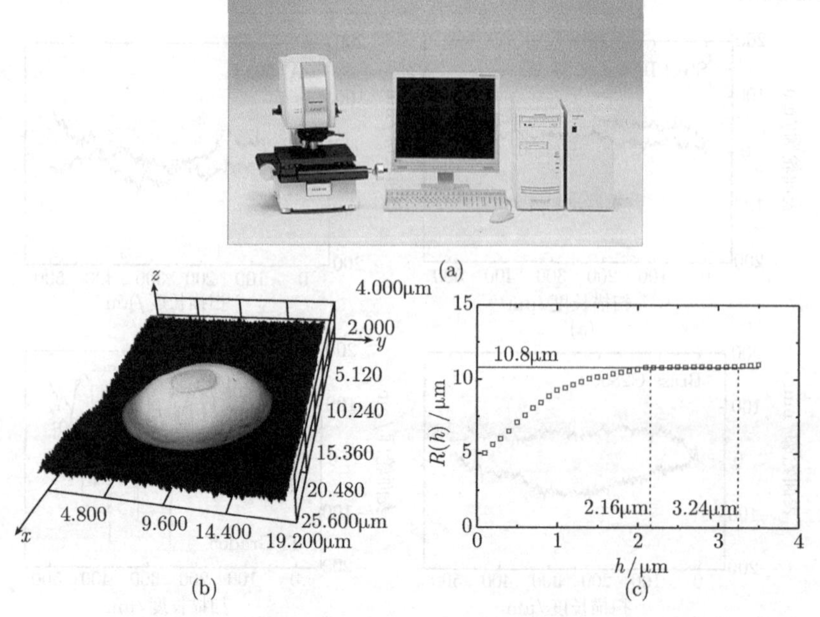

图 11.17　压头尖端半径的确定

(a) OLYMPUS OLS3100 激光共聚焦显微镜; (b) 压头几何形貌[21]; (c) 压头等效半径随压深的变化[21]

测试过程。压入试验采用 MTS Nano Indenter® XP，应变率控制，速率为 0.05/s，最大压入深度 3.24μm(0.3R)，在最大荷载时保载 10s，热漂移速率为 0.03nm/s。测试环境条件，温度在 (23.5±0.5) ℃，湿度在 24.3%左右。为确保结果的可靠性，每组试验在样品表面不同位置重复测试 10 次。

测试结果。通过上述试验程序，对于每种材料进行多次测试。对多次试验数据取平均后，获得材料的平均载荷–深度曲线及其误差棒，参见图 11.18。

通过对压入试验数据的处理，可获得不同材料在 0.3R 压深下的压入总功 W_{t} 和 Meyer 系数 m(参见图 11.19)。对于每种材料，W_{t} 和 m 的平均值及其数据的离散程度，见表 11.2。如表所示，对于大多数材料，压入总功的变异系数可以控制在 3%以内，Meyer 系数则可以控制在 2%左右。可见，在前面稳定性分析中引入的误差水平可以反映真实情况。但对于 Steel 1045(钢 S45C) 等少数材料，数据离散程度略显突出，这可能与材料微观组织结构有关。

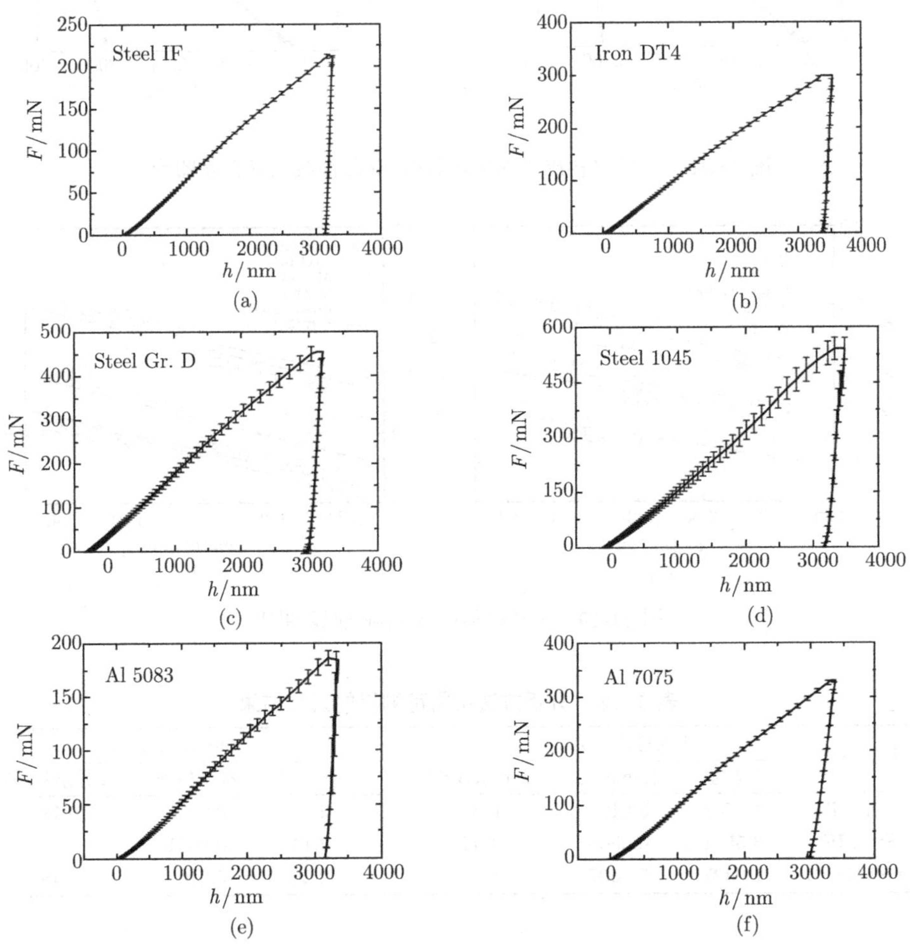

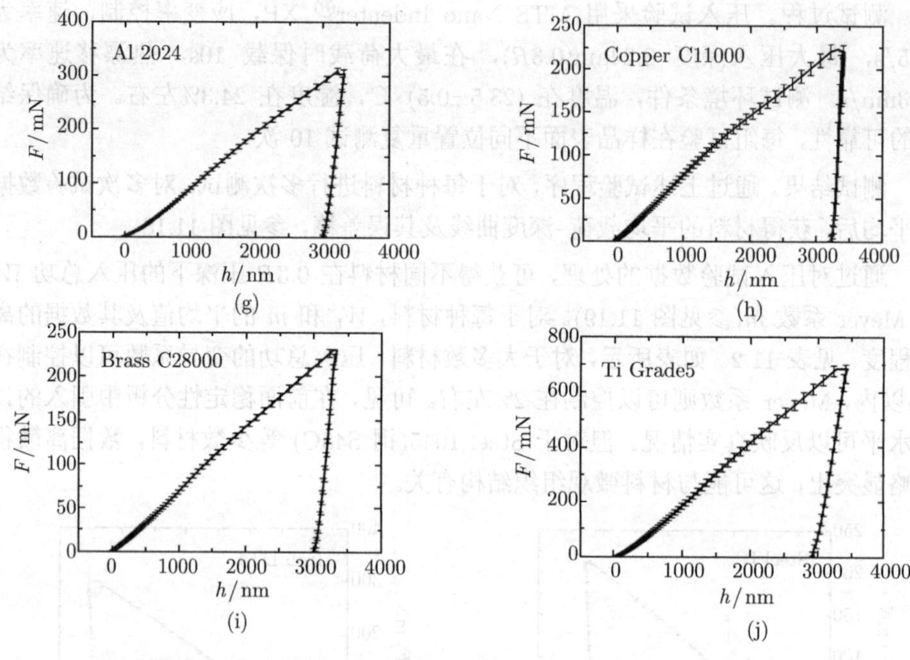

图 11.18　十种材料压入的平均载荷–深度曲线及其误差图[21]

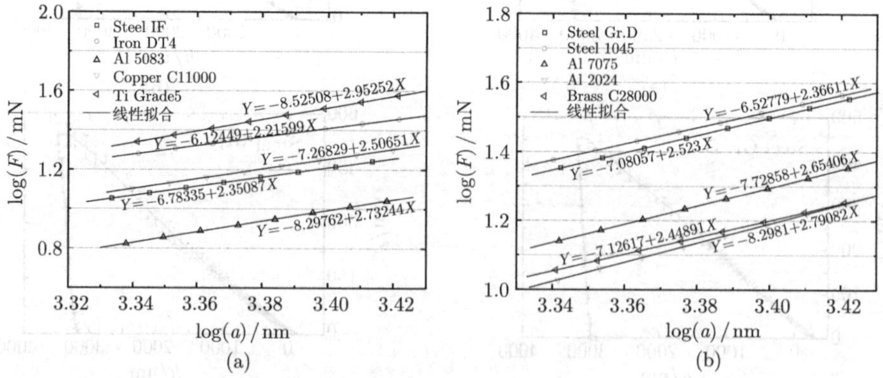

图 11.19　十种材料的 Meyer 曲线图[21]

表 11.2　分析方法所需可测量的试验结果

材料种类	压入总功 $W_{\mathrm{t}}/\times10^{-7}$J			Meyer 系数 m		
	平均值	标准偏差	变异系数/%	平均值	标准偏差	变异系数/%
Iron DT4	4.8748	0.0190	0.39	2.04	0.0036	0.18
Steel IF	3.5541	0.0505	1.42	2.14	0.0601	2.81
Steel Gr. D	7.0327	0.1407	2.00	2.26	0.0102	0.45

续表

材料种类	压入总功 $W_t/\times10^{-7}$J			Meyer 系数 m		
	平均值	标准差	变异系数/%	平均值	标准差	变异系数/%
Steel 1045	7.4893	0.5175	6.91	2.21	0.0681	3.08
Al 2024	4.8129	0.1227	2.55	2.31	0.0462	2.00
Al 5083	3.0326	0.0940	3.10	2.31	0.0385	1.66
Al 7075	5.2020	0.0291	0.56	2.18	0.0150	0.69
Copper C11000	3.7733	0.1302	3.45	2.03	0.0313	1.54
Brass C28000	3.6247	0.0348	0.96	2.25	0.0023	0.10
Ti Grade5	10.654	0.1097	1.03	2.28	0.0768	3.37

3. 压入方法预测结果与单轴拉伸试验结果的对比

首先，采用 Oliver-Pharr 方法，参见 10.1.1 节，可得到十种材料的弹性模量，参见表 11.3。其次，将上述试验数据和材料的弹性模量代入到本分析方法中，可得到材料的屈服应变、屈服应力和硬化指数，参见表 11.3 和图 11.20。可见，本验证工作中选用的十种材料，可以大范围覆盖常用金属材料的力学性能。表 11.3 中，σ_{y0} 代表单轴拉伸试验的平均屈服应力，σ_y 代表在压入试验中本方法预测的屈服应力，$(\sigma_y-\sigma_{y0})/\sigma_{y0}$ 代表压入测试方法与拉伸测试方法的相对偏差。

结果表明，对于大多数金属材料 (除 Iron DT4 外)，本压入方法预测屈服应力的最大误差为 20%左右 (Al 2024)，一般情况下误差可以控制在 10%以内。对于有明显物理屈服现象，且上屈服应力和下屈服应力差距较大的材料，例如 Iron DT4，本方法预测结果更接近上屈服应力 (275MPa)，误差可控制在 5%。对于工程中常用的下屈服应力，该方法预测结果误差较大，其中 Iron DT4 的预测误差达到 57.1%。对于 Steel 1045 存在同样的情况，只是其上屈服应力与下屈服应力相差不大，对预测结果的准确性不会造成明显影响。

利用材料的弹性模量以及预测的塑性参数 (参见表 11.3)，结合式 (1.1)，可获得材料的真实应力–应变关系。对比这些曲线和拉伸试验确定的真实应力–应变曲线，参见图 11.21。对于大多数金属材料，本方法预测的曲线与材料的单轴试验曲线吻合较好。表明本方法采用线弹–幂硬化本构模型，可以较为准确反映材料的强化特性。只是对于 Iron DT4 和 Brass C28000，预测曲线和实测曲线的吻合程度稍差。究其原因，Iron DT4 物理屈服现象过于明显，而 Brass C28000 的应力–应变关系更类似于线性强化，两种材料不宜用线弹–幂硬化本构关系描述。

通过与上述十种常用金属材料拉伸试验的对比验证，显示本分析方法与商业化的纳米压入仪 Nano Indenter® XP 集成后，有较好的工作性能。所提出以压头体积作为压头形貌缺陷描述的方法，可以体现压头缺陷的积累效果，其合理性可以通过孔洞模型给予解释。

表 11.3　压入分析方法预测结果与单轴拉伸试验结果的对比[21]

材料	表面状态		弹性模量 E/GPa				屈服应力 σ_y/MPa				硬化指数 n
			拉伸试验		压入试验		拉伸试验		压入试验		
	Ra/nm	l_r/μm	平均值 E_0	ΔE_0	平均值 E	偏差/%	平均值 σ_{y0}	$\Delta\sigma_{y0}$	平均值 σ_y	偏差/%	
Steel IF	6.9	80	185.41	0.73	168.7	−9.0	149.7	2.7	165.4	10.5	0.141
Iron DT4	93	250	205.7	2.7	205.2	−0.2	193.4	5.3	287.4	48.6	0.092
Steel Gr. D	9.0	80	209.1	1.2	195.6	−6.4	329.7	7.7	364.9	10.7	0.171
Steel 1045	9.5	80	205.1	0.85	203.6	−0.7	394	12	403.5	2.4	0.165
Al 5083	47	250	74.0	1.9	80.7	9.1	172.3	2.0	140.9	−18.2	0.212
Al 7075	8.9	80	70.81	0.53	67.9	−4.1	410	13	451.7	10.2	0.060
Al 2024	40	250	72.91	0.57	82.3	12.8	384.7	3.6	286.7	−25.5	0.187
Copper C11000	57	250	111.6	3.2	136.3	22.1	301.5	4.2	240.2	−20.3	0.092
Brass C28000	8.8	80	100.6	1.9	65.5	−34.9	173.4	1.6	229.1	32.1	0.150
Ti Grade5	98	250	120.47	0.99	109.4	−9.2	896.4	8.1	889.3	−0.8	0.104

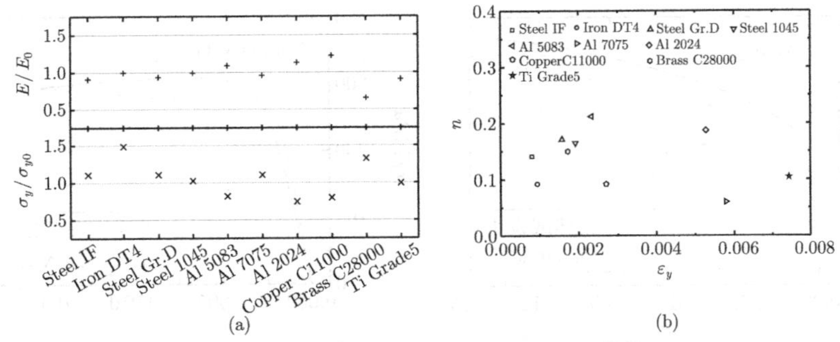

图 11.20　十种材料的压入试验结果[21]

(a) 弹性模量和屈服应力的对比; (b) 屈服应变和硬化指数的分布

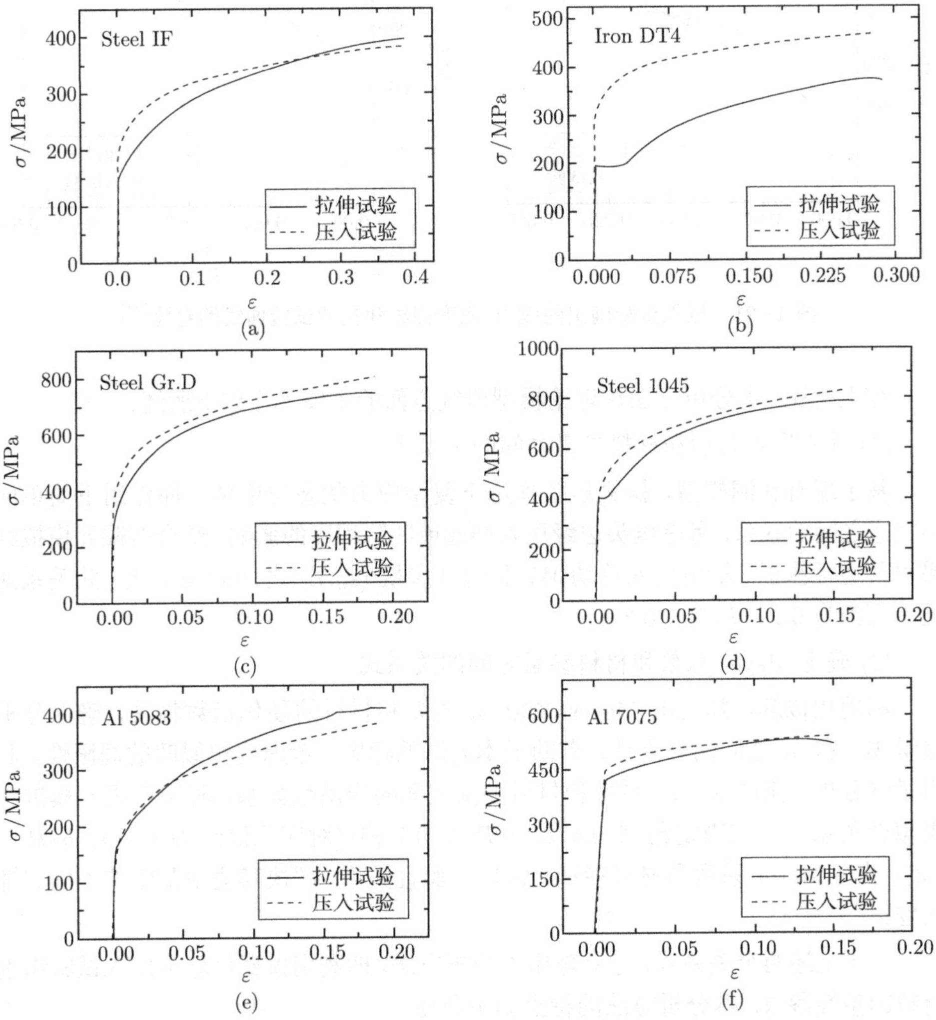

Steel IF　σ /MPa　ε　拉伸试验　压入试验

(a)

Iron DT4　σ /MPa　ε　拉伸试验　压入试验

(b)

Steel Gr.D　σ /MPa　ε　拉伸试验　压入试验

(c)

Steel 1045　σ /MPa　ε　拉伸试验　压入试验

(d)

Al 5083　σ /MPa　ε　拉伸试验　压入试验

(e)

Al 7075　σ /MPa　ε　拉伸试验　压入试验

(f)

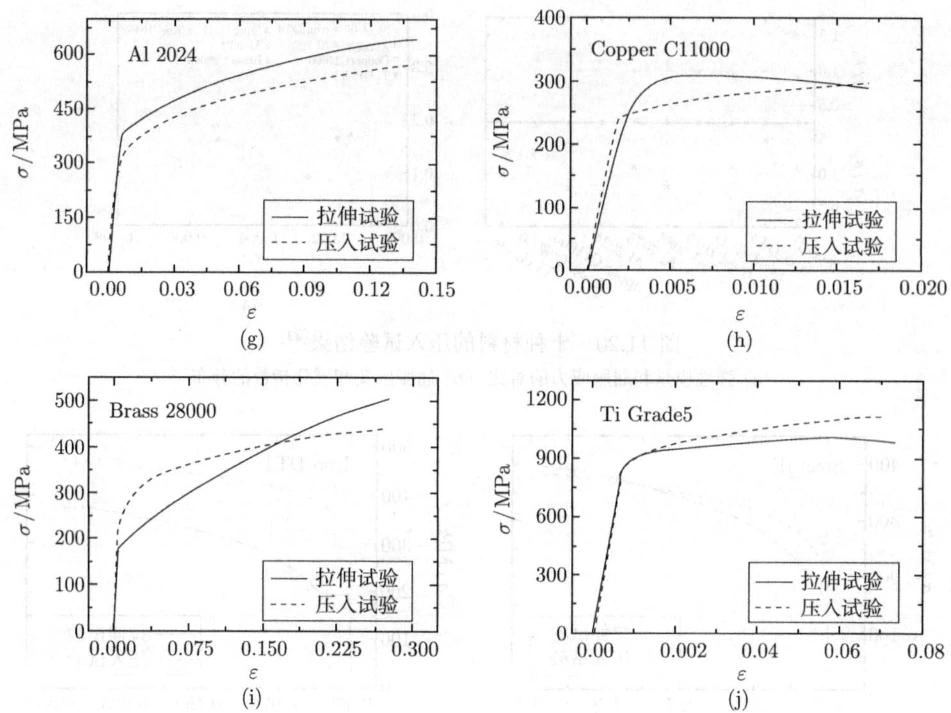

图 11.21　压入试验确定的应力–应变曲线和拉伸试验曲线的对比[21]

综上所述，本分析方法在理论模型研究方面的主要工作如下所述。

(1) 建立压入总功和材料参量之间的关系式

基于现有孔洞模型，探究压头作用下复杂应力状态与单轴拉伸作用下简单应力状态之间的联系，考虑压头边缘压入凸起或凹陷程度的影响，结合有限元模拟结果对其进行修正，给出压入总功 W_{t} 和塑性参量 (ε_y, n) 之间的关系式，此关系式适用范围为 $0.1 \leqslant h/R \leqslant 0.3$。

(2) 确定 Meyer 系数和材料参量之间的关系式

利用相似解，判断出 Meyer 系数 m 主要和材料的硬化指数相关，确保分析参量 W_{t} 和 m 之间的独立性，有助于本方法的稳定。考虑到相似解的局限性，利用量纲分析，获得 Meyer 系数和材料参量之间的隐函数关系。利用有限元模拟结果拟合关系式，在固定范围 $0.6 \leqslant a/R \leqslant 0.7$ 内 (对应压深约为 $0.2 \leqslant h/R \leqslant 0.3$)，获得 Meyer 系数和材料参量之间的经验性关系，解决其适用范围的不确定性问题。

基于上述两个关系式，建立球压入分析方法，即利用仪器化球形压入试验识别材料的塑性参数。本分析方法的特点如下所述。

(1) 方法可靠

方法可靠主要体现在以下两方面：①准确。不论是高弹性，还是高塑性材料，本方法均可识别材料的塑性参数，最大误差不超过 10%，一般不超过 5%。②稳定。在考查的材料范围 $0.0003 \leqslant \varepsilon_y \leqslant 0.03, 0 \leqslant n \leqslant 0.5$，本方法均可获得稳定的预测结果。

(2) 测试便利

测度便利主要体现在以下三方面：①经济便捷。仅需单个球形压头，避免锥形入法中需要两个不同等效锥角的压头，通过单压头的单次压入试验即可识别两个塑性参数。②易精确测量。分析参量 W_{t} 和 m 易测且精确，能显著降低噪声的影响，提高其技术可行性；③经验系数少。相比于以往的分析方法，本方法的关系式相对简单。例如，Beghini[34] 和 Lee[35] 的方法中分别包含 144 和 200 个经验系数，而本方法包含 18 个经验参数，实用性明显提高，便于推广应用。

参 考 文 献

[1] Tabor D. Hardness of Metals. Oxford: Clarendon Press, 1951.

[2] Chaudhri M M. Subsurface strain distribution around Vickers hardness indentations in annealed polycrystalline copper. Acta Materialia, 1998, 46: 3047-3056.

[3] Chollacoop N, Dao M, Suresh S. Depth-sensing instrumented indentation with dual sharp indenters. Acta Materialia, 2003, 51: 3713-3729.

[4] Cao Y P, Lu J. A new method to extract the plastic properties of metal materials from an instrumented spherical indentation loading curve. Acta Materialia, 2004, 52: 4023-4032.

[5] Cao Y P, Qian X Q, Huber N. Spherical indentation into elastoplastic materials: indentation-response based definitions of the representative strain. Material Science and Engineering: A, 2007, 454-455: 1-13.

[6] Johnson K L. Contact Mechanics. Cambridge: Cambridge University Press, 1985.

[7] Herbert E G, Pharr G M, Oliver W C. On the measurement of tress-strain curves by spherical indentation. Thin Solid Films, 2001, 398-399: 331-335.

[8] Yu W P, Blanchard J P. An elastic-plastic indentation model and its solutions. Journal of Materials Research, 1996, 11(9): 2358-2367.

[9] Wang L, Ganor M, Rokhlin S I. Inverse scaling functions in nanoindentation with sharp indenters: Determination of material properties. Journal of Materials Research, 2005, 20(4): 987-1001.

[10] Peng Jiang, Taihua Zhang, Yihui Feng, et al. Determination of plastic properties by instrumented spherical indentation: Expanding cavity model and similarity solution approach. Journal of Materials Research. 2009, 24(3): 1045-1053.

[11] Mesarovic S D, Fleck N A. Spherical indentation of elastic-plastic solids. Proceedings of the Physical Society of London, 1999, A455: 2707-2728.

[12] Tho K K, Swaddiwudhipong S, Liu Z S, et al. Simulation of instrumented indentation and material characterization. Material Science and Engineering: A, 2005; 390: 202-209.

[13] Dejun Ma, Taihua Zhang, Chung Wo Ong. Revelation of a functional dependence of the sum of two uniaxial strengths/hardness on elastic work/total work of indentation. Journal of Materials Research, 2006, 21(4): 895-903.

[14] Lu J, Ma D. Methodology for the evaluation of yield strength and hardening behavior of metallic materials by indentation with spherical tip. Journal of Applied Physics, 2003, 94: 288-294.

[15] Lan H Z, Venkatesh T A. On the sensitivity characteristics in the determination of the elastic properties of materials through multiple indentation. Journal of Materials Research, 2007, 22(4): 1043-1063.

[16] Herbert E G, Pharr W C, Oliver G M. On the measurements of yield strength by spherical indentation. Philosophical Magazine, 2006, 86(33-35): 5521-5539.

[17] Guelorget B, Francois M, Liu C, et al. Extracting the plastic properties of metal materials from microindentation tests: Experimental comparison of recently published methods. Journal of Materials Research, 2007, 22(6): 1512-1519.

[18] Cheng Y T, Cheng C M. Scaling, dimensional analysis and indentation measurements. Materials Science and Engineering R: Reports, 2004, 44: 91-149.

[19] 姜鹏．幂硬化材料塑性参数的仪器化球压入表征技术．北京：中国科学院研究生院博士学位论文，2009.

[20] Taihua Zhang, Peng Jiang, Yihui Feng, et al. Numerical verification for instrumented spherical indentation techniques in determining the plastic properties of materials. Journal of Materials Research, 2009, 24(12): 3653-3663.

[21] Peng Jiang, Taihua Zhang, Rong Yang. Experimental verification for an instrumented spherical indentation technique in determining mechanical properties of metallic materials. Journal of Materials Research, 2011, 26(11): 1414-1420.

[22] Zhao M H, Ogasawara N, Chiba N, et al. A new approach to measure the elastic-plastic properties of bulk materials using spherical indentation. Acta Materialia, 2006, 54: 23-32.

[23] Hill R. The mathematical theory of plasticity. London: Oxford University Press, 1950.

[24] Gao X L, Jing X N. Two new expanding cavity models for indentation deformations of elastic strain-harding materials. International Journal of Solids and Structures, 2006, 43: 2193-2208.

[25] Park Y J, Pharr G M. Nanoindentation with spherical indenters: Finite element studies of deformation in the elastic-plastic transition regime. Thin Solid Films, 2004, 447-448:

246-250.

[26] Rong Yang, Taihua Zhang, Peng Jiang, et al. Experimental verification and theoretical analysis of the relationships between hardness, elastic modulus, and the work of indentation. Applied Physics Letter, 2008, 92(23): 231906.

[27] Cheng Y-T, Cheng C-M. What is indentation hardness? Surface and Coatings Technology, 2000, 133-134: 417-424.

[28] Field J S, Swain M V. Determining the mechanical properties of small volumes of material from submicron spherical indentations. Journal of Materials Research, 1995, 10(1): 101-112.

[29] Oliver W C, Pharr G M. An improved technique for determining hardness and elastic modulus using load and displacement sensing indentation experiments. Journal of Materials Research, 1992, 7(6): 1546-1583.

[30] GB/T 228—2002. 金属材料室温拉伸试验方法.

[31] ISO 4288:1996. Rules and procedures for the measurement of surface roughness using stylus instruments.

[32] ISO 14577-1:2002. Metallic materials — Instrumented indentation test for hardness and materials parameters — Part 1: Test method.

[33] GB/T 22458—2008. 仪器化纳米压入试验方法通则.

[34] Beghini M, Bertini L, Fontanari V. Evaluation of the stress-strain curve of metallic materials by spherical indentation. International Journal of Solids and Structures, 2006, 43: 2441-2459.

[35] Lee H, Lee J H, Pharr G M. A numerical approach to spherical indentation techniques for material property evaluation. Journal of the Mechanics and Physics of Solids, 2005, 53: 2037-2069.

第 12 章 断裂韧度

仪器化压入测试技术，可测定微小尺度脆性材料的断裂参数 —— 断裂韧度 K_{IC}。其利用硬质 (如金刚石) 棱锥压头在试样表面局部产生裂纹，通过模型分析和数据处理，识别出材料的 K_{IC}。此类测试对试样形状和尺寸几乎无要求，仅需具有局部平整光滑的表面。压入测定 K_{IC} 的力学分析比较复杂，虽然已经发展出若干具有实用价值的测试方法，但仍不够成熟完善，尚处于研究和发展阶段。本章将概述典型的 K_{IC} 压入测试方法，详细介绍本研究小组新近发展的 K_{IC} 压入能量测试方法。

12.1 研究现状

基于压入方式研究脆性材料的断裂性能，已经历半个世纪的探索[1]。由于压入应力状态复杂，显著增加断裂力学的分析难度。基于现有断裂力学理论的简化和近似，结合实验观测和校准，成为主要的分析手段。目前的压入断裂研究，包含一定经验因素，尚存在较大的研究和发展空间。近三十年来，随着压入断裂力学理论[2-5] 和仪器化压入技术[6,7] 的不断发展，出现若干实用化的 K_{IC} 压入测试方法[3,5,8-18]。这些测试方法虽然不够成熟和完善，但可显著降低试样制备难度和测试尺度，在工业测试领域，亦可作为对传统测试方法的有益补充。本节主要介绍典型的 K_{IC} 压入测试方法，探讨此类研究的发展动态。

12.1.1 典型测试方法

根据压头的几何形状，分类介绍现有典型 K_{IC} 压入测试方法。压头形状影响压入区附近应力场的分布和强度，是建立分析方法的决定性因素。现有测试方法使用的压头形状主要包括棱锥形和球形。棱锥压头的优点是裂纹长度测量准确，缺点是压入弹塑性变形场分析复杂；球形压头的优点是压入弹性变形场分析简单，缺点是裂纹长度测量不够准确。

1. 棱锥压头

此类 K_{IC} 测试方法，以棱锥压头在试样表面产生的径向裂纹痕迹作为研究对象，参见图 12.1。压头主要包括维氏、玻氏和立方角三种。

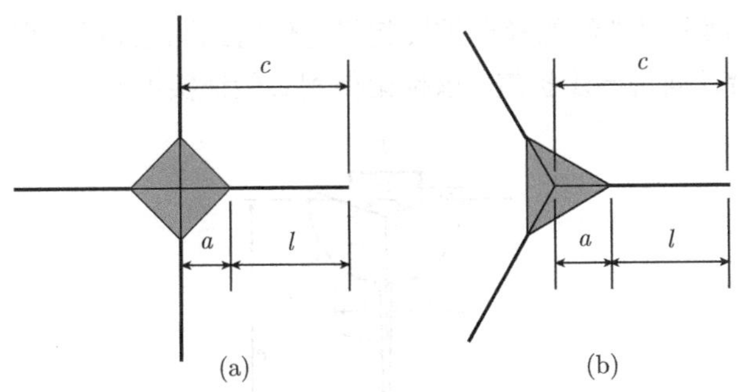

图 12.1 棱锥压头在试样表面产生的径向裂纹

(a) 维氏压头; (b) 玻氏或立方角压头

(1) 维氏压头

在 1976 年，Evans 和 Charles[8] 假设维氏压头产生的径向裂纹在试样内部对应贯通的半饼状裂纹面，参见图 12.2(a)，通过量纲分析和实验数据拟合，首次建立适用于维氏压头产生充分扩展径向裂纹 ($c \gg a$) 的经验关系

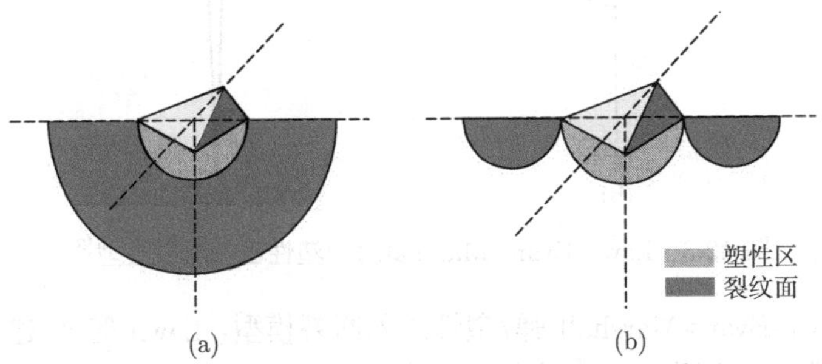

图 12.2 半饼状裂纹面和径向裂纹面

(a) 半饼状裂纹面; (b) 径向裂纹面

$$\frac{K_{\mathrm{IC}}\varPhi}{\mathrm{HV}\sqrt{a}} \propto \left(\frac{1}{\varPhi}\frac{\mathrm{HV}}{E_{\mathrm{IT}}}\right)^{2/5}\left(\frac{c}{a}\right)^{-3/2} \tag{12.1}$$

式中，c 为试样表面裂纹尖端到压痕中心线的距离；a 为压痕半对角线长度；HV 为维氏硬度，参见式 (2.1)；约束因子 $\varPhi \approx 3$。该研究未从应力场分析的角度说明半饼状裂纹面的形成机理。

Lawn 等[3] 深入分析维氏压头的压入应力场和半饼状裂纹演变，提出著名的“Lawn-Evans-Marshall 弹/塑性压入断裂模型”。此模型将维氏压头压入的材料空间划分为半球形的塑性区和外围的弹性区，参见图 12.3(a)，将加载过程中弹性区的应力场分解为卸载过程中可恢复的部分，和由于塑性区的阻碍无法恢复的部分，分别参见图 12.3(b) 和 (c)。其中，可恢复部分对半饼状裂纹面的径向扩展起抑制作用，无法恢复的部分对裂纹的径向扩展起促进作用。因此卸载过程中，半饼状裂纹面在试样表面沿径向进一步扩展，该推论得到实验证实[1,3,9]。

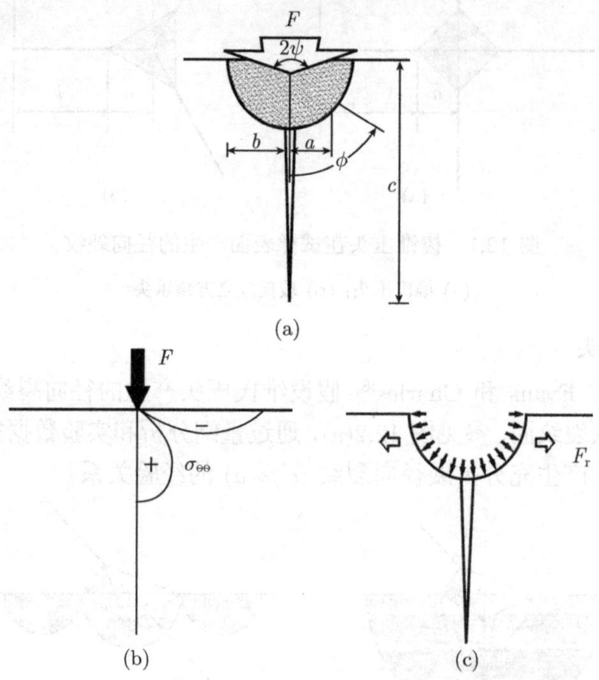

图 12.3　Lawn-Evans-Marshall 弹/塑性压入断裂模型[3]

利用 Lawn-Evans-Marshall 弹/塑性压入断裂模型，Lawn 等[3] 建立裂纹充分扩展条件下维氏压头测定 K_{IC} 的分析方法。在裂纹充分扩展的情况下 $(c \gg a)$，完全卸载后，塑性区对弹性区的作用可简化为，垂直作用于半饼状裂纹面中心并使其张开的一对集中力 F_{r}

$$F_{\mathrm{r}} \propto F_{\mathrm{m}} \left(\frac{a}{b}\right) \left(\frac{E_{\mathrm{IT}}}{H_{\mathrm{IT}}}\right) \cot\psi \tag{12.2}$$

$$F_{\mathrm{r}} \propto F_{\mathrm{m}} \left(\frac{E_{\mathrm{IT}}}{H_{\mathrm{IT}}}\right)^{1/2} (\cot\psi)^{2/3} \tag{12.3}$$

式中，b 为塑性区半径；ψ 为压头的相对棱边半夹角 (74°)。利用内嵌圆盘裂纹应力强度因子的解析解[19]，考虑半空间自由表面的影响，则压头卸载后半饼状裂纹前端的应力强度因子可表示为

$$K_{\mathrm{r}} \propto f(\phi)\frac{F_r}{c^{3/2}} = f(\phi) \left(\frac{E_{\mathrm{IT}}}{H_{\mathrm{IT}}}\right)^{1/2} (\cot\psi)^{3/2} \frac{F_{\mathrm{m}}}{c^{3/2}} \tag{12.4}$$

式中，$f(\phi)$ 为因试样自由表面而引入的应力强度因子修正系数，是在 1 附近的慢变值，当 $\phi = \pi/2$(与试样表面相交处) 时取最大值。半饼状裂纹在径向的裂纹扩展

平衡条件为

$$K_{\rm IC} = K_{\rm r}|_{\phi=\pi/2} \tag{12.5}$$

于是，得到断裂韧度的表达式

$$K_{\rm IC} = \delta \left(\frac{E_{\rm IT}}{H_{\rm IT}}\right)^{1/2} \frac{F_{\rm m}}{c^{3/2}} \tag{12.6}$$

式中，$\delta \propto f(\pi/2)(\cot\psi)^{2/3}$ 为仅与压头几何形状 ψ 有关、与试样材料无关的无量纲系数，需要实验确定。Anstis 等[9] 选取系列已知断裂韧度的典型脆性材料作为参考样品，进行维氏压头的压入实验，确定式 (12.6) 中的待定系数为 $\delta = 0.016 \pm 0.004$。

Laugier[20] 通过实验观察发现，一些脆性材料，如金属陶瓷，在维氏压头的作用下并不生成半饼状裂纹面，而是产生径向裂纹面，参见图 12.2(b)。假定若为径向裂纹面，对应裂纹尖端的应力强度因子为 $K^{\rm R}$；若为半饼状裂纹，对应裂纹尖端的应力强度因子为 $K^{\rm HP}$。利用任意边界形状深埋平面裂纹应力强度因子的计算式[21]，可得到两者存在如下关系

$$K^{\rm R} = 2\left(\frac{\pi}{\pi+2}\right)^{1/2} \left(\frac{a}{l}\right)^{1/2} K^{\rm HP} \tag{12.7}$$

式中，l 是试样表面裂纹尖端到压痕角点的距离，即 $l = c - a$，参见图 12.1。在此基础上，Laugier 发展针对径向裂纹面的 $K_{\rm IC}$ 表达式

$$K_{\rm IC} = \delta^{\rm L} \left(\frac{a}{l}\right)^{1/2} \left(\frac{E_{\rm IT}}{H_{\rm IT}}\right)^{2/3} \frac{F_{\rm m}}{c^{3/2}} \tag{12.8}$$

再利用 Anstis 等[9] 的实验数据，确定式 (12.8) 的待定系数 $\delta^{\rm L} = 0.0150 \pm 0.0004$[11]。

Laugier[11] 分别采用式 (12.6) 和式 (12.8) 重新估算 Anstis 等[9] 的实验数据，发现在裂纹扩展充分的情况下 $K_{\rm IC}$ 估算值接近。这说明内部裂纹形式的差异对 $K_{\rm IC}$ 测试结果的影响不大。Laugier 首次将径向裂纹单独作为研究对象，为建立三棱锥压头 (如玻氏和立方角压头)$K_{\rm IC}$ 测试方法提供理论支持。

以上测试方法均须满足径向裂纹充分扩展的前提条件。在压入载荷较小或试样材料韧性较好的情况下，经常出现短径向裂纹。对于短径向裂纹，塑性区对外围区域的作用不能简化为点载荷，分析的复杂性增加。目前为止，尚没有适合短径向裂纹的理论模型，相关的研究主要是基于实验观测及其数据分析。

Niihara 等[13] 按裂纹扩展程度的不同，将短径向裂纹 ($0.25 \leqslant l/a \leqslant 2.5$) 和充分扩展径向裂纹 ($c/a \geqslant 2.5$) 对应的数据分段拟合，参见图 12.4，得到两种情况下各自的断裂韧度表达式

$$\begin{cases} \left(\dfrac{K_{\rm IC}\varPhi}{{\rm HV}\sqrt{a}}\right)\left(\dfrac{1}{\varPhi}\dfrac{\rm HV}{E_{\rm IT}}\right)^{2/5} = 0.035\left(\dfrac{l}{a}\right)^{-1/2}, & \text{当} \ \ 0.25 \leqslant l/a \leqslant 2.5 \\ \left(\dfrac{K_{\rm IC}\varPhi}{{\rm HV}\sqrt{a}}\right)\left(\dfrac{1}{\varPhi}\dfrac{\rm HV}{E_{\rm IT}}\right)^{2/5} = 0.129\left(\dfrac{c}{a}\right)^{-3/2}, & \text{当} \ \ c/a \geqslant 2.5 \end{cases} \tag{12.9}$$

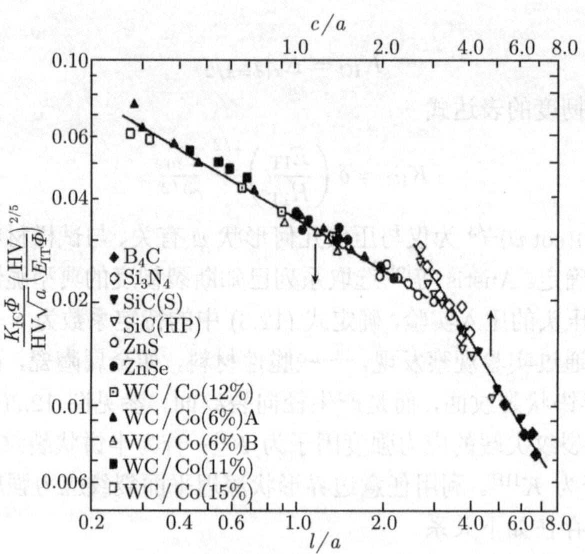

图 12.4　基于维氏压头压入断裂实验数据的分段拟合[13]

Lankford[14] 认为在限定误差内，短径向裂纹和充分扩展径向裂纹可用统一的表达式计算，通过拟合实验数据得到

$$\left(\frac{K_{\mathrm{IC}}\,\Phi}{\mathrm{HV}\sqrt{a}}\right)\left(\frac{1}{\Phi}\frac{\mathrm{HV}}{E_{\mathrm{IT}}}\right)^{2/5}=0.142\left(\frac{c}{a}\right)^{-1.56} \tag{12.10}$$

该式误差可能超过 35%。

Liang 等[15] 经过系统的实验分析发现，引入泊松比 ν 的影响，可显著降低全程拟合的误差，得到统一表达式

$$14\left[1-8\left(\frac{4\nu-0.5}{1+\nu}\right)^{4}\right]\left(\frac{K_{\mathrm{IC}}\,\Phi}{\mathrm{HV}\sqrt{a}}\right)\left(\frac{1}{\Phi}\frac{\mathrm{HV}}{E_{\mathrm{IT}}}\right)^{2/5}=\left(\frac{c}{a}\right)^{c/18a-1.51} \tag{12.11}$$

(2) 玻氏压头

玻氏压头与维氏压头有相同的等效半锥角，仅侧棱数不同。Dukino 和 Swain[12] 借助内压作用下厚壁圆筒星形裂纹应力强度因子模型[22]，研究两压头在测定 K_{IC} 上的差异。相同条件下，维氏压头产生径向裂纹尖端的应力强度因子是玻氏压头的 1.073 倍，结合 Laugier[11] 的研究结论，得到玻氏压头的表达式

$$K_{\mathrm{IC}}=1.073\delta^{\mathrm{L}}\left(\frac{a}{l}\right)^{1/2}\left(\frac{E_{\mathrm{IT}}}{H_{\mathrm{IT}}}\right)^{2/3}\frac{F_{\mathrm{m}}}{c^{3/2}} \tag{12.12}$$

Pharr 等[16] 通过实验研究证实，径向裂纹充分扩展的条件下，表达式 (12.6) 亦适用于玻氏压头。玻氏压头对应的 δ 值与维氏压头也近似相同，约为 0.016。

(3) 立方角压头

立方角压头的等效半锥角明显小于维氏压头和玻氏压头，易实现用较低的压入载荷产生径向裂纹。Harding 等[17] 通过实验发现，立方角压头产生径向裂纹的临界载荷，比维氏和玻氏压头低 1~2 个数量级，适用于相对微小尺度试样的 K_{IC} 测试，例如硬质薄膜和涂层。Harding 等[17] 基于大量实验数据分析，发现式 (12.6) 亦适用于立方角压头，对应立方角压头的 δ 值为 0.036[17]。需要注意，使用立方角压头测定 K_{IC} 时，式 (12.6) 中的 H_{IT} 和 E_{IT} 需采用玻氏压头的仪器化压入测定[17,23]。

2. 球形压头

球形压头在脆性材料上的压入以弹性变形为主。当压入载荷达到临界值 F_{C} 时，在试样表面的接触区外围会首先出现环状裂纹。随着压入载荷的继续增加，环状裂纹向试样内部扩展，并与加载轴成某一角度方向上形成圆锥面裂纹，此圆锥面垂直于应力场的最大主应力 σ_1，参见图 12.5。

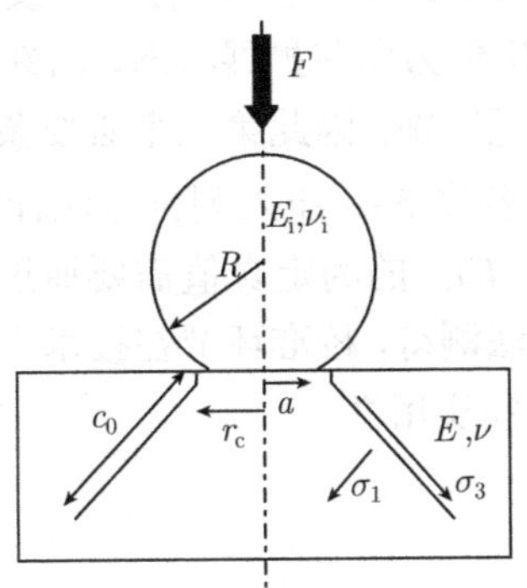

图 12.5 球形压头在脆性材料上的压入断裂[24]

Zeng 等[4,18] 基于 Hertz 应力场，推导出球形压入三维应力场的解，给出主应力的完备解析表达式。引入断裂力学计算应力强度因子的方法，积分得到圆锥裂纹面前沿的应力强度因子，令其等于材料的断裂韧度，得到球形压入识别断裂韧度的表达式

$$K_{\mathrm{IC}}=2\left(\frac{c_0}{\pi}\right)^{1/2}\int_0^{c_0}\frac{\sigma_1(c)}{\left(c_0^2-c^2\right)^{1/2}}\mathrm{d}c \tag{12.13}$$

式中，最大主应力 σ_1 的解析表达式比较复杂，参见文献 [4]。此方法在使用时，需要测量圆锥裂纹的长度 c_0，故仅适用于透明脆性材料的断裂韧度测试。

Warren[5] 将球形压入过程中材料表面首次出现环形裂纹的临界载荷 F_{C} 和断裂韧度建立关联，给出无需测量圆锥裂纹尺寸的表达式

$$K_{\mathrm{IC}}=\left(\frac{E_{\mathrm{r}}F_{\mathrm{C}}}{\xi R}\right)^{1/2} \tag{12.14}$$

式中，R 为压头半径；E_r 为折合模量，其表达式为式 (10.8)；无量纲常数ξ由压头和试样的泊松比决定，参见文献 [5]。此测试方法无需测量圆锥裂纹的裂纹特征尺寸，但需借助声发射仪器测定临界载荷 F_C。

12.1.2　测试的合理性

对 K_{IC} 压入测试方法的合理性，存在争议[25,26]，即压入方法，尤其当使用棱锥压头时，能否测定断裂韧度 K_{IC}？根据传统断裂力学的概念，K_{IC} 应具备 3 个必要条件：①裂纹为 I 型张开模式，②裂纹尖端附近为平面应变状态，③分析参量在裂纹开始扩展的临界时刻测定。压入问题的对称性保证压入裂纹为 I 型开裂。后两个必要条件是引发争议的主要原因。

在试样表面附近，由于自由表面的存在，径向裂纹尖端附近并非理想的平面应变状态，而是三维应力–应变状态。为此，现有分析模型[3] 引入自由表面影响因子进行修正，参见式 (12.4)。卸载后的裂纹尺寸，并非对应裂纹扩展，而是裂纹终止。但理论分析和实验观测均表明，卸载过程中，径向裂纹在残余应力场作用下持续向前扩展。裂纹停止之前瞬间仍然为向前扩展状态，此刻所对应相关分析参量的取值与卸载结束时刻相比，几乎无区别，因此第三个必要条件近似成立。

尤为重要的是，目前大多数 K_{IC} 压入测试方法计算式待定系数，需要用已知 K_{IC} 的参考样品校准。由于 K_{IC} 的约定真值需要通过双悬臂梁 (DCB) 或单边缺口梁 (SENB) 等传统测试方法测得，校准环节在技术上起到最终修正的作用，确保 K_{IC} 压入测试方法的合理性和实用性。

12.1.3　发展动态

上述介绍的典型 K_{IC} 压入测试方法，代表着现阶段的发展程度。这些测试方法具备一定的实用价值，总体而言仍不够完善和可靠，部分关键问题尚待研究，主要体现在以下三个方面。

1. “纯微区” 测试

现有 K_{IC} 压入测试方法的压入模量 E_{IT} 需要另行测定或事先已知。由于无法在同次测试过程中测定所有分析参量，这些方法仅能实现 K_{IC} 的 “准微区” 测试，测试环节复杂。因此，迫切需要发展新的测试方法，以便从单次压入测试中测定所有分析参量，即 “纯微区” 测试。

2. 短裂纹模型

对短径向裂纹对应的 K_{IC} 压入测试方法的研究，主要依赖对实验数据的数值统计和分析，尚无合适的力学理论模型。研究短裂纹对应的压入断裂模型，以便完

善 K_{IC} 压入测试的理论体系，甚至在模型分析的基础上，建立同时适用于短裂纹和充分扩展裂纹的测试方法。

3. 薄膜和涂层材料测试

识别硬质薄膜和涂层材料的 K_{IC}，是研究微区测试的典型问题[27]。现有方法，使用立方角压头，仅适用于压入裂纹远小于涂层厚度的材料测试。完全避免基体材料对测试的影响，需要发展针对薄膜和涂层材料的测试方法。

12.2 断裂韧度的压入能量测试方法

针对以往压入测试无法实现“纯微区”的共性问题，冯义辉和张泰华等[28-30]发展一种基于压入能量的 K_{IC} 测试方法，可从单次压入断裂测试过程中测定所有分析参量，实现真正的“纯微区”测试，同时简化测试环节。

12.2.1 测试原理

Lawn-Evans-Marshall 弹/塑性压入断裂模型[3]，参见式 (12.6)，可用于三种典型棱锥压头 (维氏、玻氏和立方角) 的压入断裂测试，是现有典型测试方法[9,16,17,23]的最常用表达式。然而，采用式 (12.6) 作为计算表达式的测试方法存在共性问题：无法从单次压入断裂试验中测定全部所需的分析参量。例如，Anstis 等[9] 发展的维氏压头的方法，无法从压入断裂试验中直接测定 E_{IT}，通常需另外加工试样，借助拉伸、压缩、弯曲等传统试验方法测定弹性模量；Harding 等[17] 发展立方角压头的方法，无法直接测定 E_{IT} 和 H_{IT}，需要换上玻氏压头，在试样的其他位置进行无裂纹的压入试验，测定 E_{IT} 和 H_{IT}。

针对此问题，借助棱锥压入的能量标度关系，用压入功恢复率 W_u/W_t 替代式 (12.6) 中的 H_{IT}/E_{IT} 作为分析参量。由于 W_t 和 W_u 为积分量，受径向裂纹影响较小 (参见 12.2.3 节中的验证)，因此所有分析参量可以从单次压入断裂测试中测定。

压入能量标度关系由 Cheng 等[31,32] 最早提出。借助量纲分析和有限元模拟，Cheng 等发现，在未开裂的情况下，对具有较大等效半锥角 (> 60°) 的自相似压头的压入过程，满足如下的压入能量标度关系

$$\frac{H_{IT}}{E_r} \approx \kappa \frac{W_u}{W_t} \tag{12.15}$$

式中，κ 为主要由压头几何形状决定的无量纲常数；W_t 为压入总功，参见图 12.6，即加载过程中压头对材料所做的功，定义式为 $W_t = \int_0^{h_m} F\mathrm{d}h$，参见式 (3.17)。$W_u$ 为卸载功，参见图 12.6，即卸载过程中材料通过弹性恢复对压头所做的功，定义

式为 $W_u = \int_{h_p}^{h_m} F\mathrm{d}h$，参见式 (3.18)。$H_{IT}$ 为硬度，是加载过程中压入载荷与压入接触投影面积的比值，其定义式为式 (10.10)；E_r 为折合模量，参见式 (10.7) 和式 (10.9)。

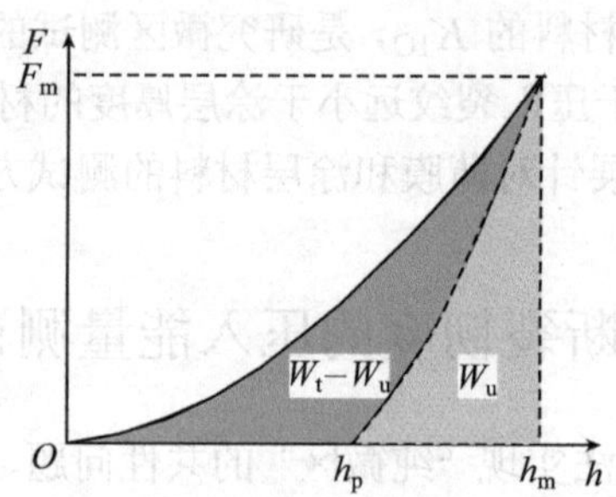

图 12.6　压入总功 (W_t)、卸载功 (W_u) 示意图

杨荣和张泰华等[33−35] 利用 Johnson 孔洞扩张模型[36] 分析压入应力–应变场，得到式 (12.15) 的近似解析表达式 $H_{IT}/E_r = [2(1-\nu)/3]\cot\alpha \cdot (W_u/W_t)$，参见式 (9.61)，表明几何自相似压入的能量标度关系主要由压头的等效半锥角 α 决定。

利用该压入能量标度关系，可以用 W_u/W_t 替代式 (12.6) 中的 H_{IT}/E_{IT}。对于大多数脆性材料的压入测试，泊松比近似取 0.25，压入模量远小于压头的弹性模量 $E_{IT} \ll E_i$，将它们代入式 (10.8)，可简化为

$$E_r \approx 1.07E_{IT} \tag{12.16}$$

将其代入式 (12.15) 中，得到

$$\frac{H_{IT}}{E_{IT}} \approx 1.07\kappa \frac{W_u}{W_t} \tag{12.17}$$

将其代入式 (12.6) 中，得到

$$K_{IC} = \lambda \left(\frac{W_u}{W_t}\right)^{-1/2} \frac{F_m}{c^{3/2}} \tag{12.18}$$

式中，无量纲常数 λ 为

$$\lambda \approx \delta/\sqrt{1.07\kappa} \tag{12.19}$$

此系数主要由压头的几何形状所决定。本测试方法重点考虑维氏压头和立方角压头的情况，维氏压头一般用于 $\sim 10^0$N 或更高载荷和 $\sim 10^1$μm 或更大裂纹尺度的场合，立方角压头一般可用于 $\sim 10^{-1}$N 或更低载荷和 10^0μm$\sim 10^1$μm 裂纹尺度的场合。

假设维氏压头和立方角压头的压入满足：①在压入试验中，满足式 (12.15) 的能量标度关系；②在压入断裂试验中，开裂对 $W_{\mathrm{u}}/W_{\mathrm{t}}$ 的影响很小，可以忽略。由此，式 (12.18) 中的所有分析参量均可从单次压入断裂测试中测定，因此测试效率将显著提高。12.2.2 节和 12.2.3 节将分别通过有限元模拟和实验验证，证明以上假设近似成立。

式 (12.18) 中的无量纲常数 λ 可以通过式 (12.19) 估算。现有测试方法中两种压头对应的 δ 值为：维氏压头 $\delta \approx 0.016$，立方角压头 $\delta \approx 0.036$；假定脆性材料的泊松比约为 0.25，则两种压头对应的 κ 值可通过式式 (9.61) 计算得到。将相应的 δ 值和 κ 值代入式 (12.19)，可得到两种压头对应的 λ 估计值：维氏压头 $(\alpha = 70.3°)$ 为 0.0366，立方角压头 $(\alpha = 42.3°)$ 为 0.0470。

文献 [9]、[16] 和 [17] 的方法在确定式 (12.6) 中的 δ 值时，H_{IT} 和 E_{IT} 值应为压头在无裂纹压入试验中的测试值，式 (12.15) 所描述的压入能量标度关系也存在着近似性。如果直接使用式 (12.19) 计算的 λ 估计值，可能导致在采用式 (12.18) 识别 K_{IC} 时出现较大的误差。因此，式 (12.18) 的 λ 值应通过在已知 K_{IC} 的参考材料上进行压入试验，采用试验数据拟合确定，这部分工作将在 12.2.4 中介绍。

12.2.2 能量标度关系的验证

Cheng 等[31,32]、杨荣和张泰华等[33,34] 对压入能量标度关系的研究，基于压头半锥角较大 $(\alpha > 60°)$ 和无界面摩擦的假设。在实际压入过程中，压头和试样之间存在摩擦；立方角压头的等效半锥角较小 $(\alpha = 42.3°)$。因此，需要进行维氏压头和立方角压头的压入试验，验证在未开裂时是否满足式 (12.15) 的能量标度关系。

验证维氏压头和立方角压头的能量标度关系，借助商业有限元软件 ABAQUS 模拟完成。有限元计算模型采用轴对称模型，维氏压头等效为半锥角 70.3° 的刚性圆锥，参见图 12.7，立方角压头等效为半锥角 42.3° 的刚性圆锥，参见图 12.8。为兼顾模拟的精度和效率，试样划分的网格在压入区附近密度较高，远场区域密度较低，两者之间平滑过渡。试样网格采用实体轴对称四边形线性缩减积分单元 (CAX4R)，单元数量为 4706 个。试样材料采用如下线弹–幂硬化本构，参见式 (1.1)。试样材料的力学性质涵盖范围较宽，屈服应力与弹性模量的比值 σ_y/E 取 0.001~0.1 内的 15 个值，硬化指数 n 取 0、0.1、0.3 和 0.5，泊松比ν取 0.25，摩擦系数 f 取 0.15。从每个有限元算例的结果中获得 $H_{\mathrm{IT}}/E_{\mathrm{r}}$ 和 $W_{\mathrm{u}}/W_{\mathrm{t}}$ 的数据。将维氏压头 $(\alpha = 70.3°)$ 压入和立方角压头 $(\alpha=42.3°)$ 压入的模拟数据分别画在图 12.9 和图 12.10 中，线性拟合 $H_{\mathrm{IT}}/E_{\mathrm{r}}$ 和 $W_{\mathrm{u}}/W_{\mathrm{t}}$ 的数据。图 12.9 和图 12.10 拟合结果显示，在考虑摩擦影响的情况下，两种压头依然满足式 (12.15) 的压入能量标度关系。

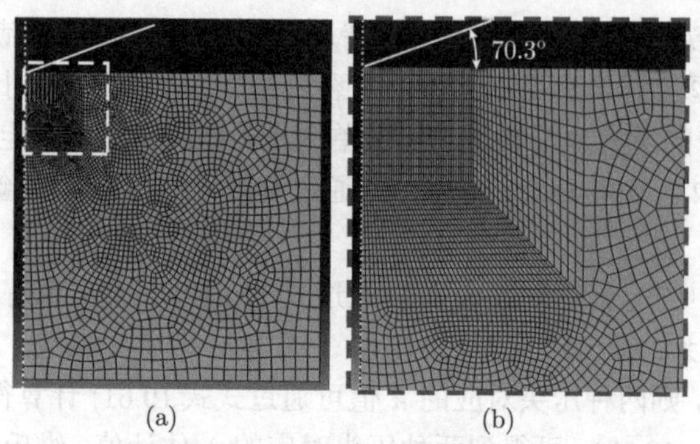

图 12.7 维氏/玻氏压头能量标度关系确认的有限元模型

(a) 网格划分；(b) 局部放大

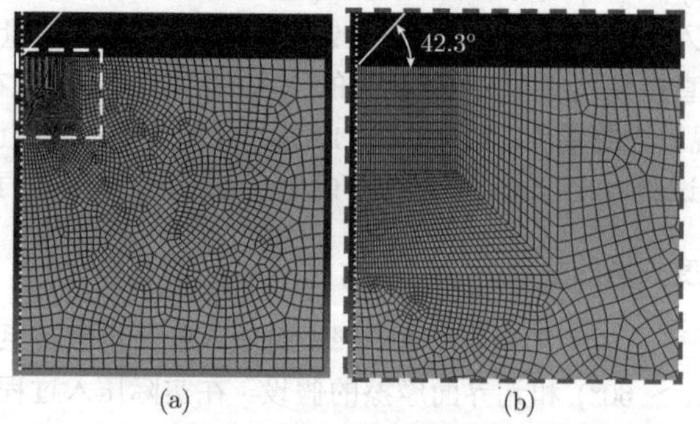

图 12.8 立方角压头能量标度关系确认的有限元模型

(a) 网格划分；(b) 局部放大

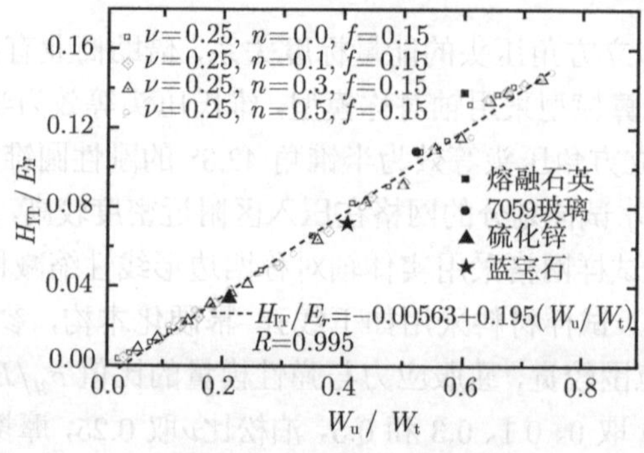

图 12.9 维氏压头的压入能量标度关系确认

空心形为有限元模拟结果；实心形为实验结果

在有限元验证的基础上，实验验证典型材料。在 MTS Nano Indenter® XP 上，使用玻氏压头 (与维氏压头具有相同的等效半锥角) 对四种脆性材料 (熔融石英、7059 玻璃、硫化锌、蓝宝石) 进行压入试验；使用立方角压头在三种脆性材料 (熔融石英、Pyrex7740 玻璃、硫化锌) 进行压入试验。将测得的 H_{IT}/E_r 和 W_u/W_t 数据分别画在图 12.9 和图 12.10 中，显示实验数据与有限元模拟的结果吻合较好。以上压入试验所选用的载荷水平，确保压入过程中不产生或仅产生轻微的裂纹。

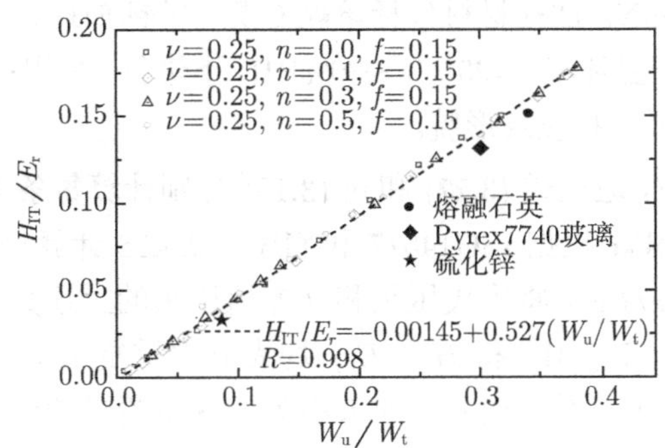

图 12.10 立方角压头的压入能量标度关系确认

空心形为有限元模拟结果；实心形为实验结果

图 12.9 和图 12.10 中的有限元模拟结果拟合得到，维氏压头和立方角压头对应的 κ 值分别为 0.195 和 0.527。用杨荣和张泰华等的解析解式 (9.61) 直接计算得到，维氏压头和立方角压头对应的 κ 值分别为 0.179 和 0.549，相对偏差为 −8%和 4%。两种方式的 κ 值比较接近，表明式 (9.61) 可近似用于描述考虑摩擦以及压头半锥角较小的情况。

12.2.3 开裂的影响

开裂是压入断裂研究的前提，同时对压入载荷–深度 (F-h) 曲线会产生一定程度的影响。本方法的分析模型利用未开裂的压入能量标度关系，从压入断裂试验 F-h 数据中直接测定有效的 W_u/W_t，必须满足开裂对 W_u/W_t 的影响可以忽略。因此，需要实验研究开裂对 W_u/W_t 的影响程度。

对于维氏压头，其在脆性材料上开裂的临界压入载荷较高，可通过对比低载荷无开裂和高载荷充分开裂两种情况下 W_u/W_t 的差异，考察开裂对 W_u/W_t 的影响。低载荷的实验，采用纳米压入仪 MTS Nano Indenter® XP，在显微范围[37]($F<2$N，$h>0.2$μm) 选取五个实验载荷水平 F_m：30mN、75mN、150mN、300mN、600mN。高载荷的实验，采用宏观压入仪，详见 4.3 节，在宏观范围[37](2N $\leqslant F \leqslant$ 30kN) 选取五个实验载荷水平 F_m：5N、7.1N、10N、14N、20N。两个载荷水平实验采用的试样材料相同，包括两种玻璃材料 (钠钙玻璃、铝硅酸盐玻璃) 和一种晶体材料 (单晶硅 (100))。实验均在室温环境 (~25°C，~30%RH) 下进行。采用金相显微镜

Olympus BX61 观测压痕和裂纹形貌。

对于立方角压头，开裂的临界载荷较低，试样易开裂，因此通过观察随载荷水平提高开裂加剧过程中 W_u/W_t 的变化情况，考察开裂对 W_u/W_t 的影响。实验仪器为纳米压入仪 MTS Nano Indenter® XP，选取 5 个实验载荷水平 F_m：12.5mN、32mN、80mN、200mN、500mN。试样材料包括熔融石英、钠钙玻璃、Pyrex7740 玻璃和单晶硅 (111)。实验在室温环境 (~25°C，~30%RH) 下进行。采用扫描电子显微镜 FEI Sirion 400 NC 观察压痕和裂纹形貌。

上述试验结束后，通过式 (3.17) 和式 (3.18) 分别计算每条 F-h 曲线对应的 W_t 和 W_u，并计算 W_u/W_t；根据 ISO14577 和 GB/T 22458 计算每条 F-h 曲线对应的 H_{IT} 和 E_{IT} 及其 H_{IT}/E_{IT}，将维氏压头和立方角压头的上述数据分别画在图 12.11 和图 12.12 中。图中，W_u/W_t 和 H_{IT}/E_{IT} 均为五次重复试验结果的平均值，用最小载荷水平的平均值归一化。误差棒的大小为五次重复试验结果的变异系数。

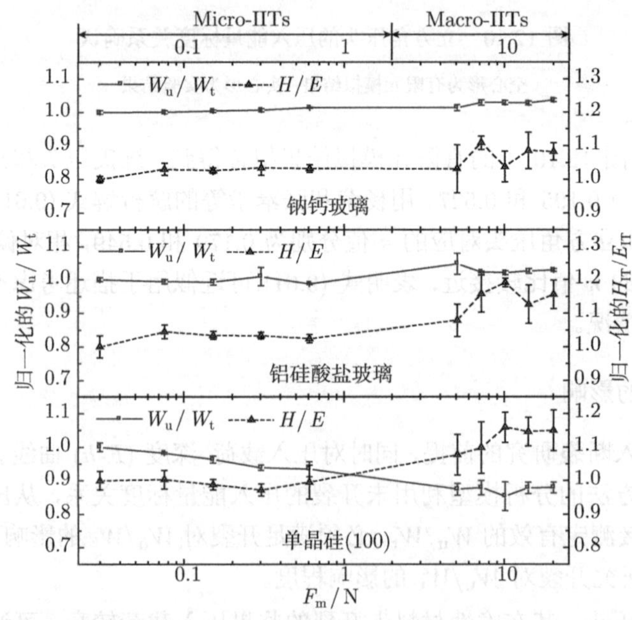

图 12.11 维氏压头的显微范围和宏观范围压入试验的 W_u/W_t 和 H_{IT}/E_{IT} 变化趋势

从图 12.11 中可以看出，对于钠钙玻璃和铝硅酸盐玻璃，在显微范围和宏观范围内，维氏压头试验的 W_u/W_t 随载荷水平的变化非常微小，最大相对偏差 <5%(相对于 F_m=30mN 对应的 W_u/W_t)。对维氏压头在两种玻璃试样上压痕的显微观测显示，显微范围的压入试验未开裂或仅轻微开裂；宏观范围的压入试验则产生充分扩展的径向裂纹，但材料未剥落。对于单晶硅 (100)，W_u/W_t 变化明显大于两种玻璃材料，最相对偏差达到 −14.6%(相对于 F_m=30mN 对应的 W_u/W_t)。对维氏压头

在单晶硅 (100) 上压痕的显微观测显示，显微范围的压入试验在多数载荷水平下即产生轻微的径向裂纹，在显微范围中较高载荷的试验中发现少量 (由横向裂纹扩展到试样表面引起的) 材料剥落现象；宏观范围的压入试验则产生充分扩展的径向裂纹，但伴随少量材料剥落的现象。

从图 12.12 可以看出，对于熔融石英、钠钙玻璃和 Pyrex7740 玻璃，立方角压头在显微范围压入的 W_u/W_t 随载荷水平的变化不明显，最大相对偏差 $<9\%$；对于单晶硅 (111)，立方角压头压入的 W_u/W_t 随载荷水平变化剧烈，最大相对偏差达到 -33.4%(相对于 F_m=12.5mN 对应的 W_u/W_t)。对三种玻璃试样的压痕观测显示，所有载荷水平均产生充分扩展的径向裂纹，未见材料剥落；对立方角压头在单晶硅 (111) 上压痕观测显示，所有载荷水平上均发生充分扩展的径向裂纹，高载荷水平的试验材料剥落明显，且随载荷水平的增加而加剧。

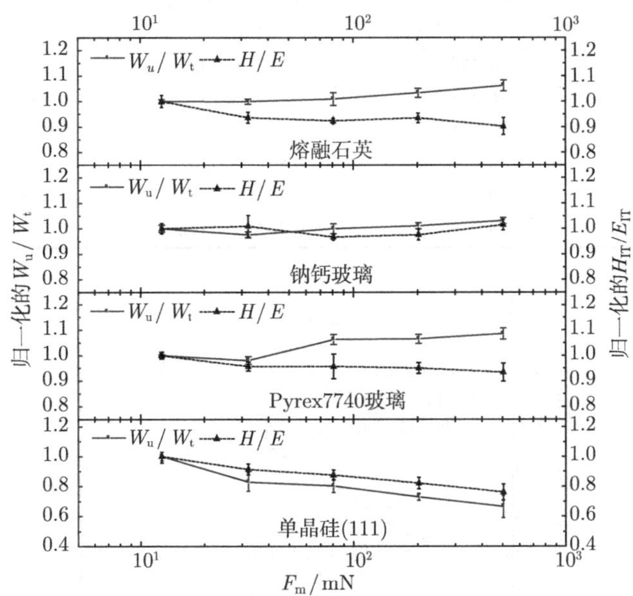

图 12.12 立方角压头的显微范围内压入试验的 W_u/W_t 和 H_{IT}/E_{IT} 变化趋势

以上实验观测结果表明，若无明显材料剥落，即使产生充分扩展的径向裂纹，开裂对 W_u/W_t 影响不显著，可以忽略；若有明显材料剥落，则 W_u/W_t 受影响比较显著，需引起重视。

从图 12.11 和图 12.12 的数据可以看出，开裂对 H_{IT}/E_{IT} 的影响明显高于对 W_u/W_t 的影响。这也给出解释，测试方法 $K_{IC} = \delta(H_{IT}/E_{IT})^{-1/2}(F/c^{3/2})$[9,16,17,23] 难以从压入断裂的试验数据中直接测定分析参量 H_{IT}/E_{IT}，因此需要另外测定 H_{IT} 和 E_{IT}。

12.2.4 计算表达式的校准

压入能量测试方法式 (12.18) 中的待定系数 λ 需要实验校准。利用 12.2.3 节中的实验数据确定维氏压头和立方角压头对应的 λ 值。

1. 维氏压头对应的 λ 值

对于维氏压头，利用钠钙玻璃、铝硅酸盐玻璃和单晶硅 (100) 宏观范围压入数据，计算三种材料在不同载荷下的 $(W_u/W_t)^{1/2}\,c^{3/2}K_{IC}$($K_{IC}$ 参考值源自文献，参见表 12.1)，将数据绘制在图 12.13 中，最小二乘法拟合出式 (12.18) 中的待定系数 $\lambda = 0.0498$。

表 12.1 实验材料的 K_{IC} 参考值与本方法测试值的对比

材 料	K_{IC}参考值 /$MPa\cdot m^{1/2}$	维氏压头测试值 /$MPa\cdot m^{1/2}$	立方角测试值 /$MPa\cdot m^{1/2}$
钠钙玻璃	0.75[9]	0.737 ± 0.053	0.669 ± 0.105
熔融石英	0.58[17]	—	0.606 ± 0.087
Pyrex7740 玻璃	0.63[17]	—	0.640 ± 0.103
铝硅酸盐玻璃	0.91[9]	0.814 ± 0.039	—
单晶硅 (111)	0.7[17]	—	0.803 ± 0.050
单晶硅 (100)	0.7[17]	0.795 ± 0.062	—

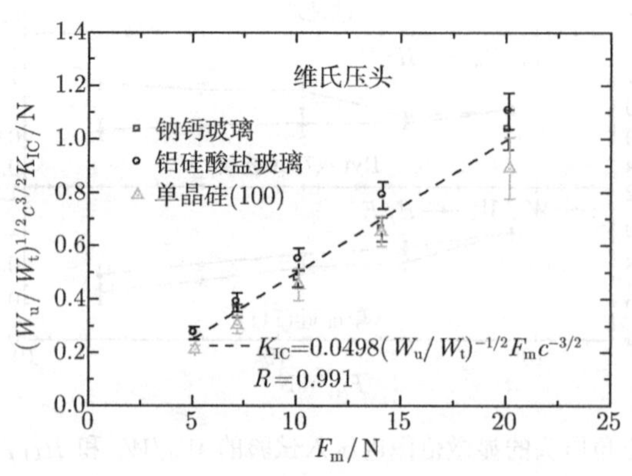

图 12.13 基于维氏压头的待定系数的实验确定

2. 立方角压头对应的 λ 值

对于立方角压头，利用熔融石英、钠钙玻璃、Pyrex7740 玻璃和单晶硅 (111) 宏观范围压入数据，计算四种材料在不同载荷下的 $(W_u/W_t)^{1/2}\,c^{3/2}K_{IC}$($K_{IC}$ 参考值源自文献，参见表 12.1)，将数据绘制在图 12.14 中，最小二乘法拟合式 (12.18) 中的待定系数 $\lambda = 0.0695$。

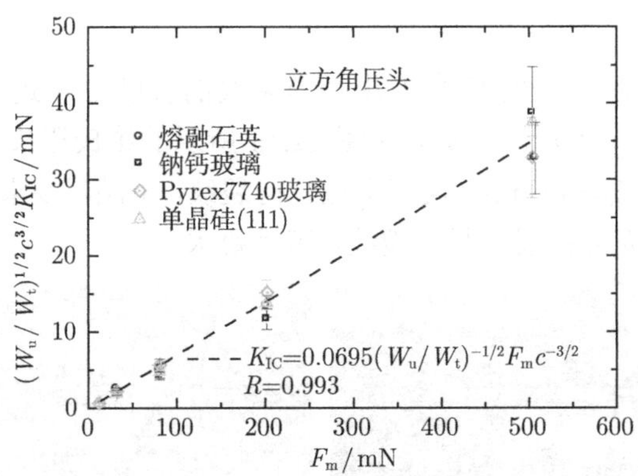

图 12.14　基于立方角压头的待定系数的实验确定

12.2.5　测试有效性的确认

为考察式 (12.18) 和 12.2.4 节中得到 λ 值的有效性，利用 12.2.3 节中两种压头的实验数据，通过式 (12.18) 重新计算试样材料的 K_{IC}，并与参考值比较，参见表 12.1。维氏压头选用载荷水平 F_m=20N 的数据，立方角压头选用载荷水平 F_m=600mN 的数据。与参考值相比，本方法两种压头测定 K_{IC} 最大相对偏差分别为 13.6%(维氏压头，单晶硅 (100)) 和 14.7%(立方角压头，单晶硅 (111))。与使用式 (12.6) 的 Anstis 等[9] 的方法 (维氏压头，K_{IC} 测试结果的不确定度约为 30%~40%) 和 Harding 等[17] 的方法 (立方角压头，K_{IC} 测试结果的不确定度约为 40%) 相比，本方法测试结果的偏差范围是可以接受的。

12.2.6　有效实验数据的判据

选取有效的实验数据进行分析和计算是准确测试的重要前提。压入断裂的现象和数据受诸多因素的影响，包括设定峰值载荷、加载方式、压头几何形状、被测材料力学性能以及其他偶然因素。这些影响难以在试验之前进行精确预判，常常导致部分实验数据不能满足理论模型的基本假设，因此，有效的测试需要判断和筛选有效实验数据。

本测试方法选用的分析参量为 W_t、W_u、F_m 和 c。其中，高分辨测试仪器可直接保证 F_m 的有效性；径向裂纹长度 c 由显微观测残余裂纹得到，而 W_t、W_u 从 F-h 曲线获得。因此，有效实验数据等同于有效径向裂纹和有效 F-h 曲线。

1. 有效径向裂纹

充分考虑 Lawn-Evans-Marshall 弹/塑性压入断裂模型[3] 的基本假设和其他相关因素，对此测试方法，有效径向裂纹应同时满足：①充分扩展，参见图 12.3；②无分叉；③无明显材料剥落。以下为建立此判据的依据。

(1) 充分扩展

Lawn-Evans-Marshall 模型[3] 要求径向裂纹的长度 c 应远大于压痕的特征尺寸 a，至少应满足 $c \geqslant 2a$[3]。例如，在图 12.15 所示的维氏压头在钠钙玻璃上的压入试验中，若采用 F_m=500mN，仅产生短径向裂纹，不满足要求；提高峰值载荷至 F_m=5N，则可产生充分扩展的径向裂纹，满足要求。

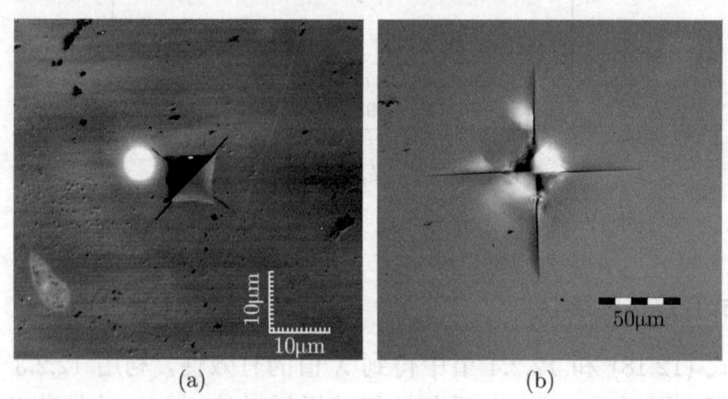

(a) (b)

图 12.15 维氏压头在钠钙玻璃上用不同 F_m 产生不同 c/a 压痕

(a)F_m=500mN，c/a <2；(b)F_m=5N，$c/a \approx 3$

(2) 无分叉

Lawn-Evans-Marshall 模型[3] 要求径向裂纹不受其他类型裂纹的影响。理想情况下，压痕角点只出现一条径向裂纹，且直对压痕中心。然而在实际测试中，由于受偶然因素的影响，例如，界面上的微小硬质颗粒以及试样表面的缺陷分布不均匀，常常出现径向裂纹分叉的情况，参见图 12.16。在此情况下，c 的测量值不应计入出现分叉的径向裂纹。

图 12.16 维氏压头在钠钙玻璃上产生的径向裂纹分叉 (F_m=8N)

(3) 无明显材料剥落

材料剥落分两种情况：①对于在加载段或卸载初期出现的剥落，通常由一些非正常因素 (包括界面上的硬质颗粒、材料各向异性、缺陷分布不均匀等) 所引起。此类剥落出现的时机较早，因而可能显著影响径向裂纹的形成，参见图 12.17(a)。

②在卸载末端发生的剥落，是由在卸载将近结束时出现的横向裂纹扩展至试样表面所引起的。此类剥落出现的时机较晚，对径向裂纹的产生和扩展影响较小，但会造成径向裂纹尖端难以辨认，影响 c 的测量，参见图 12.17(b)。

明显的材料剥落除了影响径向裂纹的形成及其测量以外，还会显著影响 F-h 曲线的形状，进而影响 W_u/W_t 的测定。

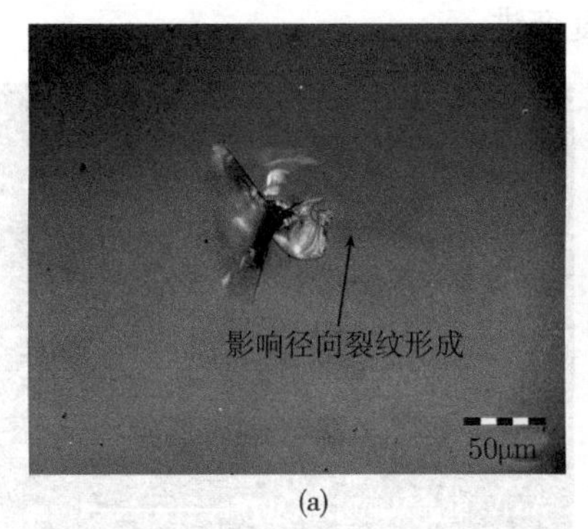

(a)

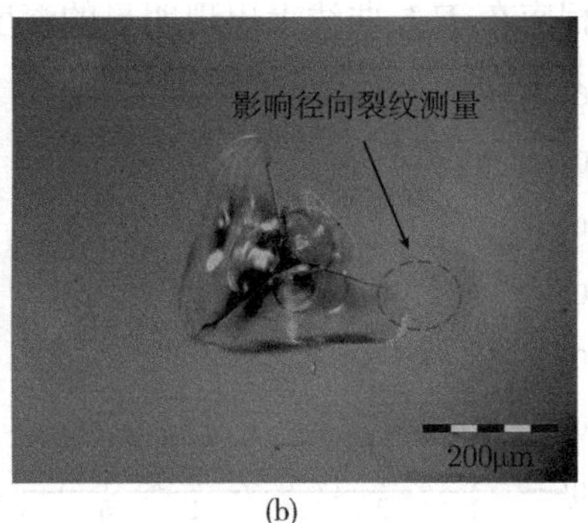

(b)

图 12.17 试样表面材料剥落的两种情况

(a) 早期剥落的影响；(b) 卸载末端剥落的影响

2. 有效 F-h 曲线

分析参量 W_t、W_u、F_m 需要从 F-h 曲线中获得。压入试验中发生的开裂不应对 W_u/W_t 产生显著影响。有效 F-h 的曲线应满足：光滑、无位移突进、无载荷突跳。此判据主要依据对以下实验现象的观测。

(1) 无剥落开裂对 F-h 曲线的影响

如果压入过程中没有发生明显的材料剥落，即使产生充分扩展的径向裂纹，F-h 曲线依然连续光滑，几乎不受影响。例如，立方角压头在钠钙玻璃上 F_m=500mN 压入试验，显微照片参见图 12.18，压痕角点出现了充分扩展的径向裂纹，而 F-h 曲线中无与裂纹对应的信息，无论加载段还是卸载段都光滑。根据 Morris 和 Cook[38] 的研究可知，对于立方角压头在钠钙玻璃上的压入，通常在加载阶段径向裂纹就已经产生并完成大部分的扩展。拟合图 12.18 中 F-h 曲线的加载段，发现其完全符合无裂纹压入试验的二次幂曲线 ($F = Ch^2$) 特征[31]。

在这类情况下，F-h 曲线几乎不受开裂的影响，对 W_u/W_t 的影响也较小，因而可认为 F-h 曲线有效。

(2) 有剥落开裂对 F-h 曲线的影响

如果压入过程中发生比较明显的材料剥落，则压头与试样的接触条件发生较大变化，因此 F-h 可能受到显著影响。材料剥落对应在 F-h 曲线的特征，因压入仪驱动方式及其所处于的加卸载阶段而异。

对于载荷驱动类型的压入仪，如果在加载段发生试样表面材料剥落，则压头瞬间失去支撑，驱动载荷会推动压头快进，在 F-h 曲线上对应出现一个深度的突进(pop-in)。如图 12.19 所示，在 MTS Nano Indenter® XP这种载荷控制类型的压入仪上，用立方角压头对单晶硅 (100) 进行压入试验，在加载阶段发生表面材料剥落以及相应在 F-h 曲线上出现明显的深度突进。

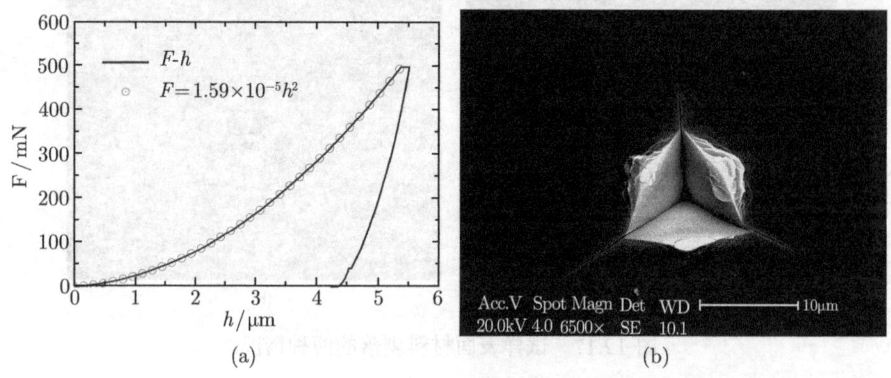

图 12.18　钠钙玻璃的立方角压头压入试验 F-h 曲线和压痕照片

(a) 压入曲线；(b) 压痕照片

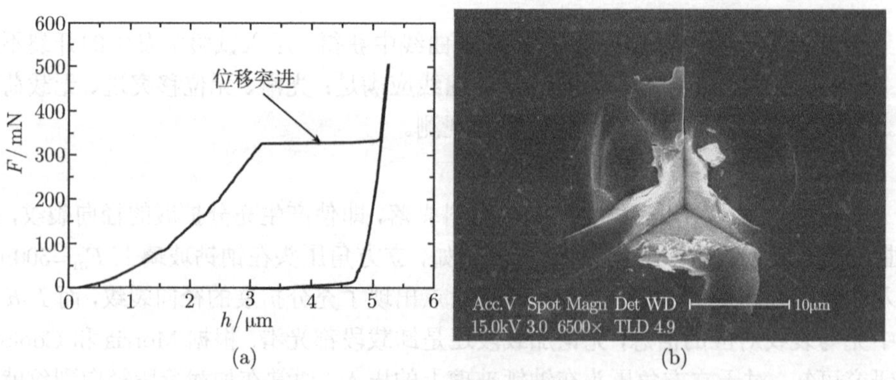

图 12.19　在单晶硅 (100) 的立方角压头压入试验 F-h 曲线和压痕照片

(a) 压入曲线；(b) 压痕照片

对于位移驱动类型的压入仪，如果在加载段发生试样表面材料剥落，则压头瞬间失去支撑，试样对压头的反作用力瞬间大幅减小，在 F-h 曲线上相对应会出现一个载荷突跳 (kink)。如图 12.20 所示，在宏观压入仪[30] 这种位移控制的试验机上，用维氏压头对单晶锗 (111) 进行压入试验，在加载阶段发生表面材料剥落以及相应在 F-h 曲线上出现明显的载荷突跳。

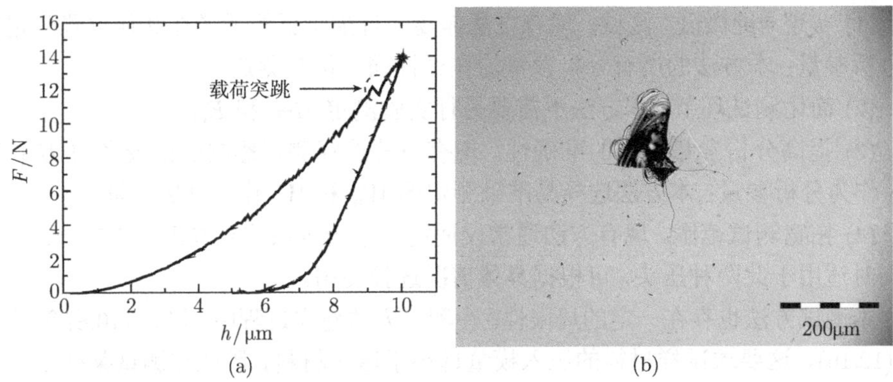

(a) (b)

图 12.20 单晶锗 (111) 的维氏压头压入试验 F-h 曲线和压痕照片

(a) 压入曲线；(b) 压痕照片

需要强调，单次压入试验应同时具有有效径向裂纹和有效 F-h 曲线，才能适用于此能量测试方法。

12.2.7 能量测试方法的特点

$K_{\rm IC}$ 的压入能量测试方法，以易精确测量的压入功作为分析参量，建立 $K_{\rm IC}$ 微小尺度压入测试方法。本方法可选用两种棱锥压头，以适应不同的测试需求。其中，维氏压头一般用于 $\sim 10^0$N 或更高载荷和 $\sim 10^1$μm 或更大裂纹尺度的场合，立方角压头一般可用于 $\sim 10^{-1}$N 或更低载荷和 10^0μm$\sim 10^1$μm 裂纹尺度的场合。本方法建立有效实验数据判据：①有效径向裂纹 (裂纹充分扩展、无分叉，材料无剥落；②有效 F-h 曲线 (光滑、无位移突进、无载荷突跳)。两者应同时满足。

与现有典型棱锥压头测试方法相比，参见表 12.2，本能量方法有以下特点。

表 12.2 本压入能量方法与现有典型方法的对比

测试方法	使用压头	分析参量测量	所需样品尺度
Anstis 等[9] $K_{\rm IC}=0.016\left(\dfrac{H_{\rm IT}}{E_{\rm IT}}\right)^{-1/2}\dfrac{F_{\rm m}}{c^{3/2}}$	维 氏	压入断裂：$F_{\rm m}, c, H_{\rm IT}$ 传统测试：$E_{\rm IT}(E)$	$\sim 10^0$mm
Harding 等[17] $K_{\rm IC}=0.036\left(\dfrac{H_{\rm IT}}{E_{\rm IT}}\right)^{-1/2}\dfrac{F_{\rm m}}{c^{3/2}}$	立方角 + 玻 氏	立方角压入断裂：$F_{\rm m}, c$ 玻氏无裂纹压入：$H_{\rm IT}, E_{\rm IT}$	$\sim 10^1$μm
冯义辉和张泰华等[28,29] $K_{\rm IC}=\lambda\left(\dfrac{W_{\rm u}}{W_{\rm t}}\right)^{-1/2}\dfrac{F_{\rm m}}{c^{3/2}}$	维 氏 /立方角	压入断裂：$F_{\rm m}$, c, $W_{\rm t}$, $W_{\rm u}$	10^1μm $\sim 10^0$mm

(1) 实现“纯微区”测试。现有方法需要另行加工试样或者在其他位置测定部分分析参量；本方法的所有分析参量均在试样同一位置测定。

(2) 简化测试环节。本方法不需要另行实验测定 H_{IT} 和 E_{IT}。

(3) 提高分析参量测试的准确性。现有方法选择测试影响因素较多的 H_{IT} 和 E_{IT} 作为分析参量；本方法选择易准确测定的 W_{u} 和 W_{t} 作为分析参量。

(4) 拓宽测试范围。现有方法通常仅适用于维氏压头或立方角压头之一；本方法同时适用于此两种压头，可根据具体情况选择使用。

本测试方法也存在一定的局限性。在测试方法建立过程中，将式 (10.8) 简化为式 (12.16)，这要求试样材料的压入模量远小于压头材料，因此在测试某些压入模量较高的陶瓷材料时，可能引起较大误差，需要引起注意。

参考文献

[1] Cook R F, Pharr G M. Direct observation and analysis of indentation cracking in glasses and ceramics. Journal of the American Ceramic Society, 1990, 73: 787-817.

[2] Lawn B, Wilshaw R. Indentation fracture: Principles and applications. Journal of Materials Science, 1975, 10: 1049-1081.

[3] Lawn B R, Evans A G, Marshall D B. Elastic/plastic indentation damage in ceramics: The median/radial crack system. Journal of the American Ceramic Society, 1980, 63: 574-581.

[4] Zeng K, Breder K, Rowcliffe D J. The Hertzian stress field and formation of cone cracks – I. Theoretical approach. Acta Metallurgica et Materialia, 1992, 40: 2595-2600.

[5] Warren P D. Determining the fracture toughness of brittle materials by Hertzian indentation. Journal of the European Ceramic Society, 1995, 15: 201-207.

[6] Oliver W C, Pharr G M. Improved technique for determining hardness and elastic modulus using load and displacement sensing indentation experiments. Journal of Materials Research, 1992, 7(6): 1564-1583.

[7] Oliver W, Pharr G. Measurement of hardness and elastic modulus by instrumented indentation: Advances in understanding and refinements to methodology. Journal of Materials Research, 2004, 19(1): 3-20.

[8] Evans A G, Charles E A. Fracture toughness determinations by indentation. Journal of the American Ceramic Society, 1976, 59: 371-372.

[9] Anstis G R, Chantikul P, Lawn B R, et al. A critical evaluation of indentation techniques for measuring fracture toughness: I, direct crack measurements. Journal of the American Ceramic Society, 1981, 64: 533-538.

[10] Laugier M T. The elastic/plastic indentation of ceramics. Journal of Materials Science Letters, 1985, 4: 1539-1541.

[11] Laugier M T. New formula for indentation toughness in ceramics. Journal of Materials Science Letters, 1987, 6: 355-356.

[12] Dukino R D, Swain M V. Comparative measurement of indentation fracture toughness with Berkovich and Vickers indenters. Journal of the American Ceramic Society, 1992, 75: 3299-3304.

[13] Niihara K, Morena R, Hasselman D P H. Evaluation of K_{IC} of brittle solids by the indentation method with low crack-to-indent ratios. Journal of Materials Science Letters, 1982, 1: 13-16.

[14] Lankford J. Indentation microfracture in the Palmqvist crack regime: Implications for fracture toughness evaluation by the indentation method. Journal of Materials Science Letters, 1982, 1: 493-495.

[15] Liang K M, Orange G, Fantozzi G. Evaluation by indentation of fracture toughness of ceramic materials. Journal of Materials Science, 1990, 25: 207-214.

[16] Pharr G M, Harding D S, Oliver W C. Measurement of fracture toughness in thin films and small volumes using nanoindentation methods//Mechanical properties and deformation behavior of materials having ultra-fine microstructures. Nederland: Kluwer Academic Publishers, 1993: 449-461.

[17] Harding D S, Oliver W C, Pharr G M. Cracking during nanoindentation and its use in the measurement of fracture toughness//Baker S P. Thin films stresses and mechanical properties V, MRS symposium proceeding, vol.356. Pittsburgh: Materials Research Society, 1995: 663-668.

[18] Zeng K, Breder K, Rowcliffe D J. The Hertzian stress field and formation of cone cracks – II. Determination of fracture toughness. Acta Metallurgica et Materialia, 1992, 40: 2601-2605.

[19] Rooke D P, Cartwright D J. Compendium of stress intensity factors. London: Her Majesty's Stationery Office, 1975.

[20] Laugier M T. Indentation cracking in ceramics and cermets. Proceedings of the 2nd international conference on science of hard materials, 1986: 449-455.

[21] Oore M, Burns D J. Estimation of stress intensity factors for embedded irregular cracks subjected to arbitrary normal stress fields. Journal of Pressure Vessel Technology, 1980, 102: 202-211.

[22] Ouchterlony F. Stress intensity factors for the expansion loaded star crack. Engineering Fracture Mechanics, 1976, 8: 447-448.

[23] Pharr G M. Measurement of mechanical properties by ultra-low load indentation. Materials Science and Engineering A, 1998, 253: 151-159.

[24] Geandier G, Denis S, Mocellin A. Float glass fracture toughness determination by Hertzian contact: Experiments and analysis. Journal of Non-Crystalline Solids, 2003, 318: 284-295.

[25] Morrell R. Fracture toughness testing for advanced technical ceramics: Internationally agreed good practice. Advances in Applied Ceramics, 2006, 105: 88-98.

[26] Quinn G D, Bradt R C. On the Vickers indentation fracture toughness test. Journal of the American Ceramic Society, 2007, 90: 673-680.

[27] Zhang S, Sun D, Fu Y, et al. Toughness measurement of thin films: A critical review. Surface and Coatings Technology, 2005, 198: 74-84.

[28] Taihua Zhang, Yihui Feng, Rong Yang, et al. A method to determine fracture toughness using cube-corner indentation. Scripta Materialia, 2010, 62(4): 199-201.

[29] Yihui Feng, Taihua Zhang, Rong Yang. A work approach to determine Vickers indentation fracture toughness. Journal of The American Ceramic Society, 2011, 94(2): 332-335.

[30] 冯义辉. 脆性材料断裂韧度的仪器化压入测试技术. 北京：中国科学院研究生院博士学位论文, 2011.

[31] Cheng Y T, Cheng C M. Relationships between hardness, elastic modulus, and the work of indentation. Applied Physics Letters, 1998, 73: 614-616.

[32] Cheng Y T, Li Z Y, Cheng C M. Scaling relationships for indentation measurements. Philosophical Magazine A, 2002, 82: 1821-1829.

[33] Rong Yang, Taihua Zhang, Peng Jiang, et al. Experimental verification and theoretical analysis of the relationships between hardness, elastic modulus, and the work of indentation. Applied Physics Letters, 2008, 92: 231906.

[34] Rong Yang, Taihua Zhang, Yihui Feng. Theoretical analysis of the relationships between hardness, elastic modulus, and the work of indentation for work-hardening materials. Journal of Materials Research, 2010, 25(11): 2072-2077.

[35] 杨荣. 仪器化压入的能量标度关系的力学机制. 北京：中国科学院研究生院博士学位论文, 2010.

[36] Johnson K L. Contact mechanics. Cambridge: Cambridge University Press, 1985.

[37] ISO14577: 2002. Metallic materials — Instrumented indentation test for hardness and materials parameters.

[38] Morris D J, Cook R F. In situ cube-corner indentation of soda–lime glass and fused silica. Journal of the American Ceramic Society, 2004, 87: 1494-1501.

第13章 蠕变柔量

仪器化压入测试技术，可测定微小尺度黏弹材料的蠕变参数 —— 蠕变柔量 $J(t)$。其利用硬质锥形或球形压头压入试样表面，基于测量的载荷–深度数据，通过模型分析和数据处理，识别出材料的 $J(t)$。此类测试对试样形状和尺寸几乎无要求，仅需具有局部平整光滑的表面。压入测定 $J(t)$ 的力学分析比较复杂，虽然已经发展出若干具有实用价值的测试方法，但仍不够成熟完善，尚处于研究和发展阶段。本章将概述典型的 $J(t)$ 压入测试方法，详细介绍本研究组新近发展的 $J(t)$ 压入测试方法。

13.1 研究现状

自 20 世纪五六十年代建立线黏弹接触理论以来，其主要用于预测接触力学行为。直到最近三十年，随着仪器化压入技术的出现和日臻成熟，该理论才被用于识别蠕变柔量。基于该理论发展的仪器化压入测试方法，可用于测定生物材料、高聚物复合材料等结构特殊、尺寸有限的材料的蠕变柔量，弥补传统测试方法的不足。但由于此类方法需满足线黏弹接触的假设，因此在测定线黏弹塑性材料的蠕变柔量时，其应用受到一定的限制。本节主要回顾现有的基于仪器化压入技术的蠕变柔量测试方法，总结其发展动态。

13.1.1 线黏弹接触理论

1960 年，Lee 和 Radok[1] 研究刚性压头与半无限大线性黏弹性体的接触问题。假设刚性压头与试样之间为线黏弹接触且无摩擦，试样的泊松比 ν 不随时间变化，利用对应原理，从 Hertz 解出发推导出线黏弹性体接触问题的解，建立起压入载荷 $F(t)$、压入深度 $h(t)$ 与蠕变柔量 $J(t)$ 之间的关系式

$$h^{(n+1)/n}(t)=\frac{1-\nu}{4B_n}\int_0^t J(t-\tau)\frac{\mathrm{d}F(\tau)}{\mathrm{d}\tau}\mathrm{d}\tau \tag{13.1}$$

式中，ν 为试样的泊松比；B_n 是与压头形状相关的系数，锥形压头 $n=1$ 和 $B_1=\tan\alpha/\pi$，球形压头 $n=2$ 和 $B_2=2\sqrt{R}/3$。此解仅适用于压头与试样接触半径非减的情况，而不适用于压入测试的卸载段。

随后 Hunter[2]，Graham[3] 和 Ting[4] 经严格的数学推导重现 Lee-Radok 解，并得到适用于接触半径减小情况的解

$$D_n h(t) = a_c^n(t) - \int_{t_m}^{t} J(t-\tau)\frac{\partial}{\partial\tau}\int_{t_1(\tau)}^{\tau} G(\tau-\eta)\frac{\mathrm{d}a_c^n(\eta)}{\mathrm{d}\eta}\mathrm{d}\eta\mathrm{d}\tau, \quad t > t_m \tag{13.2}$$

式中，$a_c(t)$ 为 t 时刻的接触半径；t_m 为接触半径最大的时刻；$t_1(\tau)$ 表示与 τ 时刻接触半径相等的时刻，即 $a_c(t_1) = a_c(\tau)$ 且 $t_1(\tau) < t_m$，参见图 13.1；D_n 是与压头形状相关的系数，锥形压头 $n=1$ 和 $D_1 = 2\tan\alpha/\pi$，球形压头 $n=2$ 和 $D_2 = R$。当 $t \leqslant t_m$，接触半径逐渐增大，Ting 等的解与 Lee-Radok 解相同，可用于预测加载段的压入深度；当 $t > t_m$，接触半径逐渐减小，Ting 等的解给出压入深度 $h(t)$、接触半径 $a_c(t)$ 与蠕变柔量 $J(t)$ 和松弛模量 $G(t)$ 之间的关系，可用于预测卸载段的压入深度。

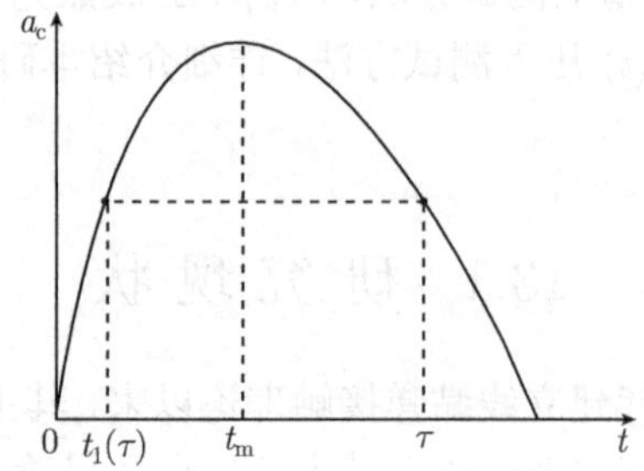

图 13.1　接触半径随时间变化示意图

综上所述，若蠕变柔量已知，可用 Lee-Radok 解表征加载段的压入力学行为；若蠕变柔量和松弛模量均已知，可用 Ting 等的解表征卸载段的压入力学行为。然而，利用仪器化压入技术测定蠕变柔量是表征压入力学行为的反问题。首先通过仪器化压入仪测量出压入载荷–深度曲线；再根据线黏弹接触理论，建立识别方法；最后从载荷–深度曲线中识别出蠕变柔量。由于式 (13.1) 和式 (13.2) 中，蠕变柔量在积分号内，以隐式的形式存在，不能直接求解，因此需化简表达式，推导出蠕变柔量的显式表达式。Lee-Radok 解虽只适用于加载段，但形式简洁，采用合适的加载方式，可化简得到蠕变柔量的显式表达式。Ting 等的解适用于卸载段，但形式复杂且蠕变柔量与松弛模量相耦合，无法得到蠕变柔量的显式表达式。因此，现有的利用仪器化压入技术识别蠕变柔量的方法是以 Lee-Radok 解为基础建立起来的，只能使用加载段的数据确定蠕变柔量。

需要指出的是，Lee-Radok 解是基于三维的线黏弹积分本构得到的，式 (13.1) 中的蠕变柔量 $J(t)$ 实际上是剪切蠕变柔量。如不加特殊说明，本章的蠕变柔量特指剪切蠕变柔量。单轴拉伸蠕变基于一维的线黏弹积分本构，其测定的是拉伸蠕变柔量 $J_T(t)$。当试样的泊松比 ν 不随时间变化时，剪切蠕变柔量与拉伸蠕变柔量之间只相差一个比例系数 $2(1+\nu)$。因此，在满足试样的泊松比不随时间变化的条件下，基于仪器化压入技术测定的蠕变柔量与单轴拉伸测定的拉伸蠕变柔量乘

$2(1+\nu)$ 之积相等，即 $J(t)=2(1+\nu)J_{\mathrm{T}}(t)$。

13.1.2 现有压入测试方法

随着仪器化压入技术日臻成熟，国内外学者以 Lee-Radok 解为基础，提出多种利用仪器化压入技术识别蠕变柔量的方法[5−12]。这些方法主要分为两类：线黏弹压入测试方法和线黏弹塑压入测试方法。所谓线黏弹压入，是指在压入测试中，试样不产生或产生的塑性变形可忽略，且黏弹变形近似满足线性规律，即压头与试样之间为线黏弹接触。所谓线黏弹塑压入，是指在压入测试中，试样除产生线黏弹变形外，还产生明显的塑性变形，即压头与试样之间为线黏弹塑接触。

线黏弹压入测试方法，以 Lu[5]、Oyen[6,7]、Tweedie[8] 和 Cheng[9] 等的方法为代表，主要涉及两种压头、四种加载方式。将具体的加载方式代入式 (13.1)，化简得到蠕变柔量的显式表达式，参见表 13.1。因为基于线黏弹压入的假设，此类方法的应用受到一定限制。当试样为线黏弹塑性材料，Lu[5] 和 Tweedie[8] 指出，只有在压入深度较浅，塑性变形可忽略的情况下，才能认为是线黏弹压入。由于蠕变试验采用载荷控制，较难确定不引起明显塑性变形的临界载荷。Lu 等 [5] 的做法是用不同的压入载荷测试多次，再观察试样表面，以观察不到残余压痕所对应的载荷作为临界载荷。这样的测试过程繁琐，效率低下，而且在低载荷、浅压深的测试中，压头钝化和温漂等因素的影响较大，导致测试精度降低。

表 13.1 基于线黏弹压入的蠕变柔量识别表达式

加载方式 $F(t)$	锥形压头 $J(t)$	球形压头 $J(t)$
$F_0H(t)$①	$\dfrac{4\tan\alpha}{\pi(1-\nu)F_0}h^2(t)$	$\dfrac{8\sqrt{R}}{3(1-\nu)F_0}h^{3/2}(t)$
$V_{\mathrm{F}}t$	$\dfrac{4\tan\alpha}{\pi(1-\nu)V_{\mathrm{F}}}\dfrac{\mathrm{d}h^2(t)}{\mathrm{d}t}$	$\dfrac{8\sqrt{R}}{3(1-\nu)V_{\mathrm{F}}}\dfrac{\mathrm{d}h^{3/2}(t)}{\mathrm{d}t}$
$(V_{\mathrm{F}}t)^2$	$\dfrac{2\tan\alpha}{\pi(1-\nu)V_{\mathrm{F}}^2}\dfrac{\mathrm{d}^2h^2(t)}{\mathrm{d}t^2}$	$\dfrac{4\sqrt{R}}{3(1-\nu)V_{\mathrm{F}}^2}\dfrac{\mathrm{d}^2h^{3/2}(t)}{\mathrm{d}t^2}$
$F_0\mathrm{e}^{t/\tau}$	$\dfrac{4\tau\tan\alpha}{\pi(1-\nu)F_0}\left[\dfrac{\mathrm{d}h^2(t)}{\mathrm{d}t}+h^2(0)\delta(t)-\dfrac{1}{\tau}h^2(t)\right]$	$\dfrac{8\tau\sqrt{R}}{3(1-\nu)F_0}\left[\dfrac{\mathrm{d}h^{3/2}(t)}{\mathrm{d}t}+h^{3/2}(0)\delta(t)-\dfrac{1}{\tau}h^{3/2}(t)\right]$

①$H(t)$ 为 Heaviside 函数，$H(t)=\begin{cases}1, & t\geqslant 0\\ 0, & t<0\end{cases}$

线黏弹塑压入测试方法，主要以 Seltzer[10] 的方法为代表。当试样为线黏弹塑性材料，压入深度较大时，试样会生产明显的塑性变形，直接使用表 13.1 中的方法确定蠕变柔量，会因为压入深度含有塑性变形，导致测得的蠕变柔量偏大。此情况下测定的蠕变柔量并不是真正的蠕变柔量，为便于区别，称之为表观蠕变柔量

J_a。Seltzer[10] 通过有限元模拟线黏弹塑性材料在多个载荷水平下的球形压入，发现归一化的表观蠕变柔量 J_a/J_0 与塑弹性压深比 h_0^p/h_0^e 之间存在线性关系 (J_0 为瞬时蠕变柔量，h_0^p 和 h_0^e 分别是保载初始时刻的塑性压深和弹性压深)。利用此线性关系，将 J_a/J_0 线性外推至 $h_0^p/h_0^e=0$ 的点，如图 13.2 中空心圆所示，得到无塑性变形情况下对应的表观蠕变柔量，即真正的蠕变柔量。由于单次线性外推只能得到给定时间点处的蠕变柔量，而蠕变柔量是时间的函数，确定一条蠕变柔量曲线则需要进行一系列时间点处的线性外推，时间点越多，线性外推的次数就越多，这导致数据处理过程繁琐，效率低下。

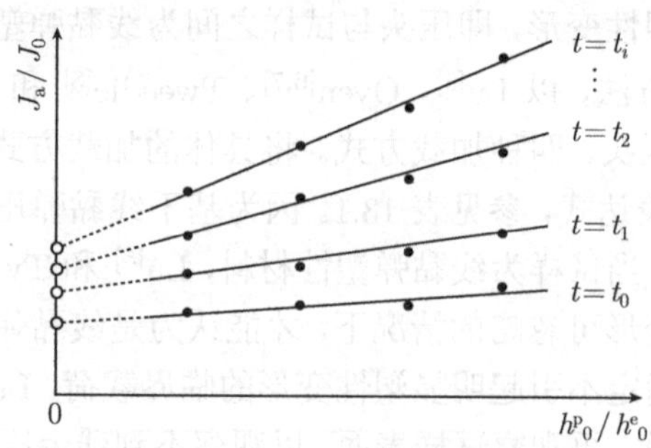

图 13.2 J_a/J_0 的线性外推示意图

统观两类测试方法，在测试线黏弹塑性材料的蠕变柔量方面，还存在步骤繁琐、效率低下等不足。而大多数的工程塑料都属于线黏弹塑性材料，对改进现有方法的不足有显著需求。因此，需要发展能够准确、便捷、高效测定线黏弹塑性材料的蠕变柔量的方法。此外，由于现有方法基于 Lee-Radok 解，不适用于卸载段接触半径减小的情况，既不能用卸载段数据识别蠕变柔量，也不能表征卸载段力学行为。因此，需要发展适用于卸载段的蠕变柔量测试方法，一方面可表征卸载段力学行为，另一方面可提高数据利用率。

13.2 适用于卸载段的测试方法

建立适用于卸载段的蠕变柔量测试方法，需要依赖适用于卸载段的线黏弹接触理论。Ting 等的解虽适用于卸载段，但由于蠕变柔量和松弛模量相耦合，无法利用单次测试确定出蠕变柔量。彭光健和张泰华等 [11] 通过数值验证，发现 Lee-Radok 解在卸载段仍然近似成立，这为建立适于卸载段的蠕变柔量测试方法提供依据。

13.2.1 拓宽 Lee-Radok 解的适用范围

为验证 Lee-Radok 解在卸载段仍然成立，采用有限元软件 ABAQUS，进行大量的数值模拟试验予以证明。假设光滑的刚性锥形压头压入半无限大的线性黏弹性体，其中锥形压头的半锥角为 70.3°，半无限大体的材料模型采用三参数固体模型，参见图 13.3，该模型的蠕变柔量可表示为

$$J(t) = 2(1+\nu)\left[\frac{1}{E_\infty} - \frac{1}{E_1}e^{-t/\tau_c}\right] \tag{13.3}$$

式中，$1/E_\infty = 1/E_0 + 1/E_1$ 表示无穷长时间的蠕变柔量；$\tau_c = \eta_1/E_1$ 为延迟时间。

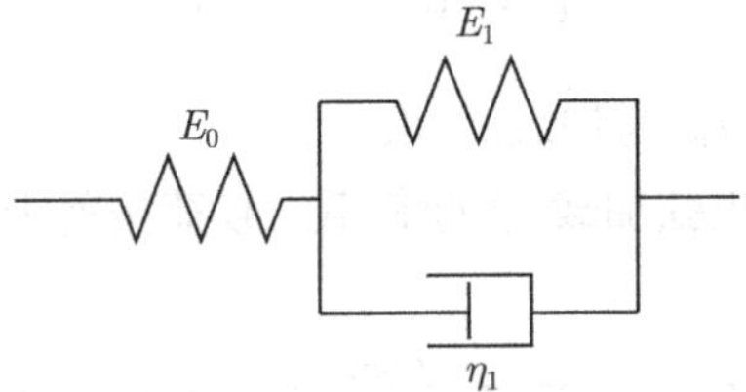

图 13.3　三参数固体模型

根据三参数固体模型，在 ABAQUS 中输入五个力学参数，可定义一种材料。五个力学参数分别为：瞬时模量 E_0、泊松比 ν、剪切松弛系数 g_1、体积松弛系数 k_1 和松弛时间 τ_1。由于假设泊松比不随时间变化，剪切松弛系数始终等于体积松弛系数，因此独立的输入参数只有四个。每个参数取不同的值 (瞬时模量取五个值，泊松比取五个值，剪切和体积松弛系数取四个值，松弛时间取一个值)，参见表 13.2，组合出 5×5×4×1=100 种可能的线黏弹性材料，这些材料可覆盖绝大多数的橡胶和工程塑料。

表 13.2　输入 ABAQUS 的黏弹性力学参数

瞬时模量 E_0/GPa	泊松比 ν	剪切和体积松弛系数 $g_1 = k_1$	松弛时间 τ_1/s
0.001	0.33	0.2	10
0.01	0.38	0.4	
0.5	0.43	0.6	
2.5	0.48	0.8	
10	0.49		

验证 Lee-Radok 解在卸载段是否成立，可通过比较由式 (13.1) 预测的压入深度和数值模拟的压入深度。若预测的深度与数值模拟的深度吻合，则说明式 (13.1) 在卸载段仍然成立。由于式 (13.1) 中的加载方式未知，此处考虑三种加载方式：*Step-Ramp* 加载、*Ramp-Ramp* 加载和 *Sine-Sine* 加载。在三种加载方式的卸载段，压头与试样的接触半径先增后减，参见图 13.4。通过比较三种加载方式下的预测深度与模拟深度，验证 Lee-Radok 解在卸载段是否成立。

Step-Ramp 加载，即阶跃加载–线性卸载，阶跃载荷瞬间作用在试样上，然后缓慢线性卸载到零，可写成

$$F(t) = F_0 H(t) - V_F t \quad (V_F > 0) \tag{13.4}$$

式中，F_0 为最大载荷；V_F 为卸载速率；$H(t)$ 为 Heaviside 函数。

Ramp-Ramp 加载，即线性加载–线性卸载，此处只考虑加卸载速率相同的情况，可表示为

$$F(t)=\begin{cases} V_F t & (t \leqslant t_R) \\ V_F(2t_R - t) & (t > t_R) \end{cases} \tag{13.5}$$

式中，V_F 为加卸载速率；t_R 为加载时间。

Sine-Sine 加载，即正弦加载–正弦卸载，载荷按前半个正弦波形变化加卸载，可写成

$$F(t)=F_0 \sin\left(\frac{2\pi}{T}t\right) \quad (t \leqslant T/2) \tag{13.6}$$

式中，F_0 为最大载荷，T 为加载周期。

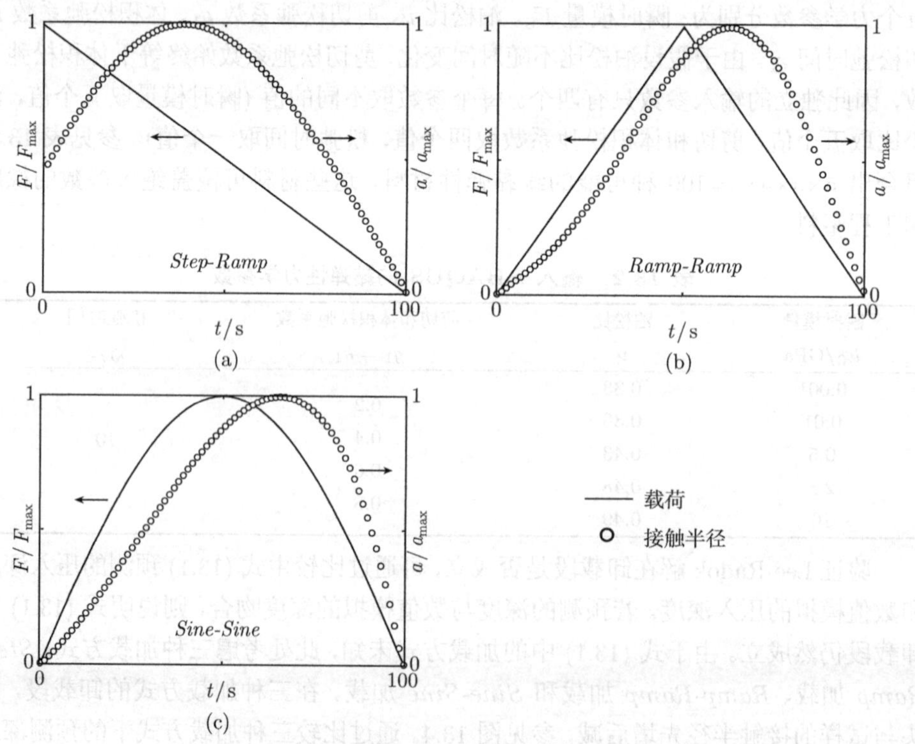

图 13.4　加载方式及对应的接触半径变化

将式 (13.3) 和式 (13.4)，式 (13.3) 和式 (13.5)，式 (13.3) 和式 (13.6) 分别代入式 (13.1)，整理出三种加载方式下，预测压入深度的表达式：

Step-Ramp 加载

$$h^{(n+1)/n}(t)=\frac{\left(1-\nu^{2}\right)F_{0}}{2B_{n}}\left[\frac{1}{E_{\infty}}\left(1-\frac{V_{\mathrm{F}}}{F_{0}}t\right)+\left(\frac{1}{E_{1}}+\frac{V_{\mathrm{F}}}{F_{0}}\frac{\tau_{\mathrm{c}}}{E_{1}}\right)\left(1-\mathrm{e}^{-t/\tau_{\mathrm{c}}}\right)-\frac{1}{E_{1}}\right] \tag{13.7}$$

Ramp-Ramp 加载

$$h^{(n+1)/n}(t)=\begin{cases}\dfrac{\left(1-\nu^{2}\right)V_{\mathrm{F}}}{2B_{n}}\left[\dfrac{1}{E_{\infty}}t-\dfrac{\tau_{\mathrm{c}}}{E_{1}}\left(1-\mathrm{e}^{-t/\tau_{\mathrm{c}}}\right)\right] & (t\leqslant t_{\mathrm{R}})\\ \dfrac{\left(1-\nu^{2}\right)V_{\mathrm{F}}}{2B_{n}}\left[\dfrac{1}{E_{\infty}}\left(2t_{\mathrm{R}}-t\right)\right. & \\ \left.+\dfrac{\tau_{\mathrm{c}}}{E_{1}}\left(1+\mathrm{e}^{-t/\tau_{\mathrm{c}}}-2\mathrm{e}^{-(t-t_{\mathrm{R}})/\tau_{\mathrm{c}}}\right)\right] & (t>t_{\mathrm{R}})\end{cases} \tag{13.8}$$

Sine-Sine 加载

$$h^{(n+1)/n}(t)=\frac{\left(1-\nu^{2}\right)F_{0}}{2B_{n}}\times\left[\frac{1}{E_{\infty}}\sin\left(\frac{2\pi}{T}t\right)-\frac{2\pi}{T}\frac{\tau_{\mathrm{c}}}{E_{1}}\frac{\cos\left(\frac{2\pi}{T}t\right)+\frac{2\pi}{T}\tau_{\mathrm{c}}\sin\left(\frac{2\pi}{T}t\right)-\mathrm{e}^{-t/\tau_{\mathrm{c}}}}{1+\left(\frac{2\pi}{T}\tau_{\mathrm{c}}\right)^{2}}\right] \tag{13.9}$$

将定义的 100 种材料的力学参数代入式 (13.7)、式 (13.8) 和式 (13.9)，分别预测出这 100 种材料在 *Step-Ramp* 加载、*Ramp-Ramp* 加载和 *Sine-Sine* 加载下，压入深度随时间的变化。同时在 ABAQUS 中，使用相同的材料参数和加载条件，模拟压入测试，得到压入深度随时间的变化。

以有限元模拟得到的压入深度作为约定真值，将预测的压入深度与之比较。限于篇幅，此处只展示四种代表性材料的压入深度随时间的变化曲线，参见图 13.5。结果显示，式 (13.7)、式 (13.8) 和式 (13.9) 的预测结果与有限元结果吻合较好。经过对比分析全部 100 种材料的结果发现，在卸载段的前 90%，相对误差不超 10%，只在卸载段的后 10%，相对误才逐渐增大。这说明，在一定的容许误差内，式 (13.7)、式 (13.8) 和式 (13.9) 可用于预测卸载段的压深变化。由于式 (13.7)、式 (13.8) 和式 (13.9) 都是基于 Lee-Radok 解而得到，因此可推出 Lee-Radok 解在卸载段仍然近似成立。需要指出的是，这并不与 Lee 和 Radok[1] 的结论相违背。Lee 和 Radok 指出，他们的解在卸载段不成立。通过有限元验证，我们发现 Lee-Radok 解在卸载段的确存在一定的误差，从严格的理论上讲，其在卸载段是不成立的，然而从实际应用的角度看，该误差在可接受范围内，可认为其在卸载段近似成立。

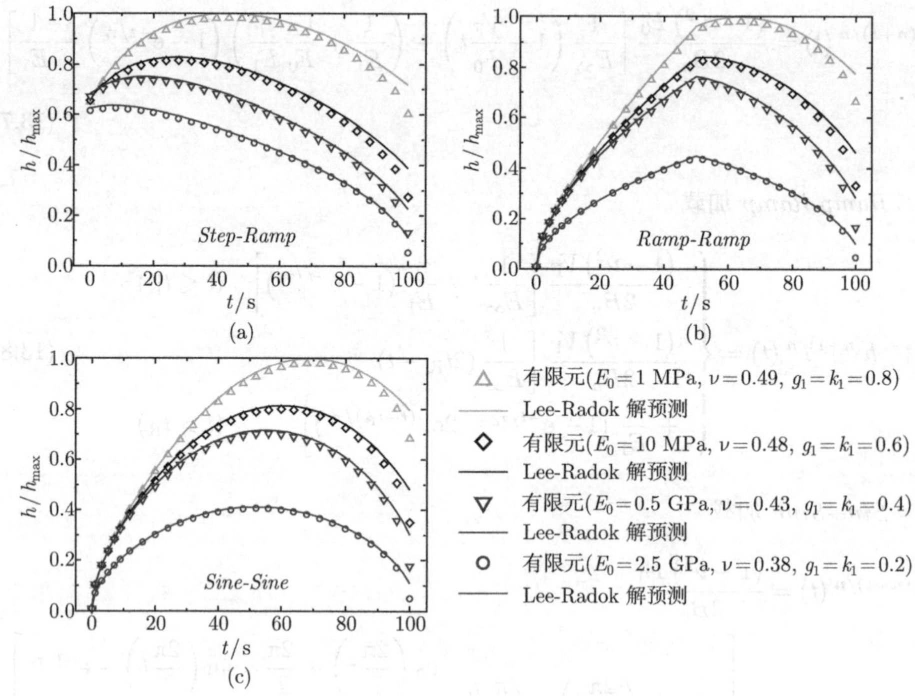

图 13.5　压入深度随时间的变化曲线

13.2.2　三种蠕变柔量测试方法

1. *Step-Ramp*、*Ramp-Ramp* 和 *Sine-Sine* 方法

上节证实 Lee-Radok 解在卸载段近似成立。因此，在一定容许误差范围内，可基于 Lee-Radok 解，即式 (13.1)，发展利用卸载段数据识别蠕变柔量的方法。使用前面提出的三种加载方式，参见图 13.4，推导出对应的蠕变柔量测试方法，根据加载方式分别命名为 *Step-Ramp* 方法、*Ramp-Ramp* 方法和 *Sine-Sine* 方法。将式 (13.4)、式 (13.5) 和式 (13.6) 分别代入式 (13.1)，推导出蠕变柔量的显式表达式：

Step-Ramp 方法

$$J(t)=\frac{4B_n}{(1-\nu)F_0}\left[h^{(n+1)/n}(t)+\frac{V_{\mathrm{F}}}{F_0}\int_0^t h^{(n+1)/n}(\tau)\,\mathrm{e}^{V_{\mathrm{F}}(t-\tau)/F_0}\mathrm{d}\tau\right] \tag{13.10}$$

Ramp-Ramp 方法

$$J(t)=\begin{cases}\dfrac{4B_n}{(1-\nu)V_{\mathrm{F}}}\dfrac{\mathrm{d}h^{(n+1)/n}(t)}{\mathrm{d}t} & (t\leqslant t_{\mathrm{R}})\\[2ex] 2J(t-t_R)+\dfrac{4B_n}{(1-\nu)V_{\mathrm{F}}}\dfrac{\mathrm{d}h^{(n+1)/n}(t)}{\mathrm{d}t} & (t>t_{\mathrm{R}})\end{cases} \tag{13.11}$$

Sine-Sine 方法

$$J(t)=\frac{2B_nT}{(1-\nu)\,\pi F_0}\left[\frac{\mathrm{d}h^{(n+1)/n}(t)}{\mathrm{d}t}+\left(\frac{2\pi}{T}\right)^2\int_0^t h^{(n+1)/n}(\tau)\,\mathrm{d}\tau\right] \tag{13.12}$$

利用式 (13.10)、式 (13.11) 或式 (13.12)，可确定蠕变柔量。但由于压入测试中，测量的离散数据具有波动性，式 (13.11) 和式 (13.12) 中的求导运算 $\mathrm{d}h^{(n+1)/n}/\mathrm{d}t$，会引起较大误差。为避免求导运算，采用数据拟合方法确定蠕变柔量。根据广义 Kelvin 模型，将蠕变柔量展开成 Prony 级数

$$J(t)=J_\infty-\sum_{i=1}^{N}J_i\mathrm{e}^{-t/\tau_i} \tag{13.13}$$

式中，J_∞ 为时间无穷长时的蠕变柔量；J_i 和 τ_i 分别表示柔量延迟强度和延迟时间；N 为展开级数的最高阶数。

再将式 (13.5) 和式 (13.13)、式 (13.6) 和式 (13.13) 分别代入式 (13.1)，整理得到确定蠕变柔量的拟合表达式：

Ramp-Ramp 方法

$$h^{(n+1)/n}(t)=\begin{cases}\dfrac{(1-\nu)\,V_{\mathrm{F}}}{4B_n}\left[J_\infty t-\displaystyle\sum_{i=1}^{N}J_i\tau_i\left(1-\mathrm{e}^{-t/\tau_i}\right)\right] & (t\leqslant t_{\mathrm{R}})\\ \dfrac{(1-\nu)\,V_{\mathrm{F}}}{4B_n}\left[J_\infty(2t_{\mathrm{R}}-t)\right.\\ \left.+\displaystyle\sum_{i=1}^{N}J_i\tau_i\left(1+\mathrm{e}^{-t/\tau_i}-2\mathrm{e}^{-(t-t_{\mathrm{R}})/\tau_i}\right)\right] & (t>t_{\mathrm{R}})\end{cases} \tag{13.14}$$

Sine-Sine 方法

$$\begin{aligned}h^{(n+1)/n}(t)=\frac{(1-\nu)\,F_0}{4B_n}\times&\left[J_\infty\sin\left(\frac{2\pi}{T}t\right)\right.\\&\left.-\frac{2\pi}{T}\sum_{i=1}^{N}J_i\tau_i\frac{\cos\left(\dfrac{2\pi}{T}t\right)+\dfrac{2\pi}{T}\tau_i\sin\left(\dfrac{2\pi}{T}t\right)-\mathrm{e}^{-t/\tau_i}}{\left(\dfrac{2\pi}{T}\right)^2\tau_i^2+1}\right]\end{aligned} \tag{13.15}$$

利用式 (13.14) 或式 (13.15) 对测量的深度–时间曲线进行最小二乘拟合，可确定出一系列的最佳拟合参数 J_∞、J_i 和 τ_i，再将这些参数代回式 (13.13)，即可确定蠕变柔量。

综上所述，对 *Step-Ramp* 加载，用式 (13.10) 确定蠕变柔量；对 *Ramp-Ramp* 加载，用式 (13.13) 和式 (13.14) 确定蠕变柔量；对 *Sine-Sine* 加载，用式 (13.13) 和式 (13.15) 确定蠕变柔量。

2. 三种方法的数值验证

通过线黏弹压入的有限元模拟，验证 *Step-Ramp* 方法、*Ramp-Ramp* 方法和 *Sine-Sine* 方法的准确性。使用与 13.2.1 节中相同的材料模型和材料参数，针对每种材料模拟单轴拉伸测试和四种不同加载方式的压入测试。单轴拉伸模拟测试的目的是，验证材料参数和材料模型是否正确。压入模拟测试采用的四种加载方式分别是：*Step-Ramp* 加载、*Ramp-Ramp* 加载、*Sine-Sine* 加载和 *Step-Hold* 加载。其中 *Step-Hold* 加载没有卸载段，压头与试样的接触半径随时间单调递增，是现有的蠕变柔量测试方法准确。

将每种材料对应的力学参数代入式 (13.3)，求出蠕变柔量的理论结果。以此作为约定真值，将单轴拉伸模拟测试结果与之对比，验证输入 ABAQUS 的材料参数和材料模型是否正确；将四种压入模拟测试结果与之对比，评价 *Step-Ramp* 方法、*Ramp-Ramp* 方法和 *Sine-Sine* 方法的准确性。观察全部 100 种材料的比对结果 (其中两种代表性材料的比对结果参见图 13.6)，发现单轴拉伸模拟结果与理论结果吻合非常好，相对误差不超过 0.1%，说明输入 ABAQUS 的材料参数和材料模型正确。压入模拟测试的结果与理论结果也吻合较好，相对误差不超过 ±13.2%，说明在容许误差 ±15% 范围内，可认为 *Step-Ramp* 方法、*Ramp-Ramp* 方法和 *Sine-Sine* 方法准确。

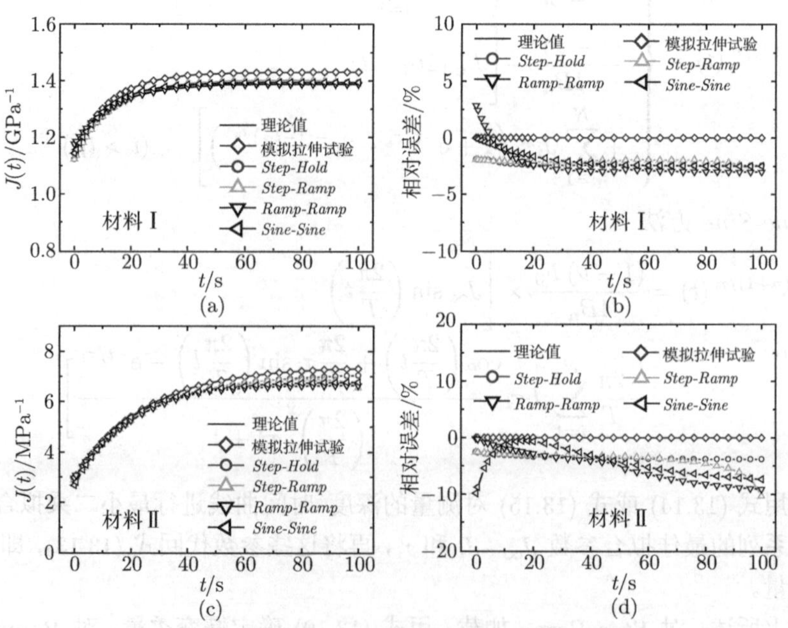

图 13.6　数值模拟的蠕变柔量测试结果比对

材料 I：$E_0 = 2.5$ GPa, $\nu = 0.43$, $g_1 = k_1 = 0.2$, $\tau_1 = 10$ s

材料 II：$E_0 = 0.01$ GPa, $\nu = 0.48$, $g_1 = k_1 = 0.6$, $\tau_1 = 10$ s

3. *Ramp-Ramp* 方法的试验验证

试验在 MTS Nano Indenter XP 系统上进行，测试温度 24°C，选用 Berkovich 压头，测试材料为聚甲基丙烯酸甲酯 (PMMA)。试样加工成 20mm×20mm×4mm 的小方块，在 120°C 温度下退火两小时，然后随炉冷却。加载方式选用 *Ramp* 加载和 *Ramp-Ramp* 加载。对 *Ramp* 加载，载荷线性增加，在 100s 到达最大载荷 1.5mN；对 *Ramp-Ramp* 加载，载荷先是线性增加，在 50s 到达最大载荷 1.5mN，然后线性卸载，在 100s 卸载到零。每组试验重复测试 5 次。最大载荷选用 1.5mN，是为了保证压入深度不超过 700nm。因为 Lu 等[5] 指出，在 PMMA 的压入测试中，只有当压入深度不超过 780nm 时，才能近似为线黏弹性压入。

Ramp 方法是目前被广泛采用的方法，只用加载段数据识别蠕变柔量，经过多位研究者 [5,7] 的验证，被认为是一种可靠的蠕变柔量识别方法。因此，以 *Ramp* 方法测得的蠕变柔量作为约定真值，将 *Ramp-Ramp* 方法测定的蠕变柔量与之对比，参见图 13.7。结果显示，*Ramp-Ramp* 方法的测试结果与 *Ramp* 方法的测试结果吻合较好，相对误差不超过 12.4%，在设定的容许误差范围 ±15%内，因此可认为 *Ramp-Ramp* 方法可靠。

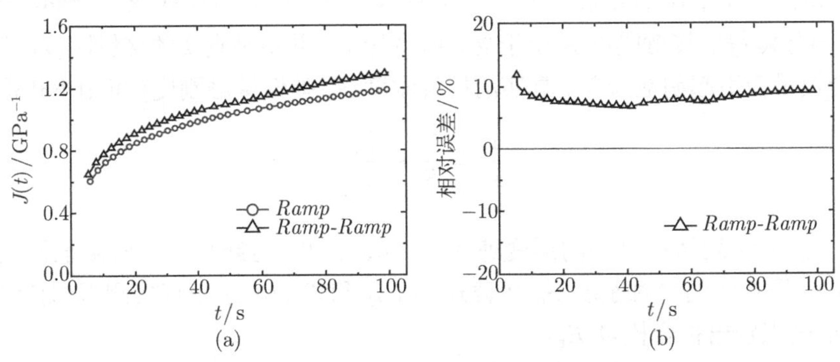

图 13.7 PMMA 的蠕变柔量测试结果对比

本节在拓宽 Lee-Radok 解适用范围的基础上，提出三种可从卸载段数据中识别蠕变柔量的方法，即 *Step-Ramp* 方法、*Ramp-Ramp* 方法和 *Sine-Sine* 方法，并通过数值验证和试验验证，确认在设定的容许误差范围 ±15%内，三种方法可靠。需要注意，这三种方法只适用线性黏弹压入，当压入测试中出现明显塑性变形，将不再适用。因为在卸载阶段，塑性变形将阻碍黏弹性回复，导致测量的压入深度偏大，从而导致测定的蠕变柔量偏大。

13.3 线黏弹塑压入测试方法

对于线黏弹塑压入测试，测量的压入深度中含有显著的塑性变形，直接用测量的载荷–深度数据测定蠕变柔量，结果会明显偏大。为了准确测定出蠕变柔量，应设法消除塑性变形的影响。基于此思路，彭光健和张泰华等[12] 以现有的 *Step-Hold* 方法为基础，提出修正的 *Step-Hold* 方法，又称修正的阶跃载荷方法。

13.3.1 修正的阶跃载荷方法

该方法的关键在于，首先通过三步法从测量的载荷–深度曲线中消去塑性变形，修正载荷–深度曲线，再从修正的载荷–深度曲线中识别出蠕变柔量。消去塑性变形的具体步骤及表达式如下。

第一步，利用 Tang 等[13] 修正的 Oliver-Pharr 方法，从测量的载荷–深度曲线中识别出折合模量 E_r。在压入测试中，由于受到蠕变影响，当卸载速率较小时，卸载段的载荷–深度曲线会外凸，导致直接测得的接触刚度 S 偏大；若卸载速率足够小，卸载段的载荷–深度曲线甚至出现明显的 “鼻子”，导致 S 为负值，参见图 13.8。Feng 和 Ngan 等[14,15] 指出，直接测得的接触刚度 S 由于受到蠕变影响，并不是真实的接触刚度，用它确定折合模量会引起明显误差。真实的接触刚度 S_e(弹性接触刚度) 可由下式得到

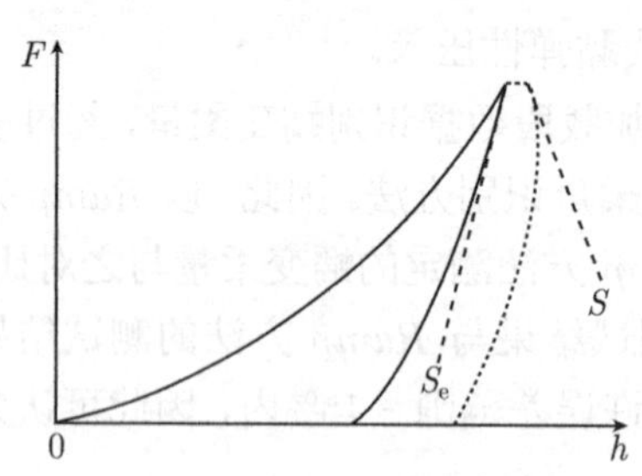

图 13.8 压入载荷–深度示意图

$$\frac{1}{S_e}=\frac{1}{S}+\frac{\dot{h}_h}{\left|\dot{F}_u\right|} \tag{13.16}$$

式中，$\dot{h}_h$ 为保载结束时刻的蠕变速率 ($\mathrm{d}h/\mathrm{d}t$)；$\dot{F}_u$ 为卸载初始时刻的卸载速率 ($\mathrm{d}F/\mathrm{d}t$)。用真实的接触刚度 S_e 代替式 (10.3) 和式 (10.5) 中直接测得的接触刚度 S，可准确识别出折合模量 E_r。

第二步，利用 Hay 等[16] 修正的 Sneddon 解，模拟一条纯弹性的加载曲线，如图 13.9(a) 中虚线所示，确定最大塑性压入深度。修正的 Sneddon 解为

$$h_e(t)=\sqrt{\frac{\pi}{2\gamma E_r\tan\alpha}F(t)} \tag{13.17}$$

式中，γ 是与压头的等效半锥角 α 和试样的泊松比 ν 相关的修正系数

$$\gamma=\pi\frac{\dfrac{\pi}{4}+0.15483073\dfrac{1-2\nu}{4(1-\nu)}\cot\alpha}{\left[\dfrac{\pi}{2}-0.83119312\dfrac{1-2\nu}{4(1-\nu)}\cot\alpha\right]^2} \tag{13.18}$$

由于采用 *Step-Hold* 加载 (阶跃加载 + 保载)，加载时间极短，假设加载段的蠕变变形可忽略，只有弹塑性变形，即加载段的压入深度由弹性压深 h_e 和塑性压

深 h_{p} 组成。因此，测量的压入深度曲线与模拟的纯弹压入深度曲线之差，正是塑性压入深度。在加载结束时刻，有一最大塑性压入深度 h_0^{p}，参见图 13.9(a)。

$$h_0^{\mathrm{p}} = h_0^{\mathrm{ep}} - h_0^{\mathrm{e}} \tag{13.19}$$

式中，h_0^{ep} 和 h_0^{e} 分别是加载结束时测量的压入深度和模拟的压入深度。假设在保载段，只有蠕变变形，新产生的塑性变形可忽略；在卸载段，塑性变形不能回复。说明在保载段和卸载段，塑性变形既不产生也不消失，即保载段和卸载段包含相同的塑性压入深度 h_0^{p}。

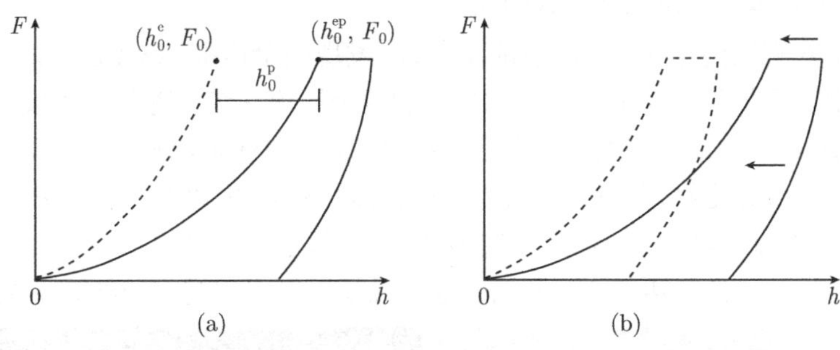

图 13.9 消去塑性变形示意图

第三步，从保载段和卸载段的载荷–深度曲线中统一减去最大塑性压入深度 h_0^{p}，再与模拟的纯弹加载曲线重新组合，得到一条修正的 (不含塑性变形的) 载荷–深度曲线，如图 13.9(b) 中虚线所示

$$h_{\mathrm{re}}(t) = \begin{cases} h_{\mathrm{e}}(t), & \text{加载} \\ h(t) - h_0^{\mathrm{p}}, & \text{保载–卸载} \end{cases} \tag{13.20}$$

用修正的深度曲线 $h_{\mathrm{re}}(t)$ 代替式 *Step-Hold* 方法中的 $h(t)$，参见表 13.1，得到修正的 *Step-Hold* 方法

$$J(t) = \frac{4\tan\alpha}{\pi(1-\nu)F_0} h_{\mathrm{re}}^2(t) \tag{13.21}$$

此处仅考虑锥形压入的情况，取 $n = 1$，$B_1 = \tan\alpha/\pi$。

13.3.2 新方法的试验验证

试验包括单轴拉伸蠕变试验和压入蠕变试验，以单轴拉伸蠕变试验测定的蠕变柔量作为约定真值，验证修正的 *Step-Hold* 方法。测试材料选用从安和达塑胶制品有限公司购买的聚甲基丙烯酸甲酯 (PMMA) 和未增塑聚氯乙烯 (UPVC)。单轴拉伸测试试样按国际标准 ISO 527-2[17]加工成哑铃形，总长 150mm，标距段长

50mm，横截面积 10mm×4mm；压入测试试样加工成 20mm×20mm×4mm 的小方块。PMMA 和 UPVC 的玻璃化转变温度分别为 105°C 和 87°C，因此分别在 120°C 和 102°C 下退火 2.5 小时，然后随炉冷却至室温。

单轴拉伸蠕变试验，在材料试验机 Instron 5848 MicroTester 上进行，测试温度 23°C，加载方式采用近似的 *Step-Hold* 加载，加载时间 2s，保载时间 300s，保载应力 35MPa。压入蠕变试验，在纳米压入仪 MTS Nano Indenter XP 上进行，测试温度 23°C，选用 Berkovich 压头，加载方式同样采用近似的 *Step-Hold* 加载，加载时间 2s，保载时间 300s，卸载时间 50s，保载载荷分别是 18mN(PMMA) 和 13mN(UPVC)。每组试验重复测试五次。

完成压入测试两个月后，观察试样表面，发现残余压痕，参见图 13.10，说明在压入测试中，试样产生塑性变形。PMMA 的残余压痕比较“瘦小”，压痕边缘内凹，说明黏弹变形回复量大，塑性变形不显著；UPVC 的残余压痕比较“丰满”，说明塑性变形显著。对比修正前后的载荷–深度曲线，参见图 13.11，发现 PMMA 修正前后的载荷–深度曲线相差不大，说明塑性变形不显著；UPVC 修正前后的载荷–深度曲线差异明显，说明塑性变形显著。这与残余压痕形貌观察的结论一致。

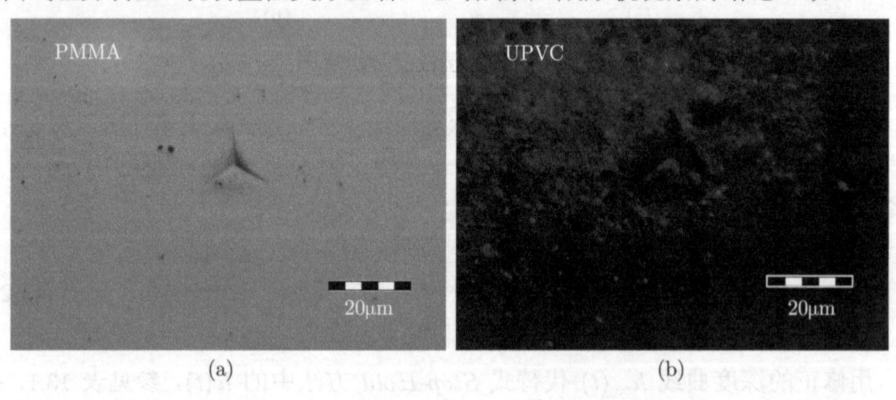

(a) (b)

图 13.10 PMMA 和 UPVC 的残余压痕形貌

修正的 *Step-Hold* 方法，利用式 (13.21) 从修正的载荷 - 深度曲中线识别蠕变柔量。现有的 *Step-Hold* 方法，则利用测量的载荷–深度曲线识别蠕变柔量。对单轴拉伸蠕变测试，用 $J(t)=2(1+\nu)\varepsilon(t)/\sigma_0$ 可确定蠕变柔量，式中 $\varepsilon(t)$ 为随时间变化的拉伸应变，σ_0 为保载应力。

以单轴拉伸测定的蠕变柔量作为约定真值，将现有的 *Step-Hold* 方法和修正的 *Step-Hold* 方法测定的结果与之对比，参见图 13.12。结果显示，对 PMMA，现有的 *Step-Hold* 方法的相对误差约为 11%，修正的 *Step-Hold* 方法的相对误差约为 5%。两种方法的误差都在可接受范围内，这主要是因为压入测试中，PMMA 的塑性变形不显著，对测定蠕变柔量的影响较小。说明当塑性变形不显著时，现有

的 *Step-Hold* 方法和修正的 *Step-Hold* 方法均可用于测定蠕变柔量。对 UPVC，现有的 *Step-Hold* 方法的相对误差约为 65%，修正的 *Step-Hold* 方法的相对误差约为 5%。说明当塑性变形显著时，用现有的 *Step-Hold* 方法测定线黏弹塑性材料的蠕变柔量会引起较大误差，但修正的 *Step-Hold* 方法仍能较为准确地测定蠕变柔量。总之，在线黏弹塑压入测试中，不论塑性变形是否显著，修正的 *Step-Hold* 方法

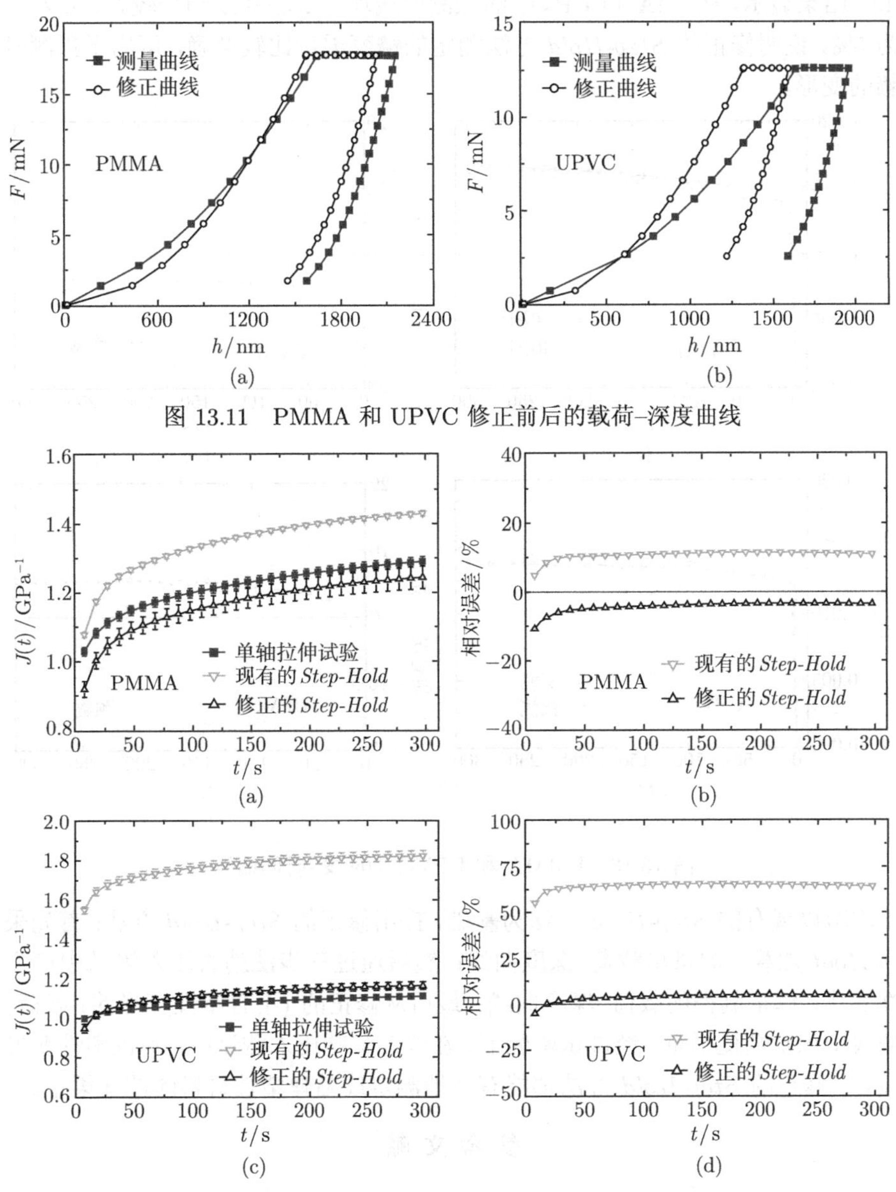

图 13.11 PMMA 和 UPVC 修正前后的载荷–深度曲线

图 13.12 PMMA 和 UPVC 的蠕变柔量测试结果

都能较为准确地测定线黏弹塑性材料的蠕变柔量。

已知加载历史和蠕变柔量，便能预测材料的变形。考虑单轴拉伸蠕变测试，受阶跃载荷作用 (其中保载应力 σ_0 为 35MPa)，利用修正的 *Step-Hold* 方法测定的蠕变柔量 $J(t)$，根据 $\varepsilon(t) = J(t)\,\sigma_0/2\,(1+\nu)$ 可预测应变–时间曲线。以单轴拉伸试验测得的应变–时间曲线为约定真值，将预测的应变–时间曲线与之比对，参见图 13.13。结果显示，PMMA 和 UPVC 的预测曲线均与试验曲线吻合较好，相对误差约为 5%。说明修正的 *Step-Hold* 方法测定的蠕变柔量比较准确，可用于预测时间依赖的变形。

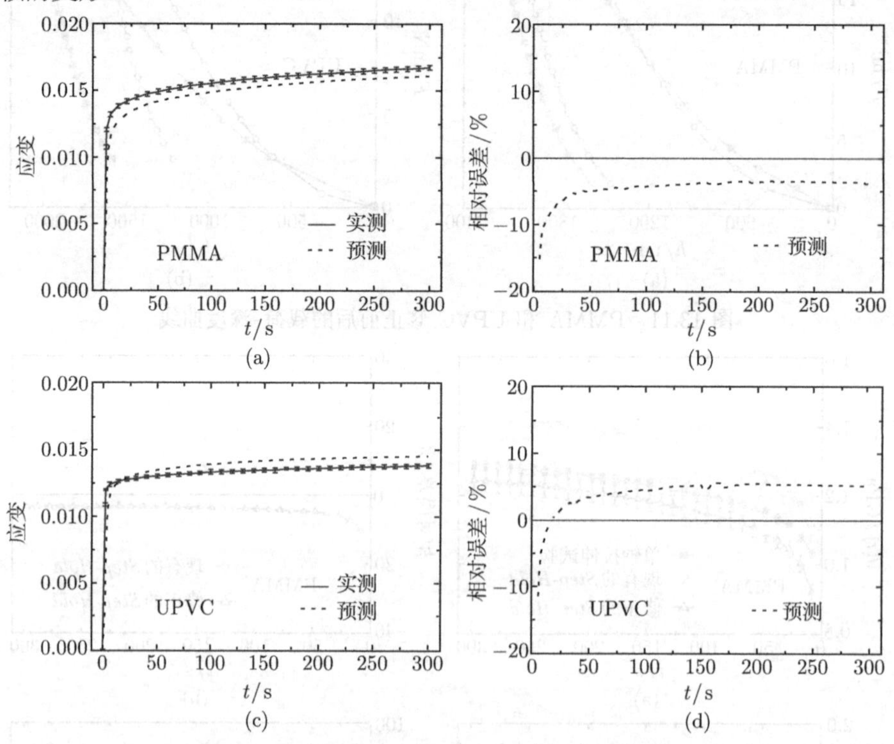

图 13.13　PMMA 和 UPVC 的应变–时间曲线

本节以现有的 *Step-Hold* 方法为基础，提出修正的 *Step-Hold* 方法：首先采用 *Step-Hold* 加载，测量出载荷–深度曲线；然后通过三步法消去压入测试中产生的塑性变形，修正测得的载荷–深度曲线；最后从修正的 (不含塑性变形的) 载荷–深度曲线中识别蠕变柔量。经过试验验证，在线黏弹塑压入测试中，不论塑性变形是否显著，修正的 *Step-Hold* 方法都能有效地测定线黏弹塑性材料的蠕变柔量。

参 考 文 献

[1] Lee E H, Radok J R M. The contact problem for viscoelastic bodies. Journal of Applied

Mechanics, 1960, 27: 438-444.

[2] Hunter S C. The Hertz problem for a rigid spherical indenter and a viscoelastic half-space. Journal of the Mechanics and Physics of Solids, 1960, 8: 219-234.

[3] Graham G A C. The contact problem in the linear theory of viscoelasticity. International Journal of Engineering Science, 1965, 3: 27-46.

[4] Ting T C T. Contact stresses between a rigid indenter and a viscoelastic half-space. Journal of Applied Mechanics, 1966, 33: 845-854.

[5] Lu H, Wang B, Ma J, et al. Measurement of creep compliance of solid polymers by nanoindentation. Mechanics of Time-Dependent Materials, 2003, 7:189-207.

[6] Oyen M L. Spherical indentation creep following ramp loading. Journal of Materials Research, 2005, 20(8): 2094-2100.

[7] Oyen M L. Analytical techniques for indentation of viscoelastic materials. Philosophical Magazine, 2006, 86: 5625-5641.

[8] Tweedie C A, Van Vliet K J. Contact creep compliance of viscoelastic materials via nanoindentation. Journal of Materials Research, 2006, 21(6): 1576-1589.

[9] Y-T Cheng, F Yang. Obtaining shear relaxation modulus and creep compliance of linear viscoelastic materials from instrumented indentation using axisymmetric indenters of power-law profiles. Journal of Materials Research, 2009, 24(10): 3013-3017.

[10] Seltzer R, Mai Y. Depth sensing indentation of linear viscoelastic–plastic solids: A simple method to determine creep compliance. Engineering Fracture Mechanics, 2008, 75: 4852-4862.

[11] Guangjian Peng, Taihua Zhang, Yihui Feng, et al. Determination of shear creep compliance of linear viscoelastic solids by instrumented indentation when the contact area has a single maximum. Journal of Materials Research, 2012, 27(12): 1565-1572.

[12] Guangjian Peng, Taihua Zhang, Yihui Feng, et al. Determination of shear creep compliance of linear viscoelastic-plastic solids by instrumented indentation. Polymer Testing, 2012, 31(8): 1038-1044.

[13] Tang B, Ngan A H W. Accurate measurement of tip-sample contact size during nanoindentation of viscoelastic materials. Journal of Materials Research, 2003, 18(5): 1141-1148.

[14] Feng G, Ngan A H W. Effects of Creep and Thermal Drift on Modulus Measurement Using Depth-sensing Indentation. Journal of Materials Research, 2002, 17(3): 660-668.

[15] Ngan A H W, Tang B. Viscoelastic effects during unloading in depth-sensing indentation. Journal of Materials Research, 2002, 17(10): 2604-2610.

[16] Hay J C, Bolshakov A, Pharr G M. A critical examination of the fundamental relations used in the analysis of nanoindentation data. Journal of Materials Research, 1999, 14(6): 2296-2305.

[17] ISO 527-2:1993. Plastics — Determination of tensile properties — Part 2: Test conditions for moulding and extrusion plastics.

第四篇　典型应用

传统的拉伸、压缩等试验技术，难以满足如下要求：①试样结构特殊，例如，有基底的薄膜材料和激光表面强化材料等，各种材料微区化，相互耦合，如何测定各微区的材料力学性能；②材料和结构的尺寸较小或形状各异，例如，非晶合金、牙齿、木材细胞壁和微机电系统，试样尺寸较小，形状多样，如何测定微小尺度的材料力学性能；③原位和无损等特殊需求，例如，压力容器、铁轨、齿轮等服役部件的寿命评估，如何实现原位和无损测试。上述需求推动着仪器化压入测试技术的发展和完善，使之广泛用于测定材料和结构微/纳米尺度的硬度和力学参数。

在介绍前两篇压入测量和方法分析的基础上，本篇主要说明仪器化压入技术的典型应用。首先，列举压入仪器的各种测试功能；其次，案例分析在表面工程（纳米薄膜、涂层和表面强化）、先进材料（非晶合金）、生物材料（牙齿和木材细胞壁）和微机电系统（薄膜和微桥）等中的典型应用。

第14章 测试功能

目前，仪器化压入测试技术及其相关辅助技术发展迅速，测试功能多样化，已经成为微/纳米力学的材料试验机或测试探针[1]。可以实现压入及其拓展至划入、弯曲、压缩、吸附等多种加载方式，不仅能测定硬度和多种材料参数，例如，弹性参数、塑性参数、断裂参数、黏弹参数，还能研究微尺度材料的相变、疲劳、黏附等力学响应。同时，发展若干辅助技术，例如，测试环境的控制 (温度变化) 和测试过程的监测 (声发射技术)。本章从介绍压入测试功能的角度出发，主要列举多种力学参数的测定方法，同时简要说明部分压入响应和辅助技术的情况。

14.1 压入方式

14.1.1 块体材料的压入硬度和模量

为了说明块体材料的测试结果，选用熔融石英试样，采用 MTS Nano Indenter® DCM。使用两种测量方法：①单一刚度测量方法 (在图 14.1 的图例中表示为 Basic) 仅能测定最大压入深度处的压入硬度和模量，分析方法参见 10.1.1 节；控制参数，恒载荷率 75μN/s，热漂移速率 0.05nm/s，压入深度 300nm。②连续刚度测量方法 (在图 14.1 的图例中表示为 CSM) 能测定随深度变化的压入硬度和模量，测量原理参见 3.4 节；控制参数，恒应变率 0.05/s，热漂移速率 0.05nm/s，压入深度 250nm。

以连续刚度测量方法的压入硬度测试结果为例，简要说明压入硬度随深度的变化趋势。由于玻氏压头的加工缺陷和使用磨损，实际压头端部的形状会偏离设计形状，将其尖端形状视为球锥形，参见 7.1.1 节。压入周围材料经历纯弹性、弹塑性和纯塑性三个阶段。对于纯弹性阶段 ($h_c \to 0$)，由表 8.1 可知，平均接触压力即压入硬度 H_{IT} 依赖于折合模量 E_r、压头尖端半径 R 和接触深度 h_c，有

$$\lim_{h_c \to 0} H_{IT} = \lim_{h_c \to 0} \frac{F}{A(h_c)} = \lim_{h_c \to 0} \frac{4}{3\pi} \frac{E_r}{R^{1/2}} h_c^{1/2} = 0 \tag{14.1}$$

对于纯塑性阶段 ($R/h_c \to 0$)，由 1.2.2 节可知 $F = Ch_c^2$(C 为与材料性质相关的常数)，压头取设计的面积函数 $A(h_c) = 24.56h_c^2$，有

$$\lim_{R/h_c \to 0} H_{IT} = \lim_{R/h_c \to 0} \frac{F}{A(h_c)} = \lim_{R/h_c \to 0} \frac{Ch_c^2}{24.56h_c^2} = \text{const} \tag{14.2}$$

实际上，球锥压头与试样材料表面初始接触时，压入深度接近于零，材料为弹性变形，压入硬度趋近于零；随着压入深度的增加，材料为弹塑性变形，硬度逐渐增加；当压入深度远大于压头尖端半径时，材料为纯塑性变形，硬度就会趋于稳定值。实际上，稳定的硬度值才有使用价值。对于一般玻氏压头和常见材料，估计该深度大致为几十纳米不等。压头的半径越大，此压入深度值也就越大[2]。例如，熔融石英的压入硬度可靠测试深度大于 50nm，参见图 14.1(b)。

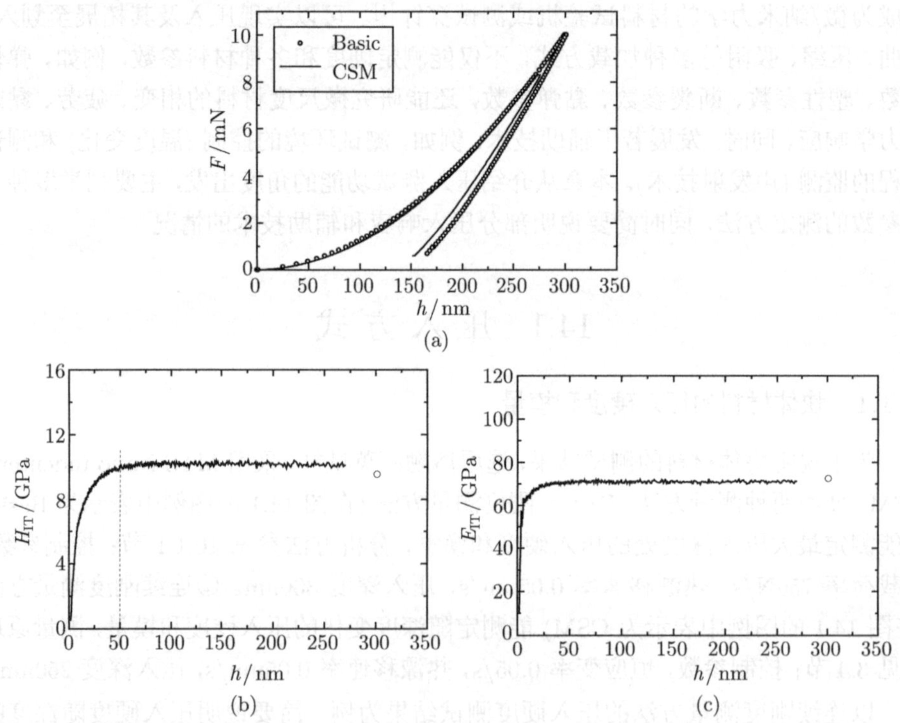

图 14.1　块体材料熔融石英的测试结果

(a) 压入载荷–深度；(b) 压入硬度–深度；(c) 压入模量–深度

14.1.2　薄膜材料的压入硬度和模量

对于块体材料而言，在压入深度较小时，压头尖端的钝化为重要影响因素。对于薄膜材料，除压头尖端钝化外，薄膜厚度、膜材和基材性质等也成为重要影响因素。如果按膜材和基材的硬度划分，薄膜分软膜硬基和硬膜软基两类。

1. 连续刚度和单一刚度测量方法的对比

连续刚度测量是纳米压入中的一种高效测量技术，适合薄膜测试。单一刚度测量方法只能测定最大压入深度处的硬度和模量，如果欲测定薄膜硬度和模量随压入深度变化的曲线，该方法需要进行一系列不同压入深度的测试，才能获得与连续刚度测量方法单次测试相似的结果，其结果分析可参照连续刚度测量方法。

对于硅片 Si(100)、厚度 1000nm 的 SiO_2/Si(100) 薄膜和 1160nm 的 Al/Si(100) 薄膜三种试样，如果采用连续刚度测量方法测试，结果参见图 14.2 中的实线，通过单次测试，便可获得基材对测试结果的影响。采用单一刚度测量方法，如果达到上述类似效果，对这三种试样分别进行 19、17 和 18 次不同压入深度的测试，参见图 14.2 的空心点。

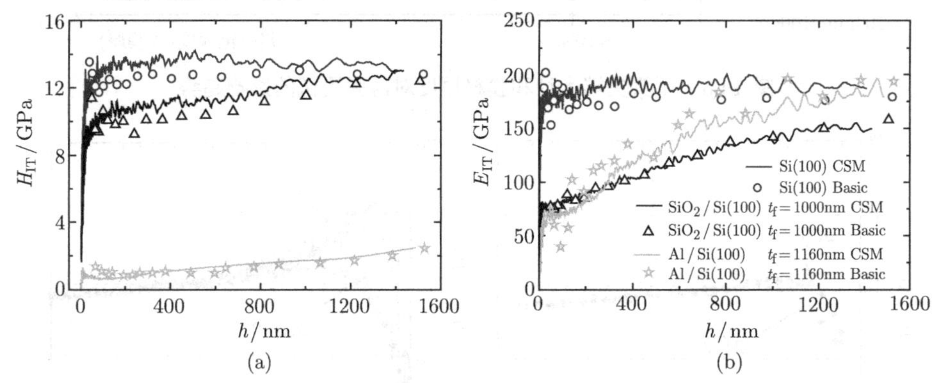

图 14.2 连续刚度和单一刚度测试效率的对比

(a) 压入硬度–深度曲线；(b) 压入模量–深度曲线

2. 薄膜测试的影响因素

压头尖端半径的影响。压头尖端的钝化，导致压入深度如大于 50nm 时硬度值趋于稳定，参见 14.1.1 节和图 14.3。

膜材厚度的影响。大量文献研究显示[3−7]，膜材厚度影响着薄膜的测试结果。对于单层薄膜，当压入深度小于薄膜厚度的 10%时，一般薄膜试样的基材对测试结果的影响小于 2%，即影响可忽略。此为薄膜测试的 10%原则，这为保守原则。实际上，针对不同的膜基材料组合，当压入深度大于薄膜厚度的 10%时，部分薄膜的基材对测试结果的影响也较微弱，参见图 14.5。

薄膜测试存在上述两种趋势相反的影响因素，参见图 14.3。一方面，由于压头尖端钝化的影响，只有大于临界压入深度时，硬度值才能稳定，此时才有使用价值。另一方面，当膜材厚度确定时，压入深度应尽量小于膜厚的 10%，才有可能获得膜材的可靠硬度值。因此，对于膜厚 500nm 以上的薄膜，可以回避压头尖端半径和基材的影响，测定出膜材的性能，否则测试结果可能为膜基耦合性能。

对比尖压头和钝压头在较薄薄膜测试中的不同响应。对于钝压头，尖端半径导致纯塑性变形的压入深度较大，可能难以测出膜材的性质。例如，针对两种不同工艺制备的 20nm 厚 DLC 薄膜，当使用钝压头 (尖端半径约为 150nm) 时，测试结果受基材影响明显，分辨不出两种薄膜试样的硬度差异，参见图 14.4(a)；当使用尖压头 (半径约为 50nm) 时，两种薄膜的性质差异明显显现，参见图 14.4(b)[8]。

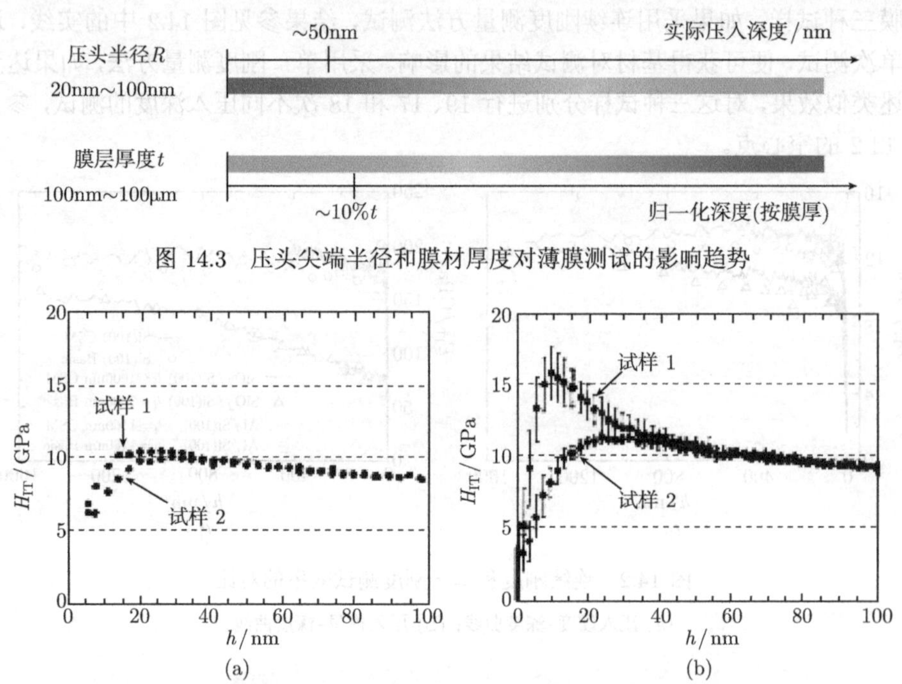

图 14.3　压头尖端半径和膜材厚度对薄膜测试的影响趋势

图 14.4　两不同工艺制备的 20nm 厚 DLC 膜的硬度–深度曲线[8]

(a) 压头尖端半径约为 150nm；(b) 压头尖端半径约为 50nm

需要指出，在图 14.4(b) 中，压入深度 10nm 处的测试结果不是膜材的可靠硬度值，而是受基材影响的耦合值。根据薄膜测试的 10%原则，使用尖端半径约 50nm 压头，假如 DLC 膜材纯塑性变形的压入深度为 20nm，为了测出不受基材影响的膜材硬度，膜厚应至少为 200nm。粗略看来，纳米压入技术适用范围，分可靠测试深度 (如 50nm 以上) 和可用测试深度 (如 10nm 以上)，例如，压入深度 10nm 的测试结果可用于相对比较。

纳米压入仪能实时记录高分辨能力的连续载荷和深度，可以完成压入深度为 20nm 或塑性深度为 15nm 以上的测试[1]，明显拓宽传统显微硬度计测量的范围。

3. 分析膜材压入硬度和弹性模量的方法

目前，国家标准《仪器化纳米压入试验方法　薄膜的压入硬度和弹性模量》[9] 推荐三种分析膜材压入硬度和模量的方法。下面，结合典型测试结果进行说明。

采用 MTS Nano Indenter® XP 和玻氏压头，分析基于连续刚度测量方法的测试结果。测试试样：硅片 Si(100)；热氧化工艺制备 SiO_2 薄膜，厚度分别为 311nm、707nm 和 1000nm，基材为硅片 Si(100)；离子弧镀制备 DLC 薄膜，厚度约 320nm，基材为 GT35 钢。测试参数：应变率控制，0.05/s；SiO_2 薄膜的最大压入深度分别为其膜厚 t_f 的 1.5 倍，DLC 薄膜的最大压入深度为 600nm；热漂移率，0.05nm/s；采样频率，5Hz；每种试样的测试次数为 10 次。

(1) 平台法

绘制试样压入硬度和模量的平均值随压入深度或相对 (薄膜厚度) 压入深度的变化曲线，明确压入硬度和模量曲线上是否出现平台。

如果出现平台，表明基材和压头尖端半径均无影响。可在平台所在的压入深度范围内取值，作为膜材的压入硬度和模量，参见图 14.5(a) 和 (b)。

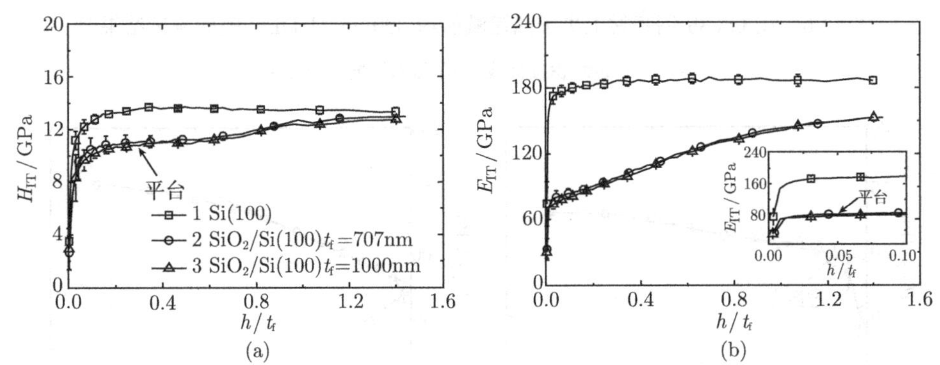

图 14.5 在 Si(100) 基材上热氧化生长的 SiO_2 薄膜的测试结果[9]

(a) 压入硬度–深度曲线；(b) 压入模量–深度曲线

(2) 峰值/谷值法

如果不出现平台，仅出现峰值即最大值，可将该值作为膜材压入硬度或模量的最小估计值，参见图 14.6。如果仅出现谷值即最小值，对于压入模量，可将该值作为膜材模量的最大估计值，参见图 14.7(b)；对于压入硬度，不宜将该值作为膜材硬度的最大估计值，而是将硬度随深度变化由较快上升到较慢上升的拐点值，作为膜材压入硬度的最大估计值，参见图 14.7(a)。需要注意，将最大或最小估计值作为膜材的压入硬度和模量，可能存在较大偏差。

(3) 外推近似法

如果不出现平台，也可以对在一定深度范围内的压入硬度和模量与深度的关系线性外推到零深度，以得到膜材的压入硬度和模量，参见图 14.6 和图 14.7。参与外推数据所在的压入深度范围不宜过小，推荐不小于 50nm。需要注意，当压入深度过小时，压入硬度数据可能受到表面粗糙度、压头尖端半径等因素的较大影响；压入模量数据可能受到表面粗糙度等因素的较大影响[10,11]。通过线性外推方法获

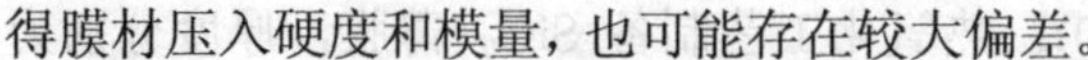
得膜材压入硬度和模量，也可能存在较大偏差。

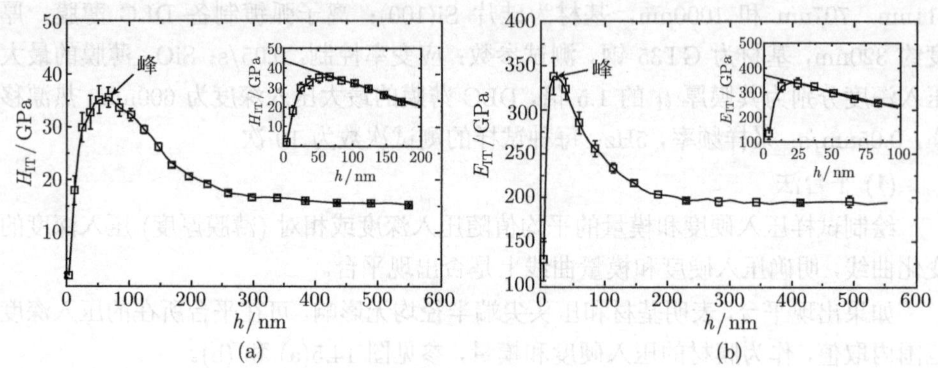

图 14.6　在 GT35 钢基材上离子弧镀溅射约 320nm 厚 DLC 膜的测试结果[9]

(a) 压入硬度–深度曲线；(b) 压入模量–深度曲线

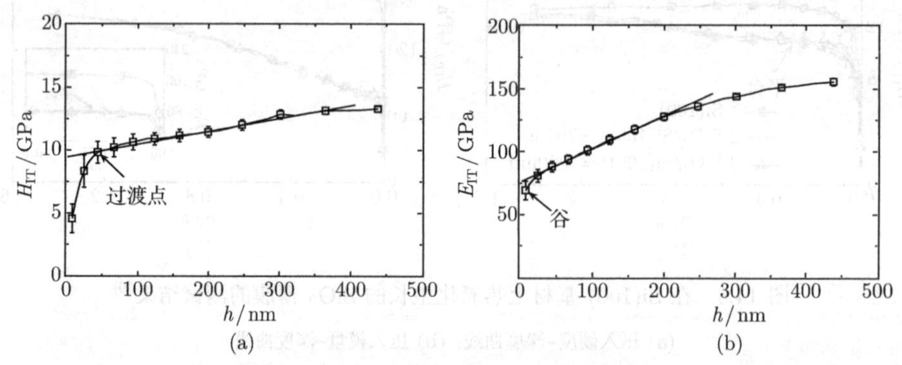

图 14.7　在 Si (100) 基底上热氧化生长 311nm 厚 SiO_2 膜的测试结果[9]

(a) 压入硬度–深度曲线；(b) 压入模量–深度曲线

14.1.3　塑性参数

关于压入识别塑性参数的分析方法，详细参见第 11 章。这里，以姜鹏和张泰华[12,13] 提出的压入能量方法为例，测定低碳钢的屈服应变和幂硬化指数。

单轴拉伸测试。材料为含 Nb 低碳钢，三个试样的拉伸工程应力–应变曲线参见图 14.8(a)，其平均值及其误差曲线参见图 14.8(b)，由此确定 $R_{p0.2}$ 平均值为 412MPa，其中 $R_{p0.2}$ 为规定非比例延伸率为 0.2%时的应力。

球形压入测试。采用 MTS Nano Indenter® XP 和球锥形压头 (尖端球半径为 10.8μm，锥角为 90°)，热漂移速率小于 0.05nm/s，压入测试次数为 15。压入的平均载荷–深度及其误差曲线参见图 14.8(c)。首先，采用 Oliver-Pharr 的方法，分别确定每次压入测试的弹性模量；其次，基于平均的载荷–深度数据确定塑性参数。

对比单轴拉伸和球形压入的工程应力–应变曲线，参见图 14.8(d)。由压入法确定 $R_{\mathrm{ITp0.2}}$ 与单轴拉伸 $R_{\mathrm{Tp0.2}}$ 的结果比较接近，前者相对后者的变化率为 −15.8%，参见局部放大图 14.8(e)。为比较仪器化压入试验数据与单轴拉伸试验数据，以单轴拉伸应力 (σ_{T}) 作为约定真值做出仪器化压入试验应力 (σ_{IT}) 的归一化数据，参见图 14.8(f)。

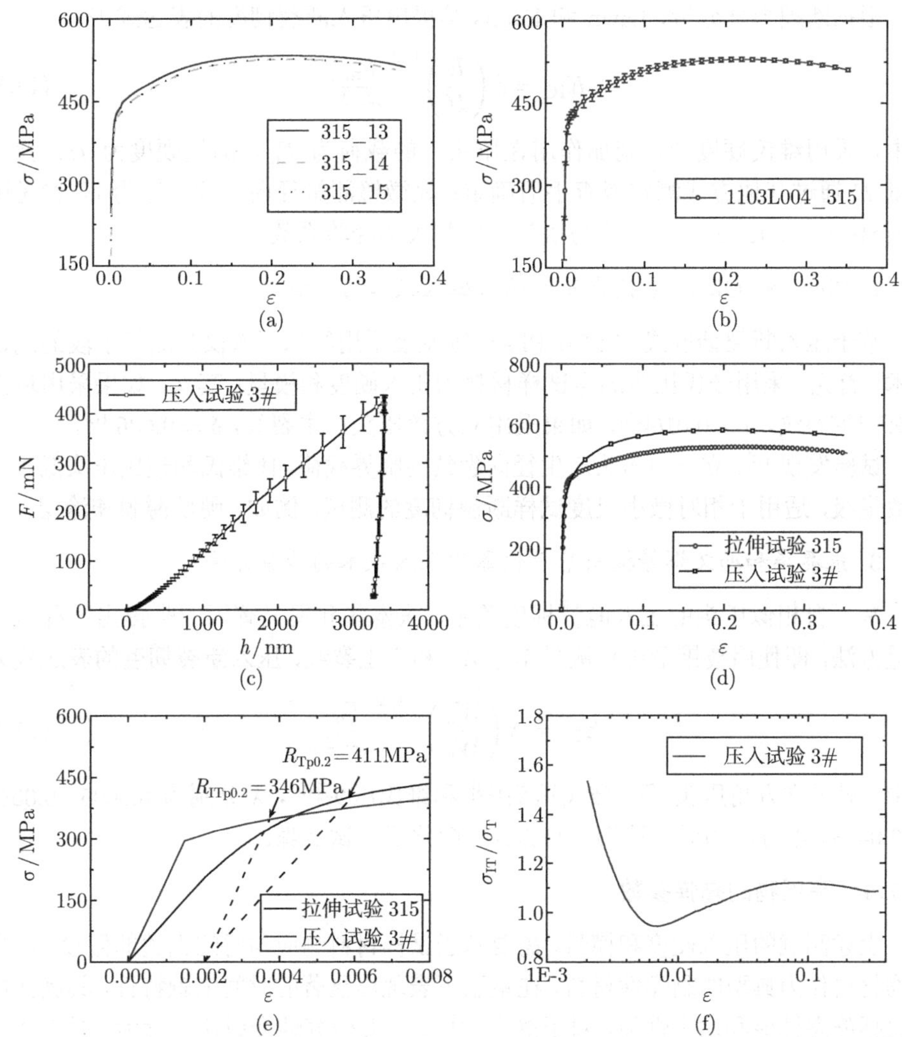

图 14.8　含 Nb 低碳钢材料的单轴拉伸和球形压入的测试曲线

(a) 单轴拉伸的工程应力–应变曲线；(b) 单轴拉伸的应力–应变平均值及其误差曲线；(c) 球形压入的平均载荷–深度及其误差曲线；(d) 单轴拉伸与球形压入的应力–应变曲线；(e) 应力–应变曲线的局部放大；(f) 归一化的压入和拉伸数据对比曲线

14.1.4 断裂参数

关于压入识别断裂参数的分析方法，详细参见第 12 章。这里，简要列举三种典型断裂韧度的测试方法。

1. Lawn 和 Evans 等提出基于维氏硬度技术的方法

根据断裂力学分析，Lawn 和 Evans 等提出压入断裂韧度的表达式[14]

$$K_{\mathrm{IC}} = \delta \left(\frac{E}{H}\right)^{1/2} \frac{F_{\mathrm{m}}}{c^{3/2}} \tag{14.3}$$

式中，采用维氏硬度计，施加作用在压头上的载荷为 F_{m}，测量硬度为 H；弹性模量 E 通过其他方式测定或查手册确定；显微镜测量径向裂纹长度为 c，参见图 12.1(a)；$\delta = 0.016 \pm 0.004$，为与压头形状相关的经验系数。

2. Pharr 和 Oliver 等提出基于纳米压入技术的方法

基于压入断裂韧度式 (14.3)，Pharr 等发展采用纳米压入仪为测量手段的测试技术。首先，采用玻氏压头测定试样材料的压入硬度和模量；其次，如果采用玻氏压头产生裂纹，$\delta = 0.016$[15]，如果采用立方角压头产生裂纹，$\delta = 0.036$[16]。

试验发现[16]，立方角压头产生径向裂纹的临界载荷，比维氏和玻氏压头低 1~2 个数量级，适用于相对微小尺度试样断裂韧度的测试，例如，硬质薄膜和涂层。

3. 张泰华和冯义辉等提出基于仪器化压入技术的能量方法

基于自相似压头的压入能量标度关系，张泰华和冯义辉[17−19] 提出一种压入能量方法，即使用棱锥形压头测量 $W_{\mathrm{u}}/W_{\mathrm{t}}$ 和产生裂纹，压入断裂韧度的表达式为

$$K_{\mathrm{IC}} = \lambda \left(\frac{W_{\mathrm{u}}}{W_{\mathrm{t}}}\right)^{-1/2} \frac{F_{\mathrm{m}}}{c^{3/2}} \tag{14.4}$$

式中，对于立方角压头[17]、玻氏压头[18] 和维氏压头[19]，λ 分别为 0.0695、0.0550 和 0.0498。本方法相对上述第二种方法，简化了测试步骤。

14.1.5 高聚物的黏弹参数

上述测试的压入硬度和模量，需要基于试样材料响应与时间无关的假设。而高聚物材料作为典型的黏弹性材料，在室温下表现出显著的时间依赖特性，其黏弹性能包括静态性能和动态性能。对于静态性能，主要研究蠕变或松弛行为；对于动态性能，主要研究损耗行为。

1. 静态黏弹参量 —— 蠕变柔量

基于仪器化压入技术的蠕变柔量测试方法，详细参见第 13 章。这里，简要列举两类典型的蠕变柔量测试方法。

(1) 线黏弹性材料

常见的压入蠕变柔量测试方法，压头形状为锥形和球形，加载方式为阶跃加载和线性加载[20,21]，其特点为基于压入加载或保载段的数据识别蠕变柔量，具体表达式参见表 13.1。

彭光健和张泰华等[22] 提出基于加载段和卸载段的数据识别蠕变柔量的方法，充分利用测试数据的信息。主要采用线性加载–线性卸载、阶跃加载–线性卸载和正弦加载–正弦卸载三种加载方式，具体表达式参见 13.2.2 节。

(2) 线黏弹塑性材料

彭光健和张泰华等[23] 提出适用于线黏弹塑性压入的蠕变柔量测试方法，其核心思想是通过三步法消去载荷–深度曲线中的塑性变形，利用修正后的载荷–深度曲线确定蠕变柔量。具体步骤和表达式参见 13.2.3 节。

2. 动态黏弹参量 —— 存储模量和损失模量

基于仪器化压入技术，识别存储模量 (storage modulus，E') 和损失模量 (loss modulus，E'') 的典型测试方法，详细参见 Oliver 等[24,25] 和 Cheng 等[26] 的研究。这里，简要说明 Oliver 等提出的测试分析方法。

利用连续刚度测量技术，基于对压入载荷和深度简谐幅值和相位的测量，可以测定材料表征弹性的存储模量和表征内摩擦和阻尼的损失模量。将接触处理成刚度为 S 弹簧和阻尼为 $D_s\omega$ 粘壶的并联，存储模量和损失模量分别表示为

$$E' = \frac{\sqrt{\pi}}{2\beta}\frac{S}{\sqrt{A}} \tag{14.5}$$

$$E'' = \frac{\sqrt{\pi}}{2\beta}\frac{D_s\omega}{\sqrt{A}} \tag{14.6}$$

式中，试样的接触刚度 S 和接触阻尼系数 $D_s\omega$ 的测量原理参见 3.4 节。

14.1.6 金属材料的蠕变参数

关于压入识别金属材料微蠕变参数的典型分析方法主要有两种：第一种为 Poisl 和 Oliver 等[27,28]基于类似单轴蠕变所发展的保载方法；第二种为 Cheng 和 Cheng[29] 基于量纲分析所发展的加载方法。下面，简单介绍这两种方法。

1. Poisl 和 Oliver 等提出的保载方法

对于拉伸蠕变测试，如果不考虑温度变化，应力 σ 与蠕变应变率 $\dot{\varepsilon}$ 的关系为

$$\dot{\varepsilon} = b\sigma^m \tag{14.7}$$

式中，b 为硬化系数，与材料的特性有关；m 为应力指数。对大多数金属材料，m 值典型范围为 3~5。采用 H_{IT} 等效于应力的类比方法，基于恒应变率 $\dot{\varepsilon}_i = \dot{h}/h$ 控制，测定 H_{IT} 随时间的变化，类比 (14.7) 式，压入蠕变为

$$\dot{\varepsilon}_i = b_i H_{\mathrm{IT}}^m \tag{14.8}$$

式中，b_i 为材料常数。注意，热漂移会明显影响蠕变数据。

Lucas 等[28] 测试发现，该式适合描述部分材料的蠕变行为。目前，压入蠕变主要应用在低熔点金属，该类金属在室温下蠕变。例如，通过控制不同的压入应变率，可以测定铟的系列压入硬度–深度数据，参见图 14.9(a)。图 14.9(b) 为压入应变率–硬度的对数曲线，每个数据点是五次压入测试的平均值，数据拟合线的斜率为 7.3(R=0.995)，此为铟的压入蠕变应力指数，与室温拉伸蠕变测试获得的应力指数 7.6 接近。

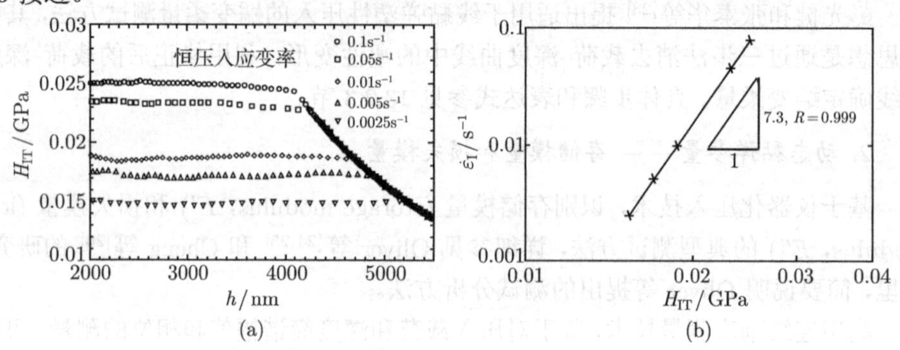

图 14.9 恒应变率下铟的测试结果[28]

(a) 压入硬度–深度；(b) 压入应变率–硬度

2. Cheng 和 Cheng 提出的加载方法

对载荷控制方式 $F = kt$，有

$$\log t = \frac{2m}{m+1}\log h - \mathrm{Const}_1 \tag{14.9}$$

$$\log F = \frac{2m}{m+1}\log h + \mathrm{Const}_2 \tag{14.10}$$

如果时间–深度或载荷–深度对数曲线的斜率为 s，则应力指数为[29]

$$m = \frac{s}{2-s} \tag{14.11}$$

14.1.7 典型材料加卸载曲线涉及的部分现象

1. 块体材料的典型加载曲线及其 $W_{\mathrm{u}}/W_{\mathrm{t}}$

材料的力学性能决定着压入变形行为。为了分析方便，给出三种简化的变形模型：纯弹性、理想塑性、理想弹塑性，其应力–应变曲线、压入载荷–深度曲线、残余压痕的剖面和表面形貌分别参见图 14.10。

对于弹性材料，加载时弹性变形，卸载时弹性恢复，试样表面无残余压痕。

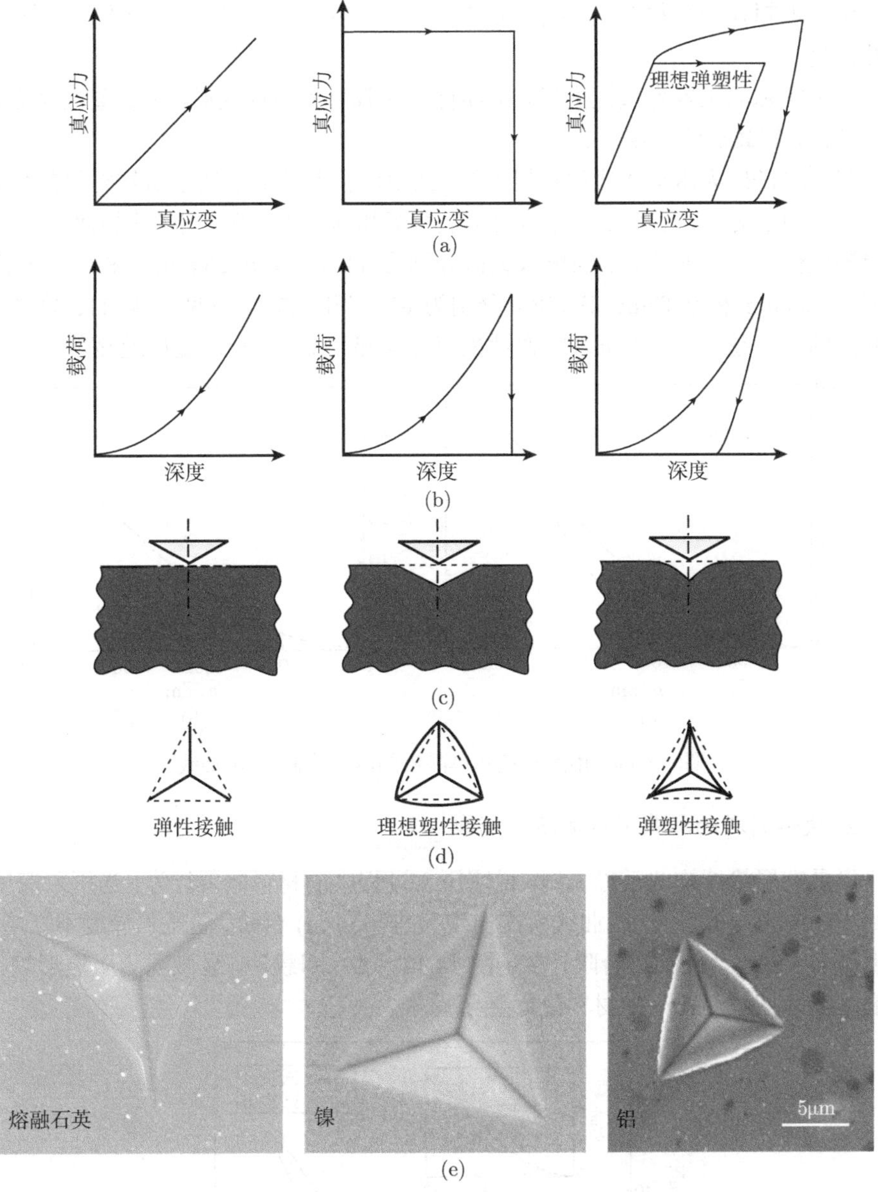

图 14.10 典型材料的压入变形示意图

(a) 拉伸应力–应变曲线；(b) 压入载荷–深度曲线；(c) 残余压痕剖面示意图；(d) 残余压痕示意图；(e) 典型压痕形貌照片[30]

对于理想塑性材料，加载时，当应力小于屈服强度，无变形发生；之后，塑性流动发生。卸载时，无恢复变形，压痕形状保持不变。对屈服强度低、塑性好的材料，如单晶铝的变形，可以用理想塑性模型处理。

对于理想弹塑性材料，加载时先弹性变形，后塑性变形，无加工硬化，卸载后弹性恢复。

对于实际的压入弹塑性变形，试样材料加载时先弹性变形，接着塑性变形，有加工硬化，卸载后弹性恢复。

图 14.11(d) 为压头在典型材料中的压痕形貌，其形貌取决于试样材料的特性。

为了便于对比，以弹性恢复强的熔融石英和弹性恢复弱的单晶铝为例，说明压入弹塑性变形行为的差异。当压入载荷分别为 440.6mN 和 25.8mN，相应压入深度分别为 1.95μm 和 2.07μm，W_u/W_t 分别为 65.0%和 1.5%，参见图 14.11。总之，卸载曲线的斜率越小，说明压入的弹性恢复越明显；反之，塑性变形越显著。

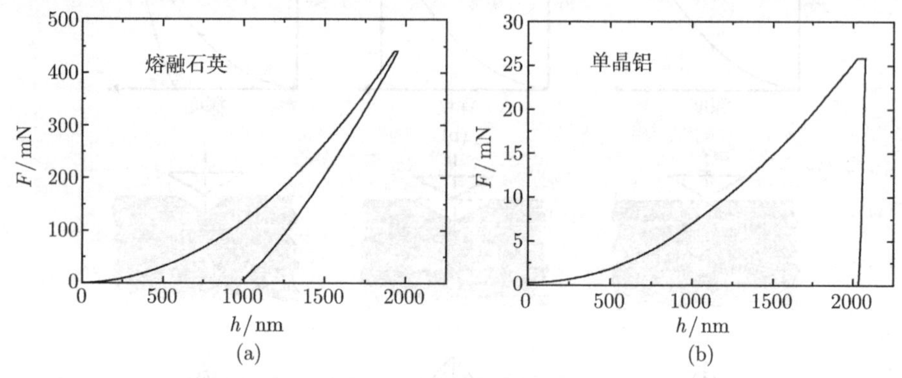

图 14.11 熔融石英和单晶铝的压入载荷–深度曲线

2. 块体材料的加载突进和压入断裂

以具有层状结构的云母为例，说明压入过程中的材料断裂行为。当压入深度达到约 100nm 时，载荷–深度曲线首次出现突进(pop-in) 台阶，随压入深度不断增大，出现更多、更显著的突进台阶，参见图 14.12。压入卸载后，显微观测压痕形貌，在压痕边缘区域发现明显的材料隆起甚至剥落。

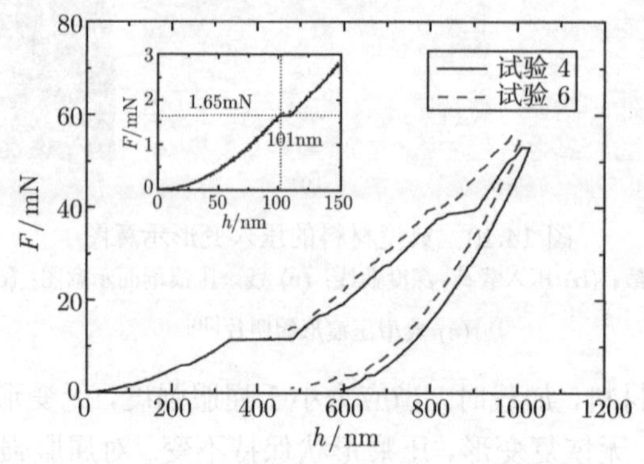

图 14.12 云母的压入断裂现象

3. 块体材料的加载突进、卸载突出(pop-out) 和滞后

对电解抛光的单晶钨、熔融石英和单晶硅 (110) 分别进行三次加卸载循环，当加载至最大载荷时，保载 100s，然后卸载至最大载荷的 10%，再保载 100s，然后进行下次加卸载循环。

从图 14.13~图 14.15 看出，单晶钨最软，在压入深度约 1000nm 时载荷为 120mN；单晶硅 (100) 最硬，该载荷下的压入深度约为 800nm。单晶钨是典型的金属材料，W_u/W_t 较小，压入绝大部分为塑性变形，卸载时仅有小部分的变形恢复。熔融石英具有典型的陶瓷行为，在卸载时有较大的弹性恢复，无明显时间相关性。

对单晶钨[31]，在最大载荷为 120mN 时，卸载和重加载曲线不重合，有蠕变现象发生，参见图 14.13(a)。在最大载荷为 0.5mN 时，仅引起弹性变形，参见图 14.13(b)。在最大载荷为 1.5mN 时，当载荷增大到约为 1.0mN，压入深度会突然增加，对应为塑性变形的发生，且存在明显的滞后环，参见图 14.13(c)。

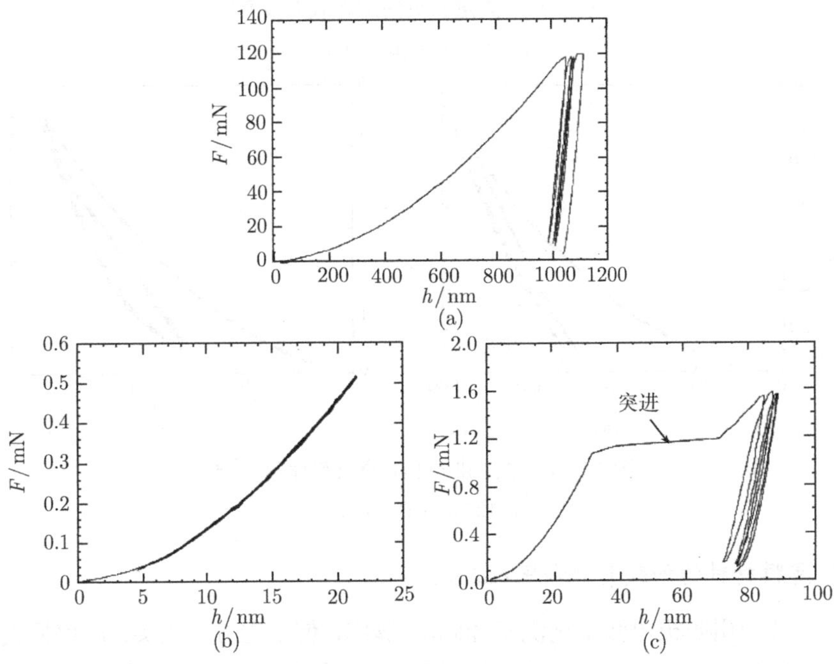

图 14.13　单晶钨的加卸载曲线[31]

(a)120mN；(b)0.5mN；(c)1.5mN

熔融石英在压入载荷 120mN 和 4.5mN 时，卸载后的变形恢复明显，参见图 14.14。对单晶硅 (110)，明显不同于熔融石英的压入变形，参见图 14.15。在较高的峰值载荷作用下，初始卸载曲线不连续即突出。在较低峰值载荷作用下，卸载行为发生变化，在低于某阈值载荷下，卸载曲线连续，但出现明显的滞后，这意味着变

形不再是完全弹性。对于卸载曲线不连续消失而滞后出现，Pharr 等[32] 认为，这种明显的滞后是由于压力诱导相变造成的。在最大载荷约大于 15mN 时，卸载曲线的不连续可能是由压头导致试样的裂纹扩展而形成的。

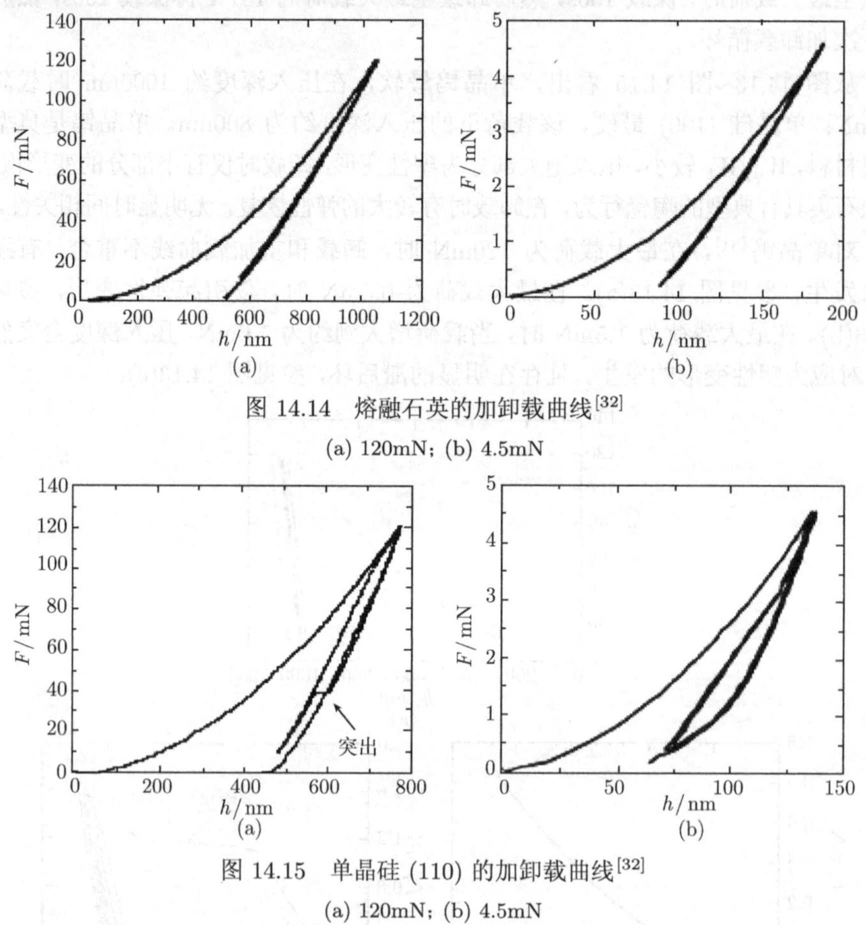

图 14.14　熔融石英的加卸载曲线[32]

(a) 120mN；(b) 4.5mN

图 14.15　单晶硅 (110) 的加卸载曲线[32]

(a) 120mN；(b) 4.5mN

4. 薄膜材料的加载突进和压入断裂

在硅片上用阴极电弧工艺沉积 400nm 碳膜，使用立方角压头，观察最大载荷分别为 30mN、100mN 和 200mN 的加卸载曲线和对应残余压痕的扫描电镜照片，参见图 14.16。所有曲线的加载段均有台阶，如箭头所示，这主要是由膜的破裂所致。对应扫描电镜照片中的压入不仅有径向裂纹外，还有沿厚度方向的环向裂纹。形成的原因请参见文献 [33]。

5. 膜材和基材性质差异明显时的加卸载曲线

采用 MTS Nano Indenter® XP 测试 DLC 膜/不锈钢试样，膜厚约 1.3μm。在图

14.17(a) 中，DLC/钢的加载曲线明显偏离抛物线形，参见均匀材料熔融石英的载荷–深度曲线图 14.1(a)。图 14.17(a) 加载曲线斜率的减小反映着基材的影响程度，卸载曲线的上半部主要反映膜材的弹性恢复，下半部主要反映基材的弹性恢复。

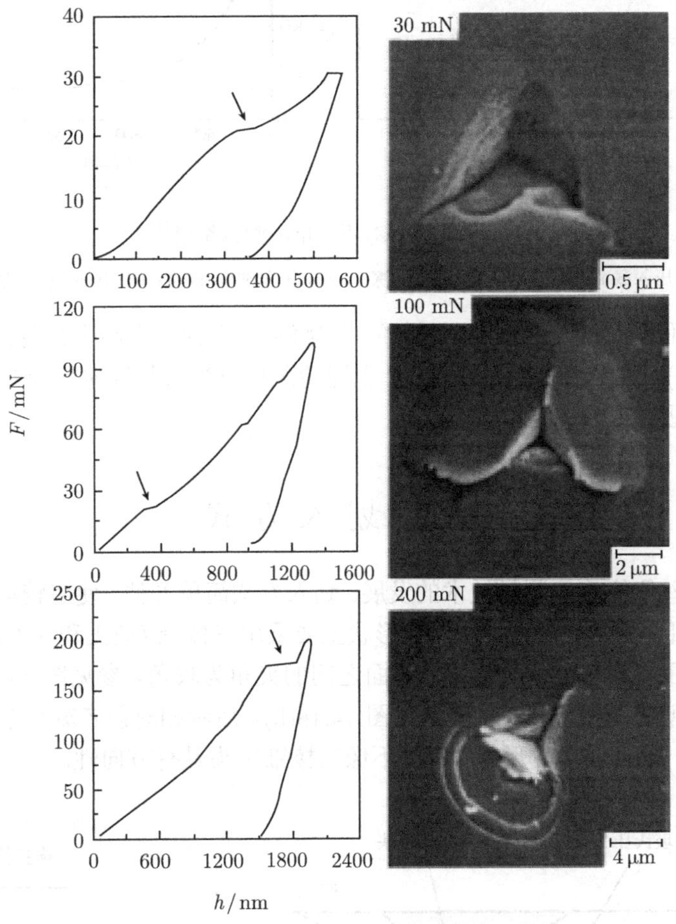

图 14.16 碳膜的不同加卸载曲线及其残余压痕扫描电镜照片[33,34]

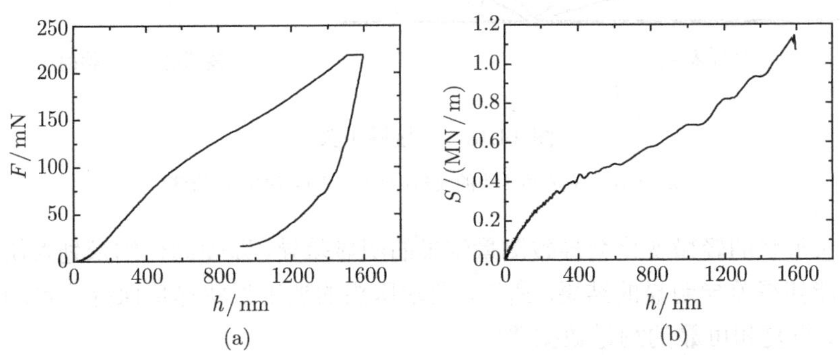

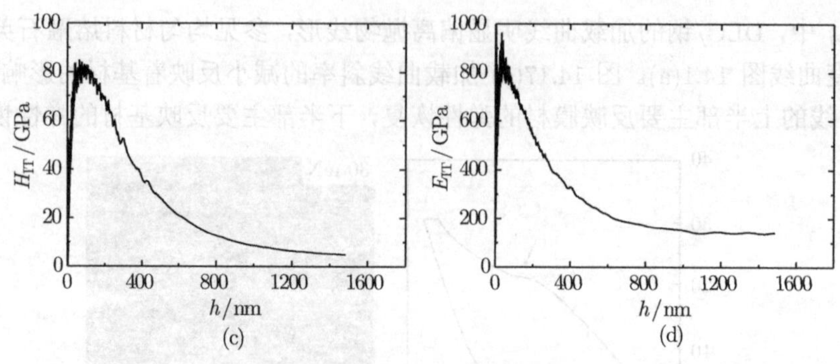

图 14.17 DLC/不锈钢的测试结果[1]

(a) 压入载荷–深度；(b) 接触刚度–深度；(c) 压入硬度–深度；(d) 压入模量–深度

在膜基界面附近，加载曲线有小的台阶，在接触刚度–深度曲线上台阶比较明显，参见图 14.17(b)，可能由膜基开裂所致。上述情况只有当膜基性质差异明显时才有可能出现，参见图 14.17(c) 和 (d)。

14.2 划 入 方 式

纳米划入仪依赖于测量技术的发展。划入方法简单方便，使用较早。以前只能定性测量，目前可以定量测量。压头形状主要采用三棱锥 (玻氏和立方角) 和球锥。对于三棱锥压头，定义棱面和试样表面之间的夹角为攻角，参见图 14.18(a)。可用棱朝前和面朝前两种方式刻划，参见图 14.18(b)，后者相对前者刻划信息丰富。对于球锥压头，具有轴对称形状，所以不像三棱锥压头具有方向性。

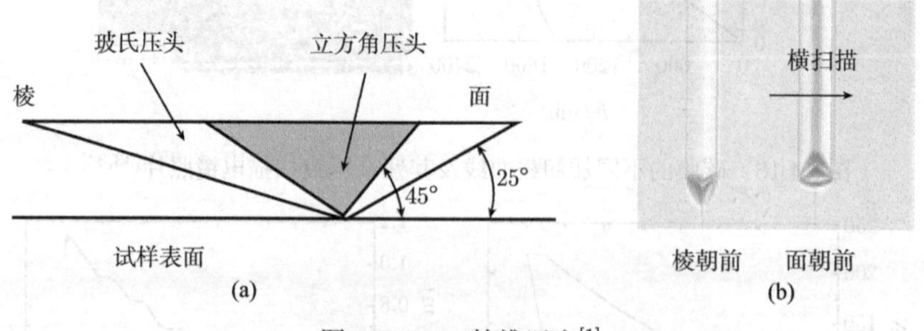

图 14.18 三棱锥压头[1]

(a) 玻氏和立方角压头的攻角；(b) 玻氏压头的划痕形貌

压头形状的轻微变化会导致测量结果的明显差异。即使同台纳米划入仪，不同压头可能获得差异明显的结果。所以，要求压头的加工形状尽量保持一致，以便提供定量、重复和可靠的测量数据[35]。

纳米划入仪能够测量压头作用在试样表面上的法向力、切向力和划入深度随划入位置的连续变化过程，不仅可以研究摩擦磨损、变形和破坏性能，还可以研究薄膜的黏着失效[36] 和黏弹行为[35]。对刻划试样来说，划入载荷和深度为重要参数，残余划入的深度、宽度、挤出的高度等参数也需关注。目前，该类仪器已广泛应用于各种电子薄膜、汽车喷漆、胶卷、光学镜头、磁盘、化妆品 (指甲油和口红等) 的质量检测[30,37-39]。

14.2.1 块体材料的划入变形和摩擦系数

使用 MTS Nano Indenter® 的划入组件 LFM 和玻氏压头，用压头棱面在尼龙 66 试样表面刻划。控制参数：垂直作用在试样上的法向力，线性增加，最大值为 30mN；横向匀速移动，10μm/s。划入过程分四步，参见图 14.19(a)。第一步，预扫描，法向力为 20μN，扫描长度 700μm；主要测量试样表面的粗糙度。第二步，刻扫描，法向力在长 500μm 内从 20μN 线性增至 30mN。第三步，后扫描，法向力为 20μN，扫描长度 700μm；主要测量残余划痕深度，对比图 14.19(b) 的预扫描曲线和后扫描曲线，可看出划入的弹性恢复情况。第四步，横扫描，在刻扫描法向力 15mN 的划入位置处沿划痕横剖面扫描，法向力为 20μN，扫描长度 100μm，参见图 14.19(c)；通过对划入横剖面的形状扫描，研究黏塑性材料的松弛性能，特别适合于研究受时间和温度影响的高聚物黏塑性松弛性能。目前，该技术已成为评价汽车喷漆质量的重要手段[35]。

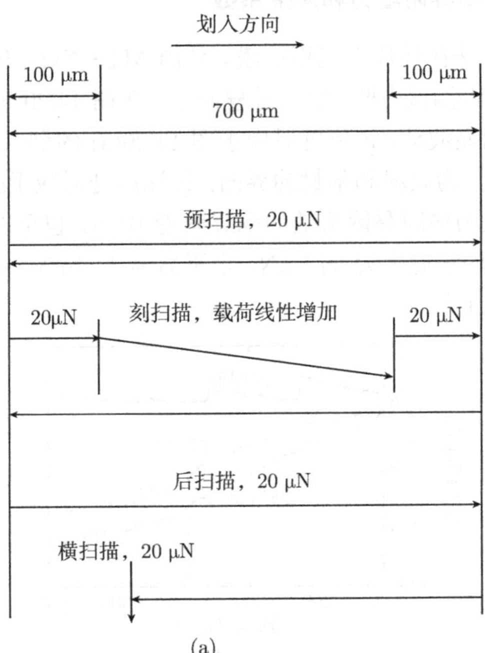

(a)

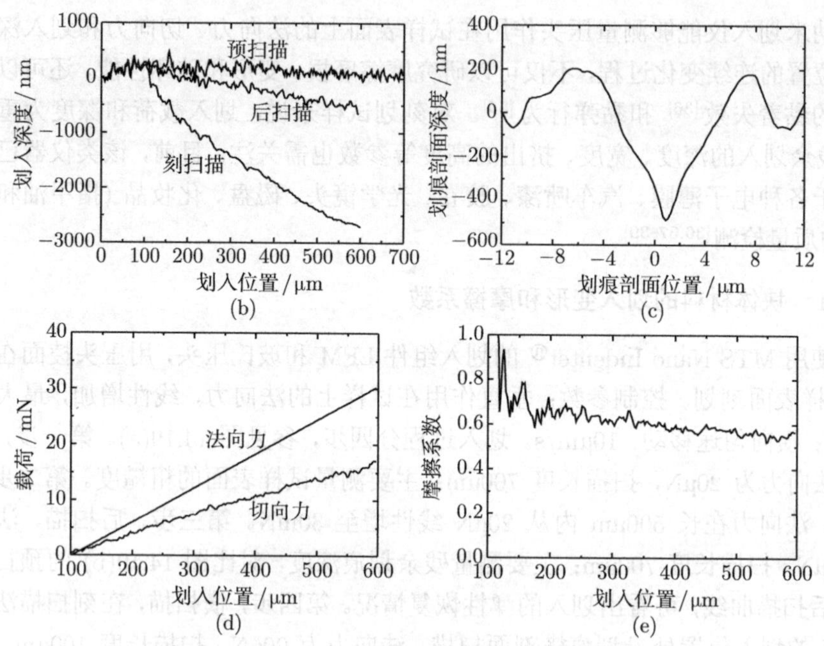

图 14.19 尼龙 66 块体材料的划入测试结果[1]

(a) 划入步骤；(b) 划痕的深度–位置；(c) 划痕剖面的深度–位置；(d) 划入载荷–位置；(e) 摩擦系数–位置

14.2.2 薄膜材料的临界附着力和摩擦系数

利用磁控溅射方法在硅片上沉积铝膜。使用 MTS Nano Indenter® LFM 和玻氏压头，进行纳米划入测试[1,40]，划入过程同上。在图 14.20(b) 中，切向力曲线在 390μm 位置处出现明显波动，该位置对应于图 14.20(a) 的划入深度约 −700nm。这由试样性质突变所致，为膜材和基材的界面。该深度处对应于膜厚，此处的法向力和切向力通常被定义为薄膜黏附失效的临界附着力[41]，也可以看成是一种测膜厚的方法。该临界附着的法向力为 34.7mN，水平力为 14.7mN。图 14.20(c) 为摩擦系数随划入位置的变化曲线。

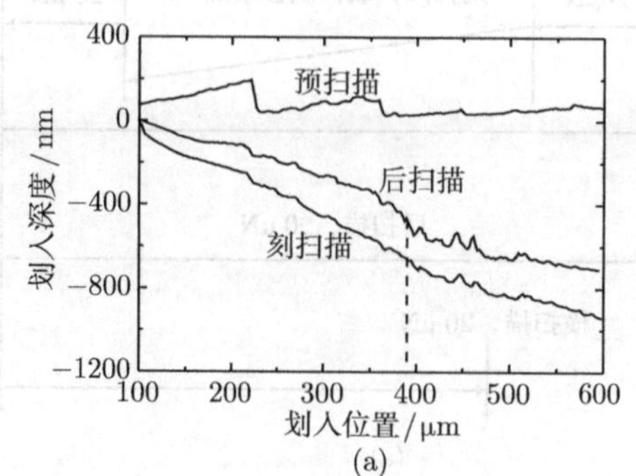

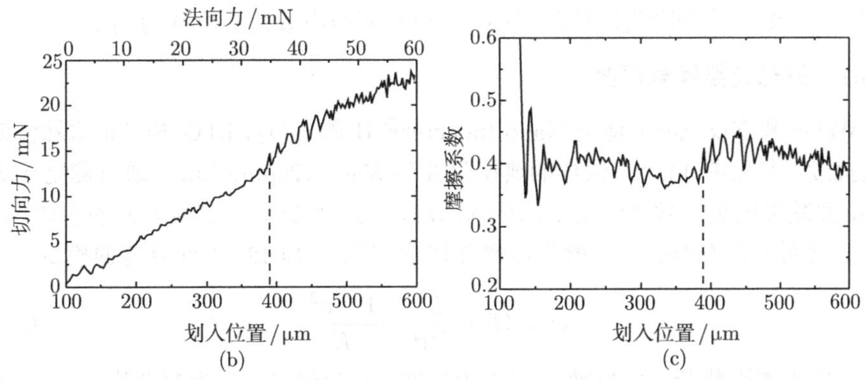

图 14.20 薄膜材料 Al/Si 的划入测试结果[1]

(a) 划入的深度–位置；(b) 划入切向力–位置或法向力；(c) 摩擦系数–位置

14.2.3 试样表面的粗糙度

使用 MTS Nano Indenter® LFM 和玻氏压头，测试硅片的表面粗糙度，结果参见图 14.21[1,40]。控制参数：法向力为 20μN，扫描长度为 80μm。

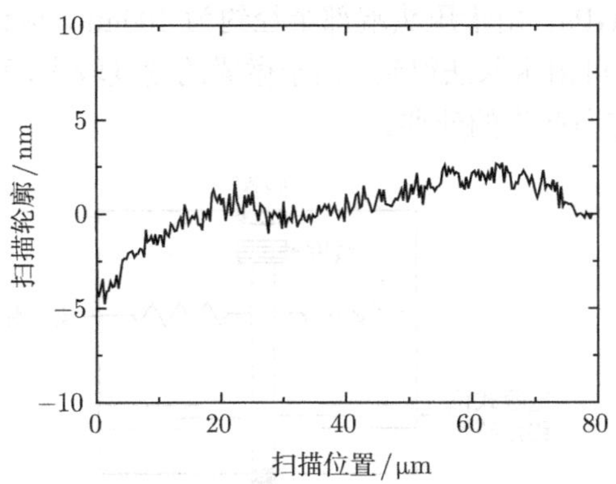

图 14.21 硅片的表面粗糙度测量结果[1]

综上所述，纳米划入仪依赖于测量技术的发展。划入方式简单方便，使用较早，以前难以定量，目前测量精确。由于划入变形复杂，不易建立相应的力学模型，难以提供科学的划入硬度定义。

14.3 弯曲方式

纳米压入仪的载荷分辨力已至 1nN，显著拓宽材料试验机的测量下限，可作为微力材料试验机使用。通过采用楔、棱锥、平头、球等形状的压头，实施微小结构的弯曲、压缩试验和吸附液体的试验，给出相应微小载荷和位移的测量。

14.3.1 微悬臂梁静载弯曲

Weihs 和 Nix 等[42] 使用 Nano Indenter® II 测 SiO_2、LTO 和 Au 微悬臂梁的弯曲挠度，参见图 14.22。试样的典型尺寸为 30μm×20μm×1μm。通过测定压头的位移，并减去压头在微悬臂梁上的压入深度以及微悬臂梁沿宽度方向的翘曲，最后根据横截面为长方形的悬臂梁弹性弯曲理论，即式 (14.12) 可计算弯曲模量

$$w = 4F \cdot \frac{L^3}{T^3 W} \cdot \frac{1-\nu^2}{E} \tag{14.12}$$

式中，F 为作用载荷；L 为梁长；W 为梁宽；T 为梁厚；E 为弯曲模量；ν为泊松比。该式显示，梁的几何尺寸尤其 $(L/T)^3$ 明显影响挠度；梁的弹性挠度随压力线性变化。根据悬臂梁弯曲理论，最大拉应力出现在悬臂梁根部的上表面。当压头的载荷–挠度曲线在 F_y 处偏离线性时，在悬臂梁支点处开始屈服，屈服应力为

$$\sigma_y = 6F_y \frac{L}{WT^2} \tag{14.13}$$

测试结果：SiO_2 和 LTO 的弯曲模量为 64GPa 和 44GPa；Au 的弯曲模量和屈服应力为 57GPa 和 0.26GPa。由于压头端部半径约为 100nm，应该考虑压头在悬臂梁上的压入深度，具体可由压入法得到。由于微梁的宽度较大，可用超稳定梁和薄板理论计算沿梁宽度方向产生的翘曲。

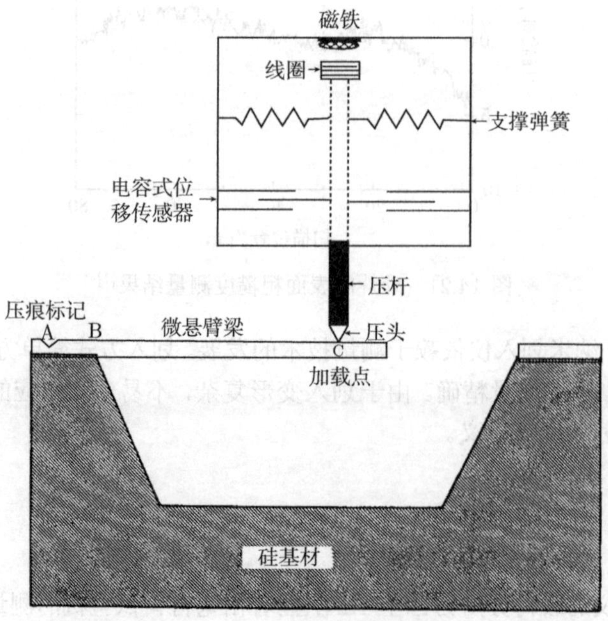

图 14.22 微悬臂梁弯曲测量[42]

14.3.2 微桥静载弯曲

在硅片上电镀镍膜，采用微加工工艺将膜制作成 100μm×18μm×3.2μm 的微桥，参见图 14.23(a)。使用 MTS Nano Indenter® XP，楔形金刚石压头，楔长 28μm 和楔角 45°。为研究镍微桥的弹性弯曲行为，压头楔长沿微桥宽度方向作用在微桥的中间，采用三次加卸载方法测量挠度，参见图 14.23(b) 和 (c)。

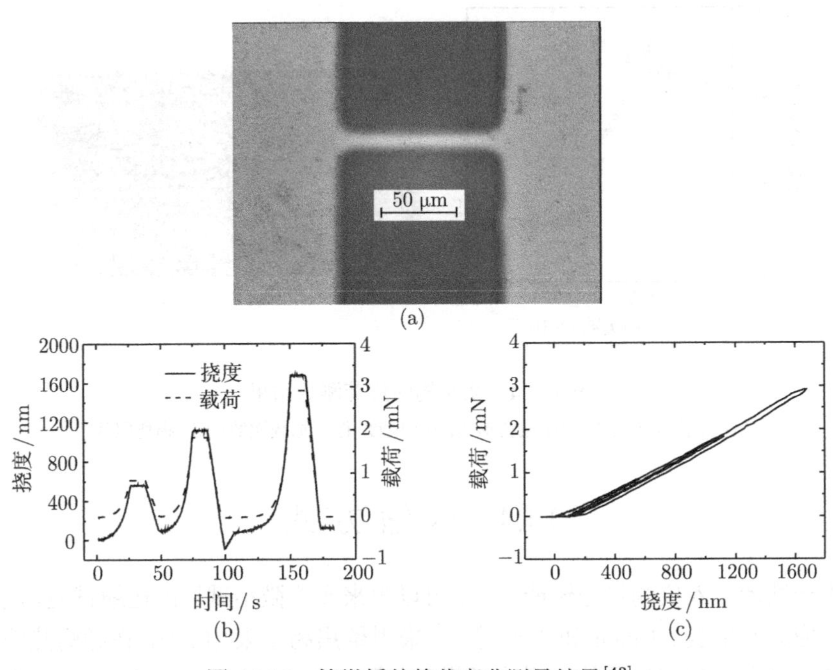

图 14.23 镍微桥的静载弯曲测量结果[43]

(a) 镍微桥；(b) 挠度或载荷–时间；(c) 载荷–挠度

14.3.3 微悬臂梁动载弯曲

Kraft 等[44] 为了研究微米尺度薄膜的疲劳行为，将 0.8μm 厚的 Al 膜沉积在厚 2.83μm 的 SiO_2 微悬臂梁上，尺寸参见图 14.24(a)。用 Nano Indenter® II 在微悬臂梁上施加循环载荷 $F=\bar{F}+F_o\cos(2\pi ft)$，其中 $\bar{F}$ 为平均载荷，F_o 为简谐载荷幅值，频率 $f=45$Hz，参见图 14.24(b)。采用楔长 10μm 和楔角 90° 的压头。通过测量施加载荷和挠度，可以测定微梁的刚度，参见图 14.24(c) 微梁刚度随循环加载次数的变化。刚度的突然变化表示微梁损伤的产生。最大应变发生在微梁根部，对应的扫描电镜照片参见图 14.24(d)。这种动态测量方法还可用于研究侵蚀磨损、薄膜的界面脱粘或黏附失效等问题。

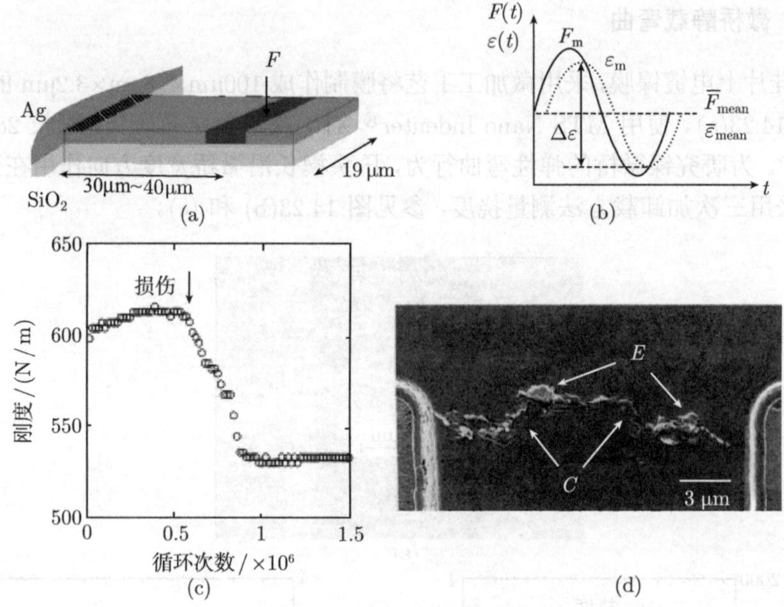

图 14.24　微结构的疲劳测量结果

(a) 微悬臂梁尺寸；(b) 载荷形式；(c) 刚度–循环加载次数；(d) 损伤照片

14.4　压 缩 方 式

由于纳米压入仪测量分辨能力高，可以用来实施微小试样的压缩试验，测定微试样的应力和应变。Uchic 和 Nix 等[45] 采用聚焦离子束 (FIB)，在超耐热镍合金晶体的表面向下加工出圆柱状微小试样，直径和高分别为 10μm 和 20μm，保留其根部连接在块状晶体上。采用纳米压入仪和平压头，进行微圆柱试样的压缩试验。结果参见图 14.25，其中点划线为压缩结果，实心线为拉伸结果。

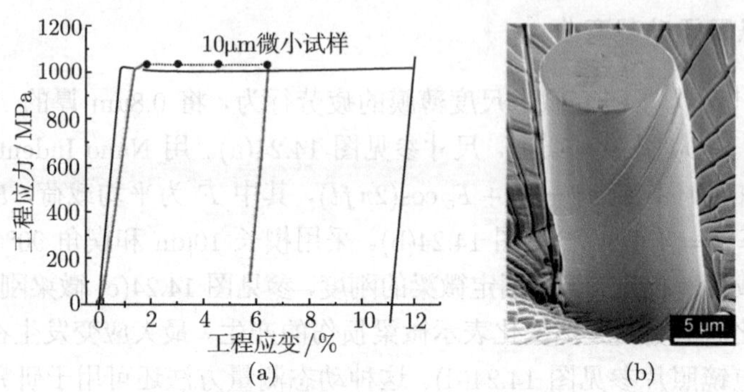

图 14.25　镍晶体微圆柱试样的压缩试验和拉伸试验

(a) 应力–应变曲线；(b) 试样压缩试验后的扫描电镜照片[45]

同样，可以采用纳米压入仪和平压头，进行微小颗粒的压缩试验，具体可参见文献 [46]。

14.5 吸附方式

由于纳米压入仪测量分辨能力高，可以用来测量试样表面对压头的微小吸引力。Lucas 等[47] 采用 MTS Nano Indenter® DCM，研究试样表面对逼近压头的黏附 (adhesive) 能力。例如，图 14.26(a) 为压头逼近熔融石英表面的载荷–位移曲线。熔融石英表面具有自然吸湿特性。压头逼近试样表面时，有约 10nm 吸附区域，吸附载荷约 150nN。对于低弹性模量的高聚物，压头在逼近试样表面的过程中，在约 340nm 距离范围内出现约 200nN 的吸附载荷，参见图 14.26(b)。这是由于高聚物表面有明显的吸附作用将压头拉近试样表面所致。

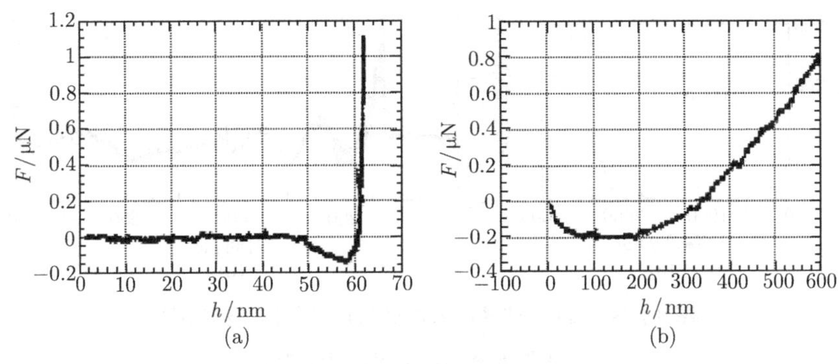

图 14.26 吸附能力的测量[47]

(a) 熔融石英；(b) 高聚物

14.6 监测技术 —— 声发射测量

在压入或划入过程中，有时伴随着断裂的发生，而测量到的载荷和深度曲线无法反映出来，需要发展相应的检测技术，监测断裂的发生。

Weihs 等[48] 用声发射 (AE) 技术记录压入过程中的声信号。首先，在单晶硅 (100) 上进行 120mN 的压入测试，声发射信号和载荷–深度曲线上的突进台阶相关，参见图 14.27(a)。第一次声发射信号上升时间为 1.5μs，参见图 14.27(b)。卸载后，在压痕棱边存在径向裂纹。在卸载阶段，探测到弱的与加载相反的声信号存在。其次，在镍膜/玻璃试样上进行压入测试，镍膜在 130mN~250mN 范围内脱粘，脱粘与深度台阶相关，参见图 14.28(a)；对应于上升时间为 1.8μs 的声信号，参见图 14.28(b)。随后，记录到高载荷的第二次声信号。在压入结束后，用光学显微镜观察，压入附近的膜材和基材脱开。

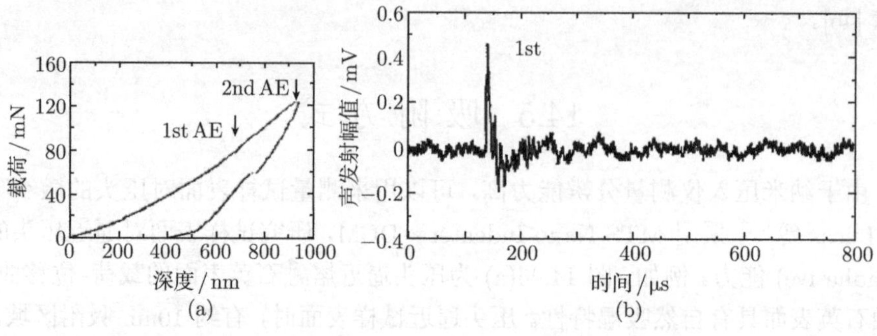

图 14.27　单晶硅 (100) 压入测试与声发射监测结果[48]

(a) 载荷–位移；(b) 声发射幅值–时间

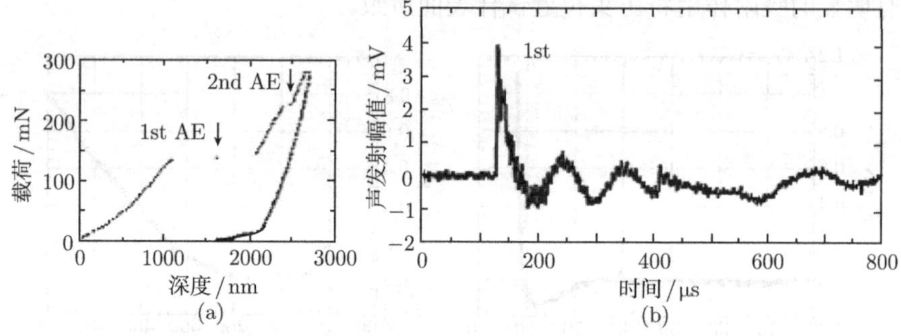

图 14.28　镍膜/玻璃压入测试与声发射监测结果[48]

(a) 载荷–位移；(b) 声发射幅值–时间

14.7　环境因素 —— 温度控制

在不同温度下，材料压入或划入变形的响应不同，材料的性质受温度的影响，需要发展测试环境温度的控制技术。

为了满足研究温度对材料微/纳米尺度力学行为的影响，仪器制造商们分别研制相应的温度台或温度箱可供选择[30,37−39]。例如，Korte 等[49] 针对微小圆柱状金试样，完成在 665°C 下的数分钟平压头压缩试验。

参 考 文 献

[1] 张泰华. 微/纳米力学测试技术及其应用. 北京：机械工业出版社，2004.

[2] Weimin Chen, Min Li, Taihua Zhang, et al. Influence of indenter tip roundness on hardness behavior in nanoindentation. Materials Science and Engineering A, 2007, 445-446: 323-327.

[3] Bhattacharya A K, Nix W D. Analysis of elastic and plastic deformation associated with indentation testing of thin films on substrates. International Journal of Solids and Structures, 1988, 24(12): 1287-1298.

[4] Sun Y, Bell T, Zheng S. Finite element analysis of the critical ratio of coating thickness to indentation depth for coating property measurements by nanoindentation. Thin Solid Films, 1995, 258: 198-204.

[5] Tsui T Y, Vlassak J, Nix W D. Indentation plastic displacement field: Part I. The case of soft films on hard substrates. Journal of Materials Research, 1999, 14(6): 2196-2203.

[6] Tsui T Y, Vlassak J, Nix W D. Indentation plastic displacement field: Part II. The case of hard films on soft substrates. Journal of Materials Research, 1999, 14(6): 2204-2209.

[7] Wang Lin-dong, LI Min, Zhang Tai-hua, et al. Hardness measurement and evaluation of thin film on material surface. Chinese Journal of Aeronautics, 2003, 16(1): 52-58.

[8] Mike O′Hern. Developments in diamond indentation and scratch tips: Introducing the accuTip^{TM} family of diamond tips. http://www.mtsnano.com.

[9] GB/T 25898—2010. 仪器化纳米压入试验方法 薄膜的压入硬度和弹性模量.

[10] 张泰华. 影响纳米压入测试结果的因素. 试验力学，2004, 19(4): 437-442.

[11] Bobji M S, Biswas S K. Estimation of hardness by nanoindentation of rough surfaces. Journal of Materials Research, 1998, 13(11): 3227-3233.

[12] Peng Jiang, Taihua Zhang, Yihui Feng, et al. Determination of plastic properties by instrumented spherical indentation: Expanding cavity model and similarity solution approach. Journal of Materials Research, 2009, 24(3): 1045-1053.

[13] Peng Jiang, Taihua Zhang, Rong Yang. Experimental verification for an instrumented spherical indentation technique in determining mechanical properties of metallic materials. Journal of Materials Research, 2011, 26(11): 1414-1420.

[14] Lawn B R, Evans A G, Marshall D B. Elastic/plastic indentation damage in ceramics: The median/radial crack system. Journal of the American Ceramic Society, 1980, 63: 574-581.

[15] Pharr G M, Harding D S, Oliver W C. Measurement of fracture toughness in thin films and small volumes using nanoindentation methods//Nastasi M. Mechanic properties and deformation behavior of materials having ultra-fine microstructures. Nederland: Kluwer Academic Publishers, 1993: 449-461.

[16] Harding D S, Oliver W C, Pharr G M. Cracking during nanoindentation and its use in the measurement of fracture toughness//Baker S P. Thin films stresses and mechanical properties V, MRS symposium proceeding, vol.356. Pittsburgh: Materials Research Society, 1995: 663-668.

[17] Taihua Zhang, Yihui Feng, Rong Yang, et al. A method to determine fracture toughness using cube-corner indentation. Scripta Materialia, 2010, 62: 199-201.

[18] 冯义辉. 脆性材料断裂韧度的仪器化压入测试技术. 北京：中国科学院研究生院博士学位论文, 2011.

[19] Feng Yihui, Zhang Taihua, Yang Rong. A work approach to determine vickers indentation fracture toughness. Journal of the American Ceramic Society, 2011, 94(2): 332-335.

[20] Lu H, Wang B, Ma J, et al. Measurement of creep compliance of solid polymers by nanoindentation. Mechanics of Time-Dependent Materials, 2003, 7: 189-207.

[21] Cheng Y-T, Yang F. Obtaining shear relaxation modulus and creep compliance of linear viscoelastic materials from instrumented indentation using axisymmetric indenters of power-law profiles. Journal of Materials Research, 2009, 24(10): 3013-3017.

[22] Guangjiang Peng, Taihua Zhang, Yihui Feng, et al. Determination of shear creep compliance of linear viscoelastic solids by instrumented indentation when the contact area has a single maximum. Journal of Materials Research, 2012, 27(12): 1565-1572.

[23] Guangjiang Peng, Taihua Zhang, Yihui Feng, et al. Determination of shear creep compliance of linear viscoelastic-plastic solids by instrumented indentation. Polymer Testing, 2012, 31: 1038-1044.

[24] Loubet J L, Lucas B N, Oliver W C. Some measurements of viscoelastic properties with the help of nanoindentation//NIST Special Publication 896, International Workshop on Instrumented Indentation. San Diego, 1995: 31-34.

[25] Lucas B N, Rosenmayer C T, Oliver W C. Mechanical characterization of sub-micron polytetrafluoroethylene (PTFE) thin films//Cammarata R C. Thin films-stresses and mechanical properties VII, MRS Symposium Proceeding, Vol.505. Boston: Materials Research Society, 1998: 97-102.

[26] Cheng Y-T, Ni W Y, Cheng C-M. Nonlinear analysis of oscillatory indentation in elastic and viscoelastic solids. Physical Review Letters, 2006, 97: 075506.

[27] Poisl W H, Oliver W C, Fabes B D. The relation between indentation and uniaxial creep in mmorphous selenium. Journal of Materials Research, 1995, 10(8): 2024-2032.

[28] Lucas B N, Oliver W C. Indentation power-law creep of high-purity indium. Metall. Mater. Trans. A, 1999, 30: 601-610.

[29] Cheng Y-T, Cheng C-M. Scaling relationships in indentation of power-law creep solids using self-similar indenters. Philosophical Magazine Letters, 2001, 81(1): 9-16.

[30] http://www.mts.com/nano.

[31] Oliver W C, Pharr G M. An improved technique for determining hardness and elastic modulus using load and displacement sensing indentation experiments. Journal of Materials Research, 1992, 7(6): 1564-1583.

[32] Pharr G M. The anomalous behavior of silicon during nanoindentation//Nix W D, et al. Thin Film: Stresses and Mechanical Properties III. MRS symposium proceeding, vol.239. Pittsburgh: Materials Research Society, 1992: 301-312.

[33] Bhushan B, Xiaodong Li. Nanomechanical characterization of solid surfaces and thin films. International Materials Reviews, 2003, 48(3): 125-164.

[34] Li X, Bhushan B. Measurement of fracture toughness of ultra-thin amorphous carbon films. Thin Solid Films, 1998, 315: 214-221.

[35] Vincent D J, Oliver W C. Viscoelastic behavior of polymer films during scratch test: a quantitative analysis//Richard Vinci, et al. Thin Films-Stress and Mechanical Properties VIII, MRS Symposium Proceedings, vol. 594. Pennsylvania: Materials Research Society, 2000: 251-256.

[36] Hong Deng, Thomas W S, Barnard J A. Adhesion assessment of silicon carbide, carbon, and carbon nitride ultrathin overcoats by nanoscratch techniques. Journal of Applied Physics, 1997, 81(8): 5396-5405.

[37] http://www.hysitron.com.

[38] http://www.csm-instruments.com.

[39] http://www.micromaterials.com.

[40] 张泰华. 纳米硬度计在 MEMS 力学检测中的应用. 微纳电子技术，2003, 40(7/8): 212-214.

[41] Bhushan B. Handbook of Micro/Nanotribology, 2nd. Boca Raton: CRC Press, 1999.

[42] Weihs T P, Hong J C, Nix W D. Mechanical deflection of cantilever microbeams: a new technique for testing the mechanical properties of thin films. Journal of Materials Research, 1988, 3(5): 931-942.

[43] 张泰华, 杨业敏. 纳米硬度技术在表面工程力学性能检测中的应用. 中国机械工程，2002, 13(24): 2148-2151.

[44] Kraft O, Schwaiger R, Wellner P. Fatigure in thin films: Life and damage formation. Materials Science and Engineering A, 2001, 319-321: 919-923.

[45] Uchic M D, Dimiduk D M, Florando J N, et al. Sample dimensions influence strength and crystal plasticity. Science, 2004, 305: 986-989.

[46] Schilde C, Kwade A. Measurement of the micromechanical properties of nanostructured aggregates via nanoindentation. Journal of Materials Research, 2012, 27(4): 672-684.

[47] Lucas B N, Oliver W C, Swindeman J E. The dynamic of frequency-specific, depth-sensing indentation testing//Neville R M, et al. Fundamentals of Nanoindentation and Nanotribology, MRS Symposium Proceeding, vol.522. Pennsylvania: Materials Research Society, 1998: 3-10.

[48] Weihs T P, Lawrence C W, Derby C B. Acoustic emissions during indentation tests//Nix W D, et al. Thin Films: Stresses and Mechanical properties III, MRS symposium proceeding vol.239. Pittsburgh: Materials Research Society, 1992: 361-370.

[49] Korte S, Stearn R J, Wheeler J M, et al. High temperature microcompression and nanoindentation in vacuum. Journal of Materials Research, 2012, 27(1): 167-176.

第 15 章　表面工程 I——纳米薄膜

表面工程 (surface engineering)，为系统设计工件或产品的本体表面，采用薄膜技术、涂镀技术、改性技术，改变本体表面及其近表面区的化学成分、组织结构、形态和应力状态，使本体表面获得所需性能的系统工程。其突出特点为：在本体表面形成覆盖层，在不改变本体材料性能的基础上，提高工件和产品表面的耐磨损性、耐腐蚀性、可装饰性、新型功能、再制造性等。目前，表面工程已广泛应用于机械产品、信息产品、家电产品、建筑装饰、生物材料等方面。覆盖层的力学性能及其与本体材料的结合强度，关系到工件和产品的工艺优化和服役可靠性。其力学测试和表征是表面工程技术设计和检验的重要内容，也是技术改善和提高的重要依据[1−5]。

从覆盖层的表面尺度上看，薄膜和涂镀层多为整体覆盖，表面改性多为局部覆盖。从厚度尺度上看，薄膜小于 10μm，涂镀层为 10μm~10^0mm。从上述覆盖层的形状和尺寸及其与基体结合上看，需要发展微/纳米尺度微区、原位测试技术。而传统材料试验机技术为整体测试，难以制备出所需的试样；传统硬度计技术为 10^0μm~10^0mm 的微区测试，可以满足部分改性技术和涂镀技术的需要，但难以满足薄膜技术的需要，且测量信息有限。因此，纳米压入和划入就成为薄膜力学性能测试和表征的重要技术。首先，本章分别以亚微米厚的 DLC 和 TiN 薄膜为例，介绍纳米压入和划入测试技术在表征薄膜力学性能方面的典型应用；其次，列举不同膜基组合，说明薄膜力学性能随深度变化的梯度分布规律。

15.1　不同基材 DLC 薄膜的纳米力学行为

类金刚石碳膜 (diamond like carbon films, DLC 膜) 是一类硬度、摩擦学、光学、电学、化学等特性类似于金刚石的非晶碳膜，常作为光学器件、磁记录介质、机械工具和刀具、医用矫形体的保护膜，用以延长使用寿命。自 20 世纪 80 年代以来，作为新兴的保护材料，已成为镀膜技术领域研究的热点之一[6,7]。近年来，其在微机电系统 (MEMS) 领域中的应用尤其引起关注[8]。膜材性质随沉积条件、基材预处理技术和选择而变化。所以，有必要详细研究 DLC 薄膜的纳米压入和划入行为，用以评估薄膜的表面强化、界面黏结和固体润滑等效果[6,7]。

为了延长 DLC 薄膜的耐磨寿命和提高润滑效果，需要选择合适的钢基材，以便增加膜材和基材的结合强度、提高薄膜硬度和减小摩擦系数。张泰华等[9,10] 探索测定亚微米 DLC 薄膜的力学性能和膜基结合能力、摩擦系数的方法，为钢基材的选择提供参考依据。

15.1.1 薄膜制备和测试方法

基材选用不锈耐酸钢 9Cr18(重量组分%为 Si-0.8，Mn-0.72，P-0.035，S-0.03，C-0.96，Cr-17.8，Fe-79.655) 和合金结构钢 40CrNiMo(Si-0.25，Mn-0.70，C-0.41，Cr-0.82，Ni-1.45，Mo-0.18，Fe-96.19)。用金刚石研磨膏精研，以去除表面污物；使用溶剂 (汽油、丙酮、石油醚) 超声清洗试样；取出烘干；存放待用。将基材固定于真空室中，抽真空至 3×10^{-3}Pa，采用离子束高压轰击清洗试样。设定工件上的负偏压与弧电流，然后使阴极靶材在真空室内直接放电，产生等离子体，沉积到工件上，DLC 厚度约 0.5μm，外观呈灰黑色。最后，部分试样表面涂敷约 1μm 的有机膜 DJB823[9]。

为了表征 DLC 薄膜的力学响应和性能，采用纳米压入技术测试薄膜的压入硬度和模量。选用 MTS Nano Indenter® XP 和玻氏压头。控制参数：应变率 0.05/s，热漂移速率 0.05nm/s，压入深度 1.0μm。每种测试条件至少进行 5 次压入试验，以验证其重复性和可靠性。测试温度 23.0℃ ±0.5℃。

为了评估薄膜与基材的结合能力和固体润滑效果，采用纳米划入技术测量膜基界面的结合强度和薄膜与金刚石压头之间的摩擦系数。选用 MTS Nano Indenter® LFM 和玻氏压头，用棱面刻划试样表面。控制参数：法向力，线性增加，最大值分别为 40mN、100mN 和 300mN；横向移动速度 10μm/s。

15.1.2 纳米压入测试结果与分析

膜材力学性能接近基材是基材选择考虑的重要因素之一。膜材和基材共同承载，基材越硬，承载能力越强。从基材测试结果可以看出，9Cr18 和 40CrNiMo 的压入硬度和模量基本不随压入深度增加而变化；9Cr18 的硬度和模量值高于 40CrNiMo，9Cr18 在深度为 1μm 处对应的载荷、硬度和模量平均值分别约为 170mN、9.1GPa 和 267GPa，40CrNiMo 平均值分别约为 120mN、5.8GPa 和 203GPa，参见图 15.1 和表 15.1。

膜材的压入硬度和模量值明显高于基材，其力学性能决定着薄膜的耐磨寿命。从薄膜测试结果图 15.1 可以看出，DLC/9Cr18 和 DLC/40CrNi-Mo 在相同深度处对应的载荷、硬度、模量值明显高于相应基材，薄膜承载能力明显提高；而残余压入深度明显小于相应基材，说明 DLC 膜有较好的弹性恢复能力。

薄膜的压入硬度和模量随深度的增加而变化，体现着膜基耦合变形行为。对纳米压入测试，由于试样表面粗糙度和压头尖端半径等影响，在压入深度约 20nm 的初始阶段，数据不能可靠地反映试样的特性[11]。按压入深度约为 10%~20%膜厚

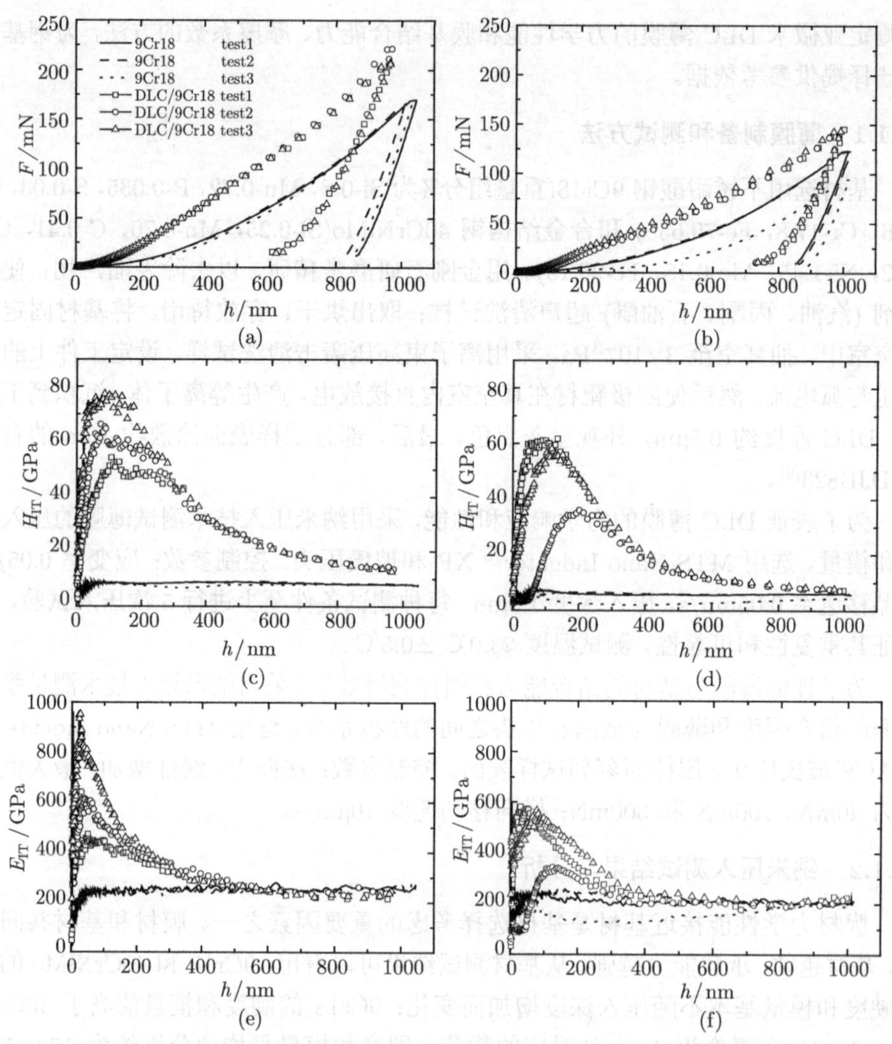

图 15.1 9Cr18 和 40CrNiMo 及其薄膜试样的典型结果[9]

(a) 和 (b) 压入载荷–深度曲线；(c) 和 (d) 压入硬度–深度曲线；(e) 和 (f) 压入模量–深度曲线

时，基材对薄膜的力学性能测试结果影响不明显 [12]。由此可知，在压入深度约 30nm~100nm 时，大致可得 DLC 的平均硬度和模量分别约为 60GPa 和 600GPa，参见图 15.2(b) 和 (c)。随着压入深度的增加，基材也开始变形，此时测试结果应为薄膜的耦合硬度和模量。随着压入深度的继续增加，基材影响越来越明显，所以测试结果逐渐接近基材性能。

对比不同薄膜的压入硬度和模量曲线，确定其使用耐久性。在外力作用下，基材和膜材的力学性能，尤其是弹性模量的差异将会导致界面应变的梯度变化。两者弹性模量接近，膜基界面约束变形趋于协调，有助于提高结合强度，避免膜材脱落，从而延长薄膜的耐磨寿命。变形协调性的原则对于膜基选材具有重要的参考意义。对比图 15.2(b) 和 (c) 中 DLC/9Cr18 和 DLC/40CrNiMo 的压入硬度和模量曲线，随着压入深度的增加，DLC/9Cr18 硬度和模量曲线变化平稳，并逐渐高于 DLC/40CrNiMo 曲线，说明 DLC/9Cr18 的承载能力高，膜基变形协调；观察两种薄膜试样的界面区域硬度和模量的分布，DLC/9Cr18 的值较高，说明该薄膜有较高的承载能力和理想的界面结合强度。

测试误差棒的大小反映着材料不均匀的程度。在图 15.2(a)~(c) 中，每点代表着测试的压入硬度平均值，误差棒大小代表标准偏差。在压入深度大于 100nm 时可以看出，基材测试结果的分散程度大于对应薄膜。显微观察可知，基材中各种组织的尺度在几十微米，而 DLC 组织要均匀得多。注意，测试误差棒的大小在较小压入深度时主要反映材料表面粗糙度的高低。

载荷–深度曲线中的压入突进即位移平台反映断裂的发生。在图 15.2(d) 中，两种薄膜的载荷–深度曲线上出现压入突进，DLC/9Cr18 在加载曲线上的首个明显压入突进发生在 53mN/350nm 处，而 DLC/40CrNiMo 的发生在 25mN/210nm 处。这说明 DLC/9Cr18 具有较高的承载能力和较理想的黏附能力。

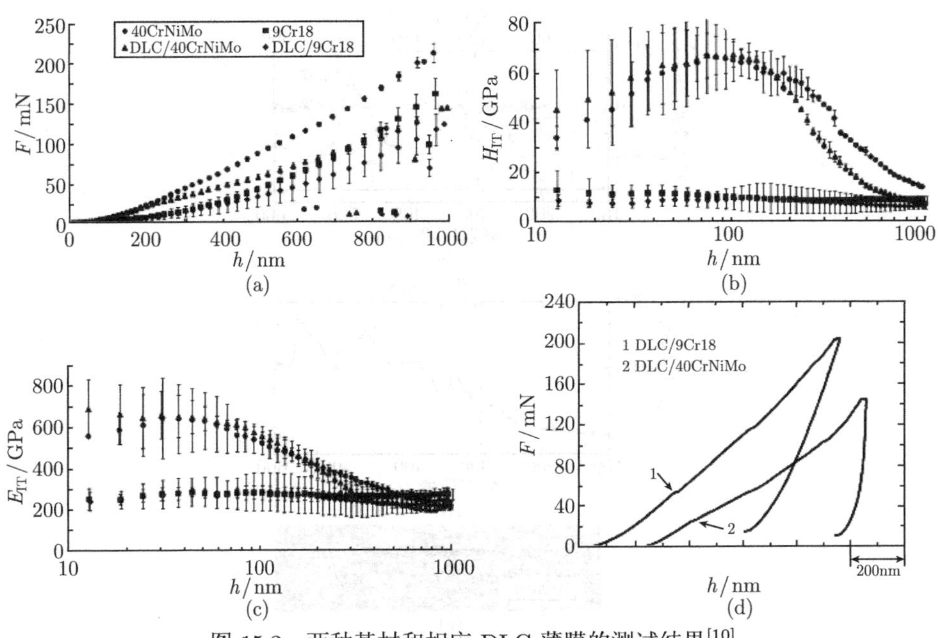

图 15.2　两种基材和相应 DLC 薄膜的测试结果[10]

(a) 压入载荷–深度曲线；(b) 压入硬度–深度曲线；(c) 压入模量–深度曲线；(d)DLC/40CrNiMo 和 DLC/9Cr18 典型的载荷–深度曲线

15.1.3 纳米划入测试结果与分析

纳米划入响应体现着薄膜的刻划变形行为和膜基结合强度。图 15.3 为在有机膜/DLC/40CrNiMo 上当法向力 300mN 时的纳米划入测试结果。预扫描，测量试样表面的形貌轮廓或粗糙度；刻扫描，测量不同位置的划入深度；后扫描，测量残余的划入深度，即表面塑性变形的信息。在 A 区，随着法向力的线性增加，划入深度也近似线性增加，后扫描和预扫描重合，说明此阶段为弹性变形区，参见图 15.3(a)；对应的切向力也线性增加，参见图 15.3(b)；摩擦系数较小，参见图 15.5(c)；估计压头在有机膜/DLC 中刻划。在 B 区，后扫描低于预扫描曲线，说明此阶段为塑性变形区。当刻划位置为 240μm(I 点) 时，划入曲线出现拐点，估计压头划到 DLC/40CrNiMo 界面。在 C 区，从刻划位置为 290μm(F_c 点) 开始，刻扫描和后扫描曲线激烈波动，说明 DLC 破裂，可能有碎片剥落。对应的切向力和摩擦系数在此也明显增加。F_c 点对应与膜基分离，此处的法向力和切向力通常定义为薄膜黏附失效的临界附着力[11]，分别为 114mN 和 50mN。从残余划痕照片图 15.3(d) 可以看出，刻扫描过程分为弹性区 (A)、塑性区 (B) 和破裂区 (C)。图 15.4 为在有机膜/DLC/9Cr18 上当法向力 300mN 时的纳米划入测试结果，其变形破坏行为明显不同于有机膜/DLC/40CrNiMo。

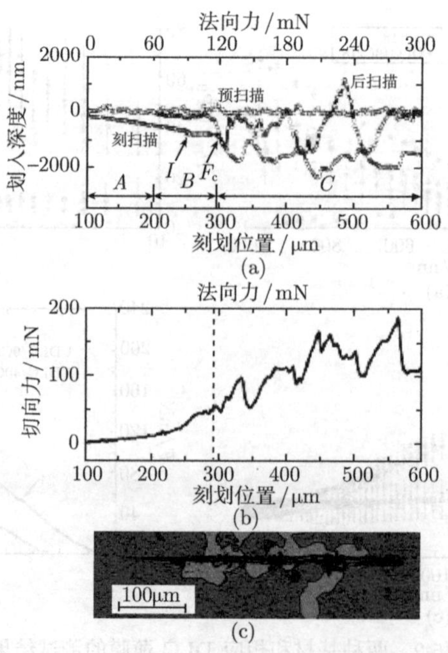

图 15.3　法向力 300mN 时有机膜/DLC/40CrNiMo 的纳米划入测量结果[10]

(a) 划入深度–刻划位置和法向力；(b) 切向力–刻划位置；(c) 划痕照片

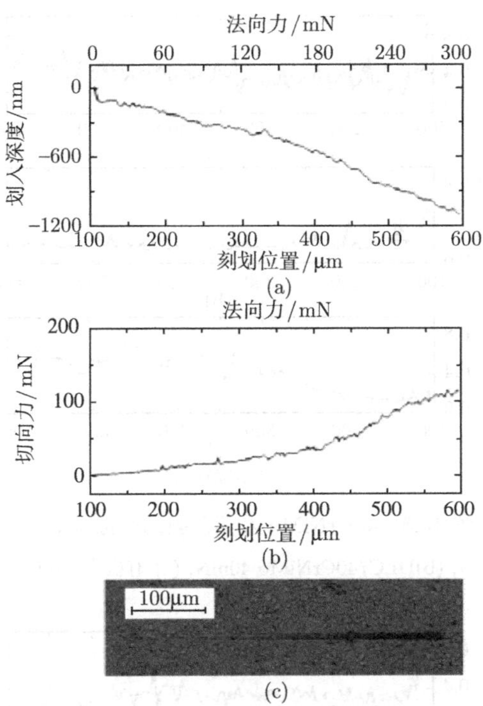

图 15.4 法向力 300mN 时有机膜/DLC/9Cr18 的纳米划入测量结果[10]

(a) 划入深度–刻划位置和法向力; (b) 切向力–刻划位置; (c) 划痕照片

纳米划入响应可以体现摩擦性能和刻划能力。在图 15.5(a) 和 15.6(a) 中，最大法向力为 40mN，40CrNiMo 和 9Cr18 的摩擦系数分别约为 0.40 和 0.35。在图 15.5(b) 和 15.6(b) 中，最大法向力为 40mN，DLC/9Cr18 和 DLC/40CrNiMo 的摩擦系数趋于一致，约为 0.20，这为 DLC 膜的摩擦系数。在图 15.5(c) 中，最大法向力为 300mN，有机膜/DLC/40CrNiMo 在 100μm~200μm 范围内的摩擦系数较稳定，约为 0.15，说明压头在有机膜/DLC 中刻划，有机膜的润滑效果明显；在 200μm~290μm 范围内，摩擦系数逐渐变大并接近基材的摩擦系数，说明压头划入基材；随后，摩擦系数激烈震荡。对比图 15.3(c) 划入显微照片和摩擦曲线图 15.5(c) 发现，摩擦系数开始变大处对应于残余划痕的起点，说明压头划入软基材；摩擦系数激烈震荡对应碎片剥落。在图 15.6(c) 中，有机膜/DLC/9Cr18 在 100μm~430μm 范围内的摩擦系数从 0.15 逐渐变化到 0.20，说明压头在有机膜/DLC 中刻划，润滑效果明显；随后，摩擦系数迅速变大，最终接近基材的摩擦系数。对比图 15.4(c) 显微照片，有机膜/DLC/9Cr18 的残余划痕短，无明显碎屑剥落；相反，有机膜/DLC/40CrNiMo 的残余划痕长，DLC 膜剥落严重。说明 DLC/40CrNiMo 膜基的黏附差，硬度低，反映其承载能力较弱。

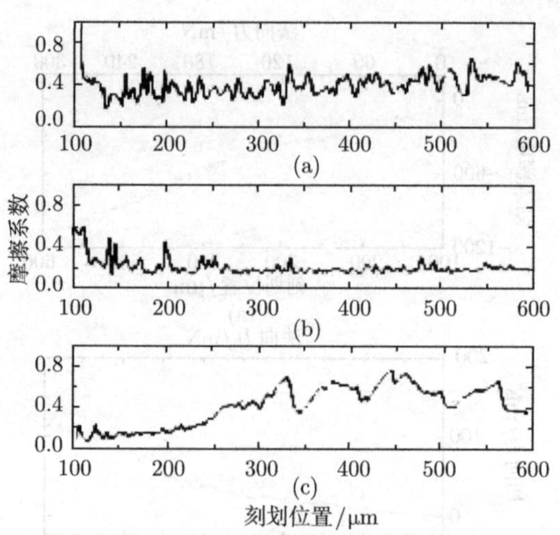

图 15.5　40CrNiMo 及其薄膜的摩擦系数[10]

(a)40CrNiMo 40mN; (b)DLC/40CrNiMo 40mN; (c) 有机膜/DLC/40CrNiMo 300mN

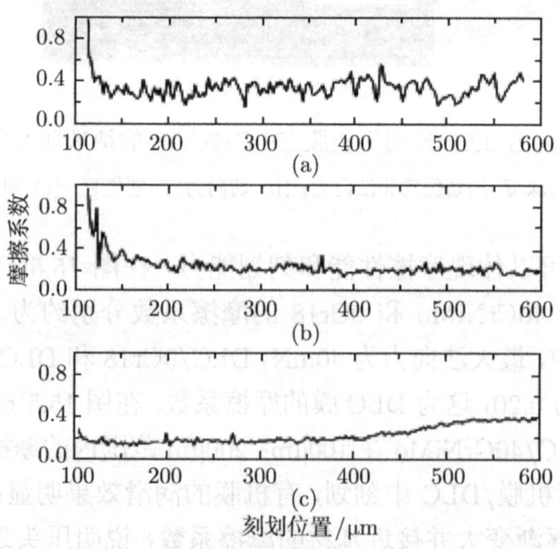

图 15.6　9Cr18 及其薄膜的摩擦系数[10]

(a)9Cr18 40mN; (b)DLC/9Cr18 40mN; (c) 有机膜/DLC/9Cr18 300mN

综上所述，DLC 膜材同两种基材相比，压入硬度明显增加，显著提高基材的耐磨能力。DLC 薄膜的摩擦系数明显降低，固体润滑效果显著。两种基材相比，9Cr18 的硬度高、模量大，与膜材有较理想的黏附能力，宜作为基体材料。

纳米压入和纳米划入技术能提供近表面弹塑性变形和摩擦等的丰富信息，是评价薄膜力学性能的有效手段。

15.2 不同基材对 TiN 薄膜纳米力学行为的影响

TiN 薄膜的功能类似于 DLC 薄膜。为了延长 TiN 薄膜的耐磨寿命，需要选择合适的钢基材，以便提高膜材和基材的结合强度、增加薄膜硬度和减小摩擦系数。为此，张泰华等[13−15] 利用纳米压入和划入技术评定三种 TiN 薄膜试样的力学性能，从三种钢材料中筛选出合适的基材。候选材料包括：高耐磨钢硬质合金 GT35(重量组分%为 Fe-60，TiC-35，Cr-2，Mo-2，C-1)、不锈耐酸钢 9Cr18(Si-0.8，Mn-0.72，P-0.035，S-0.03，C-0.96，Cr-17.8，Fe-79.655) 和合金结构钢 40CrNiMo(Si-0.25，Mn-0.70，C-0.41，Cr-0.82，Ni-1.45，Mo-0.18，Fe-96.19)。TiN 薄膜制备工艺参见 15.1.1 节，膜厚约 0.5μm。在 TiN 膜上涂敷约 1μm 的有机膜 DJB823。

15.2.1 纳米压入测试结果与分析

对比基材和薄膜的纳米压入行为。在最大压入深度 h_m 为 1000nm 时，三种基材及其相应 TiN 薄膜的最大载荷 F_m、残余压入深度 h_p、可恢复的相对压入深度 $(1-h_p/h_m)$、硬度、模量及其比值参见表 15.1。F_m 反映承载能力，$(1-h_p/h_m)$ 反映压入的可恢复能力，H_{IT}/E_{IT} 反映耐磨性和弹性，参见第 9 章。在三种基材中，GT35 的 F_m、$(1-h_p/h_m)$、H_{IT}、E_{IT} 和 H_{IT}/E_{IT} 最大，依次是 9Cr18 和 40CrNiMo。一般说来，基材越硬，承载和耐磨能力越好，由此可定性地推测出 GT35 为理想的基材选择对象。TiN 薄膜同相应基材相比，残余压入深度较小，反映 TiN 薄膜的弹性恢复能力强。

对比基材和薄膜的纳米压入性能。三种基材和相应 TiN 薄膜的压入硬度–深度曲线参见图 15.7。GT35、9Cr18 和 40CrNiMo 的硬度几乎不随深度变化，其值依次降低。TiN/GT35、TiN/9Cr18 和 TiN/40CrNiMo，在压入深度约 50nm~100nm 时，平均硬度趋于 38GPa，为 TiN 的硬度；随着压入深度的增加，硬度曲线开始降低，变化速率从小到大依次为 TiN/GT35、TiN/9Cr18 和 TiN/40CrNiMo，并分别逼近各自的基体材料。由此，可定性地推测出 TiN/GT35 有较高的承载能力和理想的界面结合强度。

表 15.1 基材和 TiN 薄膜的平均载荷–深度数据及其硬度、模量和比值[13]

试样	F_m/mN	h_m/nm	h_p/nm	$(1-h_p/h_m)$/%	H_{IT}/GPa	E_{IT}/GPa	H_{IT}/E_{IT}
GT35	250	1000	760	19	14.3	368.5	0.039
TiN/GT35	300	1000	620	38	—	—	—
9Cr18	200	1000	800	17	9.1	266.8	0.034
TiN/9Cr18	250	1000	640	36	—	—	—
40CrNiMo	120	1000	840	15	5.8	203.3	0.029
TiN/40CrNiMo	160	1000	800	20	—	—	—

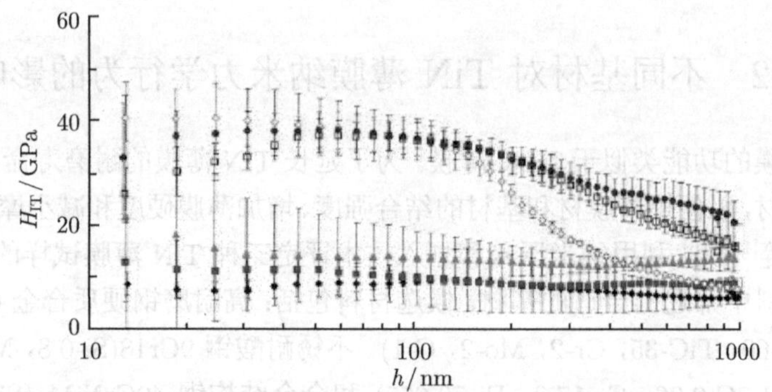

图 15.7 三种基体和相应 TiN 薄膜的压入硬度–深度曲线[13]

◆ 40CrNiMo; ■ 9Cr18; ▲ GT35; ◇ TiN/40CrNiMo; □ TiN/9Cr18; ● TiN/GT35

15.2.2 纳米划入测试结果与分析

TiN 薄膜的刻划变形响应。以 TiN/9Cr18 在最大法向力为 100mN 的典型测试结果为例说明，参见图 15.8。预扫描 TiN 薄膜表面，在 100nm 内波动。在 L1(法向力 20μN~28mN 或位置 100μm~240μm) 区，刻扫描随着法向力的线性增加，划入深度也近似线性增加；对比后扫描和预扫描曲线，两者重合，说明此阶段为弹性变形区，压头在 TiN 中刻划。L2(法向力 28mN~100mN 或位置 240μm~600μm)，对比刻扫描和后扫描曲线，残余划入深度明显小于划入深度，说明 TiN 膜具有较好的弹性恢复能力，此阶段为弹塑性变形区。

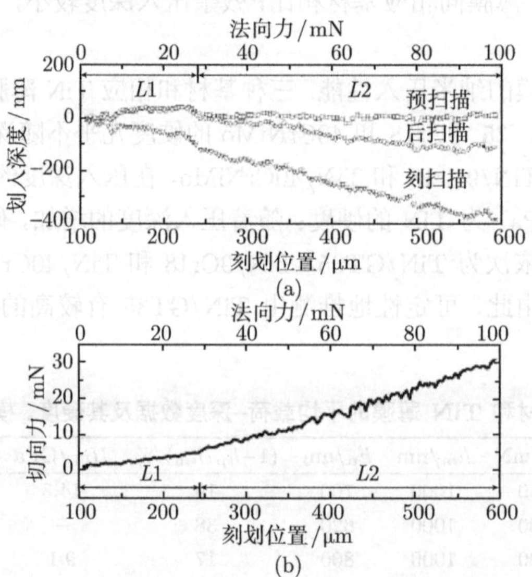

图 15.8 TiN/9Cr18 在最大法向力为 100mN 时的纳米划入结果[13]

(a) 划入深度–刻划位置和法向力；(b) 切向力–刻划位置

比较三种 TiN 薄膜的摩擦性能。对比不同条件下的摩擦系数–刻划位置曲线，参见图 15.9～ 图 15.11。当最大法向力为 40mN 时，GT35、9Cr18 和 40Cr-NiMo 的摩擦系数约分别为 0.25、0.35 和 0.40。当最大法向力为 40mN 时，TiN/GT35、TiN/9Cr18 和 TiN/40CrNiMo 的摩擦系数趋于一致，约为 0.15；与不同基材相比，固体润滑效果明显。当最大法向力为 100mN 时，TiN/GT35、TiN/9Cr18 和 TiN/40CrNiMo 的摩擦系数分别在 260μm、240μm 和 160μm 处开始上升，对应的临界法向力分别为 32mN、28mN 和 12mN。当最大法向力为 100mN 时，有机膜/TiN/GT35 和有机膜/TiN/9Cr18 的摩擦系数趋于一致，约为 0.15；与不同 TiN 膜相比，固体润滑效果明显。当最大法向力为 300mN 时，有机膜/TiN/GT35 在 100μm～218μm 范围内摩擦系数稳定，约为 0.10，说明压头主要在有机膜中刻划；在 218μm～470μm 范围内摩擦系数逐渐增加，说明压头主要在有机膜和 TiN 中刻划；随后，摩擦系数增加较快，说明压头在基材 GT35 中越划越深。

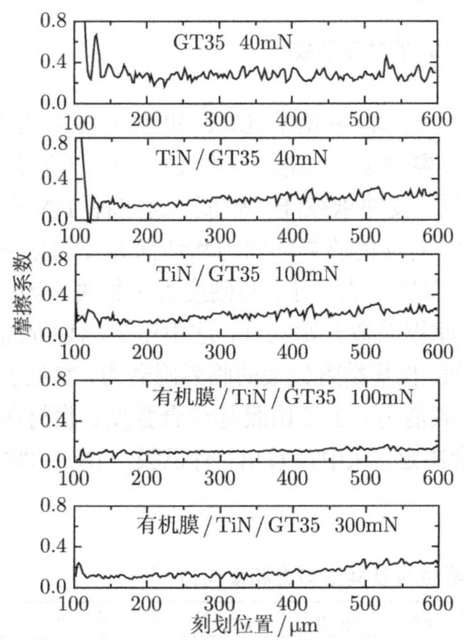

图 15.9 TiN/GT35 的摩擦系数[13]

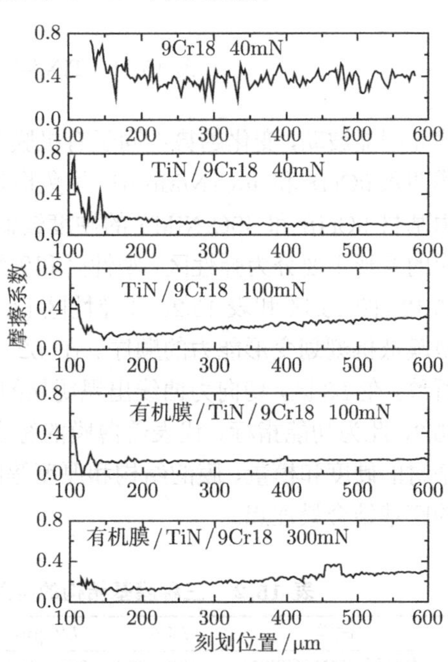

图 15.10 TiN/9Cr18 的摩擦系数[14]

比较三种 TiN 薄膜的刻划能力。有机膜/TiN/GT35 在最大法向力为 300mN 时划入的切向力–刻划位置或法向力曲线和残余划痕照片，参见图 15.12(a) 和 (b)，切向力轻微波动时 (位于 220μm 处)，对应于残余划痕的起点，其法向力 N_{p} 和切向力 F_{p} 分别为 72.0mN 和 8.0mN；切向力明显波动时 (位于 496μm 处)，伴随 TiN 碎屑剥落，参见图 15.12(c) 划痕末端局部放大照片，其法向力 N_{c} 和切向力 F_{c} 分别为 237.6mN 和 64.8mN。有机膜/TiN/9Cr18 和有机膜/TiN/40CrNiMo 的切向力曲

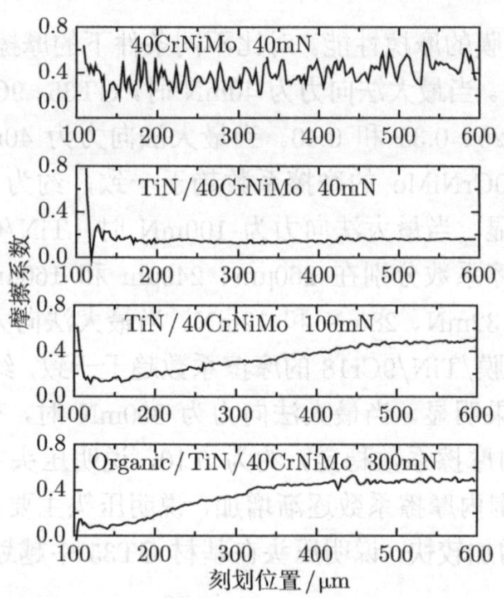

图 15.11　TiN/40CrNiMo 的摩擦系数[14]

线无明显波动，变化趋势不同于有机膜/TiN/GT35，参见 15.13(a) 和 15.14(a)；TiN 膜凹入 9Cr18 和 40CrNiMo 中，呈鱼椎骨状，参见 15.13(b)、(c) 和 15.14(b)、(c)，这由基材 9Cr18 和 40CrNiMo 的硬度较低所致，反映承载能力较弱。这三种 TiN 薄膜的变形主要分为弹性区、塑性区和破裂区，对应的临界法向力和切向力分别见图 15.12~图 15.14 和表 15.2。其弹性区 ($L1$) 的范围从大到小，与硬度大小相关，反映薄膜抵抗刻划变形能力的顺序。在 $L2$ 区，摩擦系数开始上升，这由压头刻划界面所致。在 $L3$ 区，切向力曲线出现明显的波动，膜基黏附失效的临界附着力，参见表 15.2，此为功能指标，代表着薄膜的综合承载能力，主要由膜基结合强度、膜材和基材的硬度和模量、膜的结构和厚度等因素决定。从中可看出，有机膜/TiN/GT35 的膜基结合最理想。

表 15.2　三种膜基结构的压入临界位置及其法向力和横向力[13]

试样	$L1$/μm	$L2$/μm	$L3$/μm	N_p/mN	F_p/mN	N_c/mN	F_c/mN
有机膜/TiN/GT35	100~220	220~496	496~600	72.0	8.0	237.6	64.8
有机膜/TiN/9Cr18	100~193	193~417	417~600	55.8	4.9	190.2	46.2
有机膜/TiN/40CrNiMo	100~156	156~440	440~600	33.6	2.8	204.0	96.8

综上所述，TiN 膜材的压入硬度和模量明显高于三种基材，显著提高基材的承载和耐磨能力。TiN 膜和有机膜/TiN 膜的摩擦系数明显降低，固体润滑效果显著。GT35 同 9Cr18 和 40CrNiMo 相比，硬度高、模量大、摩擦系数低，有较好的抵抗载荷和协调变形等能力。GT35 力学性质接近 TiN 膜，为较理想的基材材料。

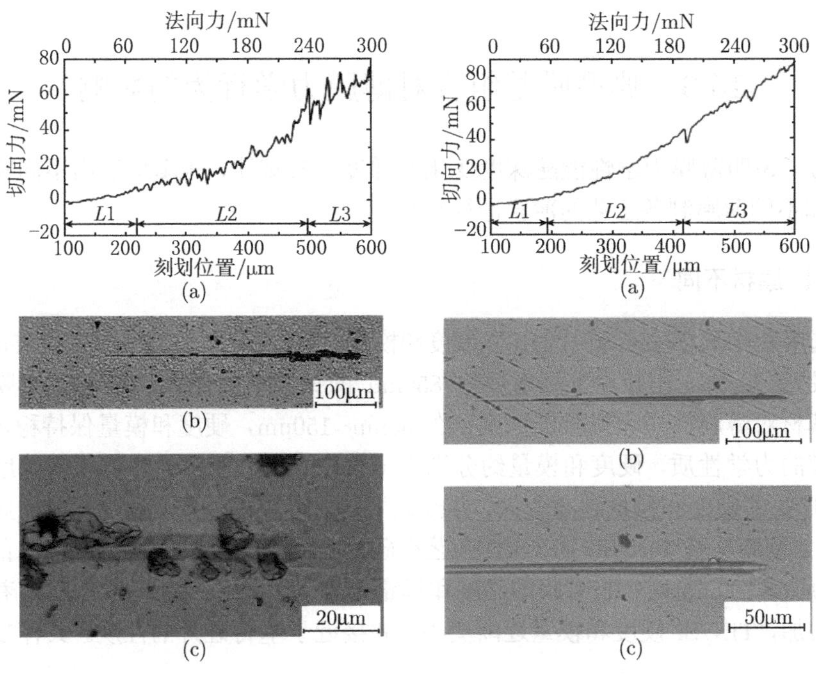

(a) (b) (c)

图 15.12 有机膜/TiN/GT35 在最大法向力为 300mN 时的划入结果和照片[13]

(a) (b) (c)

图 15.13 有机膜/TiN/9Cr18 在最大法向力为 300mN 时的划入结果和照片[13]

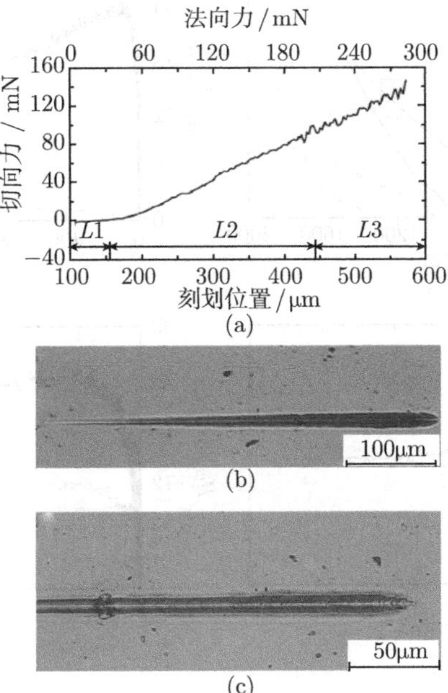

(a) (b) (c)

图 15.14 有机膜/TiN/40CrNiMo 在最大法向力为 300mN 时的划入结果和照片[13]

15.3 典型膜基组合对薄膜力学行为的影响

为了说明薄膜力学性能随深度变化的梯度分布规律，张泰华选用不同膜基组合[4] 和不同薄膜制备工艺的薄膜进行研究。

15.3.1 膜材不同

选用硅片作为基材，硅片的压入硬度和模量稳定，约分别为 12.5GPa 和 180GPa。软膜硬基 Al/Si，在硅片上溅射厚约 850nm 的铝膜。按压入深度在 10%膜厚以内时基材对薄膜性质无影响的原则，在 50nm~150nm，硬度和模量保持稳定，这是铝膜的力学性质，硬度和模量约分别为 0.5GPa 和 65GPa。随着压入深度的增加，Al/Si 的硬度和模量逐渐变大，并接近于基材硅片的性质，说明基材的影响逐渐变大。硬膜软基 TiN/Si，PECVD 工艺在硅片上淀积厚约 500nm~1100nm 的 TiN 膜。50nm~100nm 时，TiN 膜的硬度和模量分别为 24GPa 和 310GPa。随着压入深度增加，TiN/Si 硬度和模量逐渐变小，并接近于基材硅片的性质。具体参见图 15.15。

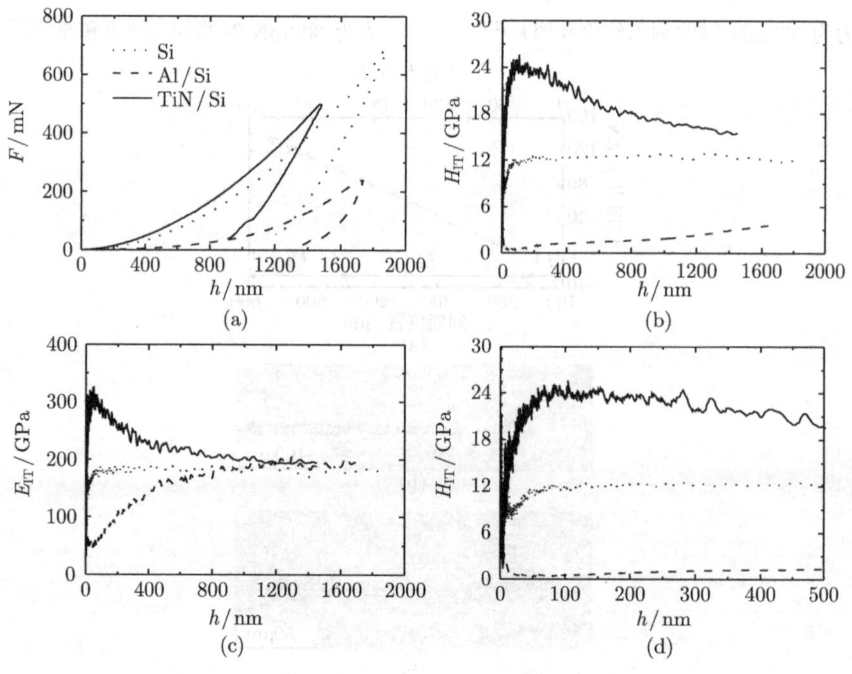

图 15.15 膜材不同的薄膜测试结果[4]

(a) 载荷–深度；(b) 模量–深度；(c) 硬度–深度；(d) 硬度–深度局部放大

需要说明，Oliver 和 Pharr 确定接触面积的方法对薄膜存在缺陷。对于软膜硬基，基材约束薄膜塑性流动，出现压入突起变形，会过低估计实际的接触面积，导致压入硬度和模量偏大。对于硬膜软基，压入有时会过高估计实际的接触面积，导致硬度和弹性模量偏小。对于过分的压入凸起或凹陷，必须发展新的方法描述真实的接触面积[16]。

为了比较不同硬质膜材在相同基材上承载和黏附的差异，以基材 40CrNiMo 及其 DLC 和 TiN 薄膜为例说明，保持相同测试条件。对比载荷–深度曲线的形状和光滑程度，40CrNiMo 和 TiN/40CrNiMo 的曲线基本为光滑的抛物线形状，而 DLC/40CrNiMo 的曲线出现台阶，即突进，参见图 15.16，这主要由膜基性质如弹性模量差异较大引起的。从前面的压入测试结果可知，40CrNiMo、DLC 和 TiN 的压入硬度/模量分别约为 5.8GPa/203GPa、60GPa/600GPa 和 38GPa/450GPa。DLC/40Cr-NiMo 曲线在 D 点出现即弯进，原因可能为基材较软，承载能力弱，膜材破裂或薄膜界面脱粘。

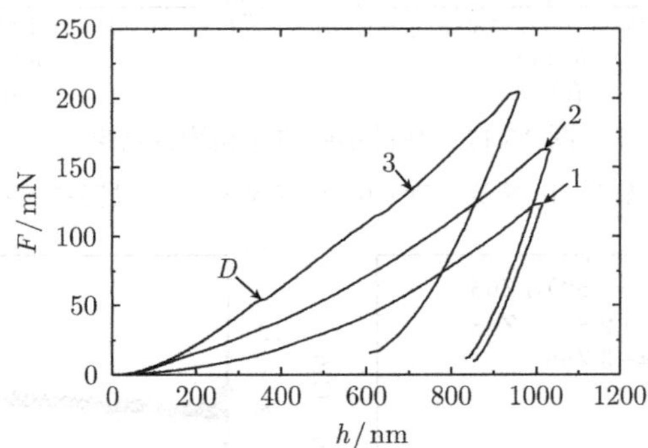

图 15.16 40CrNiMo 及其 DLC 和 TiN 薄膜的载荷–深度曲线

1–40CrNiMo; 2–TiN/40CrNiMo; 3–DLC/40CrNiMo

对比划入测试结果，DLC 和 40CrNiMo 黏附能力弱，表现为碎片剥落，参见图 15.3; TiN 和 40CrNiMo 黏附能力强，薄膜划入基材后轻微破碎，参见图 15.14。

15.3.2 基材不同

分别选用硅片和玻璃作为基材，硅片和玻璃的压入硬度和模量稳定。对于 Al/Si 和 Al/glass 薄膜，在硅片上溅射厚约 850nm 的铝膜。按压入深度的 10%膜厚原则，在 50nm~150nm，硬度和模量保持稳定，这是铝膜的力学性质，硬度和模量约分别为 0.5GPa 和 65GPa，参见图 15.17。随着压入深度的增加，Al/Si 和 Al/glass 薄膜的硬度和模量逐渐变大，并分别接近于基材硅片和玻璃的性质，说明基材的影响逐渐变大。

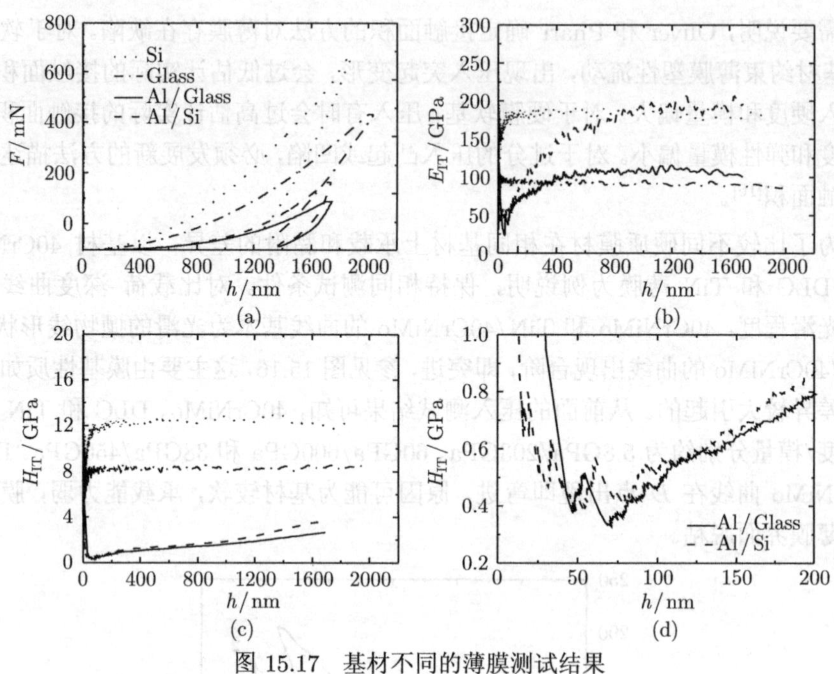

图 15.17 基材不同的薄膜测试结果

(a) 载荷–深度；(b) 模量–深度；(c) 硬度–深度；(d) 硬度–深度局部放大

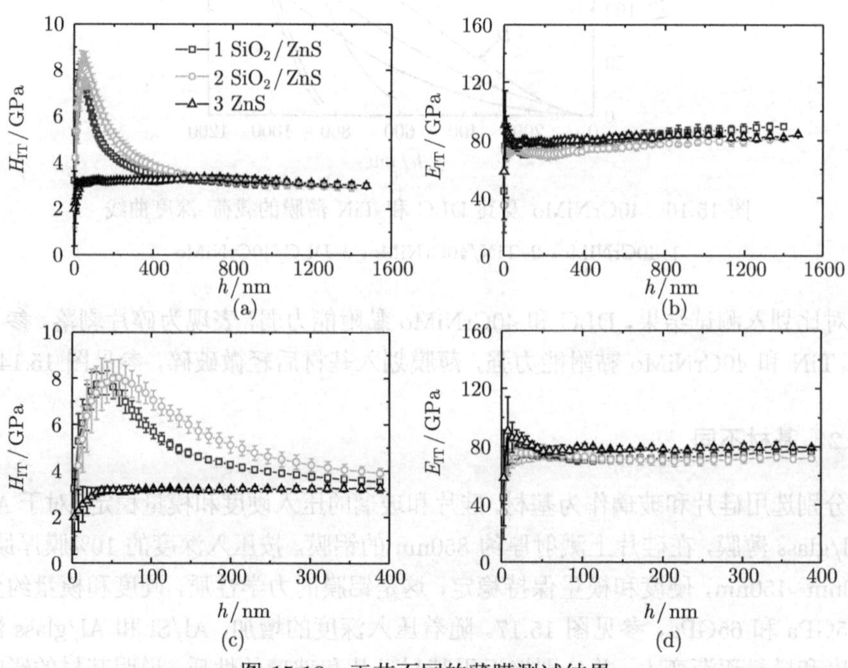

图 15.18 工艺不同的薄膜测试结果

(a) 载荷–深度；(b) 模量–深度；(c) 硬度–深度；(d) 硬度–深度局部放大

15.3.3 工艺不同

分别采用离子束溅射和硅靶溅射技术，制备 SiO_2/ZnS 薄膜，SiO_2 膜厚为 1μm。ZnS 基材的压入硬度和模量稳定。对于两种薄膜，按压入深度的 10%膜厚原则，在 50nm~100nm，硬度达到最大值 8.0GPa，这是 SiO_2 的力学性能。参见图 15.18，图例 1 为离子束溅射制备的薄膜，2 为硅靶溅射制备的薄膜，3 为 ZnS 块体材料。随着压入深度的增加，两种薄膜的硬度和模量逐渐变小，并分别接近于基材 ZnS，这里硅靶溅射技术制备的薄膜硬度随压入深度增加而减小的速率较小，说明该工艺制备薄膜的膜基性能变化平缓，有助于膜基变形的协调。

参 考 文 献

[1] 师昌绪, 徐滨士, 张平, 等. 21 世纪表面工程的发展趋势. 中国表面工程, 2001, 1: 2-7.

[2] 徐滨士, 朱绍华. 表面工程的理论与技术. 北京: 国防工业出版社, 1999.

[3] 曲敬信, 汪泓宏. 表面工程手册. 北京: 化学工业出版社, 1998.

[4] 张泰华. 微/纳米力学测试技术及其应用. 北京: 机械工业出版社, 2004.

[5] http://www.cnctst.gov.cn.

[6] 赵文轸. 材料表面工程导论. 西安: 西安交通大学出版社, 1998.

[7] Grill A, Meyerson B S, Spear K E, et al. Synthetic diamond: Emerging CVD science and technology. New York: John Wiley & Sons Inc, 1994: 91.

[8] Bhushan B. Tribology issues and opportunities in MEMS. Dordrecht: Kluwer Academic Publishers, 1998.

[9] 张泰华, 郇勇, 王秀兰. 真空磁过滤电弧离子镀法制备 DLC 膜的机械性能. 实验力学, 2003, 18(1): 1-5.

[10] Taihua Zhang, Yong Huan. Nanoindentation and nanoscratch behaviors of DLC coatings on different steel substrates. Composites Science and Technology, 2005, 65: 1409-1413.

[11] Lee K W, Chung Y W, Chan C Y, et al. An international round-robin experiment to evaluate the consistency of nanoindentation hardness measurements of thin films. Surface and Coatings Technology, 2003, 168: 57-61.

[12] Bhushan B. Handbook of Micro/Nanotribology, 2nd. Boca Raton: CRC Press, 1999.

[13] Taihua Zhang, Yong Huan. Substrate effects on the micro/nanomechanical properties of TiN coatings. Tribology Letters. 2004, 17(4): 911-916.

[14] 张泰华, 郇勇, 杨业敏, 等. 亚微米氮化钛膜的纳米压入和划入测定. 力学学报，2003, 35(4): 498-501.

[15] 张泰华, 郇勇, 杨业敏, 等. 氮化钛沉积膜的摩擦性能研究. 摩擦学学报，2003, 23(5): 367-370.

[16] Hay J L, Pharr G M. Instrumented indentation testing//Kuhn H, Medlin D, eds. ASM Handbook Volume 8: Mechanical Testing and Evaluation (10th edition). Ohio: ASM International Materials Park, 2000: 232-243.

第 16 章　表面工程 II——涂层和激光强化

对涂层来说，厚度多为 10μm~10^0mm，比纳米压入测试深度大一个数量级以上。如果沿涂层厚度方向压入测试，可以忽略基体影响。对于较厚涂层，甚至可以沿涂层剖面进行压入测试，以便显示沿厚度方向的梯度变化。对表面改性来说，改性部分为工件等表面的微小区域，难以对其加工制样，需要采用纳米压入仪或硬度计等测试技术，进行微区的原位 (in-situ) 测试。

本章分别以激光熔覆医用涂层力学性能的研究[1−3]、激光强化球墨铸铁表面力学性能的研究[4] 为例，介绍纳米压入和划入技术在微区原位测试方面的应用。

16.1　激光熔覆医用涂层的力学性能评定

目前，医用金属材料 (如不锈钢、钴合金、钛合金) 和医用陶瓷材料 (如生物活性陶瓷、生物惰性陶瓷及生物降解陶瓷)，是人体骨骼或关节的主要替换材料，但它们在力学性能及生物活性等方面的性能特征恰好相反，极大程度地限制其在临床医学上的应用。显然，在具有优异力学性能的医用金属材料表面制备高强韧性的生物活性涂层，成为目前解决问题的主要途径之一。

与人体骨骼中的主要矿物质相比，羟基磷灰石 (HA:$Ca_{10}(PO_4)_6(OH)_2$) 具有与人体骨骼类似的化学成分和晶体结构，具有优异的生物活性和生物相容性，是制备生物活性涂层的常用材料。但是，HA 的强度和断裂韧性均低于人体致密骨，而且低结晶度的 HA 在生物环境中易发生降解和吸收，其本征脆性和低结晶度影响着涂层的力学性能及其与基体的结合强度。由于碳纳米管 (CNTs) 具有管状石墨结构，其力学性能优异，化学性质稳定。CNTs 增强的 HA 涂层有望具有优异的力学性能 (如高强度) 和良好的生物活性[1]。

本节主要以激光表面合金化技术制备 HA–CNTs 涂层/Ti 合金基体材料为例，介绍纳米压入和划入技术在涂层力学测试中的应用[1−3]。这里，相对纳米压入深度而言，涂层厚度较大，可以视块体材料对待。

16.1.1　实验准备

涂层原材料：HA 粉体，平均粒径范围 30μm~50μm；多壁碳纳米管，平均直径范围 20nm~40nm，长度范围 5μm~15μm。采用机械研磨方式混合碳纳米管，其重量含量 (wt) 分别为 0%、5%、10%和 20%。基体材料：Ti–6Al–4V 长方体，尺寸 60mm×30mm×5mm。采用激光表面合金化技术，其激光工艺参数：输出功率 400W，光束直径 4.0mm，扫描速度 4mm/s。

试样的剖面制备采用机械抛光，形貌观察采用光学显微镜 (OM)、扫描电镜 (SEM)、透射电镜 (TEM) 和高分辨透射电镜 (HETEM)，成分分析采用 X 光衍射技术 (XRD)。力学测试采用纳米压入仪和划入仪 (MTS Nano Indenter® XP 和 LFM)。压入测试采用连续刚度测量方法，最大压入深度 2μm。划入测试扫描速度 10μm/s，预扫描正压力 50μN，刻划正压力从 50μN 线性增至 100mN，刻划长度 500μm。

16.1.2 成分分析和显微观察

XRD 分析：涂层主要成分为 HA、TCP、CaO 和 TiC 等；CNTs 含量增加会造成 HA 含量降低和 TiC 含量增加，说明 CNTs 和基体中的 Ti 反应生成 TiC，HA 部分分解成 CaO 和生成 TCP。

涂层表面形貌和显微组织：对于激光表面合金化 HA 复合材料涂层，沿深度方向的场发射 SEM 照片参见图 16.1。可见，涂层内部致密，涂层与基体材料 Ti–6Al–4V 之间形成高质量的冶金结合，此结合区无明显的裂纹和孔洞，有助于提高涂层与基体材料的结合强度。作为人体承载骨替换材料表面生物活性涂层，有望改善在交变载荷下的服役寿命。

图 16.1 激光表面合金化涂层整体显微结构的 SEM 照片 (CNTs wt.10%)[2]

CNTs 增强 HA 复合材料涂层表面形貌，参见图 16.2 的 SEM 照片。可见，涂层表面比较粗糙，内含相互交联的孔洞。对于生物活性涂层而言，粗糙的表面及其内含的显微孔洞，有助于生物体骨组织和涂层之间形成机械嵌合和表面交联，以保证生物体骨组织在涂层表面的附着和生长。

涂层中显微组织结构：CNTs 和 HA 混合粉末经激光表面合金化处理，其涂层 TEM 照片参见图 16.3。可见，经过高能激光束辐照作用后，涂层中仍保留部分完整的原管状结构的 CNTs，参见图 16.3(a)。可能由于原始 CNTs 在混合粉末中未能有效分散，涂层中残存的 CNTs 多呈团簇状，参见图 16.3(b)，此为图 16.3(a) 中残存碳纳米管的高倍形貌照片。图 16.3(c) 为图 16.3(a) 中 “A” 区域的放大照片，

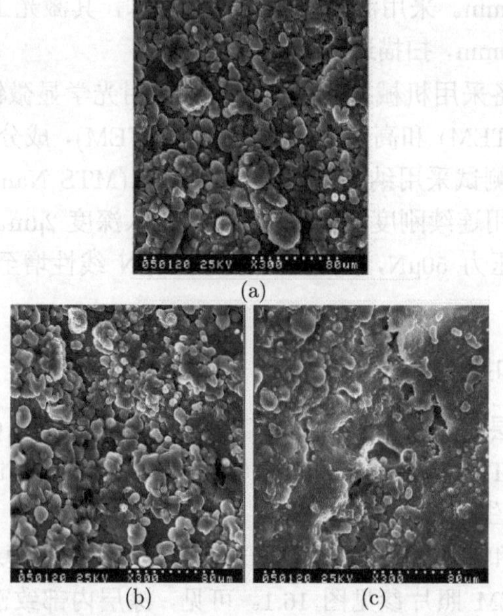

图 16.2 激光表面合金化涂层局部显微结构的 SEM 照片[2]

(a)HA−5%CNTs; (b)HA−10%CNTs; (c)HA−20%CNTs

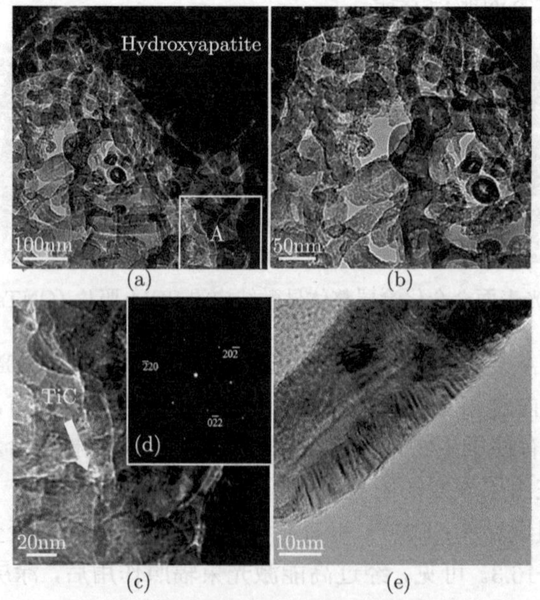

图 16.3 激光表面合金化涂层基微组织结构

(a) 涂层的 TEM 照片; (b) 涂层中 CNTs 形貌 TEM 照片; (c) 照片 (a) 中 A 区域的放大 TEM 照片; (d) 照片 (c) 中白亮物质选区电子衍射照片; (e) 涂层中 CNTs 内部结构 HRTEM 照片[1]

其中分布于 CNTs 周边白亮区域的选区衍射斑点参见图 16.3(d)。由此可证实，上述白亮物质为 CNTs 与基体中的 Ti 元素原位形成的 TiC。涂层中残存 CNTs 的 HRTEM 形貌，参见图 16.3(e)，可见 CNTs 仍然保持其独特的多层壁结构。

以上观察充分证实，尽管混合粉末中的 CNTs 在激光辐照作用下与基体材料中的 Ti 组元发生反应形成 TiC，但仍有部分 CNTs 以其特有的管状、多壁层结构残存涂层中。原始 CNTs 的结构特征在激光作用下尚未破坏，意味着其仍然可能保持优异的力学性能和功能特性。对于激光表面合金化制备优异力学性能的 CNTs 增强的 HA 生物活性复合材料涂层，奠定坚实的基础。

16.1.3 纳米压入测试及其分析

纳米压入测试不同含量 CNTs 复合涂层的剖面。在图 16.4(a) 的加载曲线中，如果压入深度相同，CNTs 含量越大，压入载荷越高；在卸载曲线中，CNTs 含量越大，残余压入深度越小，塑性变形能力越弱，即材料的流动性差。如 HA–0%CNTs 和 HA–20%CNTs 的残余深度分别约为 1480nm 和 1290nm。图 16.4(b) 和 (c) 曲线显示，CNTs 含量越大，压入硬度和模量越高，也可参见表 16.1。如果以 HA–0%CNTs 的压入硬度和模量作为基准，对比不同含量压入硬度和模量的相对变化量，显示压入硬度随 CNTs含量增加而提高的趋势比压入模量变化明显，参见图 16.4(d)。

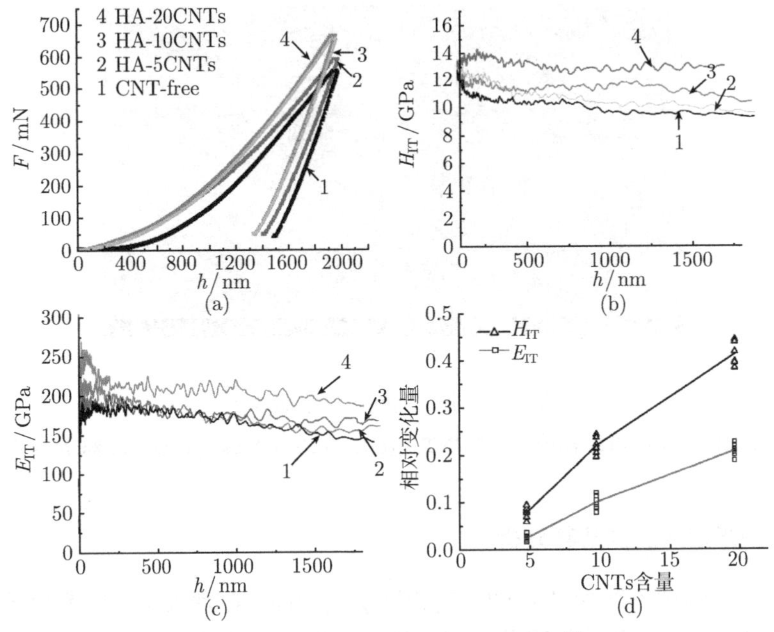

图 16.4 纳米压入测试的典型结果[2]

(a) 压入载荷–深度曲线；(b) 压入硬度–深度曲线；(c) 压入模量–深度曲线；(d) 压入硬度和模量随含量变化的相对变化量

表 16.1 不同含量 CNTs 涂层的平均压入硬度和模量[2]

	HA−0%CNTs	HA−5%CNTs	HA−10%CNTs	HA−20%CNTs
压入硬度	9.3	10.2	11.9	13.3
压入模量	157.2	160.3	170.3	189.5

图 16.5 中残余压痕照片显示，随着 CNTs 含量增加，材料压入凸起变形的程度越弱，说明材料流动性减弱。这证实上述残余压入深度越小而材料流动性越差的结论。

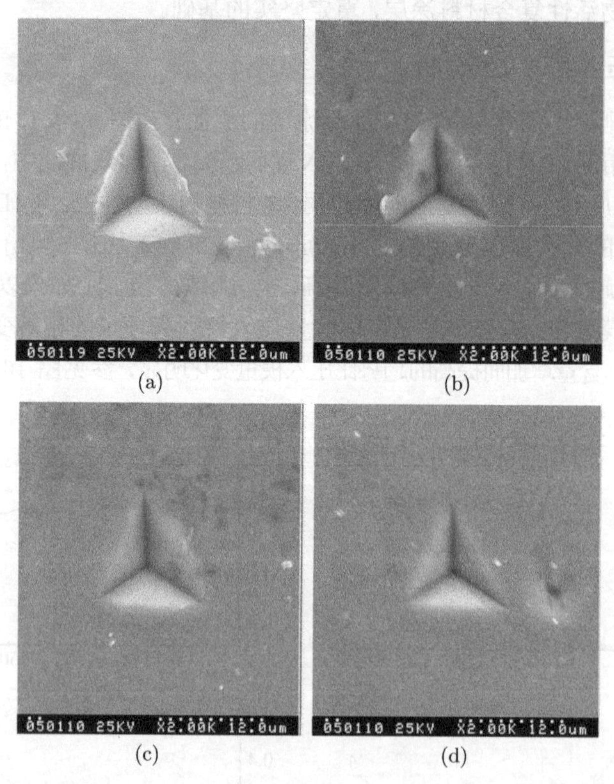

(a) (b) (c) (d)

图 16.5 典型的残余压痕照片[2]

(a)HA−0%CNTs; (b)HA−5%CNTs; (c)HA−10%CNTs; (d)HA−20%CNTs

16.1.4 纳米划入测试及其分析

纳米划入测试不同含量 CNTs 复合涂层的剖面。在划入深度或摩擦系数与划入位置曲线中，开裂和碎屑剥落会引起深度和摩擦系数的明显波动。在图 16.6(a) 中，对比刻扫描和后扫描曲线，刻划过程大致分成三个阶段：A 区，起始区，为弹性变形阶段；B 区，刻扫描和后扫描曲线不重复且小幅波动，为塑性变形阶段；C 区，刻扫描和后扫描曲线不重复且明显波动，为开裂剥落阶段。对于图 16.6(b)~(d)，A 区的刻扫描和后扫描曲线重合；由于曲线波动连续变化，导致 B 区和 C 区分界不明显；对应的摩擦系数图 16.7(b)~(d) 波动明显，可能是涂层内显微组织的不均匀性所致。因为 CNTs 在 HA 中易团聚，参见图 16.3(a)，CNTs 不均匀分布引起原位 TiC 相的不均匀分布，从而导致曲线的波动。从图 16.7 可看出，随着 CNTs 含量增加，涂层的摩擦系数逐渐降低，固体润滑效果得以提高。

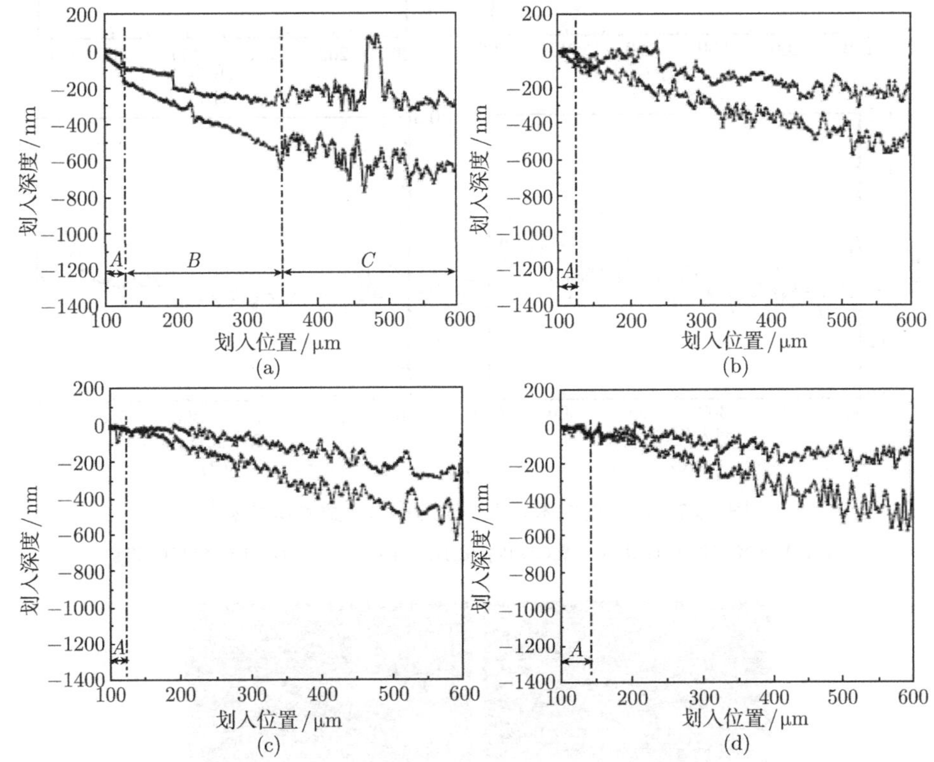

图 16.6 涂层的纳米划入深度与划入位置测试结果[3]

(a)HA−0%CNTs；(b)HA−5%CNTs；(c)HA−10%CNTs；(d)HA−20%CNTs

图 16.8 的残余划痕显示，随着 CNTs 含量增加，涂层中划痕逐渐变窄，说明涂层抗刻划变形能力提高，这与图 16.4(b) 和 (d) 压入硬度测试结果相符。同时，CNTs 韧性好，随着其在涂层中含量增加，韧性也会提高，刻划时不易出现裂纹。

综上所述，利用激光表面合金化技术，将多壁 CNTs 和 HA 粉体熔覆成复合涂层，可以有效改善 HA 涂层/Ti 合金的力学性能与人体组织的相容性和稳定性，以便研制高承载植入结构。

(1) 涂层微结构的变化，有望改善其与人体骨组织间的相容性。

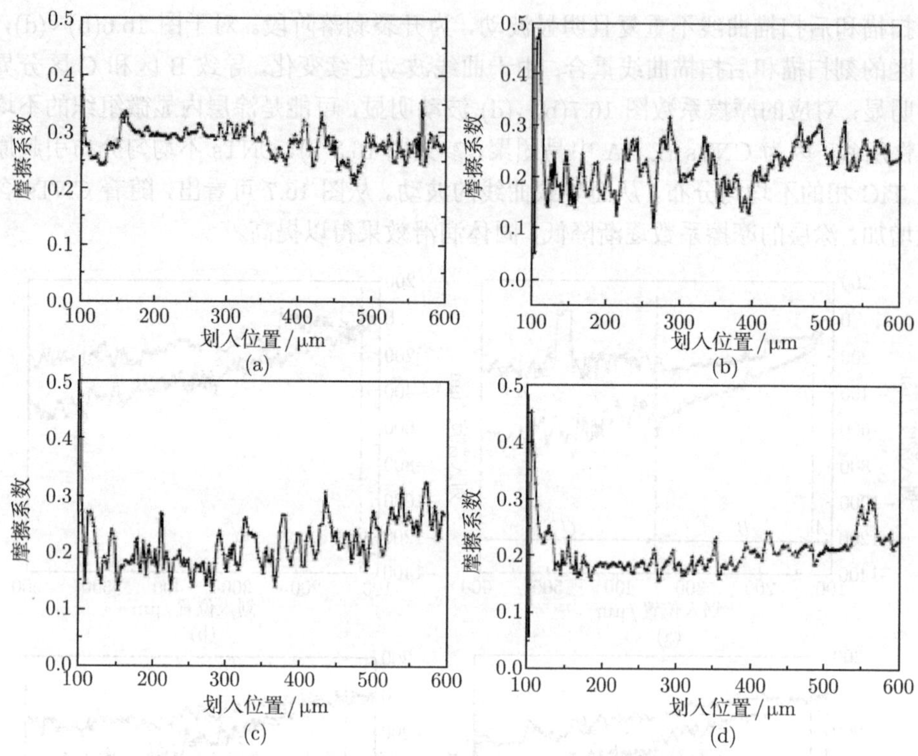

图 16.7　涂层的纳米划入位置与摩擦系数测试结果[3]

(a)HA−0%CNTs; (b)HA−5%CNTs; (c)HA−10%CNTs; (d)HA−20%CNTs

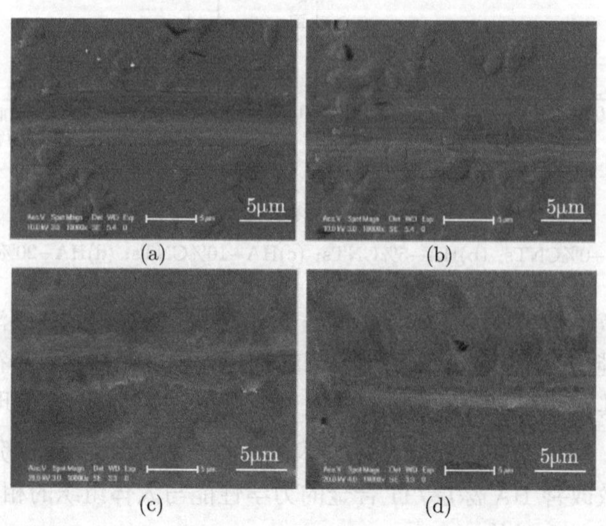

图 16.8　涂层划痕形貌 (刻划从左到右) 的 SEM 照片[3]

(a)HA−0%CNTs; (b)HA−5%CNTs; (c)HA−10%CNTs; (d)HA−20%CNTs

在激光辐照作用下，多壁 CNTs 与 HA 中的 Ti 元素反应生成 TiC，但涂层中仍保留有相当数量具有独特管壁结构的 CNTs。涂层粗糙表面上分布着相互交联的孔洞，有助于改善涂层材料与人体骨组织的机械固定。

(2) 涂层组分的变化，有望改善其在人体骨组织中的稳定性。

随着预置粉末中 CNTs 含量的增加，复合材料涂层的压入硬度值显著提高，而其压入模量增加幅度远低于压入硬度的增加幅度，有助于降低骨替换材料与人体骨组织弹性模量之间的不匹配。

(3) 涂层组分的变化，有望降低其在人体骨组织中的脆性。

随着预置粉末中 CNTs 含量的增加，复合材料涂层的摩擦系数、表面划痕周围显微裂纹的数量和长度均有明显降低，显示 CNTs 含量的增加和原位形成的 TiC 在一定程度上可以改善涂层材料的断裂韧性。

16.2 激光强化球墨铸铁的力学性能评定

金属表层局部激光处理，可以提高材料表面的硬度、耐磨性、耐蚀性以及强度和高温性能，而保持原有的韧性。激光强化可以大幅度提高工件和产品质量，延长其使用寿命，具有显著的经济效益[5]。

本节的目的，以激光强化处理球墨铸铁表面为例，介绍纳米压入技术在微区原位力学测试中的应用。

16.2.1 实验准备

基于虞钢等[6] 自行研制的大型激光材料加工系统，优选三种不同工艺参数的激光，强化处理 9mm×9mm×14mm 长方体球墨铸铁试样表面的不同部位，以下简称为部位 1、2、3。

力学测试采用纳米压入仪 MTS Nano Indenter ® XP。设定压入应变率 0.05/s，热漂移速率小于 0.05nm/s，压入深度 1500nm。采用扫描电镜和光学显微镜，观察试样截面的显微组织和压痕形貌。

16.2.2 纳米压入测试及其分析

基体材料测试。为便于比较，基体材料的压入测试远离激光处理区域，结果参见图 16.9 和表 16.2。表 16.2 中的 Ha 和 Ea 分别为压入深度在 400nm~1400nm 的平均压入硬度和模量，Hu 和 Eu 分别为卸载时 (压入深度 1500nm) 的压入硬度和模量。在图 16.9(d) 上，从左到右依次为压痕 1~ 压痕 5 的位置。压痕 1~ 压痕 3 落在珠光体上，而压痕 4 和压痕 5 邻近或重叠在片状石墨上，故压入硬度和模量值较低。铸铁各种显微组织多在微米量级，压入硬度和模量的测量值取决于压痕位置。

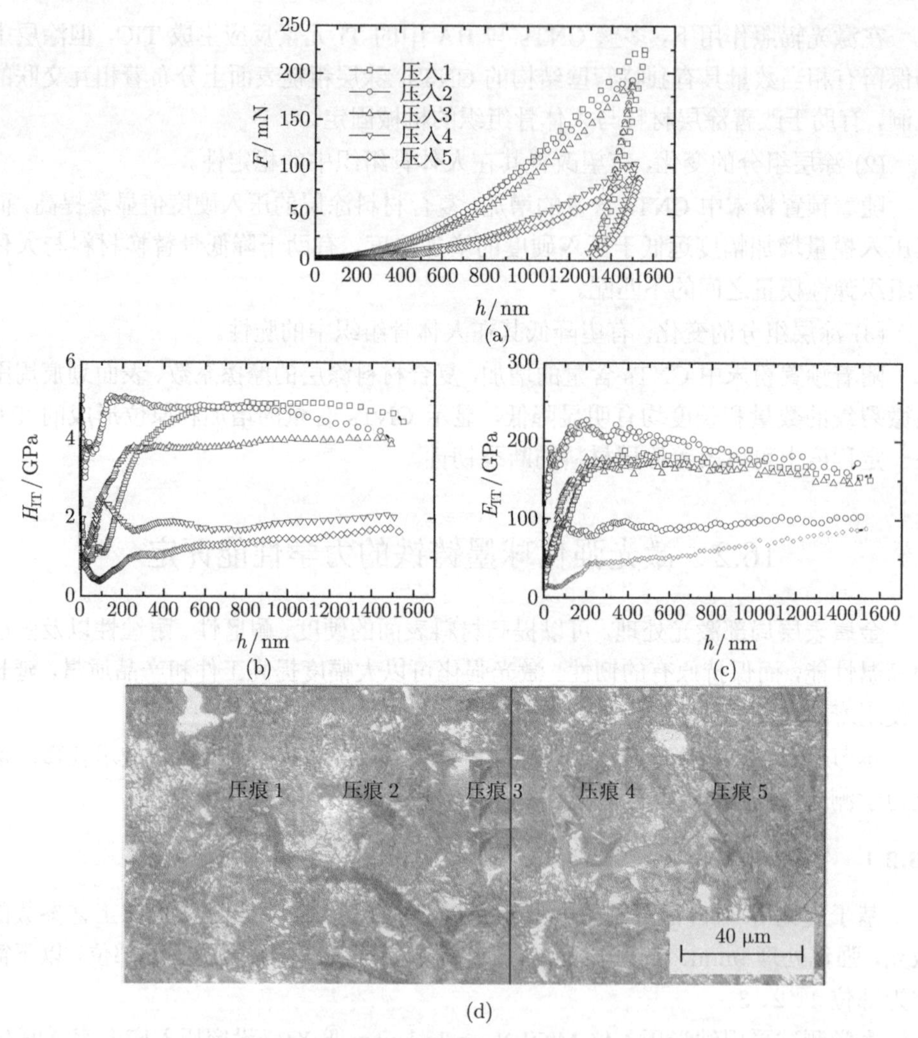

图 16.9 基材的压入测试

(a) 压入载荷–深度曲线；(b) 压入硬度–深度曲线；

(c) 压入模量–深度曲线；(d) 压痕位置的光学显微镜照片

表 16.2 基体测试结果

测试参量	压入 1	压入 2	压入 3	压入 4	压入 5
Ha/GPa	4.9	4.7	3.9	1.8	1.4
Ea/GPa	172.2	188.9	164.2	93.5	63.0
Hu/GPa	4.4	4.0	3.9	2.0	1.7
Eu/GPa	160.0	165.0	154.8	101.0	86.1

观察部位 1 激光处理区的截面。采用光学显微镜低放大倍数观察，边界处有白亮圆弧带，参见图 16.10(a)。采用扫描电镜高放大倍数观察，激光处理后的纵截面大致分三个区：熔融或相变强化区、过渡区和基体，参见图 16.10(b)。其中，相变强化区主要为组织明显细化的马氏体，片状石墨变少和变小；相变强化区 (马氏体) 和过渡区 (指纹状珠光体) 的边界和组织变化明显，参见图 16.10(c)。

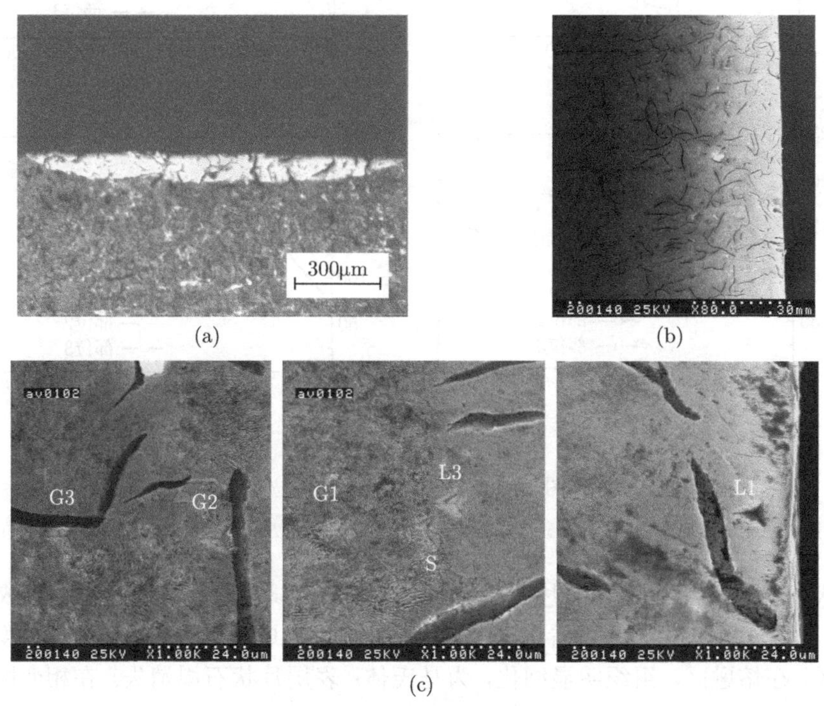

图 16.10 部位 1 激光强化区

(a) 全貌光学显微照片；(b) 局部扫描电镜照片；(c) 组织形貌和压痕位置

沿激光处理方向进行压入测试。压入硬度和模量沿激光处理方向呈明显梯度变化，测试结果参见图 16.11 中的部位 1，表面到内部的位置从左到右。压痕位置参见图 16.10(c)，在激光强化区，L1 为离强化表面最近的压痕，L2 为第二个压痕，间距为 40μm，以下以此类推。G 为过渡区压痕，S 为在强化区和过渡区界面上的压痕。由于 L1 离表面较近，仅 7μm，自由表面对测试结果有影响，故压痕投影为非正三角形，且压入硬度和模量值低于 L3 的值，而 L2 无测试结果输出。S 点离 L3 仅几个 μm，L3 对 S 压痕相当于形成新表面，故 S 点的硬度低于 G1。G2 紧邻片状石墨，压入硬度和模量值较低。这样就大致解释图 16.11 中部位 1 压入硬度和模量变化的趋势。在图 16.11 中，部位 2 激光处理区的压入硬度和模量变化趋势和原因与部位 1 类似。

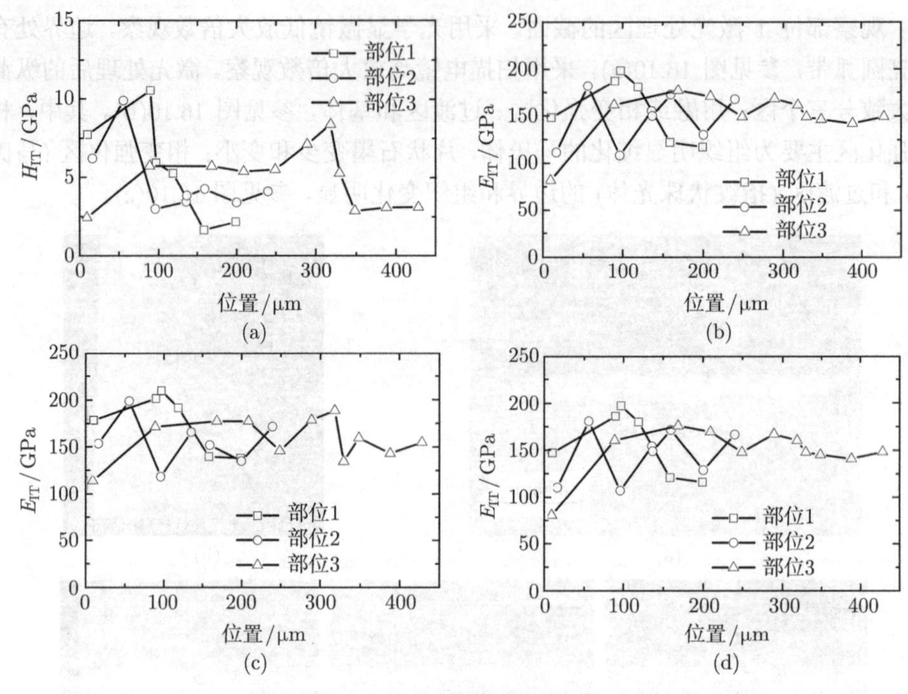

图 16.11　三个激光处理部位

(a) 压入硬度 Ha–位置；(b) 压入硬度 Hu–位置；(c) 压入模量 Ea–位置；(d) 压入模量 Eu–位置

从部位 3 的组织形貌照片图 16.12(a) 可看出，试样表面发生熔融，导致表面变形。从图 16.12(b) 照片可看出，从右到左大致可分成熔融区、相变区、过渡区和基体区。在熔融区，组织明显细化，为马氏体；表层片状石墨消失。在相变区，组织细化；石墨变少和变小，主要是由于石墨融化不充分所致。压入测试结果和位置分别参见图 16.11 和图 16.12(b)。L1 离表面仅几个 μm，同 L3 相比，压入硬度和模量较低；L2 无测试结果；S 点落在 L8 和 L9 之间，且几乎与 L9 压痕重合，L9 对其硬化有影响，故压入硬度最高；G1~G3 为过渡区压痕。

用点阵 3×3 激光束处理球墨铸铁。为了研究沿激光处理深度方向的强化效果，进行多排压入测试，压入深度为 1μm。图 16.13(a) 为所有压痕的位置分布图；图 16.13(b) 为局部处理区的显微组织形貌，其中的压痕位置对应于图 16.13(a) 的右面 5 排；图 16.13(c) 为压入深度 1μm 时的硬度分布图。从图 16.13(c) 可以看出，压入硬度值最高的区域不是在激光作用表面，而在深度 100μm~200μm 处。这是因为，在激光作用下，尽管试样表面所吸收的热能密度最大，但散热也大，沉积在试样中的能量密度最大处不是在表面，而是在亚表层，因此强化区位于深度 100μm~200μm 处。由于压入定位精度在 10cm 内为 0.5μm，所以能测量具有高分辨能力的表面力学性能位置分布。

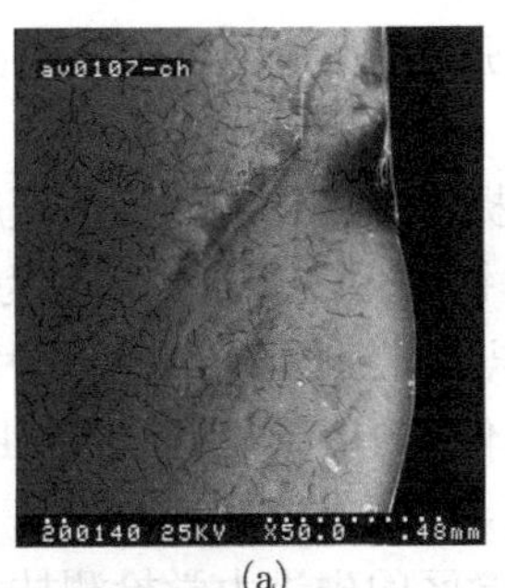

(a)

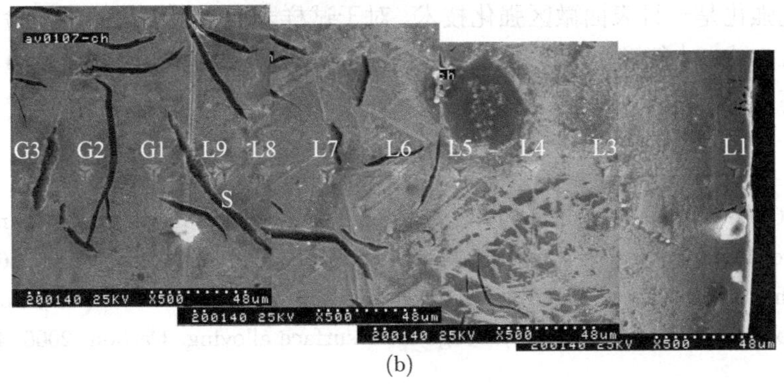

(b)

图 16.12 部位 3 激光强化区的扫描电镜照片

(a) 组织形貌；(b) 压痕位置

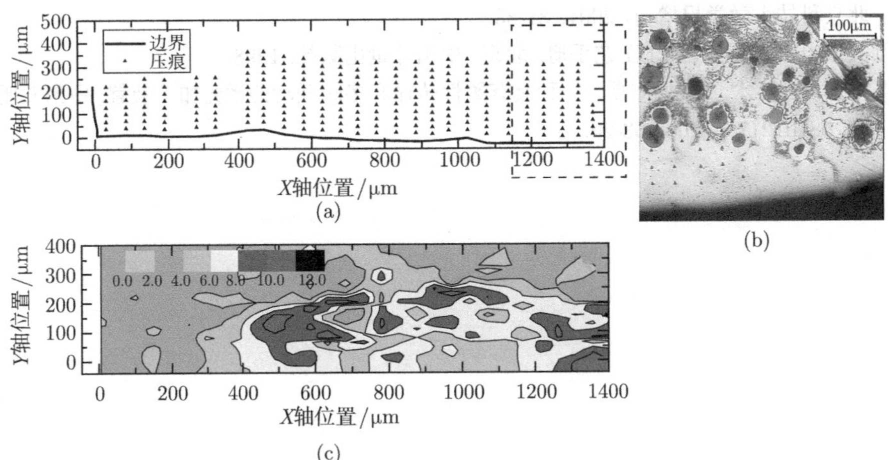

(a)

(b)

(c)

图 16.13 球墨铸铁的激光强化效果

(a) 压痕位置；(b) 局部组织形貌；(c) 压入深度 1μm 时的压入硬度等高线图

综上所述，利用激光表面强化技术，可以有效改善金属材料局部表面的力学性能，提高材料的耐磨性。

(1) 激光强化技术能有效提高球墨铸铁的表面硬度

在激光辐照作用下，球墨铸铁由表及内大致分为熔融或相变强化区、过渡区。其中，相变强化区主要为组织明显细化的马氏体，片状石墨变少和变小；强化区 (马氏体) 和过渡区 (纹状珠光体) 的边界和组织变化明显。利用激光强化技术处理球墨铸铁表面，材料硬度提高，耐磨性增强。

(2) 纳米压入是一种原位微区的先进力学检测技术

激光强化是一种表面微区强化技术。对于试样表面微区强化的力学检测，只能采用压入方式，才能满足微区原位的测试需要。纳米压入仪的测试尺度小、水平定位精度高，方便用以表征激光的强化效果。

参 考 文 献

[1] Yao Chen, Cuihua Gan, Taihua Zhang, et al. Laser-surface-alloyed carbon nanotube reinforced hydroxyapatite composite coatings. Applied Physics Letters, 2005, 86: 251905.

[2] Y Chen, Y Q Zhang, T H Zhang, et al. Carbon nanotube reinforced hydroxyapatite composite coatings produced through laser surface alloying. Carbon, 2006, 44(1): 37-45.

[3] Y Chen, T H Zhang, C H Gan, et al. Wear studies of hydroxyapatite composite coating reinforced by carbon nanotubes. Carbon, 2007, 45(5): 998-1004.

[4] 张泰华, 甘翠华, 虞钢, 等. 金属材料激光强化的钠米压痕硬度和弹性模量//中国力学学会 MTS 材料试验协作专业委员会. 第五届全国 MTS 材料试验学术会议论文集. 北京：北京科技大学学报增刊，2001: 31-33.

[5] 关振中主编. 激光加工工艺手册. 北京: 中国计量出版社, 1998.

[6] 虞钢，王红才，张凤林, 等. 一种具有柔性传输和多轴联动的激光加工装置: 中国发明专利, 98101217.5. 2002-03-20.

第 17 章　先进材料——非晶合金

非晶合金，又称块体金属玻璃 (bulk metallic glass)。自 1960 年发现以来，已引起科学界和技术界的广泛关注。与晶态合金相比，其内部不存在晶粒和晶界，微观结构可描述为长程无序、短程有序。该类材料具有一系列优异的力学特性和使用性能，如高强度、高韧性、耐腐蚀、耐磨损、软磁性和易加工等，但在常温下的塑性变形能力有限，拉伸塑性变形基本为零，压缩塑性变形通常不超过 2%[1,2]，这限制其在关键结构材料等领域的应用。因此，迫切需要研究非晶合金中剪切带的形成、扩展及其控制因素，认识其塑性变形的行为和机理，探索提高塑性变形的途径。

对于宏观拉伸和压缩等力学测试，多数非晶合金为脆性材料，其塑性变形行为的研究受到限制；有时试样尺寸有限，测试难以进行；所需的试样材料较多，其微结构差异易影响测试结果的分析。近年来，利用纳米压入技术研究非晶合金塑性变形行为受到重视。压入仪相当于压剪材料试验机，材料的应力状态复杂，剪切带的扩展受周围弹性变形材料的限制，可发生显著的塑性变形；该方法属微区力学测试，可就单试样进行多次测试，所需试样材料少，经济性高，可比性强。

魏炳忱和张泰华等采用仪器化压入技术，系统研究不同体系非晶合金的压入变形行为，探讨压入应变率、合金热学性质、压入尺度、结构特征等对材料压入变形行为的影响。

17.1　不同非晶合金体系的压入变形行为

本节采用纳米/显微/宏观压入技术，对比单轴压缩技术，借助显微观察手段，系统研究力学和热学性质有显著差异的多体系非晶合金的塑性变形行为，分析动力学参量 ($\dot{\varepsilon}$ 或 $\dot{F}$ 或 $\dot{h}$) 和热力学参量 (T/T_g) 对不同体系非晶合金变形行为的影响规律，探索非晶合金的压入细观力学行为和压缩宏观塑性行为之间的关系[3−7]。

通过深入研究非晶合金体系的变形机制和影响因素，为非晶合金及其复合材料的设计提供参考依据；发展多尺度仪器化压入测试技术，研究其与宏观压缩测试的关系，以建立经济、便捷的实验测试技术。

17.1.1　试样制备及其热学性质

材料选取。为了系统研究非晶合金的变形规律和影响因素，选用力学和热学性质差异显著的多种非晶合金：高非晶形成能力的 $Zr_{525}Al_{10}Ni_{10}Cu_{15}Be_{12.5}$、$Cu_{47}Ti_{34}$

$Zr_{11}Ni_8$、$Pd_{43}Ni_{10}Cu_{27}P_{20}$，高强度的 $Cu_{60}Zr_{20}Hf_{10}Ti_{10}$、$Ni_{60}Nb_{37}Sn_3$、$Fe_{43}Cr_{16}Mo_{16}C_{15}B_{10}$，低玻璃转变温度的 $Ce_{65}Al_{10}Ni_{10}Cu_{10}Nb_5$、$La_{60}Al_{10}Ni_{10}Cu_{20}$，低密度高强度的 $Mg_{65}Cu_{25}Gd_{10}$。这些试样的差异显著：从力学行为看，Zr 基和 Cu 基非晶合金为韧性材料，Mg 基和 Fe 基非晶合金为脆性材料；按热力学特征分，Ce 基非晶合金为低玻璃转变温度，Ni 基和 Fe 基非晶合金为高玻璃转变温度。

试样制备：①Mg 基和 Pd 基非晶合金的制备。将母合金在氩气保护下于石英管里感应熔炼均匀，直接喷铸到铜模中，制备出直径 3mm 或 5mm 块体非晶合金。②其他合金的制备。将纯度不低于 99.9%的金属原料在高纯氩气环境下利用电弧熔炼方法配制母合金，真空吸铸制备出直径 2mm、3mm 或 5mm 块体非晶合金。

热分析。采用 Perkin-Elmer DSC 7 差示扫描量热仪和 Netzsch DSC 404C 高温差示扫描量热仪，加热速率 20K/min。各样品依次出现玻璃转变引起的吸热和晶化引起的放热。其热学参数列于表 17.1，$T_{rg}=T_g/T_m$(T_g 和 T_m 分别为玻璃转变温度和熔化温度) 为约化玻璃转变温度。表中，Ce 基非晶合金的玻璃转变温度最低 (355K)，Fe 基的最高 (908K)。在所有合金过冷液相区 $\Delta T=T_x-T_g$(T_x 为晶化温度) 中，$Pd_{43}Ni_{10}Cu_{27}P_{20}$ 具有最宽的 ΔT(97K) 和最高的 T_{rg}(0.71)，玻璃形成能力最强。

17.1.2　显微压入的塑性变形行为

纳米压入测试采用 MTS Nano Indenter® XP 和玻氏压头。测试参数：载荷控制率范围 0.075mN/s~5mN/s，压入深度 1μm，保载 10s；热漂移率 0.05nm/s；每组测试 6 次。使用 Olympus BX61 光学显微镜和 JSM-6460 扫描电镜观察压痕形貌。纳米压入和热学性质结果参见表 17.1。

表 17.1　非晶合金材料的测试结果[3]

合金体系	单轴压缩 ε_y/%	纳米压入 H_{IT}/GPa	纳米压入 E_{IT}/GPa	热学性质 T_g/K	热学性质 T_x/K	热学性质 T_{rg}
$Zr_{52.5}Al_{10}Ni_{10}Cu_{15}Be_{12.5}$	5.3	7.90±0.10	118.8±0.7	685	801	0.70
$Zr_{65}Al_{10}Ni_{10}Cu_{15}$	1.7	6.23±0.05	99.3±0.7	652	734	0.58
$Pd_{43}Ni_{10}Cu_{27}P_{20}$	0	7.29±0.12	123.8±3.0	566	663	0.71
$Cu_{60}Zr_{20}Hf_{10}Ti_{10}$	0	8.41±0.10	128.1±2.1	722	779	0.61
$Ni_{60}Nb_{37}Sn_3$	0	10.90±0.09	217.2±4.8	895	925	0.65
$Fe_{43}Cr_{16}Mo_{16}C_{15}B_{10}$	0	17.59±0.33	289.3±7.4	908	962	0.64
$Ce_{65}Al_{10}Ni_{10}Cu_{10}Nb_5$	0	1.81±0.03	45.1±0.4	355	389	0.56
$Mg_{65}Cu_{25}Gd_{10}$	0	3.53±0.05	65.4±0.9	410	486	0.57

1. 加载率效应

(1) 压入变形行为[3-7]

非晶合金的载荷–深度曲线参见图 17.1。其中，T 为测试温度，T/T_g 为归一化测试温度，按 T/T_g 降序排列；为了便于比较，平移各图中不同载荷率曲线。在加载过程中，材料发生弹塑性变形，在卸载过程中发生弹性恢复，各合金压痕的残余深度均在 750nm 以上，表明材料均发生显著的塑性变形。

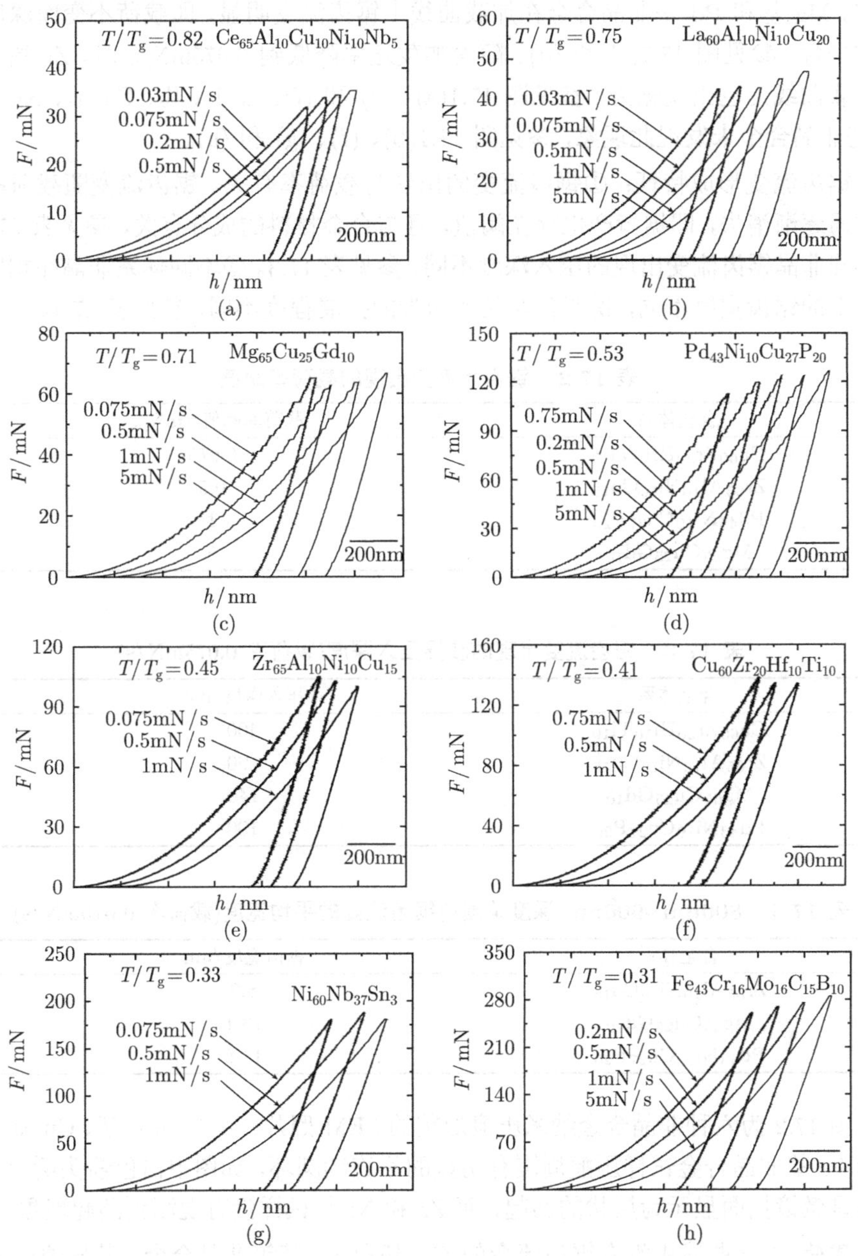

图 17.1 非晶合金在不同载荷率下的载荷–深度曲线图[3−7]

非晶合金的塑性不稳定性是指塑性变形过程中产生不连续的屈服现象，通常称为锯齿流变 (serrated flow)。单轴压缩测试为位移控制，锯齿对应于滑移带快速调节施加的应变，因此造成载荷下降。纳米压入测试为载荷控制，剪切带造成深度突进。Mg 基和 Pd 基非晶合金在加载曲线上锯齿流变明显，即载荷不变而深度增加的平台，参见图 17.1(c) 和 (d)。随着加载速率降低到 0.075mN/s 时，Zr 基非晶的加载曲线上也出现锯齿，参见图 17.1(a)、(e) 和 (f)。而 La 基、Cu 基、Ni 基和 Fe 基非晶合金未发现此现象，参见图 17.1(b)、(f)、(g) 和 (h)。

锯齿流变形成特征：①锯齿流变的出现与载荷率有关。锯齿流变随载荷率的增加而逐渐消失，即锯齿产生存在阈值，且与合金材料的成分有关，参见表 17.2。②不同非晶锯齿流变出现的压入深度不同，参见表 17.3。③不同体系非晶在相同载荷率下的锯齿宽度不同，说明各非晶剪切带的扩展程度不同，参见表 17.4。

表 17.2　锯齿状流变出现的载荷率阈值

合金体系	载荷率阈值/(mN/s)
$Cu_{60}Zr_{20}Hf_{10}Ti_{10}$	0.075
$Zr_{65}Al_{10}Ni_{10}Cu_{15}$	0.5
$Pd_{43}Ni_{10}Cu_{27}P_{20}$	1
$Mg_{65}Cu_{25}Gd_{10}$	5

表 17.3　锯齿流变出现的临界压入深度(载荷率 0.075mN/s)

合金体系	压入深度/nm
$Cu_{60}Zr_{20}Hf_{10}Ti_{10}$	400
$Zr_{65}Al_{10}Ni_{10}Cu_{15}$	190
$Mg_{65}Cu_{25}Gd_{10}$	140
$Pd_{43}Ni_{10}Cu_{27}P_{20}$	100

表 17.4　800nm~900nm 深度范围内锯齿流变的平均宽度(载荷率 0.075mN/s)

合金体系	锯齿宽度/nm
$Zr_{65}Al_{10}Ni_{10}Cu_{15}$	8.2
$Mg_{65}Cu_{25}Gd_{10}$	13.1
$Pd_{43}Ni_{10}Cu_{27}P_{20}$	14.8

图 17.2 为六种非晶合金纳米压痕形貌的 SEM 照片。其中，Mg 基、Cu 基、Pd 基和 Fe 基非晶合金试样压痕周围有明显的不连续圆环，如图中白色箭头所示。原子力显微镜扫面显示为层状的凸起，而 Zr 和 Ni 基试样没有观测到凸起现象。

载荷–深度曲线中没有锯齿流变的 Cu 基和 Fe 基等非晶合金，其压痕表面也有明显凸起，而存在锯齿流变的 Zr 基非晶合金的压痕表面却没有出现明显凸起。

这表明，压痕表面剪切带与载荷–深度曲线中锯齿流变的关系尚需进一步研究，参见 17.1.3 节。

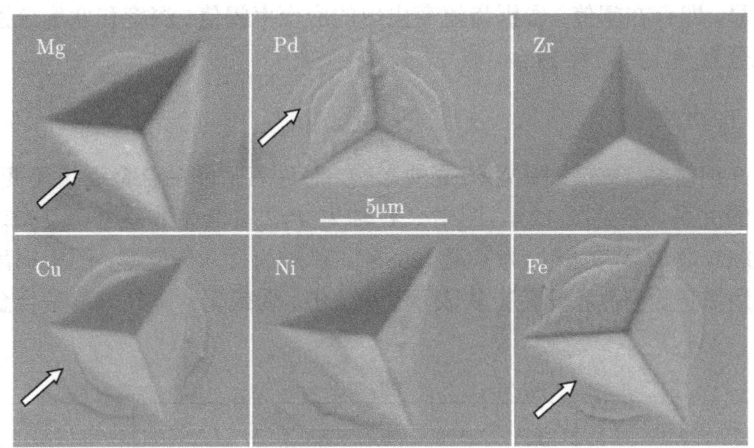

图 17.2　六种非晶合金压痕形貌的 SEM 照片 (载荷率 1mN/s)[3−7]

(2) 应变率影响[3,8]

由图 17.1 显示，非晶合金的锯齿流变行为与载荷率密切相关。压入应变率的定义为 $\dot{\varepsilon}_{\mathrm{I}}=\dot{h}/h=\dot{F}/2F$，恒载荷率 ($\dot{F}$ 为常数) 对应的应变率为非线性即 $\dot{\varepsilon}_{\mathrm{I}}=1/(2t)$。下面，研究 Mg 基、Zr 基非晶合金的应变率与锯齿流变的关系，分析其塑性不稳定性的形成机理。

应变率的变化趋势不是单调的，而是在应变率曲线上有许多尖峰，参见图 17.3。其尖峰与图 17.1 中载荷–深度曲线上的锯齿流变相对应，显示锯齿流变使压入应变率有瞬间的急剧增加，其锯齿的高度越高，表明锯齿流变越明显。

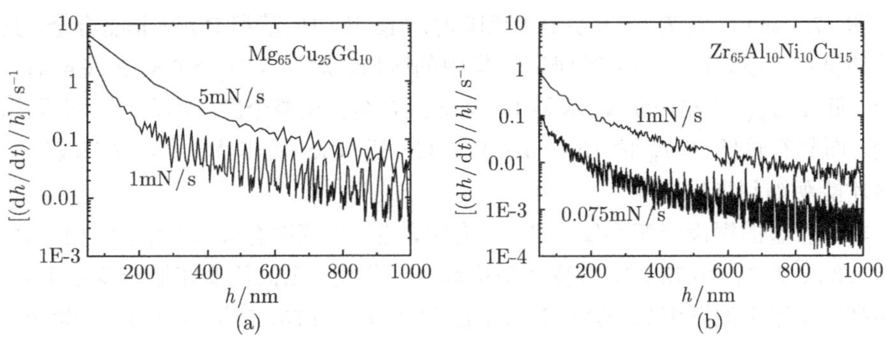

图 17.3　Mg 基和 Zr 基非晶合金的压入应变率与深度的关系[3,8]

锯齿流变的发生与应变率有关，即在不同载荷率下，锯齿流变均在相近的应变率下开始出现，参见图 17.3。这说明锯齿流变的出现在不同载荷率下与压入深度有关的原因：随恒载荷率的增加，达到相同应变率的压入深度也随之增加。由此，应变率对非晶合金塑性不稳定性的影响可归结为两点：①锯齿流变随应变率的减小而逐渐明显，即存在阈值；②锯齿流变出现的应变率阈值、深度和宽度分别与非晶合金的成分有关，参见表 17.2~ 表 17.4。

2. T/T_g 效应

为了详细研究 T/T_g 对锯齿流变的影响，总结若干非晶合金锯齿流变与 T/T_g 和应变率的关系，参见图 17.4。图中，X 轴为 T/T_g，典型非晶合金 T/T_g 值范围在 0.31~0.82，测试温度 T 均为室温 (298K)，Y 轴为压入应变率；图中锯齿流变的程度分别用黑色、灰色和无色方块表示为强、中、弱或无；其中，Pt 基合金组分为 $Pt_{57.5}Cu_{14.7}Ni_{5.3}P_{22.5}$。

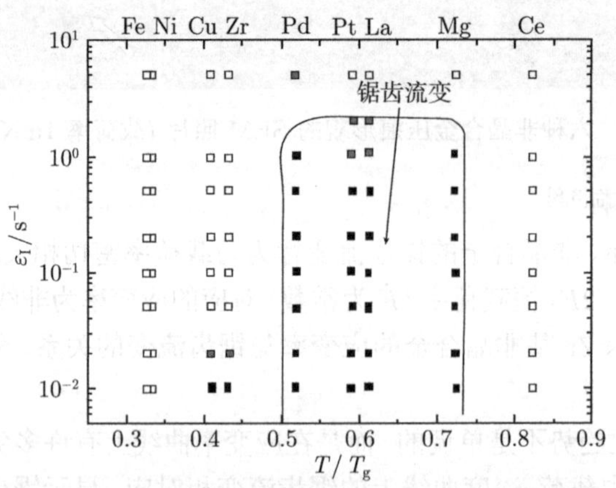

图 17.4　典型非晶合金的压入锯齿流变强弱图[3,9]

图 17.4 显示，T/T_g 在 0.5~0.7 范围内，Mg 基、Pt 基和 Pd 基非晶合金，具有明显的锯齿流变，这也是文献研究较集中的区域。对高 $T/T_g(>0.8)$ 的 Ce 基非晶合金、低 $T/T_g(<0.35)$ 的 Ni 基和 Fe 基非晶合金，在整个应变率范围内均无锯齿流变。而具有较低 T/T_g 值 (0.4~0.45) 的 Cu 基和 Zr 基非晶合金，仅在较低应变率时才能观测到锯齿流变。

非晶合金的锯齿流变不仅与 T/T_g 有关，还与应变率有关，两者之间相互联系：①在 $0.35< T/T_g <0.75$ 时，应变率效应起主导作用，锯齿流变在低应变率下明显，而在高应变率下逐渐消失；②$T/T_g <0.35$ 和 $T/T_g >0.75$，热学效应为主控因素，在测试材料中均未出现锯齿状流变，与应变率无关。

3. 剪切带的形成与加载率的关系

一般认为，锯齿流变的发生是由非均匀的塑性变形引起的，即与非晶合金中剪切带的形成有关。为了得到剪切带的形成与锯齿流变的关系，考察纳米压痕表面剪切带的形貌。

观察图 17.5，不同载荷率下 Mg 基非晶合金压痕周围表面均存在凸起现象，并有弧形剪切带。剪切带在高载荷率下 (1mN/s) 的数量多于低载荷率 (0.075mN/s) 的数量。这与 Mg 基非晶合金载荷–深度曲线上锯齿状流变的数目与载荷率的大小之间关系相反。

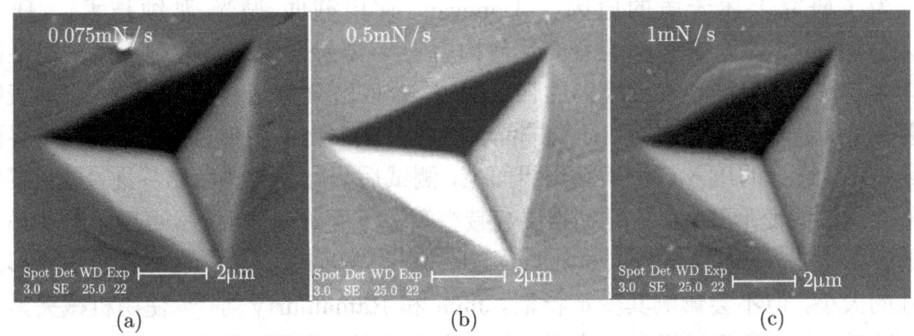

图 17.5 Mg 基非晶合金在不同载荷率下压痕表面的典型形貌[3]

观察图 17.6，对于载荷–深度曲线中未出现锯齿流变的 $La_{60}Al_{10}Ni_{10}Cu_{20}$ 非晶合金，其压痕表面也可存在凸起现象。但与 Mg 基非晶合金不同的是，其剪切带数目随载荷率的增加而递减，在 5mN/s 的压痕表面未观察到剪切带。这与 Mg 基合金中所表现出的现象相反，因此剪切带形成规律与锯齿流变出现数量之间的关系尚需观察和研究，具体参见采用宏观压入法的 17.1.3 节。

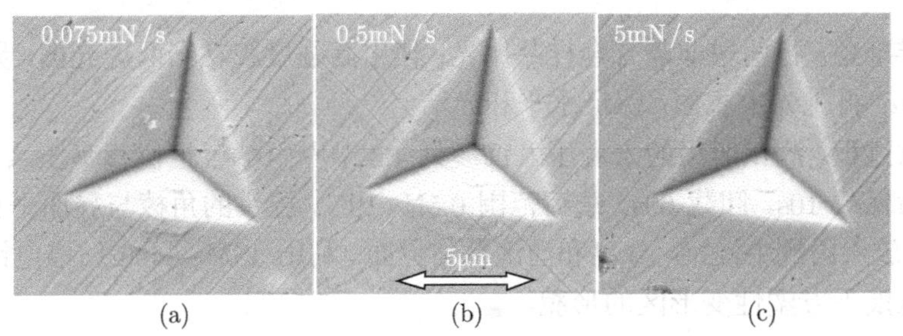

图 17.6 La 基非晶合金在不同载荷率下压痕表面的典型形貌[3]

17.1.3 宏观压入的塑性变形行为

由上节可知，在不同非晶合金中，载荷–深度曲线中的锯齿流变与加载率之间存在明显的对应关系，而压痕表面的剪切带数目与加载率之间并无对应关系。

对于块体非晶合金的变形，Ashby 等提出两种基本模式[10]：①均匀变形，一般发生在高温或低应变率条件下，材料的塑性变形连续；②非均匀变形，指在低温和高应变率情况下，材料的塑性变形集中在分散的、窄长的剪切带内，其余部分仅发生弹性变性。据此观点，非晶合金纳米压入曲线中低加载率下应无锯齿流变，而在高加载率下应有锯齿流变。此矛盾现象没有得到根本解决，因此需要进一步观察压痕下方剪切带的形成和扩展，找出矛盾的原因。另外，也需要研究 T/T_g 和加载率对剪切带形成与扩展的影响。

为了研究上述矛盾的原因，Donovan 使用截面–抛光–腐蚀技术，研究 $Pd_{40}Ni_{40}P_{20}$ 非晶合金塑性流变的几何构型[11]。结果发现，腐蚀对压痕剖面上的剪切带有影响，只能观察到模糊的带状痕迹，难以区分剪切带与抛光划痕。这表明需要探索无损表面观察技术，研究非晶合金压痕剖面上的变形行为。探索使用界面粘结技术：选择的压入点位于粘结界面上，测试后分离和清洗粘结界面，再观察压痕剖面周围的变形形貌。这样粘结层会减少塑性流变的弹性束缚，可能影响非晶合金的变形。Samuels、Mulhearn 和 Dugdale 等[12−14] 研究认为，这可能影响变形区尺寸的大小，但不会影响其变形特征。Jana 和 Ramamurty 等[15] 使用机械夹紧和界面粘结，对比两组试样在压痕后剖面的变性特征，发现效果类似，证实约束松弛不会明显影响亚表面变形区的形貌和尺寸。

目前，上述文献中的研究重点解决了试样制备问题 —— 界面粘结，但压入仍采用传统的硬度计，只能设定施加载荷，无法控制加载率和测量加卸载过程中的载荷–深度曲线。下面的研究针对上述问题，使用自行开发的宏观压入仪器，可以实时给出可控的载荷–深度曲线。

1. 宏观压入测试

试样准备。将两块非晶合金样品抛光；使用高强度胶粘结两抛光面，界面宽度小于 5μm；再抛光上表面，保证水平和光洁。

测试过程。测试所用的宏观压入仪参见 4.3 节[16,17]，以恒位移率压入，达到设定深度后保载 10s，卸载 60s。载荷范围 0.5N~10N。压头的角棱与界面平行。测试后，试样放入丙酮中浸泡，分离和清洗粘结界面。利用 JSM−6460 扫描电镜观测上表面和压痕下方塑性变形区的形貌。

观察压痕表面形貌，参见图 17.7，粘结界面宽度 3μm，维氏压头对应的两条棱与试样粘结缝隙平行。为了系统研究剪切带的形成和扩展规律及其影响因素，对 $Ce_{65}Al_{10}Cu_{10}Ni_{10}Nb_5$、$Mg_{65}Cu_{25}Gd_{10}$、$Pd_{43}Ni_{10}Cu_{27}P_{20}$、$Zr_{52.5}Al_{10}Ni_{10}Cu_{15}Be_{12.5}$、$Zr_{65}Al_{10}Ni_{10}Cu_{15}$ 和 $Fe_{43}Cr_{16}Mo_{16}C_{15}B_{10}$ 非晶合金进行宏观压入实验。

2. 载荷–深度曲线与塑性行为

观察载荷–深度曲线。$Mg_{65}Cu_{25}Gd_{10}$ 和 $Zr_{65}Al_{10}Ni_{10}Cu_{15}$ 两种非晶合金的压

入实验，最大载荷为 10N，位移率从 15nm/s 到 1000nm/s，参见图 17.8。从图 17.8(a) 内嵌图中可以看出，Mg 基非晶合金在低位移加载速率下有锯齿现象。在位移控制的压入实验中，每个锯齿对应单独的滑移带快速调节施加的应变，表现为载荷的下降。在高位移加载速率下锯齿消失，而 Zr 基非晶合金在整个位移加载速率范围内未看到锯齿流变。这与 17.1.2 节显微压入结果基本一致。

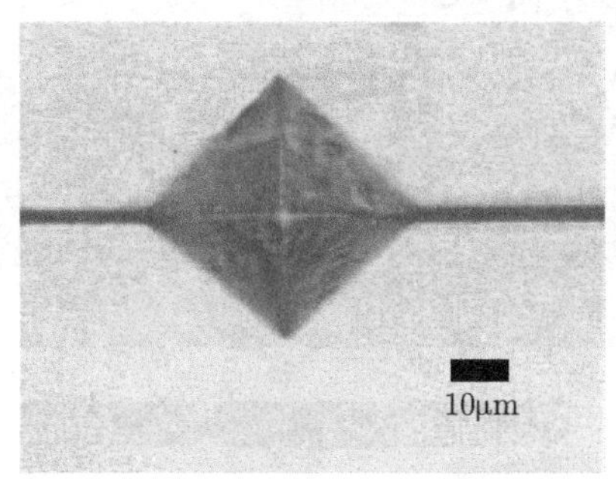

图 17.7　典型宏观压入的压痕形貌

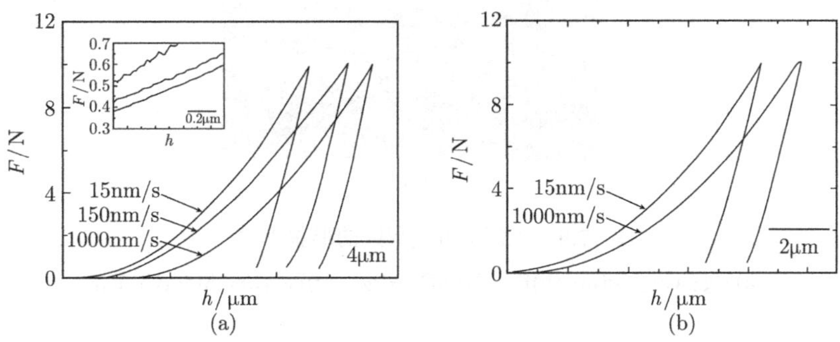

图 17.8　非晶合金的宏观压入载荷–深度曲线[3,8]

(a)$Mg_{65}Cu_{25}Gd_{10}$；(b)$Zr_{65}Al_{10}Ni_{10}Cu_{15}$

观测压痕下方的变形区。$Mg_{65}Cu_{25}Gd_{10}$、$Pd_{43}Ni_{10}Cu_{27}P_{20}$、$Zr_{65}Al_{10}Ni_{10}Cu_{15}$、$Zr_{52.5}Al_{10}Ni_{10}Cu_{15}Be_{12.5}$ 和 $Fe_{43}Cr_{16}Mo_{16}C_{15}B_{10}$，在载荷 10N、位移率 15nm/s 时压痕下方变形区的形貌，参见图 17.9 和图 17.21。变形区为半球形，包含高密度的剪切带。从分布上看，环形剪切带的数量明显多于径向剪切带。

不同非晶合金在压痕下方剪切带的扩展程度各异。例如，Mg 基、Fe 基合金的剪切带扩展最为充分，并延伸至压痕表面，而含 Be 的 Zr 基非晶合金的剪切带扩展程度最小，未扩展至试样表面。结果表明，纳米压痕表面周围的形貌不能真实反映压痕下方剪切带的特征。

为了比较不同非晶合金压痕下方塑性变形区大小与所加压入载荷的关系，定义非晶合金的变形区长度 δ(压痕上表面到最外侧剪切带的距离)，参见 17.10 内嵌图。δ 与 F 的关系参见图 17.10。对于这些非晶合金，δ 均随 F 的增加而增大，并符合关系 $\delta = C_1F^{1/2}$，比例常数 C_1 列于表 17.5 中。

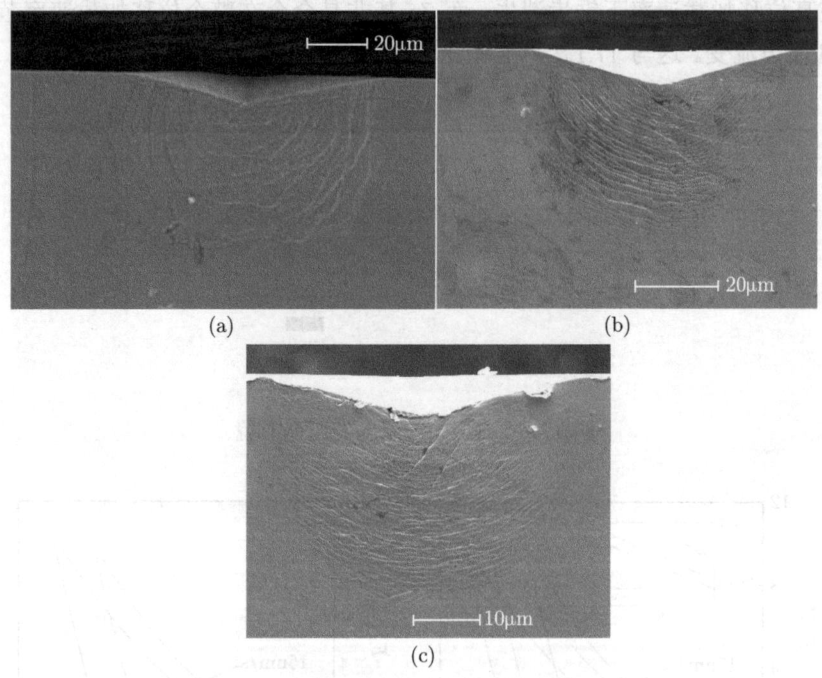

图 17.9 压痕下方变形区的形貌[3,4,8,9]

(a)$Mg_{65}Cu_{25}Gd_{10}$；(b)$Pd_{43}Ni_{10}Cu_{27}P_{20}$；(c)$Fe_{43}Cr_{16}Mo_{16}C_{15}B_{10}$

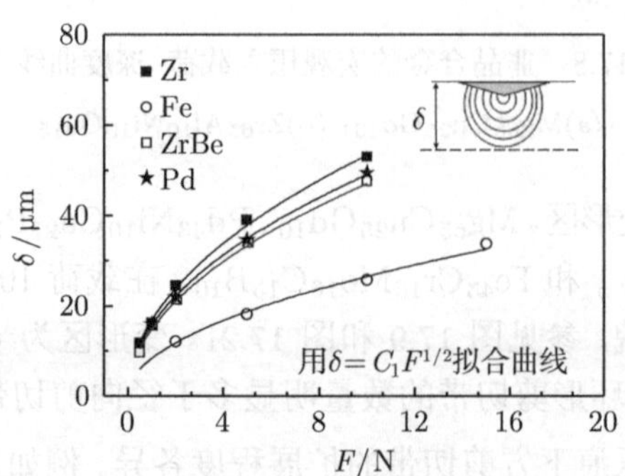

图 17.10 塑性变形区长度 δ 与压入载荷 F 的关系[3]

基于 Johnson 的孔洞扩张模型，分析弹塑性材料在压入变形的应力场[18]，参见图 8.3。当材料满足 Von-Mises 屈服准则时，其塑性变形区大小可表示为[15]

$$\frac{\delta}{a}=\left[\frac{E\tan\alpha}{6\sigma_y(1-\nu)}+\frac{2}{3}\left(\frac{1-2\nu}{1-\nu}\right)\right]^{1/3} \tag{17.1}$$

表 17.5 $\delta=C_1F^{1/2}$ 中的比例系数及其屈服应力的预测值和测试值

非晶合金 \ $C_1/(\mu m/N^{1/2})$	C_1	0.5N	1N	2N	5N	10N	预测值/GPa	测试值/GPa
$Pd_{43}Ni_{10}Cu_{27}P_{20}$	1.19		1.24	1.17	1.18	1.17	2.18	1.78
$Zr_{65}Al_{10}Ni_{10}Cu_{15}$	1.36	1.38	1.41	1.39	1.35	1.31	2.06	1.65
$Zr_{52.5}Al_{10}Ni_{10}Cu_{15}Be_{12.5}$	1.03	0.89	1.01	1.09	1.10	1.07	2.13	1.55

式中，E 为弹性模量；a 为接触半径；α 为等效半锥角。为了方便采用孔洞扩张模型估算塑性区大小，根据 Meyer 硬度定义

$$H=\frac{F_{\mathrm{m}}}{A} \tag{17.2}$$

式中，F_{m} 为最大载荷；A 为接触面积。由 $A=\pi a^2$，可得压入测试中的塑性半径为

$$\delta=\sqrt{\frac{F_{\mathrm{m}}}{\pi H}}\left[\frac{E\tan\alpha}{6\sigma_y(1-\nu)}+\frac{2}{3}\left(\frac{1-2\nu}{1-\nu}\right)\right]^{1/3} \tag{17.3}$$

观察式 (17.3)，塑性区大小与材料的屈服应力有关，可以利用该式预测非晶合金材料的屈服强度。三种合金屈服应力的预测值和测试值列于表 17.5 中，对比可见预测值均比测试值高 20%~30%。也就是说采用 Von-Mises 屈服准则得到的式 (17.1)，可用来预估趋势，但不能体现非晶变形的具体特征。Von-Mises 屈服条件只考虑偏应力的影响，而静水压力也会影响非晶的塑性变形。因此，对于非晶合金的压入实验，可采用 Drucker-Prager 强度准则

$$\beta I_1+\sqrt{J_2}=K \tag{17.4}$$

式中，$I_1=\sigma_1+\sigma_2+\sigma_3$ 为应力张量的第一不变量；J_2 为应力偏量的第二不变量。该式左边第一项表示静水压力的影响。如果不计静水压力的影响，则可转变为

$$\sqrt{J_2}=K \tag{17.5}$$

这就是 Von-Mises 屈服条件。式 (17.4) 中的常数 β 和 K 通常用式 (17.6) 确定。

$$\begin{cases}\beta=\dfrac{\sqrt{3}\sin\varphi}{3\sqrt{3+\sin^2\varphi}}\\[2ex] K=\dfrac{3C\cos\varphi}{\sqrt{3+\sin^2\varphi}}\end{cases} \tag{17.6}$$

式中，C 为材料的黏聚力；φ 为内摩擦角。假设非晶在塑性变形时表现为压力敏感且在压头下存在较大静水压力，认为在压入过程中塑性流变的产生需要应力的提高，即

$$\sigma_y(F) = \sigma_{y,0} + \beta p \tag{17.7}$$

式中，$\sigma_{y,0}$ 是单轴拉伸下的屈服应力；p 是静水压力；β 是压力敏感系数。对于 Zr 基非晶，Lu 等认为 β 为 0.17[19]。Giannakopoulos 对 Vickers 压头压入过程的有限元分析表明，在接近压头尖端处，对于无应变硬化的弹塑性材料来说，最大静水压力为 $1.83\sigma_y$[20]。对于 Zr 非晶合金而言，考虑静水压力后，方程 (17.7) 中得到屈服应力的预测值与测试值基本一致。

由式 (17.3) 可知，压入塑性区的大小与材料的硬度有关，即与材料硬度的平方根成反比。这与图 17.11 所反映出的现象基本一致。

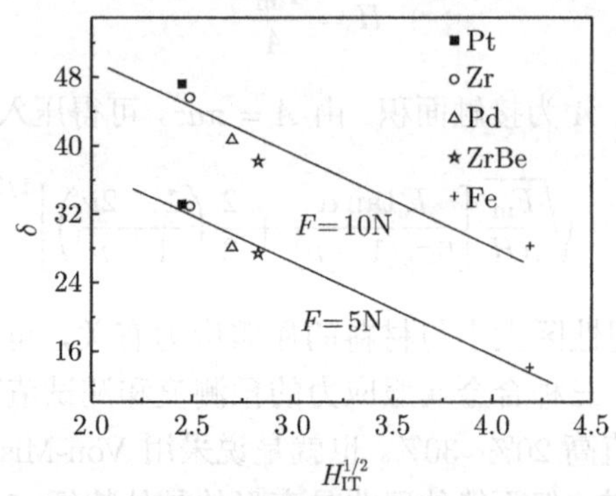

图 17.11　非晶合金变形区长度与硬度的关系[3]

3. 加载率和 T/T_{g} 对剪切带的影响

观察压痕形貌。典型非晶合金在载荷 10N、不同位移率时压痕下方的形貌，参见图 17.12，按 T/T_{g} 的降序排列。非晶合金不同，其剪切带数目和密度随 T/T_{g} 和位移率的变化规律也有所不同。为了说明非晶合金的位移率和 T/T_{g} 对其剪切带形成和扩展的影响，将剪切带数目及平均间距与 T/T_{g} 和位移率的关系列于表 17.6 和表 17.7 中。

表 17.6 和表 17.7 显示，位移率和 T/T_{g} 对剪切带形成和扩展的影响与图 12.12 相对应，分三个区域：①在 $0.4 < T/T_{\mathrm{g}} < 0.7$ 范围内，非晶合金压痕下方剪切带的间距和数目与位移率密切相关，即随位移率的增加，剪切带间距明显减小，数目增加，此时位移率的影响占优势。②在 $T/T_{\mathrm{g}} < 0.35$ 和 $T/T_{\mathrm{g}} > 0.8$ 范围内，非晶合金压痕下方的剪切带间距和数目则不随位移率变化，热学参数影响占主导；不同的是①范围的剪切带间距相对最大，且数目较少，②范围则反之。另外，表 17.7 还显

示，随 T/T_g 的减小，剪切带间距基本呈下降趋势。

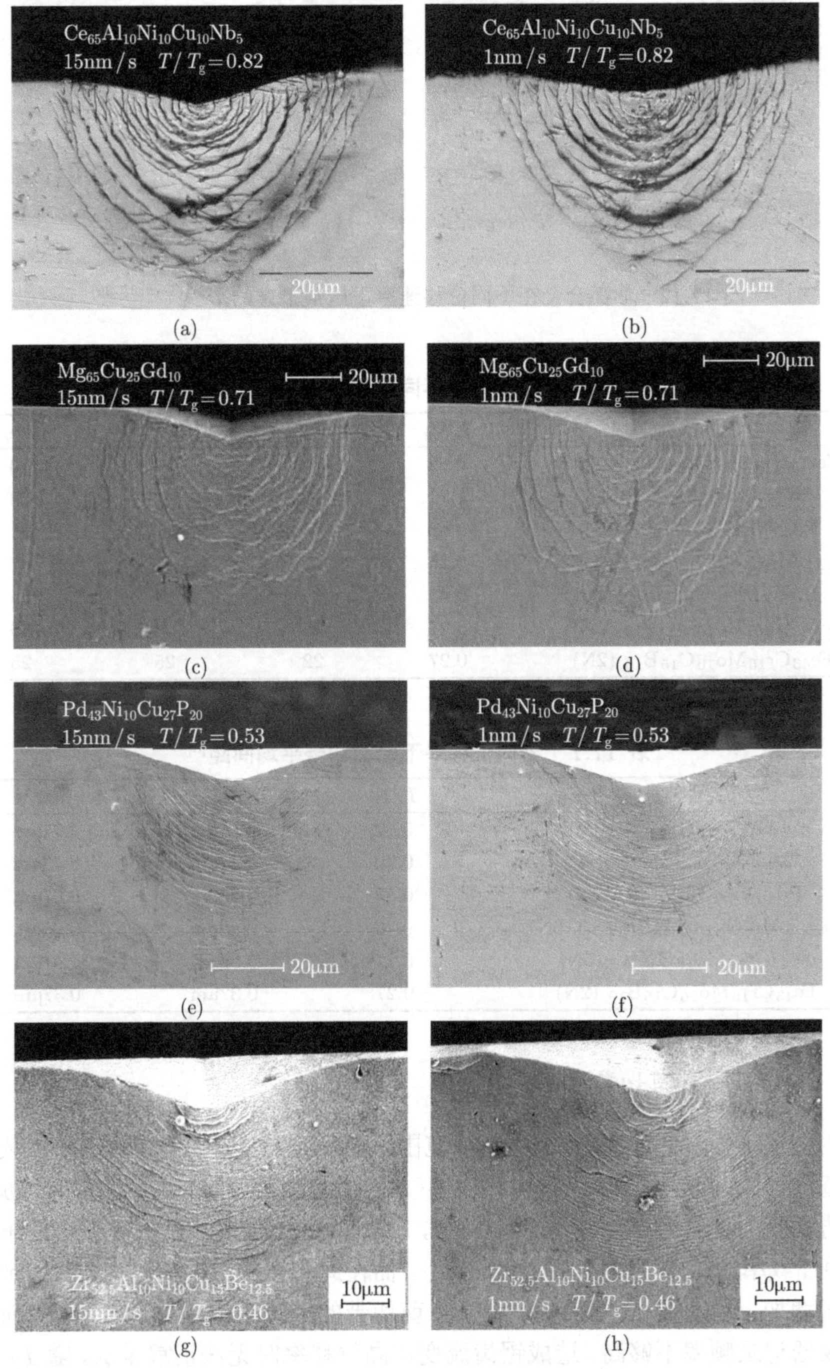

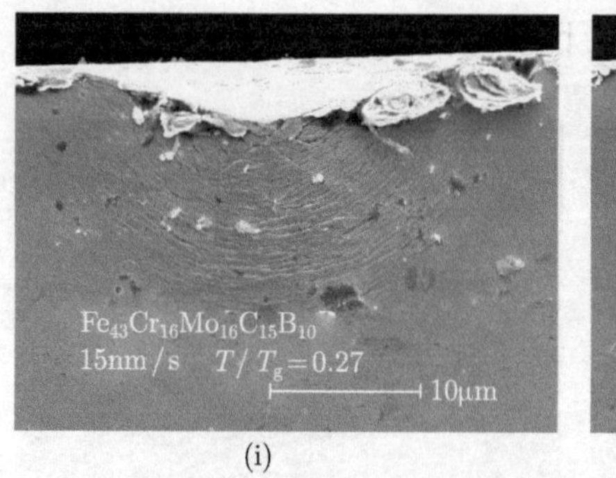

(i)

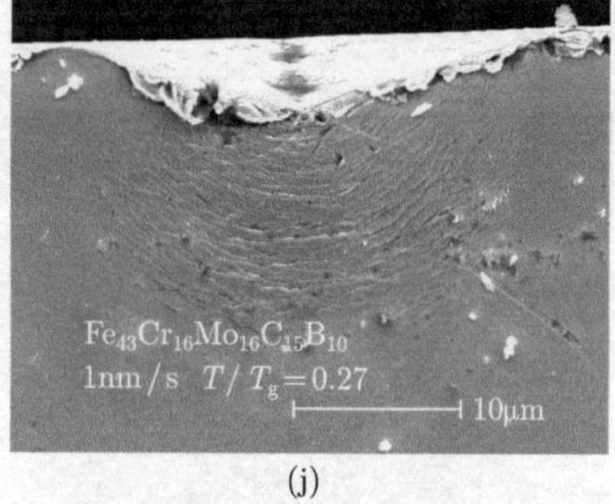

(j)

图 17.12 非晶合金在不同位移速率下压痕下方的形貌[3-9,21,22]

表 17.6 典型非晶合金不同位移率下的剪切带数目[3]

合金体系	T/T_g	15nm/s	150nm/s	1μm/s
$Ce_{65}Al_{10}Ni_{10}Cu_{10}Nb_5$ (10N)	0.82	14	14	10
$Mg_{65}Cu_{25}Gd_{10}$ (10N)	0.71	10		22
$Pd_{43}Ni_{10}Cu_{27}P_{20}$ (10N)	0.53	37		61
$Zr_{52.5}Al_{10}Ni_{10}Cu_{15}Be_{12.5}$ (10N)	0.46	37	40	47
$Zr_{52.5}Al_{10}Ni_{10}Cu_{15}Be_{12.5}$ (5N)	0.46	16	24	35
$Fe_{43}Cr_{16}Mo_{16}C_{15}B_{10}$ (5N)	0.27	35	38	36
$Fe_{43}Cr_{16}Mo_{16}C_{15}B_{10}$ (2N)	0.27	22	25	25

表 17.7 不同位移率下的剪切带平均间距[3]

合金体系	T/T_g	15nm/s	1μm/s
$Ce_{65}Al_{10}Ni_{10}Cu_{10}Nb_5$ (10N)	0.82	4.50μm	4.71μm
$Mg_{65}Cu_{25}Gd_{10}$ (10N)	0.70	4.37μm	2.43μm
$Pd_{43}Ni_{10}Cu_{27}P_{20}$ (10N)	0.52	0.99μm	0.67μm
$Zr_{52.5}Al_{10}Ni_{10}Cu_{15}Be_{12.5}$ (10N)	0.46	0.89μm	0.75μm
$Fe_{43}Cr_{16}Mo_{16}C_{15}B_{10}$(5N)	0.27	0.39μm	0.41μm
$Fe_{43}Cr_{16}Mo_{16}C_{15}B_{10}$ (2N)	0.27	0.37μm	0.37μm

4. 锯齿流变和剪切带特征

由上述可知，在 $0.4 < T/T_g < 0.7$ 范围，显微压入实验中锯齿流变随加载率增加而逐渐消失；而宏观压入实验中压痕下方的形貌照片表明，随加载率的增加，压痕下方剪切带的数目和密度则逐渐增加，二者的变化趋势相反。对于宏观压入实验，随加载率的增加，加载时间逐渐减小，而在此较短的时间间隔内，剪切带的数目逐渐增加。这表明，随加载率的增加，剪切带的形成频率有明显的增加，而可能由于仪器记录频率不够高，造成锯齿流变在高位移率时无法正常显示。随 T/T_g 的

减小，剪切带密度增加，也可归结为剪切带在 T/T_g 下降时易于形成。与上述分析相似，也会造成剪切带形成频率的增加，使锯齿流变现象无法正常显示。

经过对具有显著力学和热学差异的多种非晶合金的系统研究，得到如下结果和结论。

(1) 对显微压入的载荷–深度曲线而言，锯齿流变的特征与加载率和 T/T_g 密切相关。在 $0.4 < T/T_g < 0.7$ 范围，应变率影响占主导，锯齿流变随加载率的增加而被抑制，直至消失，即存在阈值。在 $T/T_g < 0.35$ 和 $T/T_g > 0.8$ 范围，加载率影响不明显，几种非晶合金均未出现锯齿流变现象。

(2) 对宏观压入的压痕下方形貌而言，剪切带的形成和扩展与加载率和 T/T_g 有关。在 $0.4 < T/T_g < 0.7$ 范围，加载率对剪切带的间距和数目有明显的影响，加载率越高，剪切带密度和数目越大。在 $T/T_g < 0.35$ 和 $T/T_g > 0.8$ 范围，不同加载率对剪切带的间距和数目的影响不明显，且在相同加载率下，在此范围内的非晶合金剪切带数目和密度都较小，而 $0.4 < T/T_g < 0.7$ 范围非晶合金则较大。

(3) 对锯齿流变和剪切带特征之间关系而言，在 $T/T_g < 0.35$ 和 $T/T_g > 0.8$ 时，锯齿流变消失，对应剪切带数目和密度的增加。在仪器记录频率相同的情况下，加载率增加两个数量级时，剪切带成核频率的增加是导致锯齿流变消失的可能原因。但剪切带数目增加表明，不足以形成由非均匀变形向均匀变形的转变，即在高加载速率下仍为非均匀变形。

需要注意，上述结果基于对现有压入仪器测试结果的唯象观察，由于仪器的数据记录频率选择、测量分辨能力局限、仪器的驱动原理不同等，可能导致一些假象的出现或现象的漏失，显著增加可靠分析的难度。

17.2 钕基非晶合金组分对压入变形行为的影响

合金 $Nd_{60}Al_{10}Ni_{10}Cu_{20-x}Fe_x$($x$=0,5,7,10,15,20) 的微结构，随着 Fe 含量的增加可以从非晶单相结构向非晶和纳米晶复合结构变化。本节基于纳米压入和单轴压缩技术，研究 Nd 合金体系微结构的变化对塑性变形的影响及其机理[23]。

17.2.1 试样制备及其物理性能

采用电弧熔炼方式，制备直径 3mm 的 $Nd_{60}Al_{10}Ni_{10}Cu_{20-x}Fe_x$($x$=0, 5, 7, 10, 15,20) 的六个样品。试样结构表征，X 射线衍射仪 (XRD)，使用 Cu 靶 Kα 射线。差热分析，Perkin-Elmer DSC，氩氛围，加热速率 20K/min。试样微结构观察，高分辨透射电镜，JEM-2010，200kV。纳米压入测试，MTS Nano Indenter® XP，室温，热漂移速率 0.05nm/s，每种试验进行六次压入测试；显微观察，光学显微镜 POLYVAR MET，原子力显微镜 AutoProbe CP。单轴压缩测试，Instron 材料试验机，室温，恒位移率 1.4×10^{-4}/s，试样尺寸 Φ3mm×5.8mm；断口观察，JSM-6460 扫描电镜。

XRD 测试结果参见图 17.13(a)，在分辨力范围内所有样品均显示典型的非晶谱。Fe 含量高的样品在 $2\theta \approx 56°$ 附近有明显的宽峰。DSC 测试结果参见图 17.13(b)，在玻璃化转变开始温度 440K 时，Fe 含量 x=0 的样品显示为吸热反应，接着分别在起始温度 464K、513K 和 593K 时有晶化放热反应。对 Fe 含量 x=5 和 7 的样品，同样存在玻璃化转变和三个晶化放热过程。明显的玻璃化转变和三个尖锐结晶峰证明这三种样品为非晶。对 Fe 含量 x=10 的样品，玻璃化转变引起的吸热反应很弱，三个晶化过程的总焓减小，在熔点附近观察到新的放热峰。对 Fe 含量 x=15 和 20 的样品，玻璃化转变和三个结晶峰消失，在 630K~750K 范围内出现宽而弱的放热峰，接着在接近熔点处出现尖锐的放热峰。

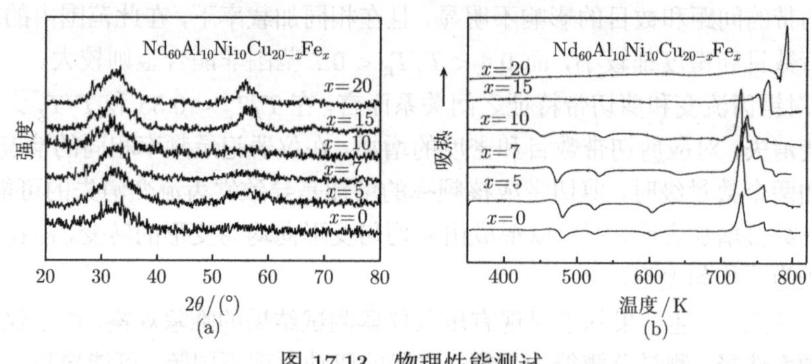

图 17.13　物理性能测试

(a)XRD 测试结果；(b)DSC 测试结果

Fe 含量 x=0 和 x=20 样品的高分辨透射电镜照片，参见图 17.14。Fe 含量 x=0 样品显示为均匀的非晶单相结构，而 Fe 含量 x=20 样品为复合结构，即约 5nm 的纳米晶随机分散在非晶基体中，参见图 17.2(b) 白圈内。

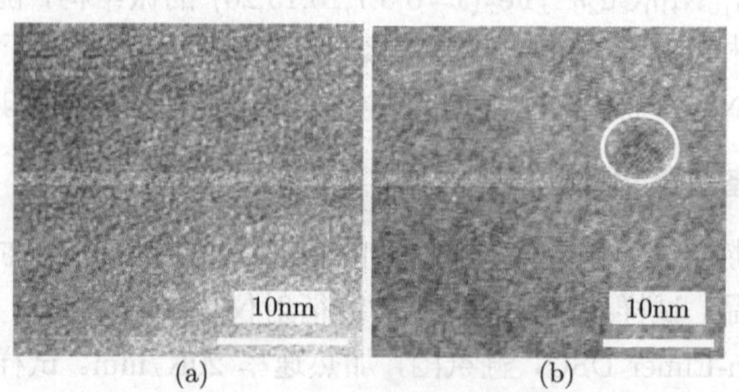

图 17.14　高分辨透射电镜照片

(a)$Nd_{60}Al_{10}Ni_{10}Cu_{20}$；(b)$Nd_{60}Al_{10}Ni_{10}Fe_{20}$

17.2.2 力学测试及其结果讨论

使用 MTS Nano Indenter® XP 及其玻氏压头，研究 $Nd_{60}Al_{10}Ni_{10}Cu_{20-x}Fe_x$ 的锯齿流变和塑性变形行为。图 17.15(a) 是六种试样的典型载荷–深度曲线，最大压入深度 500nm，位移率控制 5nm/s。为了便于在同幅图中区分载荷–深度曲线，将其依次错开。根据 Fe 含量的不同，载荷–深度曲线可以分成两类：Fe 含量低 (x=0,5,7)，曲线斜率小，锯齿流变现象明显，随着 Fe 含量的增加，起始点依次从 180nm 至 230nm；Fe 含量高 (x=10,15,20)，曲线斜率大，锯齿流变现象不明显，Fe 含量为 x=10 试样从 295nm 附近开始有轻微锯齿流变现象，而 Fe 含量为 x=15 和 x=20 试样的曲线光滑。分别采用恒载荷率、位移率和应变率控制方式进行测试，其结果类似。设定压入深度为 3000nm 的测试，对于 Fe 含量高的合金，在较大压入深度时也会出现锯齿流变，例如，Fe 含量 x=15 和 20 的合金，起始深度分别约为 1100nm 和 1400nm。图 17.15(b) 是 Fe 含量为 x=0 和 x=20 试样的完整加卸载曲线。Fe 含量为 x=5 和 7 的试样与 Fe 含量为 x=0 的试样类似，Fe 含量为 x=10 和 15 试样与 Fe 含量为 x=20 试样类似。Fe 含量为 x=0 和 20 的残余压痕深度分别约为 390nm 和 370nm，显示 Fe 含量 x=20 的试样弹性恢复能力较强，这也可以从图 17.15(c) 得到体现，Fe 含量 x=20 的试样压入硬度和模量高于 Fe 含量 x=0 的试样。

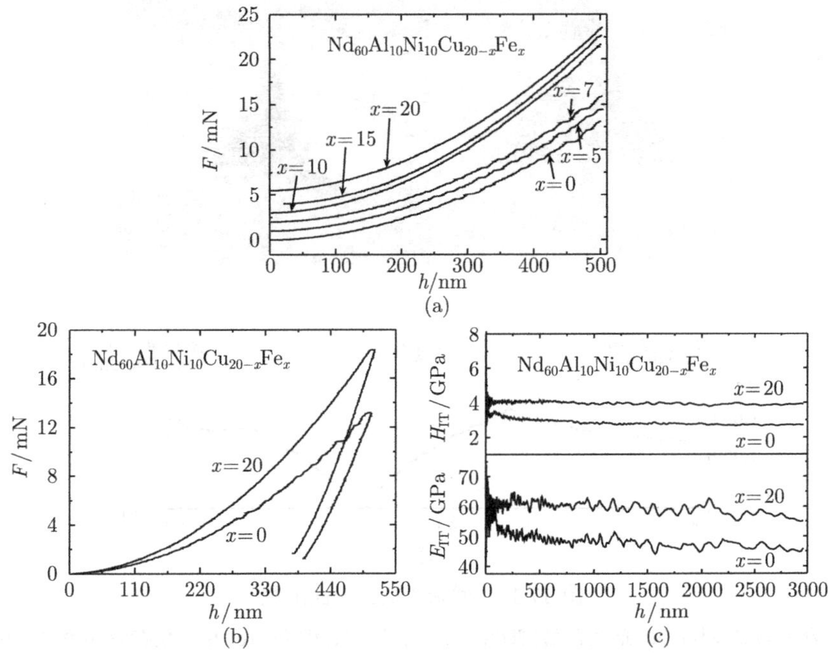

图 17.15 六种 Nd 基非晶合金的典型纳米压入测试结果

(a) 局部载荷–深度曲线；(b) 典型试样的载荷–深度曲线；(c) 典型试样的压入硬度和模量–深度曲线

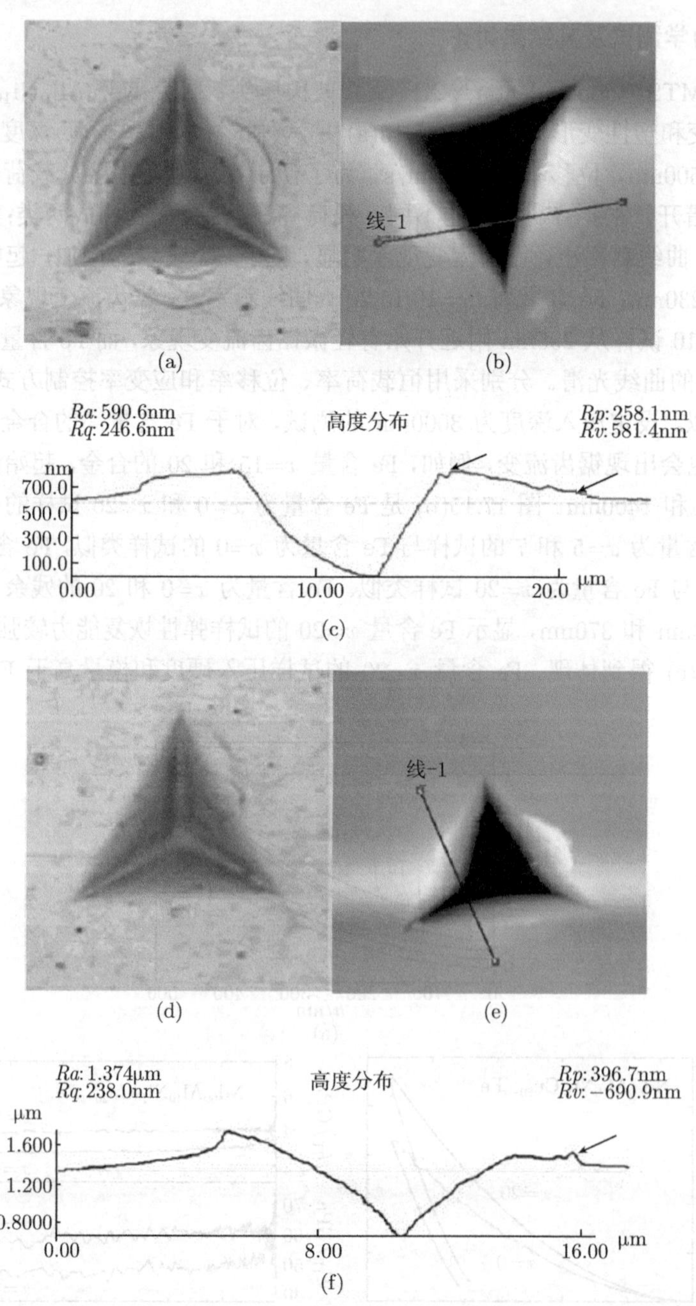

图 17.16　残余压痕的表面形貌

Fe 含量为 x=0 的试样：(a) 光学显微镜照片；(b) 原子力显微镜图像；(c) 原子力显微镜图像 (b) 中直线的高度分布。Fe 含量为 x=15 的试样：(d) 光学显微镜照片；(e) 原子力显微镜图像；(f) 原子力显微镜图像 (e) 中直线的高度分布

采用光学显微镜和原子力显微镜，观察 Fe 含量为 x=0 和 15 试样在压入深度 3000nm 时的残余压痕形貌，参见图 17.16。图 17.16(a) 是 Fe 含量 x=0 的光学显微镜照片，显示压痕周围存在环形图案。图 17.16(b) 和 (c) 为原子力显微镜图像及其线扫描的高度分布，显示环状部分为压痕周围的凸起，呈压头向上和向外挤出的阶梯状，参见图 17.16(c) 中箭头所示。Fe 含量为 x=15 试样的压痕周围环状图案不明显，压痕周围凸起的程度也较低，参见图 17.16(d)、(e) 和 (f)。

压入测试结果显示，低 Fe 含量的块体 $Nd_{60}Al_{10}Ni_{10}Cu_{20-x}Fe_x$ 试样中仅含有单相结构的非晶相，载荷–深度曲线中出现明显的锯齿流变现象。高 Fe 含量的试样，为非晶相和纳米晶组成的复合结构。中等含量的合金，推测具有充分发展的短程有序结构。锯齿流变现象明显受微结构的影响，例如，局部自由体积、短程或中程有序结构。在高 Fe 含量样品中，弛豫结构或纳米晶复合结构有效地阻止塑性变形，在图 17.15 中，试样中 Fe 含量的增加提高锯齿流变出现的起始深度。在高 Fe 含量试样中，锯齿流变在大压入深度中出现，如 1100nm~1400nm。换言之，随着试样中 Fe 含量的增加，锯齿流变会逐渐消失。这种转变的原因，在低 Fe 含量试样中，含有较大的自由体积，控制产生足够的应变，最终导致应变的释放，促进单个剪切带的形成。相比较而言，在高 Fe 含量试样中，仅有较小的自由体积，单个剪切带的发展在有限尺度内被纳米晶阻隔，为了调解所施加的应变，随时需要产生大量的剪切带。

使用压缩技术，研究 Fe 含量 x=0 和 Fe 含量 x=20 试样压缩断口形貌，参见图 17.17。Fe 含量 x=0 试样的断口呈明显的脉络状，说明在断裂前发生明显的塑性流动。Fe 含量 x=20 试样的断口流动特征不明显，似乎有多条剪切带同时启动。

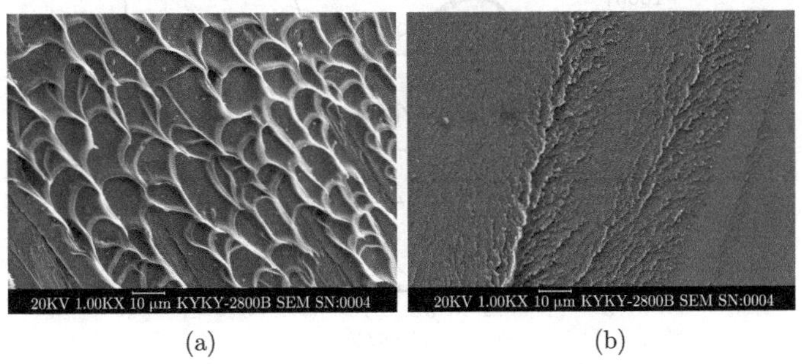

(a) (b)

图 17.17 应变率 1.4×10^{-4}/s 的单轴压缩的试样断口形貌

(a)Fe 含量为 x=0 试样；(b)Fe 含量为 x=20 试样

综上所述，合金 $Nd_{60}Al_{10}Ni_{10}Cu_{20-x}Fe_x$($x$=0,5,7,10,15,20)，随着 Fe 含量的增加，其微结构从非晶单相结构向非晶和纳米晶复合结构转变；低含量 Fe 合金的压入载荷–深度曲线中的锯齿流变明显；而随着 Fe 含量的增加，阻碍着压入锯齿流变的发生，因为 Fe 含量越高的合金，微结构弛豫，阻碍塑性变形。

17.3　锆基非晶合金的压入变形行为

17.3.1　两种典型锆基非晶合金变形行为的对比

针对两种宏观塑性行为显著差异的典型锆基非晶合金，利用不同尺度压入技术，研究应变率等因素对非晶合金微观变形行为和宏观力学性能的影响，探讨其宏观力学性能和微观变形行为的联系[3–5,7,8]。

材料制备：在高纯氩气气氛下，用电弧熔炼法制备块体非晶合金 $Zr_{65}Al_{10}Ni_{10}Cu_{15}$(不含 Be 合金) 和 $Zr_{52.5}Al_{10}Ni_{10}Cu_{15}Be_{12.5}$(含 Be 合金)，吸铸成 3mm 直径的圆柱形；经 X 射线衍射分析，证实均为非晶态。

压缩实验：圆柱试样尺寸 Φ3mm×6mm；采用 Instron 材料试验机，位移控制，速率为 0.6μm/s，室温测试。

两种块体非晶合金的单轴压缩的应力–应变曲线，参见图 17.18。其中，(a) 和 (b) 分别为 $Zr_{65}Al_{10}Ni_{10}Cu_{15}$ 和 $Zr_{52.5}Al_{10}Ni_{10}Cu_{15}Be_{12.5}$。不含 Be 合金的弹性模量为 81.3GPa，弹性极限约为 2.0%，断裂强度为 1.65GPa，塑性应变为 0.9%。而含 Be 合金的弹性模量为 92.7GPa，弹性极限约为 1.7%，断裂强度为 1.78GPa，塑性应变为 5.3%。$Zr_{65}Al_{10}Ni_{10}Cu_{15}$ 是典型的 Zr 基非晶合金成分，用 12.5%Be 替代部分 Zr 后塑性变形能力显著提高。这两种试样断口显微组织形貌参见图 17.19，其中黑白箭头分别指示主次剪切带。

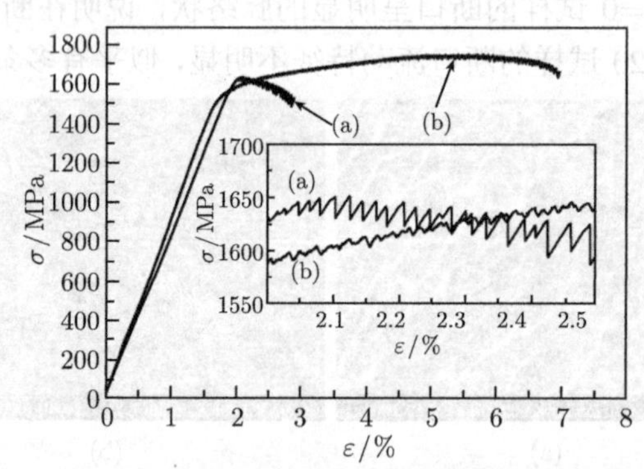

图 17.18　两种块体非晶合金的单轴压缩应力–应变曲线[7]

纳米压入实验采用 MTS Nano Indenter® XP 及其玻氏压头，载荷率控制方式。两种非晶合金在不同载荷率下的载荷–深度曲线不同，参见图 17.20，加载率范围为 0.075mN/s~1mN/s。①锯齿流变现象出现的临界载荷率阈值不同。$Zr_{65}Al_{10}Ni_{10}Cu_{15}$ 合金，在高的加载速率下，载荷–深度曲线的加载段光滑连续，无明显锯齿流变现象；而在低的加载速率下，载荷–深度曲线存在明显的锯齿流变现象，出现该现象

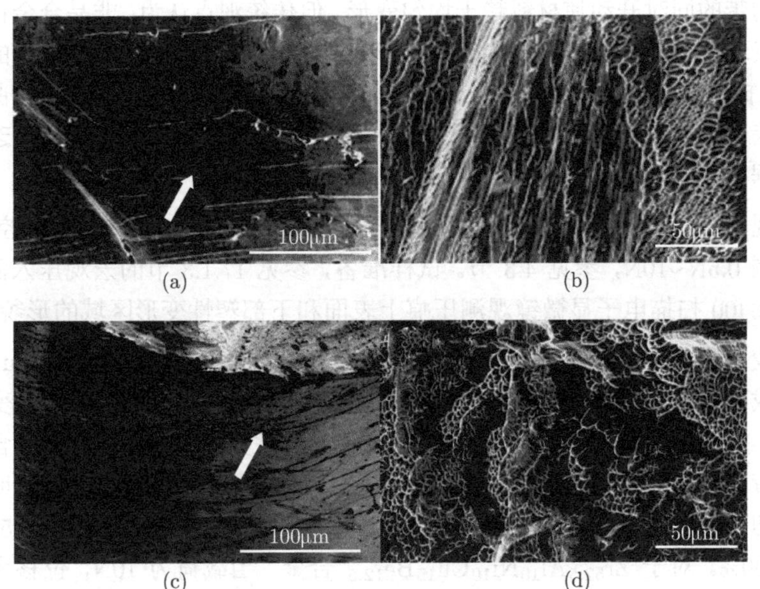

图 17.19 两种 Zr 基非晶合金的扫面电镜照片[7]

(a) 和 (b)$Zr_{65}Al_{10}Ni_{10}Cu_{15}$；(c) 和 (d)$Zr_{52.5}Al_{10}Ni_{10}Cu_{15}Be_{12.5}$

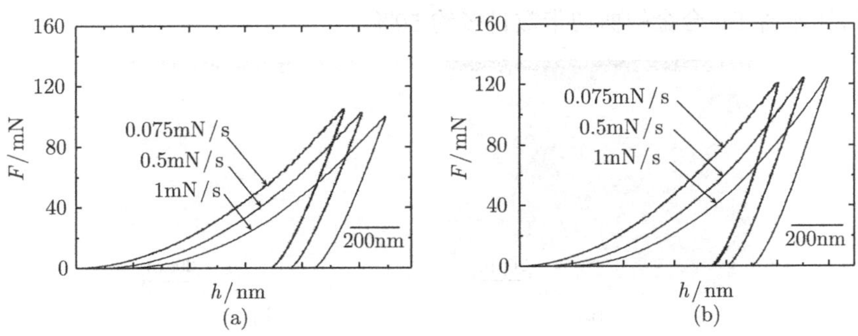

图 17.20 非晶合金在不同加载速率下纳米压入的载荷–深度曲线[5]

(a)$Zr_{65}Al_{10}Ni_{10}Cu_{15}$；(b)$Zr_{52.5}Al_{10}Ni_{10}Cu_{15}Be_{12.5}$

的加载率阈值约为 0.5mN/s。$Zr_{52.5}Al_{10}Ni_{10}Cu_{15}Be_{12.5}$ 合金，载荷–深度曲线也表现出同样的特征，但锯齿流变现象出现的加载率阈值约为 0.075mN/s。②在相同加载率下，两种合金锯齿的数量和尺寸不同。如在加载率为 0.075mN/s 时，不含 Be 合金载荷–深度曲线上锯齿流变的数量明显多于含 Be 的合金。在压入深度为 800nm 时，含 Be 合金的锯齿尺度约为 5nm，而不含 Be 合金可达 11nm。③硬度明显不同。不含 Be 非晶合金的压入硬度为 6.2GPa±0.1GPa，含 Be 合金为 7.9GPa±0.1GPa。

Schuh 等[24] 指出，在纳米压入过程中，高载荷率的连续塑性变形可能是由于多重剪切带的同时开动使材料趋于均匀变形。但传统观点认为，非晶合金在高应变率下应表现为不均匀的变形[5,25]。为深入理解加载率对非晶合金变形行为的影响规律，需要提供直接的实验证据。另外，对于不同的合金成分，其载荷–深度曲线所反映出锯齿的数量和尺寸是否直接对应于剪切带的数量和尺度，目前也缺乏直接的实验证据。

宏观/显微压入实验采用自行开发的压入装置[16,17]，维氏压头，位移控制方式，载荷范围 0.5N～10N，参见 4.3 节。试样准备，参见 17.1.3 节的宏观压入测试。利用 JSM-6400 扫描电子显微镜观测压痕上表面和下部塑性变形区域的形貌。

比较两种 Zr 基非晶合金的压入塑性变形机制。对于 $Zr_{65}Al_{10}Ni_{10}Cu_{15}$ 合金，当最大载荷为 10N、位移率分别为 15nm/s 和 1000nm/s 时压痕下方塑性变形区域的形貌，参见图 17.21(a) 和 (b)。从形状上看，塑性变形区为半圆形，包含高密度的剪切带；从分布上看，环形剪切带和径向剪切带，且环形剪切带的数量明显多于径向剪切带。从数量上看，在加载速率为 1000nm/s 时剪切带的数量比 15nm/s 时的约多 30%。对于 $Zr_{52.5}Al_{10}Ni_{10}Cu_{15}Be_{12.5}$ 合金，当载荷为 10N，位移率分别为 15nm/s 和 1000nm/s 时，压痕下方塑性变形区域的形貌，参见图 17.21(c) 和 (d)。塑性变形区也为半圆形，并分布大量的剪切带；加载速率为 1000nm/s 时的剪切带数量比 15nm/s 时的多 100%。两种合金相比，在相同位移率下，含 Be 合金的剪切带数目比不含 Be 合金的剪切带数目多约 50%。

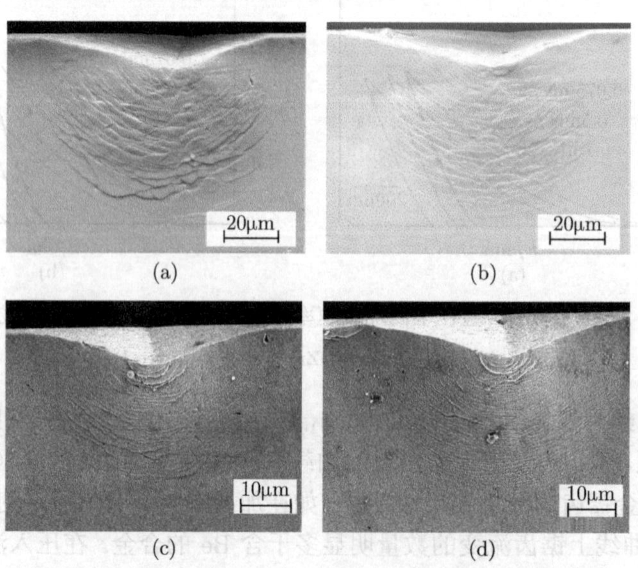

图 17.21　两种非晶合金压痕下方塑性变形区域形貌特征[5]

$Zr_{65}Al_{10}Ni_{10}Cu_{15}$，位移率：(a)15nm/s；(b)1000nm/s

$Zr_{52.5}Al_{10}Ni_{10}Cu_{15}Be_{12.5}$，位移率：(c)15nm/s；(d)1000nm/s

综上所述，Be 代替部分 Zr 后的非晶合金塑性和断裂强度明显提高。对于纳米压入变形，两种合金都在低载荷率下表现出显著的锯齿流变特征，在高载荷率下为连续的塑性变形，但这种变形行为转变的载荷率阈值差别明显。对于宏观/显微压入变形，在相同加载条件下，含 Be 合金中形成的剪切带数量多，尺寸小，间距小。这表明在含 Be 合金塑性变形过程中剪切带容易成核，趋向于多重剪切带同时产生，所以宏观塑性变形能力显著。

17.3.2 预变形和退火对锆基非晶合金变形行为的影响

选择玻璃形成能力强和塑性变形大的 $Zr_{64.13}Cu_{15.75}Ni_{10.12}Al_{10}$ 非晶合金，研究室温预应变和退火两因素对该非晶合金力学行为的影响[26−28]。

采用电弧熔炼方式，制备铸态材料。圆柱试样尺寸 Φ5mm×3.2mm，称为 Cast；采用材料试验机，以应变率 $1\times10^{-4}s^{-1}$ 压缩变形至 53%，称为 P53；部分铸态试样和预变形试样放在退火炉中，在低于玻璃化转变温度 (645K) 下的 590K 退火六小时，分别称为 Cast-A 和 P53-A。

铸态试样的预压缩应力–应变曲线参见图 17.22，曲线光滑显示宏观塑性变形均匀。四种状态样品的 XRD 曲线均显示出非晶态材料特有的漫散射峰，无对应晶体结构的尖锐衍射峰出现，反映均为非晶态，参见图 17.22 中的内嵌图。说明强烈的塑性变形和随后的退火均未引起晶化。

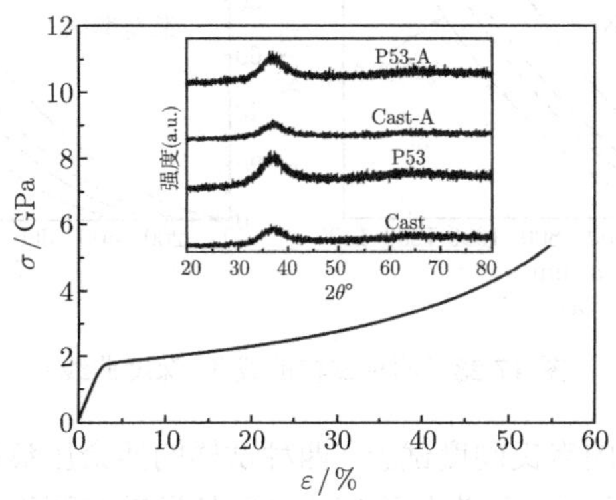

图 17.22 铸态试样的预压缩应力–应变曲线 (应变率 1×10^{-4}/s) 和四种状态样品的 XRD 曲线

为了检验预压缩变形和退火对非晶合金的影响，采用 MTS Nano Indenter® XP 和玻氏压头，设定恒载荷率 0.2mN/s 和 1mN/s，压入深度 1μm。四种试样的测试结果参见表 17.8。铸态试样与预变形试样的压入硬度相当。在退火过程中，由于自由体积和原子尺度缺陷的湮灭，导致压入硬度和模量分别提高约 5%和 9%，退火预变形试样压入硬度和模量的变化与退火试样相当，说明低于 T_g 温度的退火可能消除非晶预变形过程中所引入的多余自由体积和原子尺度缺陷。

表 17.8　$Zr_{64.13}Cu_{15.75}Ni_{10.12}Al_{10}$ 块体非晶合金的热学和力学特性

试样	T_g/K	T_x/K	H/GPa	E/GPa
Cast	645	746	5.90±0.09	93.10±1.73
P53	645	746	5.81±0.14	91.22±1.19
Cast-A	650	744	6.17±0.20	101.45±1.20
P53-A	650	744	6.16±0.11	101.03±2.29

对于载荷率 0.2mN/s 和 1mN/s 的纳米压入测试，铸态、退火和变形再退火试样的载荷–深度曲线均出现明显的锯齿流变现象，而预变形试样中的锯齿数量和幅度明显减弱，参见图 17.23，其中为了显示清楚，沿深度平移曲线。而其他 Zr 基的非晶合金在载荷率 1mN/s 下，几乎看不到锯齿流变现象，参见图 17.20。在 590K 经 6 小时的退火处理，铸态试样的锯齿流变现象无明显变化。而经预变形处理的试样 P53 锯齿流变现象减弱，尤其 1mN/s 曲线近似光滑，说明剪切带的确会影响非晶合金的压入变形行为。然而，退火能恢复预变形试样的锯齿流变现象，而且同铸态试样的锯齿流变现象接近。

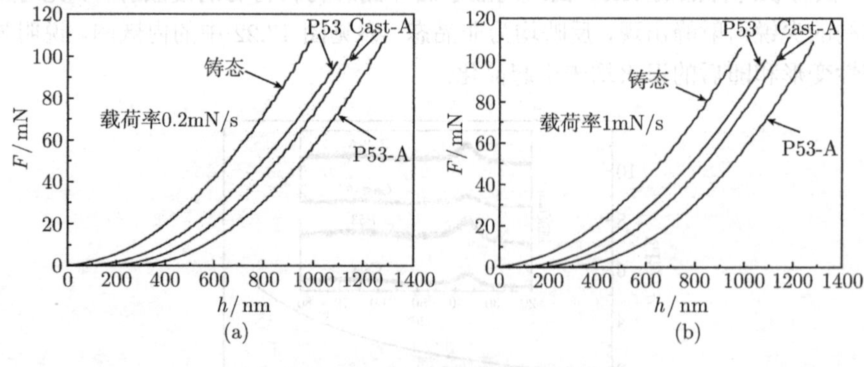

图 17.23　四种试样的载荷–深度曲线

对于载荷 1.5kN 的洛氏硬度试验，四种试样的残余压痕形貌周围均出现充分发展的剪切带条纹，主要呈现为从压痕边缘向外发散的两组接近垂直的对数螺旋线形貌，参见图 17.24。需要注意，相对于铸态试样，预应变试样的剪切带形貌粗大不规则；其压痕周边剪切带的间距约为 25μm，近似为铸态试样剪切带间距的 2 倍；其剪切带数量明显较少，说明压入过程中的塑性变形被预压缩试样中的剪切带所控制，而不是新的剪切带成核；参见图 17.24(a) 和 (c)。相对于铸态试样，退火试样的剪切带形貌无明显变化，而预应变再退火试样的剪切带重新恢复为规则而光滑，剪切带间距与铸态试样相当，说明在低于 T_g 温度下退火可以降低预变形剪切带的影响。

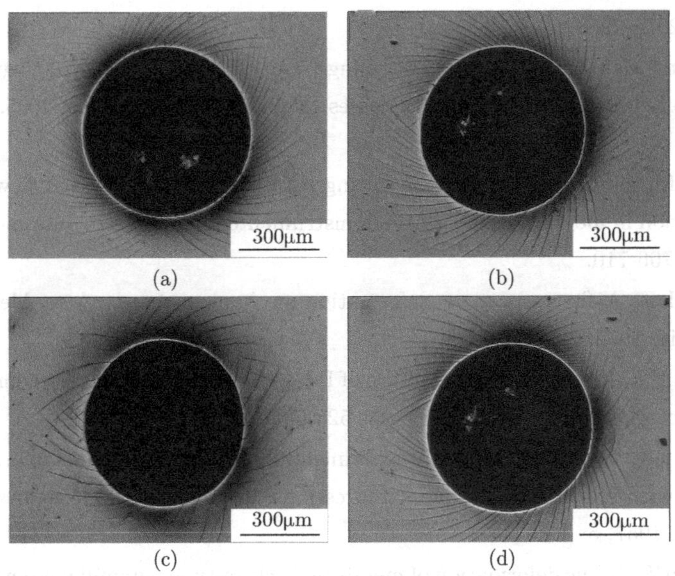

(a) (b) (c) (d)

图 17.24 洛氏硬度计加载 (载荷 1.5kN 保持 15s)

综上所述，通过不同载荷水平和压头形状的压入试验，研究压缩预变形和退火对 $Zr_{64.13}Cu_{15.75}Ni_{10.12}Al_{10}$ 非晶合金力学行为和剪切带形貌的影响，说明该非晶合金具有应变软化和退火恢复的变形机制。

参考文献

[1] Inoue A. Stabilization of metallic supercooled liquid and bulk amorphous alloys. Acta materialia, 2000, 48: 279-306.

[2] Wang W H, Dong C, Shek C H. Bulk metallic glasses. Materials Science and Engineering R, 2004, 44: 45-389.

[3] 邢冬梅. 非晶合金压入变形行为的研究. 北京: 中国科学院研究生院博士后研究工作报告, 2006.

[4] Dongmei Xing, Taihua Zhang, Weihuo Li, et al. The characterization of plastic flow in three different bulk metallic glass systems. Journal of Alloys and Compounds, 2007, 433(1-2): 318-323.

[5] 邢冬梅, 张泰华, 李维火, 等. 两种 Zr 基块体非晶合金的变形行为. 中国科学 E 卷 技术科学，2006, 36(7): 715-725.

[6] Weihuo Li, Taihua Zhang, Dongmei Xing, et al. Instrumented indentation study of plastic deformation in bulk metallic glasses. Journal of Materials Research, 2006, 21(1): 75-81.

[7] Weihuo Li, Bingchen Wei, Taihua Zhang, et al. Mechanical behavior of $Zr_{65}Al_{10}Ni_{10}Cu_{15}$ and $Zr_{52.5}Al_{10}Ni_{10}Cu_{15}Be_{12.5}$ bulk metallic glasses. Materials Transactions, 2005,

46(12): 2954-2958.

[8] Xing Dong-Mei, Zhang Tai-Hua, Wei Bing-Chen. Deformation morphology underneath the Vickers Indent in bulk metallic glasses. Chinese Physics Letters, 2005, 22(8): 1994-1997.

[9] Weihuo Li, Bingchen Wei, Taihua Zhang, et al. Study of serrated flow and plastic deformation in metallic glasses through instrumented indentation. Intermetallics, 2007, 15(5-6): 706-710.

[10] Ashby M F. A first report on deformation-mechanism maps. Acta Metallurgica Et Materialia, 1972, 2097: 887-897.

[11] Donovan P E. Plastic flow and fracture of $Pd_{40}Ni_{40}P_{20}$ metallic glass under an indenter. Journal of Materials Science, 1989, 24: 523-535.

[12] Samuels L E, Mulhearn T O. An experimental investigation of the deformed zone associated with indentation hardness impressions. Journal of the Mechanics and Physics of Solids, 1957, 5: 125-133.

[13] Mulhearn T O. The deformation of metals by Vickers-type pyramidal indenters. Journal of the Mechanics and Physics of Solids, 1959, 7: 85-96.

[14] Dugdale D S. Experiments with pyramidal indenters - Part I and Part II. Journal of the Mechanics and Physics of Solids, 1955, 3(3): 197-205, 206-211.

[15] Jana S, Ramamurty U, Chattopadhyay K, et al. Subsurface deformation during Vickers indentation of bulk metallic glasses. Materials Science and Engineering A, 2004, 375-377: 1191-1195.

[16] 刘东旭, 张泰华, 郇勇. 宏观深度测量压入仪器的研制. 力学学报，2007, 39(3): 350-355.

[17] 张泰华, 郇勇, 刘东旭, 等. 材料试验机的压痕测试功能改进方法及其改进装置: 中国发明专利, ZL200410078245.2. 2008-08-20.

[18] Johnson K L. The correlation of indentation experiments. Journal of the Mechanics and Physics of Solids, 1970, 18(2): 115-126.

[19] Lu J, Ravichandran G. Pressure-dependent flow behavior of $Zr_{41.2}Ti_{13.8}Cu_{12.5}Ni_{10}Be_{22.5}$ bulk metallic glass. Journal of Materials Research, 2003, 18(9): 2039-2049.

[20] Giannakopoulos A E, Larsson P L, Vestergard R. Analysis of Vickers indentation. Journal of the Mechanics and Physics of Solids, 1994; 31: 2679-2708.

[21] Bingchen Wei, Lingchen Zhang, Taihua Zhang, et al. Strain rate dependence of plastic flow in Ce-based bulk metallic glass during nanoindentation. Journal of Materials Research, 2007, 22(2): 258-263.

[22] Lingchen Zhang, Bingchen Wei, Dongmei Xing, et al. The characterization of plastic deformation in Ce-based bulk metallic glasses. Intermetallics, 2007, 15(5-6): 791-795.

[23] Bingchen Wei, Taihua Zhang, Weihuo Li, et al. Serrated plastic flow during nanoindentation in Nd-based bulk metallic glasses. Intermetallics, 2004, 12: 1239-1243.

[24] Schuh C A, Nieh T G. A nanoindentation study of serrated flow in bulk metallic glasses. Acta Materialia, 2003, 51: 87-99.

[25] Greer A L, Castellero A, Madge S V, et al. Nanoindentation studies of shear banding in fully amorphous and partially devitrified metallic alloys. Materials Science and Engineering A, 2004, 375-377: 1182-1185.

[26] Jiansheng Gu, Bingchen Wei, Taihua Zhang, et al. Serrated flow and shear band evolution in a Zr-based bulk metallic glass after plastic deformation and annealing. Journal of Alloys and Compounds, 2010, 504S: S65-S68.

[27] Jiansheng Gu, Lei Li, Taihua Zhang, et al. Characterization of shear bands in two bulk metallic glasses with different inherent plasticity. International Journal of Modern Physics B, 2009, 23(6-7): 1217-1222.

[28] Jiansheng Gu, Bingchen Wei, Taihua Zhang, et al. Effect of structural relaxation on the deformation behavior of a $Zr_{64.13}Cu_{15.75}Ni_{10.12}Al_{10}$ bulk metallic glasses under nanoindentation. International Journal of Modern Physics B, 2010, 24(15-16): 2320-2325.

第 18 章 生物材料——人体牙齿和木材细胞壁

纳米压入技术的测试深度浅 (10^1nm~10^0μm) 和定位分辨力高 (优于 10^0μm)，属微区、微损或无损的力学测试，因此对试样的大小和形状无特殊要求。近年来，已成为生物材料微结构力学性能检测的有力工具。本章分别介绍纳米压入技术在测定人体牙齿[1] 和木材细胞壁[2] 力学性能参数中的应用。

18.1 人体牙齿的力学性能

人牙最重要的功能为持久咀嚼，即能承受几十年的反复咀嚼。这主要由牙齿高度矿化组织的微结构特征及其排列方式所决定[3]。因此，认识牙齿的力学性能，不仅在临床实践上，而且在仿生材料学上都具有十分重要的意义。

目前，纳米压入技术广泛应用于牙齿纳米至微米尺度力学行为的研究，对若干微区力学性质分布有新的认识。例如，Cuy 等[4] 认为人臼齿釉质的力学性质呈非均匀分布，而 Marshall 等[5,6] 发现牙本质的力学性能分布均匀、牙本质和釉质之间过渡平稳。

白柯和张泰华等[1] 利用纳米压入技术，测定牙齿力学性能的空间分布，分析牙釉质和本质界面的裂纹性质，比较牙釉质和牙本质的材料属性，说明对牙齿功能的作用。

18.1.1 试样制备和测试方法

实验用牙齿来源于人的臼齿和犬齿。牙齿拔除后，立即置于浸润 20%丙三醇的纱布中，然后在 4 ℃下密封保存。这种较为常见的保存方法，能为牙齿提供必需的湿度和温度，可以防止牙齿开裂和腐败[7]。选择图 18.1 所示的横截面截取试样，用Ⅱ型义齿树脂和环氧树脂镶嵌，然后仔细打磨抛光。

采用 MTS Nano Indenter® XP 测定牙齿的压入硬度和模量，试样材料的泊松比取为 0.25，设定压入深度为 1μm。为了增强实验数据的可比性，测试条件和设置参数保持一致。采用 FEI Sirion 400NC 型扫描电镜，观察牙齿显微结构。

18.1.2 牙齿力学性能的空间取向

牙本质的力学性能空间取向不明显。对于牙本质，不同位置的纳米压入载荷-深度曲线光滑；不同部位的测试重复性较好；在相同压入深度下，牙本质的最大压入载荷明显小于牙釉质。参见图 18.2。

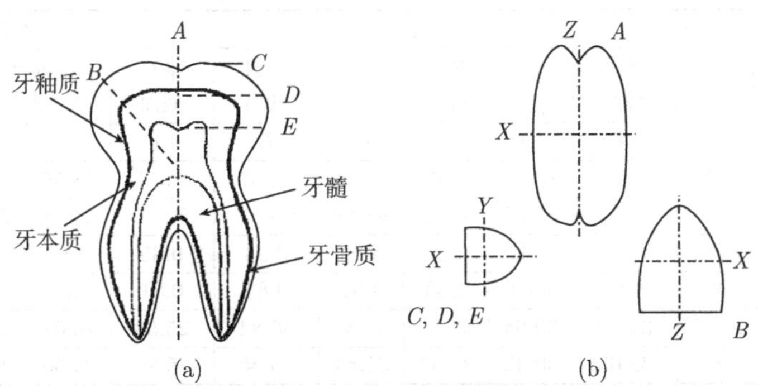

图 18.1 第三臼齿的解剖图[1]

(a)$A\sim E$ 截面在牙齿中的位置；(b) 不同截面上的测试方向

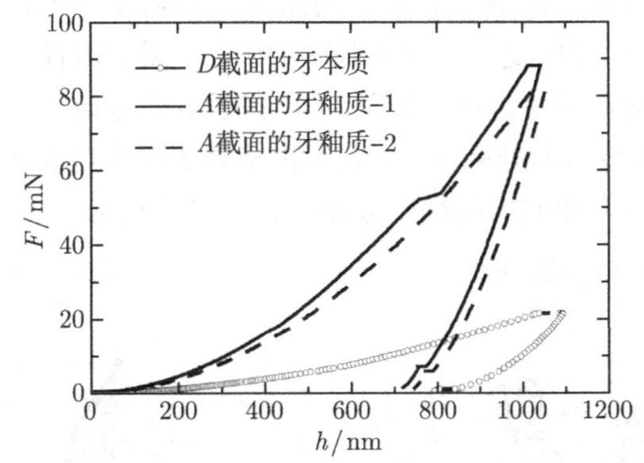

图 18.2 牙齿不同截面和部位的典型载荷–深度曲线[1]

牙釉质的力学性能空间取向明显。对于牙釉质，测试横截面不同，压入载荷–深度曲线形状不同，不同测试位置的结果也不重复。对于截面 A 或 B，部分压入测试的载荷–深度曲线上出现台阶，参见图 18.2 所示 A 截面牙釉质 –1 曲线。这对应着载荷不变而压入深度突然增加，说明压头周围的牙釉质可能出现微裂纹。在截面 C、D 和 E 上，载荷–深度曲线光滑，说明未出现微裂纹。

牙齿的不同截面代表着牙齿空间位置的不同。$A\sim E$ 截面上不同位置的平均压入模量、硬度及 $W_{\mathrm{u}}/W_{\mathrm{t}}$ 的数据，参见表 18.1。测试结果显示，对不同截面，牙釉质的压入模量和硬度差异明显大于牙本质的差异。说明牙釉质的力学性能空间取向不同，而牙本质接近相同。C 截面的模量和硬度明显高于其他截面，因为该截面最接近牙齿咬合面，在生长过程中咀嚼应力可能影响微结构组织的发育，使其具有较高的模量和硬度。

表 18.1 截面 $A \sim E$ 的平均压入模量、硬度以及 W_u/W_t 的值[1]

截面的方向		牙釉质					牙本质			
		垂直截面	水平截面			倾斜截面	垂直截面	水平截面		倾斜截面
截面		A	D	E	C	B	A	D	E	B
模量 /GPa	Z/Y	81.02	83.39	91.93	97.59	82.57	24.11	23.55	23.34	24.36
	X	80.56	83.06	95.83	98.88	66.67	22.77	24.18	24.49	22.26
硬度 /GPa	X/Y	4.11	4.02	4.27	4.98	3.93	0.85	0.85	0.88	0.87
	X	4.13	4.04	4.53	4.87	3.83	0.81	0.85	0.89	0.81
(W_u/W_t) /%	Z/Y	31.37	30.64	33.31	31.37	30.84	25.53	26.01	26.53	26.15
	X	32.03	30.45	34.97	31.54	33.65	25.20	25.50	26.58	25.03

18.1.3 牙釉质力学性能的梯度分布

C 截面完全由牙釉质组成。图 18.3 为压入模量和硬度在 C 截面中沿 X 和 Y 方向的变化趋势，XY 轴的交叉点位于截面的中心。图中山谷形的分布表示压入模量和硬度从外表面向内逐步递减。截面 C 垂直于咀嚼方向 Z，因此它几乎与牙齿的咬合面平行。牙齿咬合面外高内低，表现出从外表面向内表面减小的趋势。这显示出牙釉质具有从外表面向内的梯度分布和各向异性行为。

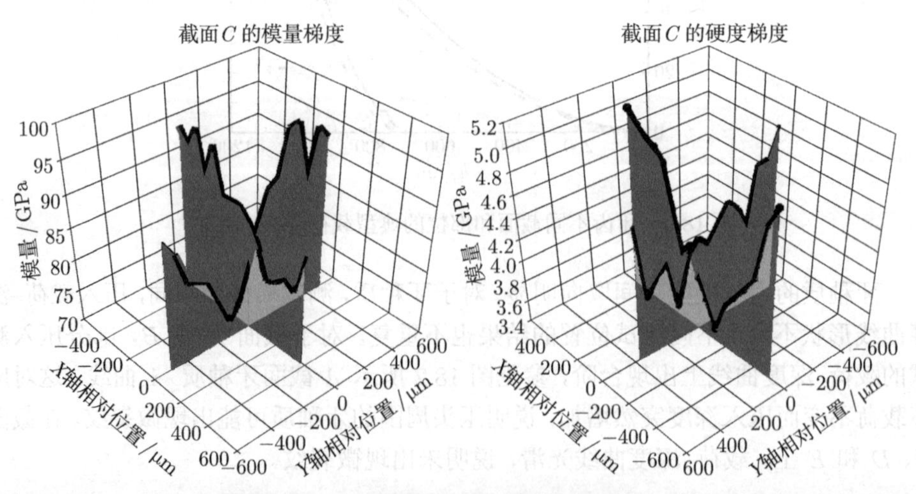

图 18.3 C 截面牙釉质模量和硬度的变化[1]

牙釉质的梯度分布和各向异性行为由其微结构特性和排列所致。为了观察从牙釉质到牙本质的组织形貌，采用扫描电镜观察 E 截面，参见图 18.4。羟基磷灰石晶体是牙釉质的主要成分，以釉柱形式存在。这些釉柱的直径只有几微米[4]，面向牙齿表面垂直排列，贯穿整个牙釉质。接近咬合表面的釉柱短而粗，而靠近牙釉质和牙本质交界面的釉柱细而长。这些观察结果与上面提到的牙釉质硬度和模量的梯度变化相对应，表明釉质力学性质的梯度变化由其显微结构决定。

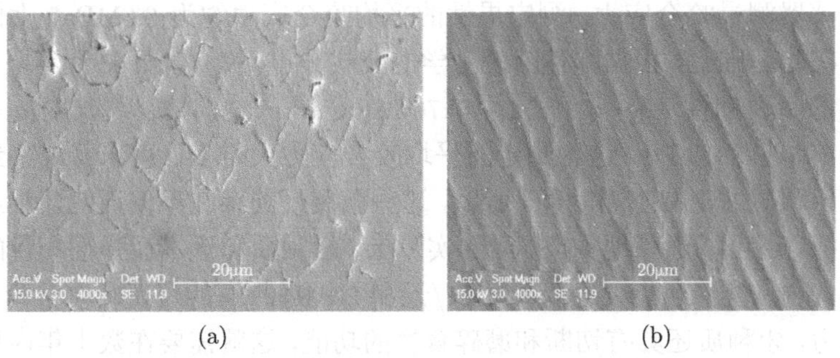

(a) (b)

图 18.4 牙釉质中显微结构的扫描电镜照片[1]

(a) 接近咬合表面；(b) 接近牙釉质和牙本质的界面

显微观察牙釉质和牙本质的界面，发现有大量平行的微裂纹，这些裂纹起始于界面，延伸至牙釉质内部，平均长度为 175μm，参见图 18.5。为了说明这些微裂

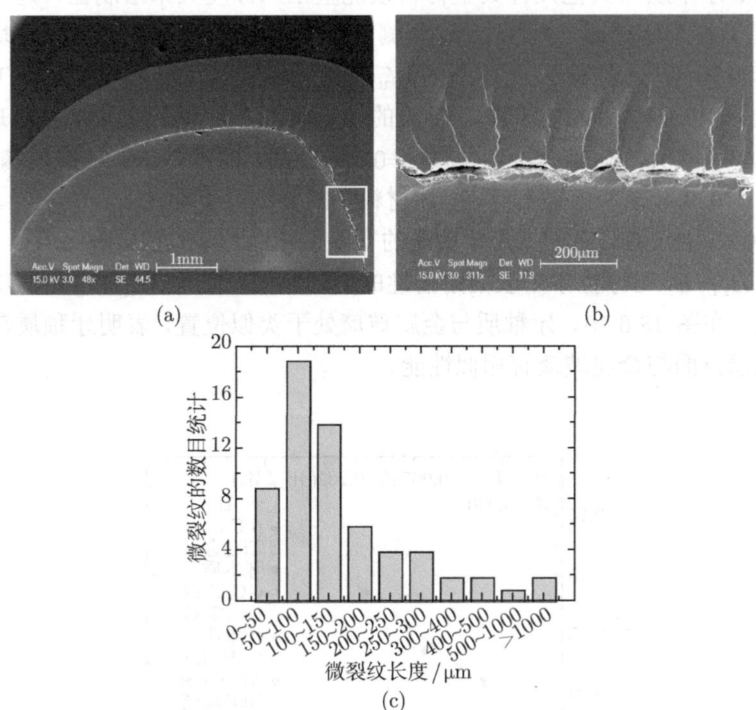

(a) (b)

(c)

图 18.5 牙釉质和牙本质界面观察及其微裂纹统计

(a) 牙釉质和牙本质界面处的显微照片；(b) 牙釉质和牙本质界面处的局部放大照片；(c) 微裂纹的数据统计柱状图[1]

纹对牙齿咀嚼功能的影响，采用弹性断裂力学数量级估计容限应力。首先，用碳膜压力传感器测量咬合应力，测定男性的平均咬合应力约为 6.6MPa，女性的约为 5.2MPa。在此基础上，根据弹性断裂力学的公式 $\sigma_F \sim K_C/\sqrt{\pi a}$ 估计容限压力 σ_F。当牙釉质的断裂韧性 $K_{IC} = (0.52 \sim 0.76)\text{MPa}\cdot\text{m}^{1/2}$[5,6]，微裂纹长度 $a \approx 175\mu\text{m}$ 时，$\sigma_F = (25 \sim 33)\text{MPa}$，这比测定的平均咬合应力大得多。意味着观察到的微裂纹不影响牙釉质的正常咀嚼功能。所以，这些微裂纹的存在不仅证明牙釉质具有各项异性特征，还可以适当地释放压力。实际上，牙釉质和牙本质弹性模量的差异会引起较高的内应力，牙齿要经受 10^3 次/天和 20MPa[8,9] 的反复咬合载荷。除了承受交变压力，牙釉质还具有切断和磨碎食物的功能，这就需要在数十年内尽量少磨损。目前，对牙釉质各向异性的生理学和力学研究有待深入。

18.1.4　牙齿力学行为的类金属性

牙釉质的力学行为具有类金属性，而通常认为牙釉质具有类陶瓷性[10]。从第 9 章可知，压入能量标度关系 W_u/W_t 反映着材料属性的分类[11−13]。对比相关材料，将牙釉质、牙本质和其他九种典型材料按能量压入标度关系绘制在一起，参见图 18.6。这些数据均落在同一直线上，这里测定牙釉质和牙本质的 W_u/W_t 平均值分别为 0.33 和 0.26，参见表 18.1。牙本质的 W_u/W_t=0.26 落在 GCr15 钢的 W_u/W_t=0.29 和钛合金的 W_u/W_t=0.23 之间。牙釉质的 W_u/W_t=0.33 落在大多数金属玻璃 (La 基的 W_u/W_t=0.31，CuHf 基的 W_u/W_t=0.32) 之间，而不是落在较脆的陶瓷之间，如 Al_2O_3、7059 玻璃和熔融石英。上述材料在断裂韧度上存在着较大差异，如钢的 $K_{IC} = (70 \sim 100)\text{MPa}\cdot\text{m}^{1/2}$，而牙釉质的 $K_{IC} = (0.52 \sim 0.76)\text{MPa}\cdot\text{m}^{1/2}$[5,6]。实际上，比值 H_{IT}/E_r 与摩擦学中表面耐磨性的变形相关[12]，而 W_u/W_t 则与压入能量耗损相关。在图 18.6 中，牙釉质与金属玻璃处于类似位置，表明牙釉质在耐磨性与能量耗损方面与金属玻璃有相似性能。

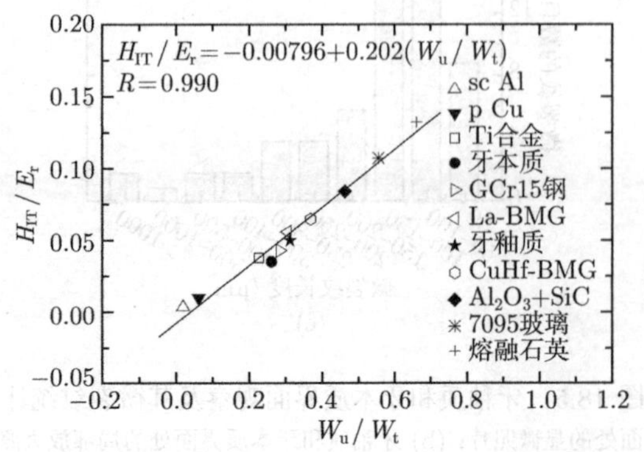

图 18.6　牙釉质和牙本质在压入能量关系中的位置[1]

综上所述，纳米压入是一种表面微区力学测试技术，可简便、有效地研究牙齿的微观结构与其力学性能之间的关系。本研究发现牙齿为各向异性材料，尤其是牙釉质为力学性能梯度材料。与扫描电子显微镜的观察相比较，这些力学性能与牙齿的微观结构相关。尤为重要的是，在压入能量标度关系中，牙本质和牙釉质分别表现出类似金属和金属玻璃的行为，而不是类似陶瓷的行为。这些类似金属的力学行为意味着，牙齿在抵抗磨损和吸收能量两方面，具有类似金属的均衡能力，在保持牙齿的持久咀嚼功能方面起着重要作用。

18.2 林杉木管胞细胞壁的力学性能

针叶材管胞一般长 1~5mm、宽 10^1μm，常规方法是拉伸测试离析的单根管胞。离析纤维会带来化学成分的变化，测试又非常困难和费时。纳米压入是微区力学测试技术，可以系统研究管胞细胞壁的力学性能，从细胞水平阐明影响木材宏观力学性能的主要因素，为林木育种和木材基因改良提供必要的参考依据[2,14]。

18.2.1 试样制备和测试方法

人工林杉木试样的制备。杉木取自江西大岗山试验场林场，树高 20.5m，胸径 26.2cm，树龄为 36 年。在树高中部取厚度为 25mm 圆盘，然后在圆盘北向沿径向取宽为 10mm 的木条。在轮界处用锋利刀片取 5mm×1mm×1mm 的小木条，参见图 18.7(a)。小木条经过不同浓度的酒精脱水至绝干，再用 Spurr 树脂浸注包埋，放在烘箱内升温固化。由于细胞壁结构致密，树脂会填充到细胞腔内起支撑作用，便于随后的表面制备，不会改变细胞壁的结构。由于纳米压入仪要求试样表面光滑，包埋块表面 (横切面) 需要用超薄切片机 (LKB-2188) 切削，进刀厚度 1μm。试样需要二次包埋，垂直固定在压入仪用中部开圆槽的圆柱形试样台上，在槽内注入二组分环氧树脂，在常温下固化半小时至数小时，参见图 18.7(b)。注意在二次包埋过程中避免损坏包埋块表面，随后放置在用玻璃器皿中，避免落上灰尘。

木材的含水率对其力学性能有显著影响。本次研究的试样虽然在制作过程中经过酒精脱水至绝干，测试前长时间放置在温度 21℃、相对湿度 60%的环境内，以便保证试样压入深度区域内的含水率与周围环境相平衡。

测试采用 MTS Nano Indenter® XP 和玻氏压头。测试参数：压入深度 200nm，应变率 0.05/s，取细胞壁的纵向泊松比为 0.40，树脂材料泊松比为 0.30。由于 S_2 层占细胞壁厚度的 70% 以上，且具有较小的纤丝角，对细胞壁的纵向弹性模量起支配性作用，因此压入大致位于 S_2 层中部，每次压入测试 5~10 次；作为对比，在细胞周围的连续树脂区域压入测试 20 次。试样表面参见图 18.8，分为细胞壁、胞腔内不连续树脂区和细胞周围连续树脂区，细胞壁厚度为 3μm~7μm。为避免填充树脂对压入测试的影响，选择压入深度 200nm；测试前校准试样水平定位台的位置，以便提高压入定位的准确性，该平移台定位精度 0.5μm/10cm。

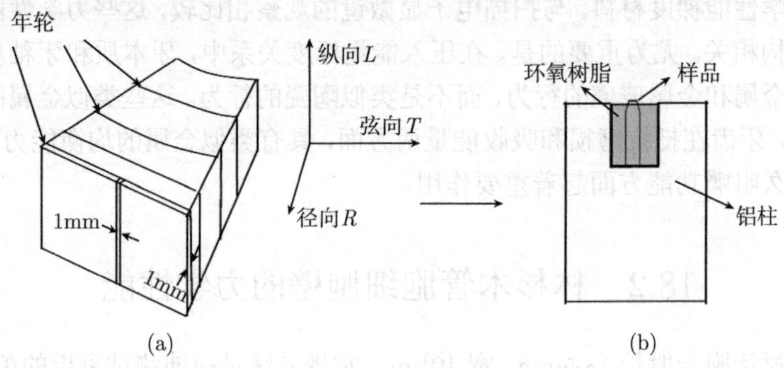

图 18.7　试样制作示意图

(a) 取样；(b) 二次包埋

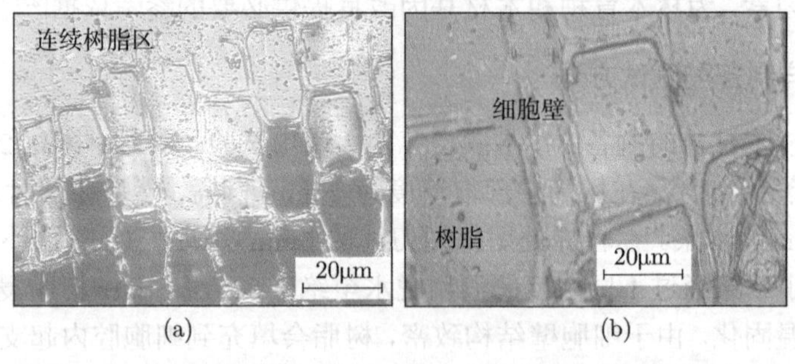

图 18.8　试样横切面的光学显微照片

(a) 晚材；(b) 早材

18.2.2　纳米压入测试及其结果分析

测定树脂的压入硬度和模量，参见表 18.2。固化良好的树脂为均质各向同性材料，压入深度对树脂硬度和模量的影响不显著。

表 18.2　树脂的压入测试结果

测试结果	压入硬度/GPa	压入模量/GPa
平均值	0.153	3.201
最大值	0.312	4.192
最小值	0.078	2.603
标准偏差	0.064	0.423
变异系数/%	41.65	13.220

测试出现两类载荷–深度曲线，参见图 18.9。A 型曲线与大多数其他材料压入测试的载荷–深度曲线相似，B 型曲线的卸载部分载荷和深度出现负值。在对早、晚材管胞胞壁的压入测试中，都存在这两类曲线。由于难以保证每次压入位置都落在细胞壁上，部分压入位置可能落在细胞壁和树脂的界面或树脂上。初步猜测，A 曲线的压入位置可能落在细胞壁上，测试结果是管胞细胞壁的硬度和模量；B 型曲线的压入位置可能落在胞腔和胞壁界面处或细胞腔内的树脂上。形成这两类曲线的主要原因：填充在胞腔内的树脂与细胞壁表面结合松散，在卸载阶段末期，压头与树脂之间的黏附易于把树脂带出，从而出现负深度和负载荷的异常现象，参见图 18.9(b)；而在连续树脂区域压入测试时，由于树脂形成连续整体，且黏性较大，一般不会出现压头带起树脂的现象，所以表现出正常的载荷–深度曲线。两点旁证可支持上述猜测：B 型曲线得到的硬度和模量远小于 A 型，与树脂的硬度和模量相当。晚材胞壁率比早材大得多，压入位置落在早材胞腔树脂上的概率要大于晚材，测试结果为早材出现 B 型曲线的概率为 65.5%，晚材管胞为 32.1%。

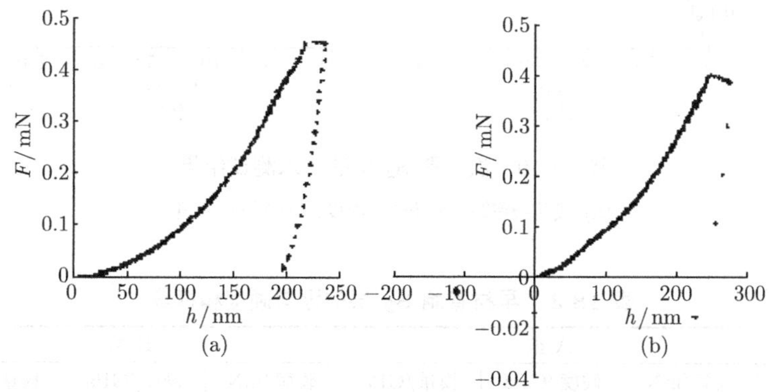

图 18.9 两种典型的压入载荷–深度曲线

(a) A 型；(b) B 型

硬度和模量取压入深度在 100nm~200nm 的平均值。从图 18.10 可以清楚看出，细胞壁的硬度和模量在压入深度 50nm 后没有显著变化。

从表 18.3 和表 18.4 可知，杉木晚材管胞 S_2 层的平均纵向硬度和模量分别为 0.390GPa 和 14.844GPa；早材管胞 S_2 层的硬度和模量则明显小于晚材，平均值分别为 0.306GPa 和 9.823GPa。可以从以下方面对此差异进行解释：晚材纤维素的结晶度高于早材，其力学性能优于早材细胞壁的纤维素；晚材管胞 S_2 层的微纤丝角小于早材；晚材的纤维素含量高于早材。因此，物理化学性质的差异是同年轮内晚材管胞 S_2 层的纵向硬度和模量均高于早材的重要原因。其中，S_2 层微纤丝角之间的差异是诸多因素中最具有决定性的，微纤丝角越小，纤维的纵向强度和刚度越好。这已经被许多实验和理论研究证实。

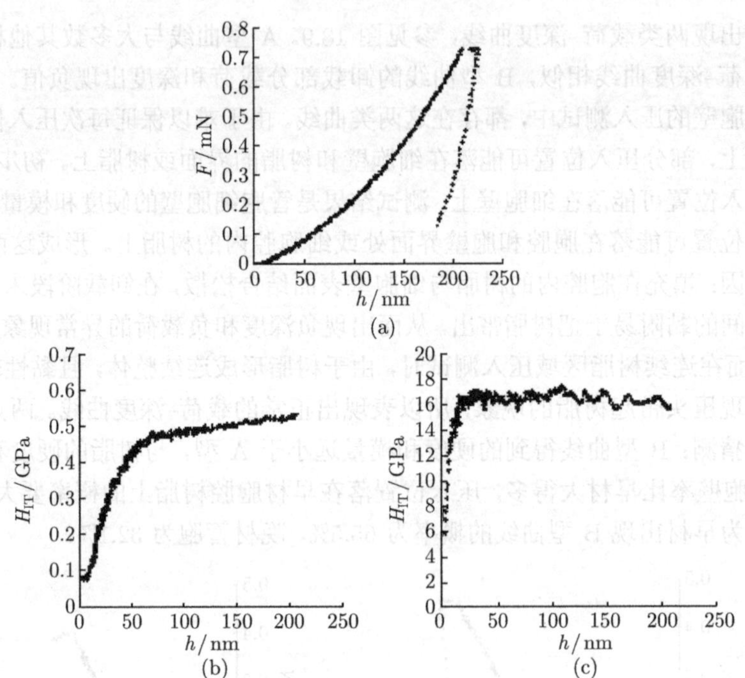

图 18.10 次生壁 S_2 层的压入测试结果

(a) 载荷–深度；(b) 硬度–深度；(c) 模量–深度

表 18.3 早材管胞 S_2 层的纵向硬度和模量

曲线类型	A 型			B 型		
测试量名称	载荷/mN	硬度/GPa	模量/GPa	载荷/mN	硬度/GPa	模量/GPa
平均值	0.350	0.306	9.832	0.112	0.073	2.454
最大值	0.582	0.725	14.674	0.164	0.108	3.844
最小值	0.170	0.169	7.160	0.067	0.041	1.833
标准偏差	0.131	0.190	2.799	0.028	0.020	0.489
变异系数/%	42.9	53.7	28.5	25.0	27.0	19.9
数量	10	10	10	19	19	19
概率/%		34.5			65.5	

Cave[15,16] 通过实验和理论计算得到云杉管胞细胞壁纵向弹性模量在 28GPa~35GPa。Wimmer[14] 采用纳米压入技术测定 80 年生红云杉早晚材管胞 S_2 层的纵向模量平均值分别为 13.49GPa 和 21.00GPa。这明显大于根据 A 型曲线获得早材管胞模量 9.823GPa 和晚材管胞模量 14.844GPa。数据差异原因可能为：本研究的试样为 30 年生人工林杉木；细胞壁的厚度较小，为 3μm~7μm，树脂较软，界面对测试有影响；由于仪器平移台定位精度的限制，某些压入位置可能落在靠近细胞腔

的边缘区域。目前，可以采用压电陶瓷纳米定位台提高定位精度和实现原位扫描成像，以便可靠测定细胞壁力学性能。

表 18.4 晚材管胞 S_2 层的纵向弹性模量和硬度

曲线类型	A 型			B 型		
测试量名称	载荷/mN	硬度/GPa	模量/GPa	载荷/mN	硬度/GPa	模量/GPa
平均值	0.425	0.390	14.844	0.095	0.080	3.951
最大值	0.732	0.706	28.087	0.143	0.110	5.954
最小值	0.148	0.186	7.175	0.050	0.050	1.268
标准偏差	0.180	0.141	5.891	0.031	0.020	1.588
变异系数/%	42.5	36.3	39.7	32.5	24.8	40.6
数量	19	19	19	9	9	9
概率/%	67.9			32.1		

综上所述，本研究利用纳米压入技术测定杉木管胞次生壁 S_2 层纵向压入硬度和模量。结果表明，在同年轮内，晚材管胞细胞壁的纵向硬度和模量均高于早材。晚材管胞 S_2 层的纵向弹性模量在 7.175GPa~28.087GPa，早材管胞则在 7.160GPa~14.674GPa。

对于木材这类生物胞状材料，建议采用具有纳米级定位分辨能力和原位成像能力的纳米压入仪，同时应重点研究如何提高试样的测试表面质量。这样可以直接在管胞弦径壁、细胞角隅处、甚至细胞壁各层间直接进行压入力学测试，提高细胞壁力学测试的水平。

参 考 文 献

[1] 白柯, 张泰华, 杨志钰, 等. 牙齿的非各向同性、梯度分布和类金属性力学行为. 科学通报, 2007, 52(8): 870-874.

[2] 江泽慧, 余雁, 费本华, 等. 纳米压痕技术测量管胞次生壁 S_2 层的纵向弹性模量和硬度. 林业科学, 2004, 40(2): 113-118.

[3] Hairul Nizam B R, Lim C T. Nanoindentation of teeth - A review. Journal of Experimental Mechanics, 2006, 21(1): 35-50.

[4] Cuy J L, Mann A B, Livi K, et al. Nanoindentation mapping of the mechanical properties of human molar tooth enamel. Archives of Oral Biology, 2002: 47: 281-291.

[5] Marshall G W, Balooch Jr M, Gallagher R R, et al. Mechanical properties of the dentinoenamel junction: AFM studies of nanohardness, elastic modulus, and fracture. Journal of Biomedical Materials Research, 2001, 54: 87-95.

[6] Marshall S J, Balooch M, Habelitz S, et al. The dentin-enamel junction — a natural, multilevel interface. Journal of the European Ceramic Society. 2003, 23: 2897-2904.

[7] Habelitz S, Marshall S J, Marshall GW Jr, et al. Mechanical properties of human dental enamel on the nanometer scale. Archives of Oral Biology, 2001, 46(2): 173-183.

[8] 崔福斋, 冯庆玲. 生物材料学. 北京：科学出版社, 1996.

[9] Ge J, Cui F Z, Wang X M. Property variations in the prism and the organic sheath within enamel by nanoindentation. Biomaterials, 2005, 26(16): 3333-3339.

[10] Fawcett D W. A textbook of histology (10th edition). Philadelphia: W B Saunders, 1986.

[11] Cheng Y-T, Cheng C-M. Relationships between hardness, elastic modulus, and the work of indentation. Applied Physics Letters, 1998, 73(53): 614-616.

[12] Ni W Y, Cheng Y-T, Lukitsch M J, et al. Effects of the ratio of hardness to Young's modulus on the friction and wear behavior of bilayer coatings. Applied Physics Letters, 2004, 85(18): 4028-4030.

[13] Rong Yang, Taihua Zhang, Peng Jiang, et al. Experimental verification and theoretical analysis of the relationships between hardness, elastic modulus, and the work of indentation. Applied Physics Letters, 2008, 92(23): 231906.

[14] Wimmer R, Lucas B N, Tsui T Y, et al. Longitudinal hardness and Young's modulus of spruce tracheid secondary walls using nanoindentation technique. Wood Science and Technology, 1997, 31(2): 131-141.

[15] Cave I D. The anisotmpic elasticity of the plant cell wall. Wood Science and Technology, 1968, 2(4): 268-278.

[16] Cave I D. The longitudinal Young's modulus of pinus radiate. Wood Science and Technology, 1969, 3(1): 40-48.

第 19 章　微机电系统——薄膜和微桥

微机电系统 (MEMS) 是集传感、信息处理和执行于一体的集成微系统，特征尺寸范围为 1μm~1mm。有体积小、批量大、成本低和可靠性高等特点，应用前景广阔。该技术的发展推动所用材料和结构微尺度力学性能测试技术的发展[1,2]。MEMS 所使用的材料多以单晶硅和在其上形成的微米级、亚微米级厚的薄膜为主，其膜材多为单晶硅、多晶硅、氧化硅、氮化硅和一些金属，还有聚酰亚胺等高分子材料。这些材料通过化学气相沉积、溅射、电镀等方法形成薄膜，再经过光刻、蚀刻、牺牲层腐蚀、体硅腐蚀等形成微结构，主要为微桥、微梁、齿轮和微轴承等。当结构细微到微/纳米尺度后，材料自身的力学、物理性质及其受环境影响的程度变化明显，会出现显著的尺寸效应、表面效应等[1,2]。

MEMS 的设计需要掌握的材料参数：弹性模量，决定着器件的结构响应特性；残余应力，影响着器件的成品率和服役性能；断裂强度，决定着设计承载构件的承载能力；疲劳强度，决定着器件长期服役的可靠性[1,2]。而常规材料的力学性能测试技术不能满足设计的要求，制约着 MEMS 设计水平和服役性能。本章以常用材料二氧化硅薄膜[3] 和典型结构微桥[4] 为例，分别介绍不同制备工艺对薄膜性质的影响和微桥测量技术及其相关参量的识别。

19.1　不同工艺制备的二氧化硅薄膜

MEMS 结构通常基于衬底以薄膜的形式存在，其材料性能对微结构和器件的影响显著。对于微纳米厚度的薄膜材料，其力学性能可能不同于相应块体材料。因此，薄膜力学性能的测试和表征是 MEMS 领域中重要研究内容之一。

同种材料，制备工艺不同，其性能也可能不同。在 MEMS 所用材料中，常用硅基材料。以二氧化硅 (SiO_2) 薄膜为例，常用的制备工艺有热氧、湿氧、干氧、溅射、低压化学气相沉积 (LPCVD)、等离子体增强化学气相沉积法 (PECVD) 等多种。所以，MEMS 材料的研究必须考虑工艺及其条件。

张海霞和张泰华等[3] 采用 MTS Nano Indenter® XP 和玻氏压头，研究热氧化、LPCVD 和 PECVD 三种典型制备工艺对 SiO_2 薄膜材料力学性能的影响。4 英寸硅片，厚度 525μm±25μm，单面抛光。制备工艺：热氧化，硅片 P(100)；LPCVD，硅片 N(100)；PECVD，硅片 N(100)。工艺条件和膜厚信息参见表 19.1，其中膜厚的测定位置分别为硅片的上、左、中、右、下。

表 19.1 SiO_2 薄膜试样的工艺条件和膜厚

试样编号	工艺	条件	厚度/nm				
2	LPCVD	720°C	1009.8	1014.1	1008.4	1009.9	1007.7
3	PECVD	330°C	1013.7	963.4	974.4	1031.5	1028.4
10	热氧化	1000°C	994.4	996.9	998.8	994.9	992.3

纳米压入测试。硅片和三种薄膜试样的加卸载误差曲线，参见图 19.1(a)，其数据分散性小，曲线之间存在差异。观察三种薄膜试样在界面附近区域的加载曲线，参见图 19.1(b)、(c) 和 (d)，发现在对应膜厚深度处有平台效应 (pop-in)，参见表 19.1。猜测这可能由压头作用在较软的界面过渡区所致，厚度约为 10nm。

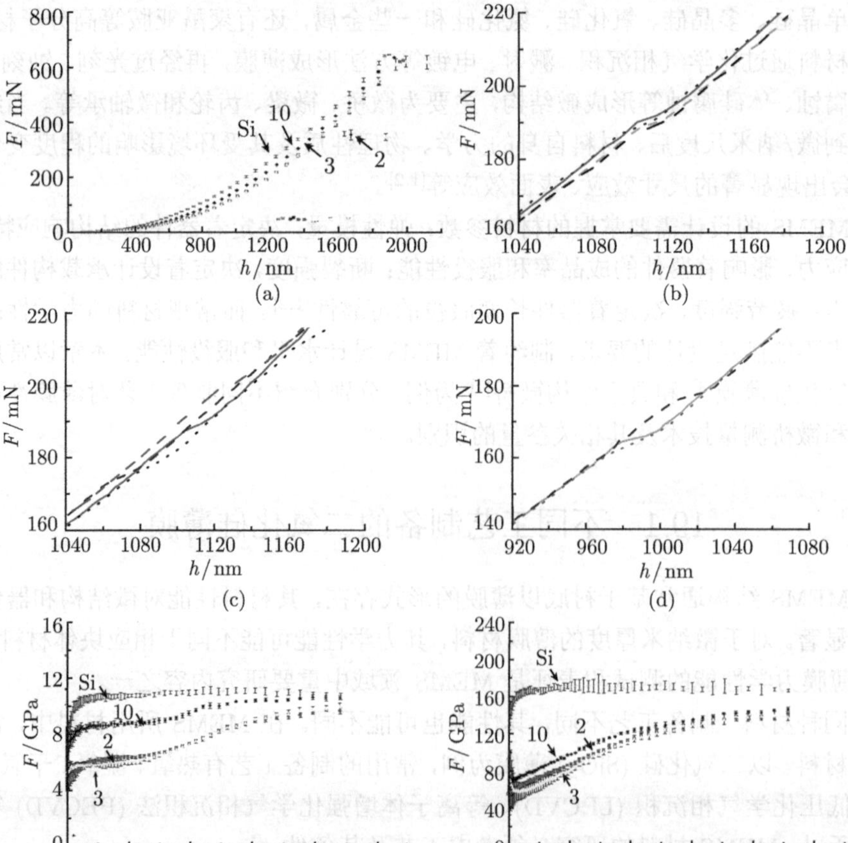

图 19.1 三种工艺制备薄膜和硅片的纳米压入测试

(a) 压入卸载的误差曲线；(b)LPCVD 试样的加载曲线；(c)PECVD 试样的加载曲线；(d) 热氧化试样的加载曲线；(e) 压入硬度曲线；(f) 压入模量曲线

研究压入硬度和模量随深度变化的曲线，参见图 19.1(e) 和 (f)。Si 片是三种薄膜的基材，其硬度和模量不随压入深度的增加而变化，但三种薄膜试样的硬度和模量随压入深度的增加而增大。根据薄膜测试的 10%原则 (参见 14.1.2 节) 可知，在压入深度约 100nm 以内时，所测硬度和模量应为 SiO_2 的性质。三种 SiO_2 膜材在 95nm~105nm 范围内的硬度和模量结果，参见图 19.1(e) 和 (f)，具体数值参见表 19.2。对比可见，热氧化 SiO_2 的硬度和模量最大，因为这种工艺生成的 SiO_2 最致密。随着压入深度的增加，基材也开始变形，这时的测试结果应是膜基体系耦合的硬度和模量。随着压入深度的继续增加，其值逐渐趋近基材的性能。

表 19.2 三种工艺制备 SiO_2 薄膜的压入模量和硬度平均值

	2#(LPCVD)	3#(PECVD)	10#(热氧化)
压入硬度/GPa	5.03	6.38	9.53
压入模量/GPa	61.3	59.8	79.1

研究界面区硬度和模量的分布，可定性推测界面的结合强度大小。当膜材受外力作用时，膜基力学性能尤其弹性模量的差异将会导致界面应变的梯度变化。在界面附近，性质接近易于膜基界面约束变形协调，从而提高结合强度，避免膜材脱落，延长使用寿命。这种变形协调性越好，越不易在界面产生裂纹。界面性能协调性的概念对于膜基体系的设计具有重要的参考意义。由于 LPCVD 和 PECVD 试样基体同为 N(100)，对比两者的硬度和模量曲线，在界面附近，PECVD 试样的硬度和模量曲线变化较大，说明其膜基变形相对不够协调，结合较差。

粗糙度测量。采用 MTS Nano Indenter® LFM 和玻氏压头，测量试样表面粗糙度。扫描正压力为 20μN，扫描长度为 80μm，采样点 256。从图 19.2 可看出，四种试样表面的粗糙度水平相当；对于三种薄膜，与热氧化试样不同，LPCVD 试样和 PECVD 试样在局部有尖峰出现，这可能是材料不均匀的表现。

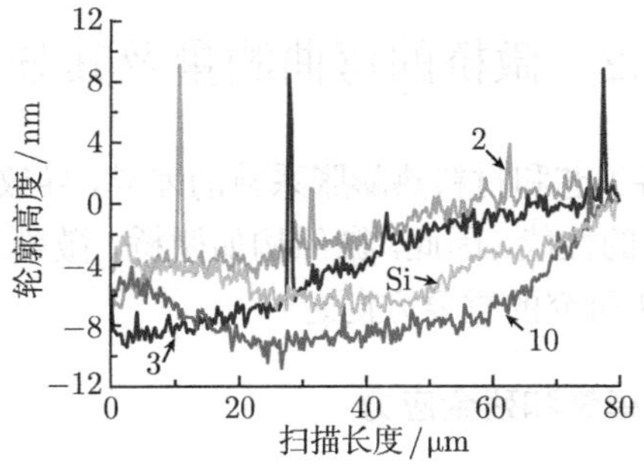

图 19.2 三种 SiO_2 薄膜和 Si 片的粗糙度

纳米划入测试。采用 MTS Nano Indenter® LFM 和玻氏压头，设定最大扫描法向力为 240mN。在划入测试中，切向力出现波动处的载荷被定义为薄膜失效的临界载荷，这由界面性质差异所致。它是一项综合指标，代表着膜基体系的切向综合承载能力，主要由膜基结合强度、膜材和基材性能等因素决定。图 19.3(a) 中，在线性增大到 240mN 法向力作用下，LPCVD 和 PECVD 试样膜材的切向力曲线差异显著。PECVD 试样在切向力曲线中出现明显波动的位置靠前，说明只要较小载荷可使膜基分离。从光学显微照片来看，曲线出现明显波动的位置对应着膜材的脱落，参见图 19.3(b) 中右边第一条划痕。可见 PECVD 试样的膜基界面结合较弱，这与上边以试样界面区域的模量和硬度梯度变化为依据的结论一致。

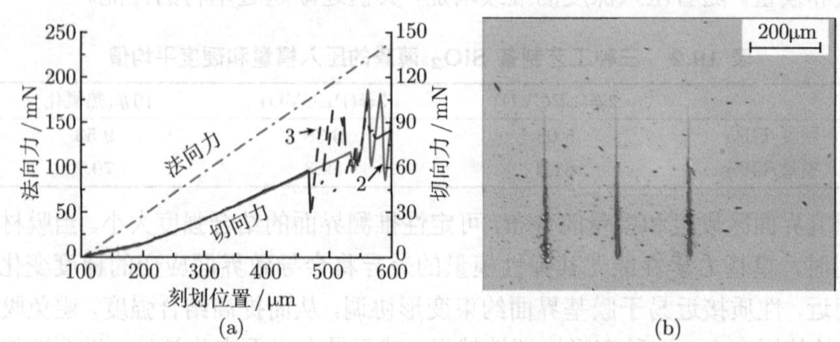

图 19.3 两种工艺制备薄膜的纳米划入测试

(a) 法向力和切向力–刻划位置曲线；(b) PECVD 薄膜的划痕形貌

综上所述，热氧化工艺制备的 SiO_2 薄膜的压入硬度和模量最大，表面粗糙度最小；LPCVD 试样的膜基结合强度高于 PECVD 试样。结果显示，纳米压入和划入技术能提供丰富的近表面弹塑性变形和断裂等的信息，是评价 MEMS 薄膜材料力学性能的有效手段。

19.2 微桥的弯曲测量及其分析

MEMS 薄膜的制备工艺和材料热膨胀系数的差异，导致薄膜中存在内应力，严重影响着微结构和器件的性能。因此，微结构如微桥、微梁等的力学性能的表征和控制，是近年来 MEMS 研究的重要方向之一。

19.2.1 铜微桥的弹性模量和残余应力

铜薄膜是非常重要的 MEMS 材料之一。该薄膜主要采用掩膜方式电镀而成，然后采用湿法刻蚀出不同尺寸的微桥，工艺流程图参见图 19.4(a)。微桥长度 1mm～2mm，宽度 200μm～2mm，厚度均为 9.4μm，微桥间距大于 500μm，典型微桥照片参见图 19.4(b)。

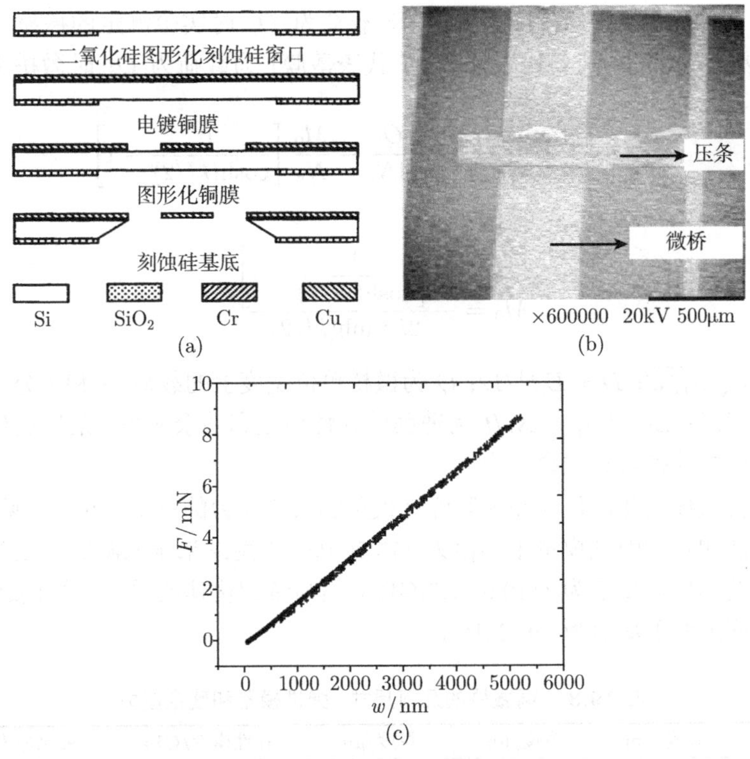

图 19.4 铜微桥制作

(a) 工艺流程图；(b) 结构照片；(c) 铜微桥 (1530μm×960μm×9.4μm) 的载荷–挠度测量曲线

周勇和张泰华等[4] 采用 MTS Nano Indenter® XP 和玻氏压头，测量上述铜微桥的载荷–挠度曲线。由于微桥试样的宽度在数百微米，采用精密加工技术制备陶瓷压条，用胶水粘在微桥中心，压条尺寸为 600μm×80μm×50μm，当压头作用在压条中心时，压条传递载荷，确保在微桥中心沿宽度方向上施加线载荷。

压条的存在可能对测量产生影响，为此采用有限元分析确定其影响程度。研究压条宽度与微桥长度比值与微桥中心处位移的关系，压条偏离微桥中心位置与微桥中心处位移的关系，结果表明二者对测量结果的影响可以忽略。

基于 Zhang 和 Su 等[5] 提出的力学模型，拟合微桥的载荷–挠度曲线，可以识别微桥的弹性模量和残余应力。根据弹性力学理论，给定微桥中心处的挠度解析解 $w_i^{\mathrm{t}}(Q_i, N_{\mathrm{r}}, E_{\mathrm{f}})$，对比该解析解与实验测定的载荷–挠度关系 $w_i^{\mathrm{e}}(Q_i)$(上标 t 代表理论，e 代表实验)，根据式 (19.1) 进行拟合，即可得到铜微桥的弹性模量和残余应力

$$S=\sum_{i=1}^{n}\left[w_i^{\mathrm{e}}(Q_i)-w_i^{\mathrm{t}}(Q_i, N_{\mathrm{r}}, E_{\mathrm{f}})\right]^2 \tag{19.1}$$

式中，n 为实验数据的数目；$w_i^{\mathrm{e}}(Q_i)$ 为载荷为 Q_i 时实验测定的微桥中心点挠度；$w_i^{\mathrm{t}}(Q_i, N_{\mathrm{r}}, E_{\mathrm{f}})$(下标 r 代表残余，f 代表薄膜) 为载荷为 Q_i 时微桥中心点的理论挠度

$$w = -\frac{Q\tanh(kl/2)}{2N_{\mathrm{r}}k} + \frac{Ql}{4N_{\mathrm{r}}} - \frac{M_0}{N_r}\left[\frac{1}{\cosh(kl/2)} - 1\right] \tag{19.2}$$

其中

$$M_0 = \frac{Q\left[\dfrac{1}{\cosh(kl/2)} - 1\right]}{2k\tanh(kl/2)} \tag{19.3}$$

式中，$k = \sqrt{N_{\mathrm{r}}/D}$；$D = E_{\mathrm{f}}t^3/12$；$Q$ 为微桥单位宽度上的载荷；l 和 t 分别为微桥的长度和厚度；E_{f} 和 $\sigma_{\mathrm{r}} = N_{\mathrm{r}}/t$ 为薄膜的弹性模量和残余应力。采用迭代算法可确定薄膜的弹性模量和残余应力。

铜微桥试样的几何尺寸和薄膜弹性模量和残余应力的测定结果，参见表 19.3。微桥弯曲法测定的弹性模量平均值为 115.2GPa，采用纳米压入测定在制备微桥的铜薄膜上的弹性模量值为 (110.6±1.7)GPa，而与紫铜块体的弹性模量接近。同时，测定残余应力的平均值为 19.3MPa。

表 19.3 铜微桥的几何尺寸、弹性模量和残余应力

试样	长度/μm	宽度/μm	厚度/μm	弹性模量/GPa	残余应力/MPa
1	1530	960	9.4	119.5	32.7
2	1513	466	9.4	116.2	28.8
3	1525	468	9.4	121.3	14.1
4	1519	464	9.4	108.3	19.0
5	1010	363	9.4	110.0	7.1
6	1017	453	9.4	118.2	15.2
7	1017	260	9.4	113.0	26.6
8	2015	957	9.4	115.0	11.0
平均值	—	—	—	115.2	19.3

19.2.2 二氧化硅微桥的弯曲断裂

对氢氧合成氧化生成约 1μm 厚的 SiO_2 薄膜，采用微加工工艺将其制作成 70μm×18μm×1μm 的微桥。张泰华[6] 使用楔形压头测量脆性微桥的载荷–挠度曲线，其中压头的楔长 28μm 和楔角 45°(参见 4.2.8 节)，压头楔长沿微桥宽度方向作用在微桥的中间，载荷–挠度曲线参见图 19.5。

微桥压入为脆性断裂。在微桥施加载荷达到 3.7mN 时，其挠度为 2.1μm，脆性断裂，参见图 19.5(b) 的微桥断面。由于纳米压入仪为载荷控制型仪器，所以突然断裂时，载荷依然施加，但位移会有较大变化，参见图 19.5(a)。

需要注意的是，在 MEMS 微桥和微悬臂梁的弯曲测量中，试样的刚度需要远大于纳米压入仪支撑弹簧的刚度，例如，MTS Nano Indenter® XP 的支撑弹簧刚度约为 90N/m，待测微结构的刚度宜大于 10^2N/m 量级，原因可参见 3.2.1 节的式 (3.13)。

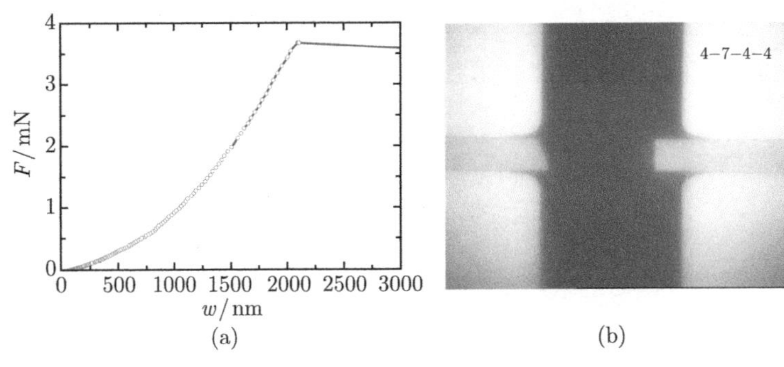

(a) (b)

图 19.5 SiO_2 微桥的弯曲测量

(a) 典型载荷–挠度曲线；(b) 微桥的断裂照片

参 考 文 献

[1] 张泰华，杨业敏，赵亚溥，等. MEMS 材料力学性能的测试技术. 力学进展，2002, 32(4): 545-562.

[2] 张泰华，杨业敏，赵亚溥，等. 微型材料的拉伸测试方法研究. 机械强度，2001, 23: 430-436.

[3] 张海霞，张泰华，郇勇. 纳米压痕和划痕法测定氧化硅薄膜材料的力学特性. 微纳电子技术，2003, 7/8: 245-248.

[4] Yong Zhou, Chun-Sheng Yang, Ji-An Chen, et al. Measurement of Young's modulus and residual stress of copper film electroplated on silicon wafer. Thin Solid Films, 2004, 460(1-2): 175-180.

[5] Zhang T Y, Su Y J, Qian C F, et al. Microbridge testing of silicon nitride thin films deposited on silicon wafers. Acta Materialia, 2000, 48(11): 2843-2857.

[6] 张泰华. 纳米硬度计在 MEMS 力学检测中的应用. 微纳电子技术，2003, 40(7/8): 212-214.

第五篇 标 准 化

仪器化压入技术正处在不断发展和完善的阶段。纳米压入技术的诞生使材料在微/纳米尺度上的力学性能测试成为可能，纳米压入仪的普及也为仪器化压入技术的推广奠定基础，但要真正实现该技术的可靠应用，目前仍存在若干困难：在力学测量方面，测量影响因素多。因为载荷和深度测量需要的分辨力高，例如，达到甚至超过 10^0nN 和 10^0nm，易受仪器、方法、环境以及操作人员等诸多因素的影响。在方法的模型分析方面，适用范围有限，因为需要事先给定基本假设，才能建立其测量参量和识别参量之间的关系。而力学性能测试是上述力学建模和分析的反过程，难以确定待测材料是否在分析方法的适用范围内。在结果可比方面，一致性不够，因为实验室间存在人员操作水平和测试环境的不同，其提供的测试结果有时差异明显。上述因素往往导致测试结果的可靠性不高，可比性缺乏。因此，需要开展仪器化压入技术的标准化研究，规范测试过程，确保测试结果的可靠性和一致性。

本篇主要说明标准化研究的进展情况。首先，通过实验室间比对试验，显示仪器使用的状态和差异。其次，介绍标准研制进展情况，为仪器的使用提供技术保障措施。

第 20 章　实验室间比对试验

为了配合完成国家标准计划项目 (20068672-T-491)“仪器化纳米压入试验方法通则” 和 2006 年国家标准样品研复制项目增补计划项目 (第 8 项)“纳米压入仪用国家标准样品” 的研究任务，宝山钢铁股份有限公司 (以下简称宝钢) 和中国科学院力学研究所 (以下简称力学所)，组织国内多家实验室和国外部分仪器制造商进行纳米压入比对测试，以便了解国内外仪器的使用情况，比较不同仪器之间的差异，把握标准编写过程中的技术要求。

20.1　组织和实施

实验室间比对 (interlaboratory comparisons)，按照预先规定的条件，由两个或多个实验室对相同或类似的被测物品进行检测的组织、实施和评价[1]。本次仪器化纳米压入循环比对试验，主要参考中国合格评定认可委员会 (CNAS) 文件[2,3] 和国家计量技术规范 (JJF)[4] 组织和实施。为保证纳米压入结果的准确性和可靠性，定期对测试仪器进行检验和校准。为保证纳米压入结果的一致性，开展实验室间比对试验。

20.1.1　组织策划

仪器选择。选用仪器分别有，美国 MTS 公司的 Nano Indenter® (现属于 Agilent 公司)[5]、美国 Hysitron 公司的 Tribo Indenter®[6]、瑞士 CSM Instruments 公司的 Nano Hardness Tester®[7] 和英国 MML 公司的 NanoTest®[8]。主要有两类典型量程：500mN/300mN 和 10mN。500mN/300mN 量程，有 MTS 公司的 XP、CSM 公司和 MML 公司的仪器；10mN 量程，有 MTS 公司的 DCM、Hysitron 公司的仪器。上述仪器涵盖国内使用的所有类型。

试样选择。按弹性模量的大小选择试样：两种陶瓷 (进口和国产熔融石英，弹性模量约为 72GPa)、两种金属 (IF 钢和烧结钨，弹性模量分别约为 200GPa 和 410GPa)、两种高聚物 (聚酯类和氟碳类，弹性模量约为几 GPa，这里暂不讨论其测试结果)。测量参量中，弹性模量为材料参量，而压入硬度为功能参量。

组织方式。综合考虑仪器类型及其数量、地域分布 (南方和北方，东部和西部)、隶属部门 (科研院所、大学和企业等) 等因素，选择 11 家实验室，国内 9 家，美国两家 (MTS 公司和 Hysitron 公司)。力学所负责确定比对技术方案、征集参比实验室、组织协调和收集整理实验数据等工作，宝钢研究院负责试验样品的准备。

20.1.2 试验方案

试样制备。钨试样，尺寸 15mm×15mm×5mm，经化学机械抛光方式制备。钢试样，尺寸 Φ13mm×1mm，采用环氧树脂冷镶，经化学机械抛光方式制备。两种熔融石英试样，尺寸 10mm×10mm×3mm，经机械抛光方式制备。

方法确定。各种仪器均能实现卸载刚度的测量，因此比对试验以卸载刚度测量方法为主。其试验参数和加载方式分别参见表 20.1 和图 20.1。考虑到国内引进 MTS 仪器均配有 CSM 选件，同时进行连续刚度测量方法的比对试验，这里暂不讨论其比对结果。

表 20.1 卸载刚度测量法的测试参数

设置参数	熔融石英 (FA)	熔融石英 (FB)	钢 (S)	钨 (W)
第 1 组：最大载荷F_m (对应深度约 1200nm)	160mN	160mN	45mN	180mN
第 2 组：最大载荷F_m (对应深度约 200nm)	4.5mN	4.5mN	1.8mN	5.0mN
测试数量	⩾20 个/试样	⩾20 个/试样	⩾20 个/试样	⩾20 个/试样
泊松比 (备用)	0.17	0.17	0.28	0.29
持续时间	加载时间 50s，保载时间 10s，卸载时间 50s			
测试间距	X 方向 100μm，Y 方向 100μm			
拟合范围	最大载荷的 50%~95%			

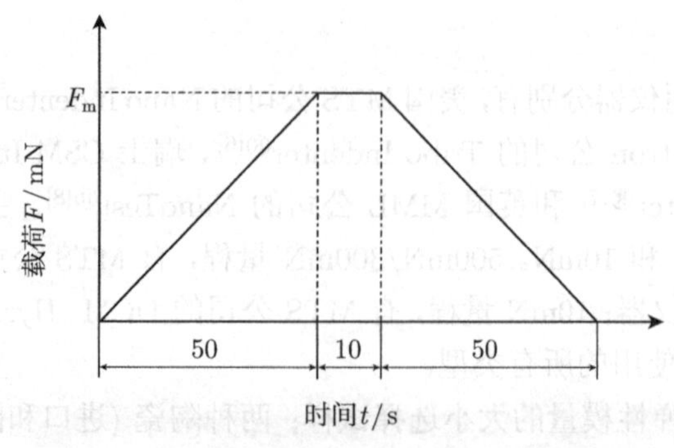

图 20.1 卸载刚度测量法的加载方式和时间

数据统计。参照文献 [9]，对试验数据进行重复性评估、再现性评估、合成不确定度和扩展不确定度确定。

为了配合比对试验，选择国内四家单位，采用超声方法进行弹性模量的定值试验，以此作为试样弹性模量的约定真值 (E_{CTV})。

20.2　比对试验的结果

这里以接触刚度–接触深度分析方法为例，分别给出压入深度为 1200nm 和 200nm 的测试结果。

20.2.1　压入深度 1200nm 的比对结果

表 20.2 和图 20.2 分别给出，各实验室的熔融石英 FA 压入模量测试结果和比较分析各实验室的结果。可以看出，实验室 A4 的压入模量平均值明显偏离总体均值，实验室 A9 结果的标准偏差较大。

表 20.2　熔融石英 FA 的压入模量测试结果(单位：GPa)

实验室编号	A1	A2	A4	A5	A6	A7	A8	A9
平均值	71.67	71.85	78.97	70.92	74.25	74.62	71.46	75.90
标准偏差	0.12	0.59	0.54	0.45	0.26	0.29	0.27	0.91
所有结果	总平均值				73.58			
	总均值的标准偏差				0.98			

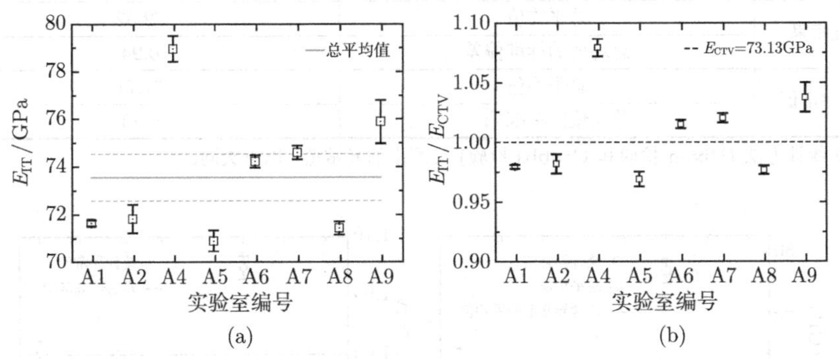

图 20.2　熔融石英 A 的压入模量测试结果及其与超声定值的比较

表 20.3 和图 20.3 分别给出，各实验室的熔融石英 FA 压入硬度测试结果和比较分析各实验室的结果。可以看出，实验室 A4 的压入硬度平均值偏离总体均值，各实验室的标准偏差比较接近。

表 20.3　熔融石英 FA 的压入硬度测试结果(单位：GPa)

实验室编号	A1	A2	A4	A5	A6	A7	A8	A9
平均值	9.33	9.32	10.69	9.06	9.71	9.97	9.39	9.47
标准偏差	0.05	0.10	0.11	0.16	0.06	0.05	0.07	0.11
所有结果	总平均值				9.59			
	总均值的标准偏差				0.18			

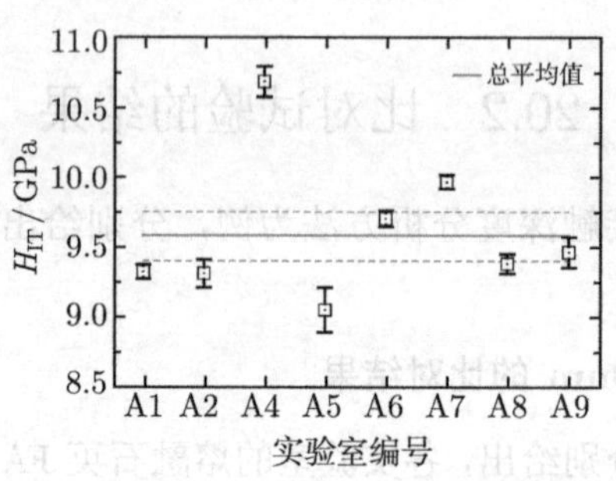

图 20.3 熔融石英 FA 的压入硬度测试结果

表 20.4 和图 20.4 分别给出，各实验室的熔融石英 FB 压入模量测试结果和比较分析各实验室的结果。可以看出，实验室 A4 的压入硬度平均值偏离总体均值，实验室 A9 结果的标准偏差较大。

表 20.4 熔融石英 FB 的压入模量测试结果(单位：GPa)

实验室编号	A1	A2	A4	A5	A6	A7	A8	A9
平均值	70.36	70.62	78.87①	71.04	71.35	72.06	72.55	73.68
标准偏差	0.12	0.43	0.73	0.64	0.76	0.30	0.41	0.66
所有结果	总平均值				72.52			
	总均值的标准偏差				0.94			
不含异常值	总平均值				71.71			
	总均值的标准偏差				0.45			

① 统计方法 (Dixon 检验和 Grubbs 检验) 检测出的异常值。以下类同。

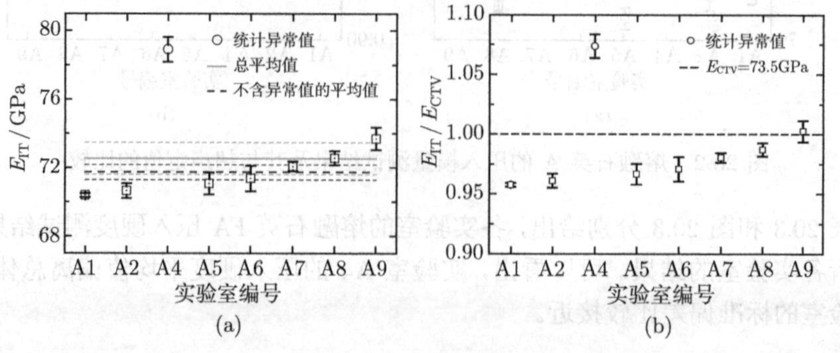

图 20.4 熔融石英 FB 的压入模量测试结果及其与超声定值的比较

表 20.5 和图 20.5 分别给出，各实验室的熔融石英 FB 压入硬度测试结果和比较分析各实验室的结果。可以看出，实验室 A4 的压入硬度平均值偏离总体均值，各实验室的标准偏差比较接近。

表 20.5 熔融石英 FB 的压入硬度测试结果(单位：GPa)

实验室编号	A1	A2	A4	A5	A6	A7	A8	A9
平均值	9.21	9.31	10.69①	9.00	9.84	9.88	9.47	9.51
标准偏差	0.04	0.10	0.12	0.15	0.12	0.07	0.07	0.12
所有结果	总平均值				9.58			
	总均值的标准偏差				0.18			
不含异常值	总平均值				9.44			
	总均值的标准偏差				0.12			

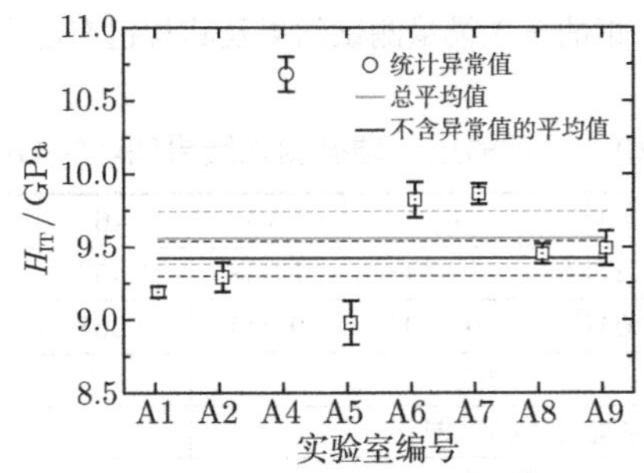

图 20.5 熔融石英 FB 的压入硬度测试结果

表 20.6 和图 20.6 分别给出，各实验室的钢压入模量测试结果和各实验室结果的比较分析。可以看出，实验室 A2 和 A4 的压入模量平均值偏离总体均值，实验室 A6 结果的标准偏差较大。

表 20.6 钢的压入模量测试结果(单位：GPa)

实验室编号	A1	A2②	A4②	A5	A6	A7	A8	A9
平均值	215.9	141.7②	236.7②	219.3	220.4	215.7	197.5	184.6
标准偏差	9.3	6.7②	23.3②	11.0	21.1	12.8	7.7	9.0
所有结果	总平均值				201.7			
	总均值的标准偏差				11.0			
不含异常值	总平均值				208.1			
	总均值的标准偏差				6.2			

②技术剔除的异常值。以下类同。

表 20.7 和图 20.7 分别给出，各实验室的钢压入硬度测试结果和比较分析各实验室的结果。可以看出，实验室 A2 和 A4 的压入硬度平均值偏离总体均值，各实验室结果的标准偏差比较一致。

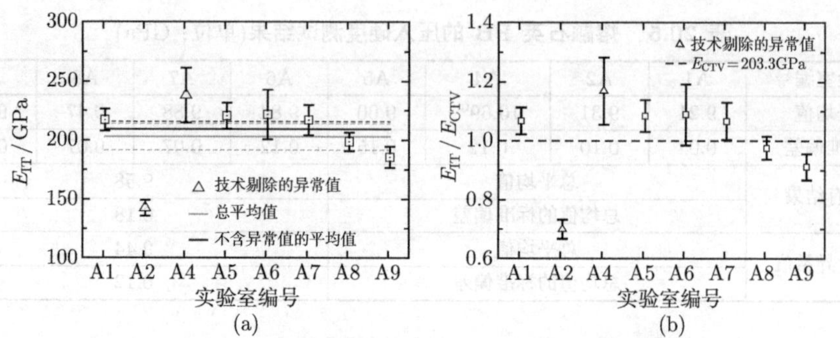

图 20.6　钢的压入模量测试结果及其与超声定值的比较

表 20.7　钢的压入硬度测试结果(单位：GPa)

实验室编号	A1	A2[②]	A4[②]	A5	A6	A7	A8	A9
平均值	1.331	1.271[②]	1.579[②]	1.368	1.453	1.451	1.393	1.324
标准偏差	0.043	0.047[②]	0.050[②]	0.044	0.061	0.070	0.040	0.034
所有结果	总平均值				1.390			
	总均值的标准偏差				0.034			
不含异常值	总平均值				1.384			
	总均值的标准偏差				0.023			

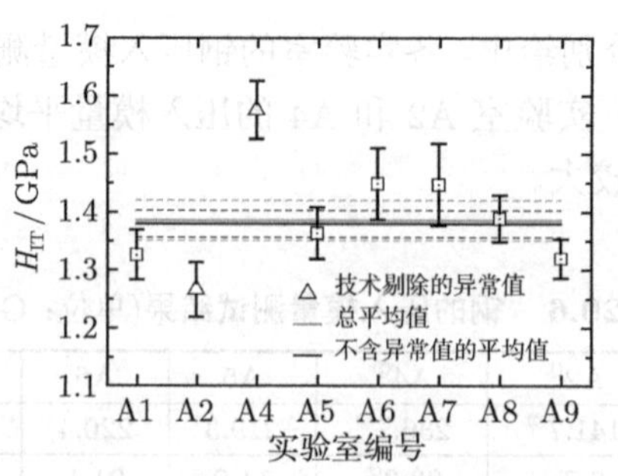

图 20.7　钢的压入硬度测试结果

表 20.8 和图 20.8 分别给出，各实验室的钨压入模量测试结果和比较分析各实验室的结果。可以看出，除去实验室 A6 和 A7，其余实验室的压入模量平均值偏离总体均值都较大，实验室 A4 结果的标准偏差较大。

表 20.9 和图 20.9 分别给出，各实验室的钨压入硬度测试结果和比较分析各实验室的结果。可以看出，实验室 A4 和 A9 的压入硬度平均值偏离总体均值都较大，实验室 A7 结果的标准偏差较大。由于压入模量偏离约定真值较大，相应的压入硬度结果也被判为技术剔除值。

表 20.8 钨的压入模量测试结果(单位：GPa)

实验室编号	A1②	A2②	A4②	A5②	A6	A7	A8②	A9②
平均值	478.7②	341.9②	575.4②	470.8②	431.6	443.3	489.9②	577.7②
标准偏差	15.0②	9.8②	50.3②	23.1②	27.4	25.4	12.5②	30.8②
所有结果	总平均值				475.0			
	总均值的标准偏差				27.6			
不含异常值	总平均值				437.4			
	总均值的标准偏差				5.8			

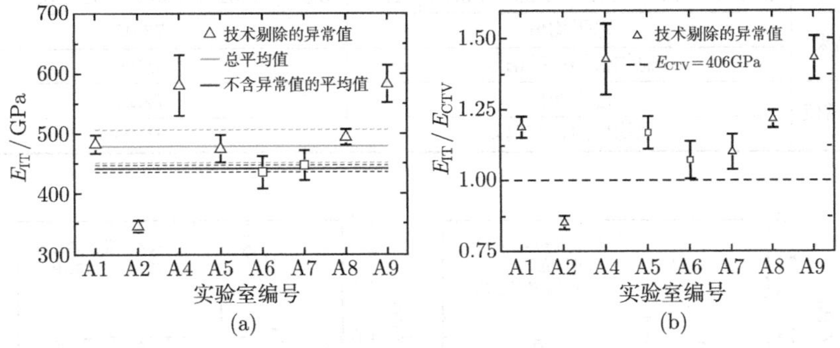

图 20.8 钨的压入模量测试结果及其与超声定值的比较

表 20.9 钨的压入硬度测试结果(单位：GPa)

实验室编号	A1②	A2②	A4②	A5②	A6	A7	A8②	A9②
平均值	6.22②	6.11②	7.13②	5.67②	5.80	6.06	6.17②	7.05②
标准偏差	0.13②	0.19②	0.21②	0.14②	0.23	0.32	0.12②	0.24②
所有结果	总平均值				6.27			
	总均值的标准偏差				0.19			
不含异常值	总平均值				5.93			
	总均值的标准偏差				0.13			

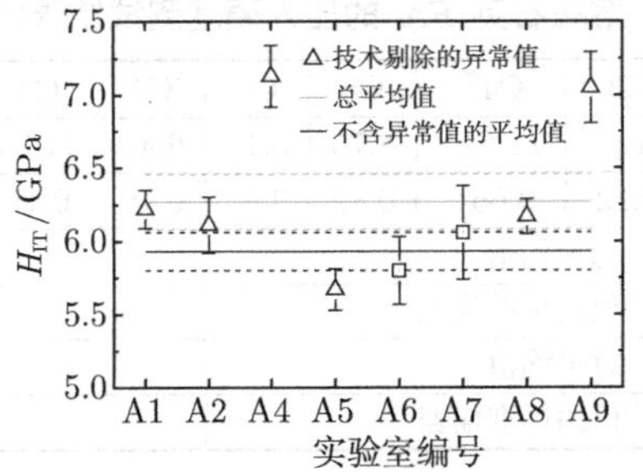

图 20.9 钨的压入硬度测试结果

20.2.2 压入深度 200nm 的比对结果

表 20.10 和图 20.10 给出，各实验室的熔融石英 FA 压入模量测试结果和比较分析各实验室的结果。可以看出，实验室 A4 的压入模量值偏离总平均值；实验室 A5 的标准偏差较大。

表 20.10 熔融石英 FA 的压入模量测试结果(单位：GPa)

实验室编号	C1	C2	C3	C4[②]	C5	C6	C7	C8	C9	C10	C11	C12
平均值	72.53	70.33	73.56	83.99[②]	73.8	70.07	72.36	72.03	73.6	72.52	72	71.26
标准偏差	0.51	1.28	0.61	1.83[②]	3.72	1.58	0.84	0.62	0.98	0.52	0.71	0.27
所有结果	总平均值						73.05					
	总均值的标准偏差						0.98					
不含异常值	总平均值						72.21					
	总均值的标准偏差						0.38					

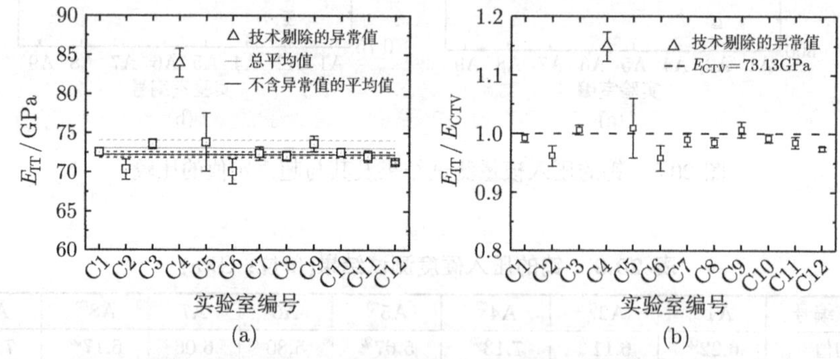

图 20.10 熔融石英 FA 的压入模量测试结果及其与超声定值的比较

表 20.11 和图 20.11 分别给出各实验室的熔融石英 FA 压入硬度测试结果和比较分析各实验室的结果。可以看出，实验室 C4 的压入硬度值偏离总平均值；实验室 C5 的标准偏差较大。

表 20.11 熔融石英 FA 的压入硬度测试结果(单位：GPa)

实验室编号	C1	C2	C3	C4[②]	C5	C6	C7	C8	C9	C10	C11	C12
平均值	9.52	9.36	11.08	11.64[②]	8.75	9.11	9.46	11.05	8.97	9.10	10.21	9.33
标准偏差	0.13	0.17	0.22	0.66[②]	0.82	0.47	0.19	0.15	0.23	0.15	0.18	0.06
所有结果	总平均值						9.73					
	总均值的标准偏差						0.27					
不含异常值	总平均值						9.58					
	总均值的标准偏差						0.24					

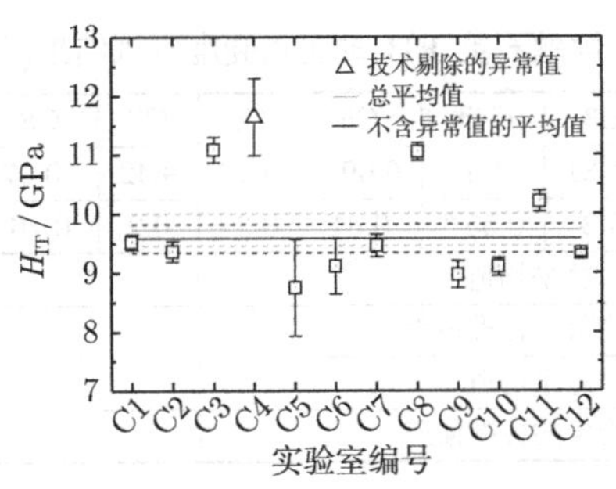

图 20.11 熔融石英 FA 的压入硬度测试结果

表 20.12 和图 20.12 分别给出各实验室的熔融石英 FB 压入模量测试结果和比较分析各实验室的结果。可以看出，实验室 C4 和 C5 的压入模量值偏离总平均值；实验室 C5 的标准偏差较大。

表 20.12 熔融石英 FB 的压入模量测试结果(单位：GPa)

实验室编号	C1	C2	C3	C4②	C5	C6	C7	C8	C9	C10	C11	C12
平均值	72.73	72.33	73.9	83.56②	65.39①	71.65	71.35	71.26	75.16	75.03	71.08	72.77
标准偏差	0.60	0.86	0.40	2.19②	3.92	1.53	0.51	0.70	0.53	0.71	0.54	0.25
所有结果	总平均值					72.98						
	总均值的标准偏差					1.18						
不含异常值	总平均值					72.89						
	总均值的标准偏差					0.49						

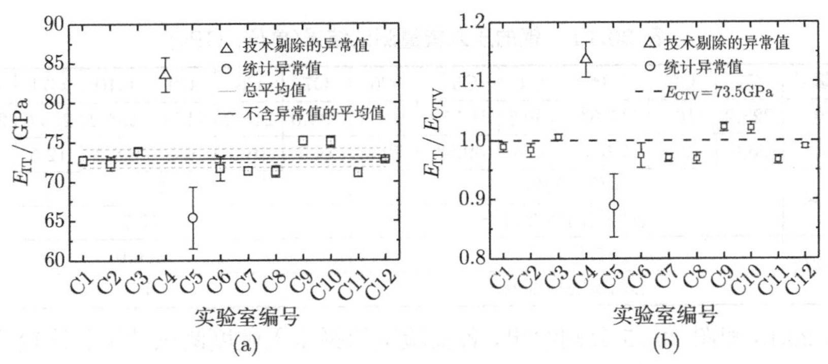

图 20.12 熔融石英 FB 的压入模量测试结果及其与超声定值的比较

表 20.13 和图 20.13 分别给出各实验室的熔融石英 FB 压入硬度测试结果和比较分析各实验室的结果。可以看出，实验室 C5 的压入硬度值偏离总平均值，且标准偏差也较大。

表 20.13　熔融石英 FB 的压入硬度测试结果(单位：GPa)

实验室编号	C1	C2	C3	C4②	C5	C6	C7	C8	C9	C10	C11	C12
平均值	9.53	9.31	11.31	11.4②	6.69①	9.12	9.42	10.97	8.96	9.27	10.14	9.41
标准偏差	0.13	0.17	0.2	0.55②	0.81	0.37	0.2	0.16	0.2	0.21	0.16	0.07
所有结果	总平均值					9.55						
	总均值的标准偏差					0.37						
不含异常值	总平均值					9.70						
	总均值的标准偏差					0.25						

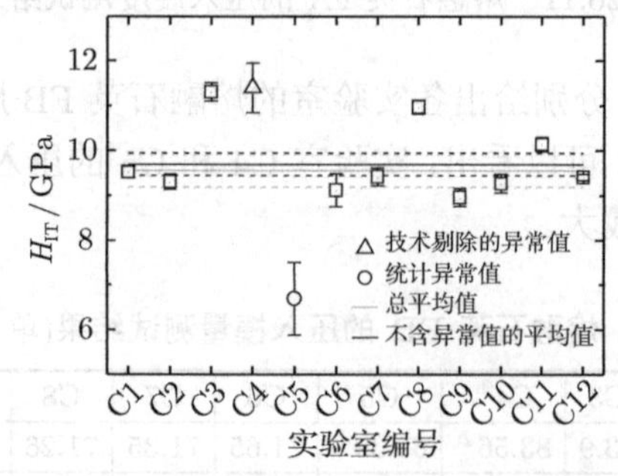

图 20.13　熔融石英 FB 的压入硬度测试结果

表 20.14 和图 20.14 分别给出，各实验室的钢压入模量测试结果和各实验室结果的比较分析。可以看出，实验室 C3、C5 和 C12 的压入模量值偏离总平均值；实验室 C5 和 C6 的标准偏差较大。

表 20.14　钢的压入模量测试结果(单位：GPa)

实验室编号	C1	C2	C3②	C4	C5②	C6	C7	C8	C9	C10	C11	C12②
平均值	223.2	216.6	117.6②	199.6	387.5②	195.4	184.0	218.2	217.6	194.2	202.6	235.8②
标准偏差	28.0	22.9	7.6②	37.8	69.8②	72.3	14.1	16.0	6.0	18.2	12.5	18.5②
所有结果	总平均值					217.3						
	总均值的标准偏差					17.7						
不含异常值	总平均值					206.0						
	总均值的标准偏差					4.5						

表 20.15 和图 20.15 分别给出，各实验室的钢压入硬度测试结果和比较分析各实验室的结果。可以看出，实验室 C3、C4 和 C5 的压入硬度值偏离总平均值；实验室 C5 的标准偏差较大。

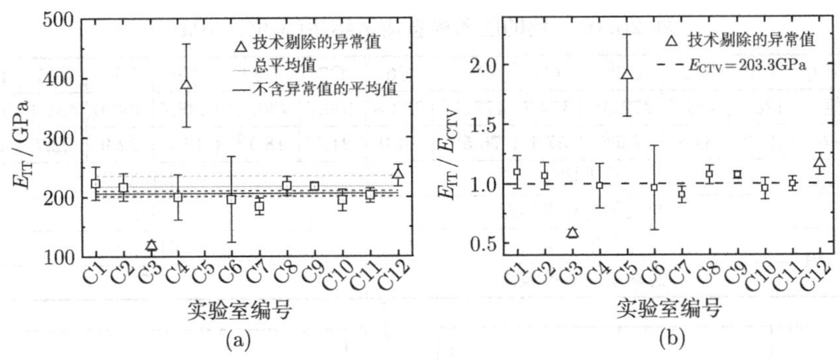

图 20.14 钢的压入模量测试结果及其与超声定值的比较

表 20.15 钢的压入硬度测试结果(单位：GPa)

实验室编号	C1	C2	C3②	C4	C5②	C6	C7	C8	C9	C10	C11	C12②
平均值	2.128	2.083	2.514②	2.645	2.573②	1.963	2.165	2.389	2.013	2.121	1.987	2.254②
标准偏差	0.081	0.107	0.129②	0.201	0.514②	0.124	0.116	0.097	0.090	0.088	0.066	0.090②
所有结果	总平均值					2.222						
	总均值的标准偏差					0.067						
不含异常值	总平均值					2.152						
	总均值的标准偏差					0.069						

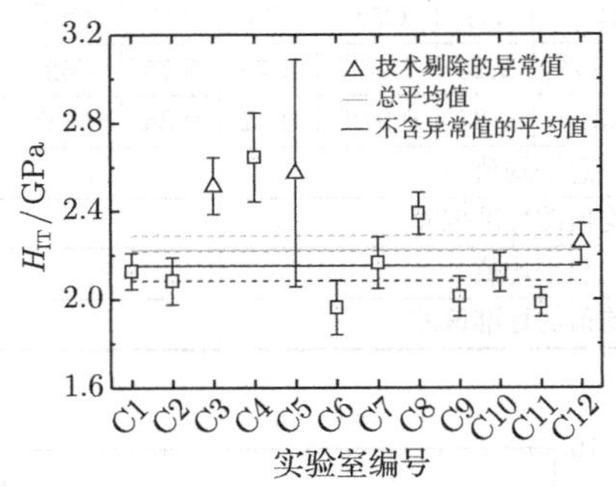

图 20.15 钢的压入硬度测试结果

表 20.16 和图 20.16 分别给出，各实验室的钨压入模量测试结果和比较分析各实验室的结果。可以看出，实验室 C3、C5、C8 和 C12 的压入模量值偏离总平均值；实验室 C5 的标准偏差较大。

表 20.17 和图 20.17 分别给出，各实验室的钨压入硬度测试结果和比较分析各实验室的结果。可以看出，实验室 C12 的压入硬度值偏离总平均值；实验室 C5 的标准偏差较大。

表 20.16　钨的压入模量测试结果(单位：GPa)

实验室编号	C1	C2	C3[②]	C4	C5[②]	C6	C7	C8[②]	C9	C10	C11	C12[②]
平均值	426.5	425.7	272.3[②]	374.7	477.6[②]	393.8	409.7	490.7[②]	438.7	406.6	431.1	546.4[②]
标准偏差	38.3	31.8	7.6[②]	57.1	76.5[②]	54.0	21.1	18.1[②]	12.1	22.9	22.7	18.1[②]
所有结果	总平均值						426.3					
	总均值的标准偏差						19.2					
不含异常值	总平均值						413.6					
	总均值的标准偏差						7.5					

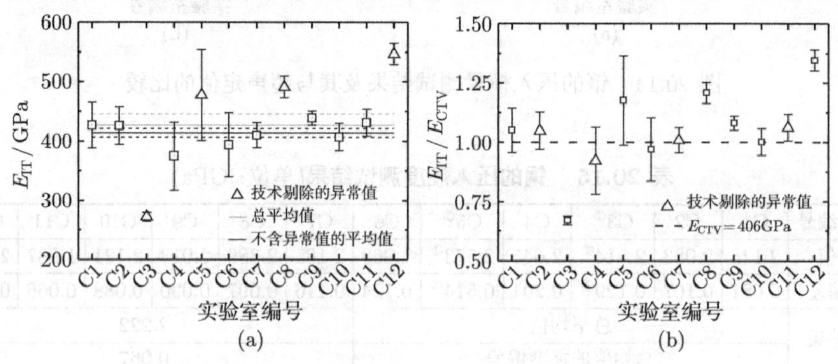

图 20.16　钨的压入模量测试结果及其与超声定值的比较

表 20.17　钨的压入硬度测试结果(单位：GPa)

实验室编号	C1	C2	C3[②]	C4	C5[②]	C6	C7	C8[②]	C9	C10	C11	C12[②]
平均值	7.1	7.75	8.83[②]	9.28	7.96[②]	6.79	7.75	8.52[②]	6.74	7.24	8.31	5.92[②]
标准偏差	0.31	0.44	0.31[②]	0.35	0.91[②]	0.42	0.34	0.81[②]	0.26	0.23	0.37	0.22[②]
所有结果	总平均值						7.62					
	总均值的标准偏差						0.28					
不含异常值	总平均值						7.57					
	总均值的标准偏差						0.30					

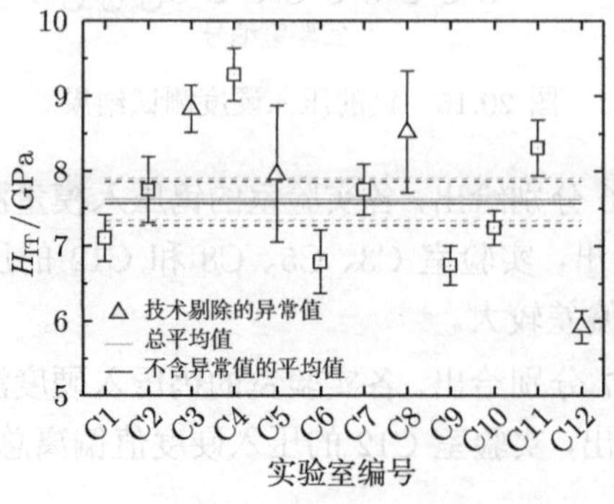

图 20.17　钨的压入硬度测试结果

按照 JJF1117—2004[4] 的要求，力学所和宝钢组织国内外十三家单位进行纳米压入循环比对试验，获得十二家单位的四种测试方法、六种比对材料压入模量和硬度的数据。由于比对试验结果数据量大，在处理比对结果的过程中，按照相应国家标准的处理和检验方法，编写数据处理程序，实现批量自动处理测试数据，以便得到可靠的统计结果，方便后续分析。本次比对试验所起作用如下所述。

(1) 通过比对试验，了解目前国内纳米压入测试的现状。

分析各实验室测试结果均值差异的原因，例如，部分实验室所用压头面积函数需要校准。发现部分实验室测试结果标准偏差较大的原因，在处理数据时需要确认和修正接触零点。上述问题的发现和认识，对国家标准技术要求的把握和编写提供必不可少的依据。

(2) 通过比对试验，获得测试材料压入模量和硬度的参考值。

部分结果应用到标准样品的定值试验中，为其定值提供有效的结果，有力地支持标准样品的研制工作。同时，也为国家标准的附录 (标准样品的要求) 的起草积累必要的素材。

(3) 通过统计分析，获得测试结果的合成不确定度和扩展不确定度[9]。

为比对试验中相关参数的选取提供相应的依据，为系列标准的制定和标样的研制奠定坚实基础。

参 考 文 献

[1] GB/T 15483.1—1999. 利用实验室间比对的能力验证 第 1 部分：能力验证计划的建立和运作.

[2] CNAS—GL03. 能力验证结果的统计处理和能力评价指南.

[3] CNAS—CL03. 能力验证计划提供者认可准则.

[4] JJF1117—2004. 测量仪器比对规范.

[5] http://www.agilentnano.com.

[6] http://www.hysitron.com.

[7] http://www.csm-instruments.com/en.

[8] http://www.micromaterials.com.

[9] 全浩，韩永志. 标准物质及其应用技术 (第二版). 北京：中国标准出版社，2003.

第21章　标准化进展

标准化 (standardization)，是为在一定的范围内获得最佳秩序，对实际的或潜在的问题制定共同的和重复使用的规则的活动。主要作用在于，防止贸易壁垒，促进技术合作。标准化可推广应用新技术和新科研成果，从而促进技术的进步[1,2]。

仪器化压入技术的广泛使用，推动测试仪器和分析方法的发展，同时也促进测试标准的制定。目前，国际标准 ISO 14577[3−6] 和 ISO/TR 29381[7]、美国标准 ASTM E 2546[8] 和中国标准 GB/T 22458[9] 和 GB/T 25898[10] 已颁布，仪器化压入逐渐成为微/纳米力学的通用测试技术。本章分别介绍国内外标准文本和国内标准样品的研制进展情况。

21.1　标 准 文 本

标准 (standard)，是为在一定范围内获得最佳秩序 (目的)，对现实问题或潜在问题，经协商一致制定 (原则) 并由公认机构批准 (程序)，共同使用或重复使用 (特点) 的一种规范性文件。标准宜以科学、技术和经验的综合成果为基础，以促进最佳的共同效益为目的[1]。它是一种规范性文件，为各种活动或其结果提供规则、导则或规定特性的文件[2]。

21.1.1　国际标准

在国际标准化组织 (International Organization for Standardization) 中，仪器化压入技术的标准，由金属力学测试技术委员会 TC164(mechanical testing of metals) 下属的硬度测试分技术委员会 SC3(hardness testing) 编制。具体标准及其主要内容如下所述。

ISO 14577《金属材料　硬度和材料参数的仪器化压入试验》分为如下四部分。

第 1 部分：试验方法[3]，2002 年颁布。正文包括：范围、规范性引用文件、符号和名称、原理、试验机、试样、过程、不确定度、试验报告。附录包括：材料参数的确定、压入过程的控制方式、仪器柔度和压头面积函数、压头注意事项、试样表面粗糙度对测试结果的影响、压入硬度和维氏硬度的关系。

第 2 部分：试验机的检验和校准[4]，2002 年颁布。正文包括：范围、规范性引用文件、一般条件、直接检验和校准、间接检验、检验周期、检验报告/校准证书。附录包括：压头基座示例、压头面积函数的校准程序、位移测量系统直接检验的示例、间接检验结果的文件示例。

第 3 部分：标准样品的校准[5]，2002 年颁布。正文包括：范围、规范性引用文件、标准样品的加工、校准仪器、校准程序、压入次数、标准样品一致性、标记、有效期。附录包括：标准样品的示例。

第 4 部分：金属和非金属涂层的试验方法[6]，2007 年颁布。正文包括：范围、规范性引用文件、符号和名称、实验仪器的检验和校准、试样 (一般要求、表面粗糙度、抛光、表面清洁、油漆和清漆的特殊要求)、程序 (试验条件、测定程序)、数据分析和评价 (一般要求、涂层压入模量、涂层压入硬度)。附录包括：仪器柔度校准程序、接触点和完全弹性区的确定。

ISO/TR 29381《金属材料　基于仪器化压入试验测定力学性能　压入拉伸特性》[7]，2008 年颁布。正文包括：范围、规范性引用文件、术语及其定义、符号和名称、不同方法的描述 (方法 1 代表性应力和应变、方法 2 有限元逆分析、方法 3 神经网络)、总结。附录包括：基于仪器化压入试验测定残余应力。

21.1.2　美国标准

在美国材料与试验协会 (American Society for Testing and Materials，ASTM) 中，仪器化压入技术的标准，由力学测试技术委员会 E28(mechanical testing) 下属的压入硬度测试分会 E28.06(indentation hardness testing) 编制。具体标准及其主要内容如下所述。

ASTM E 2546-07《仪器化压入测试的标准规程》[8]，2007 年颁布。正文包括：范围、参考文件、术语、规程总结、意义和用途、仪器、试样、程序、报告、关键词、仪器检验、标准样品、压头要求。附录包括：零点确定、柔度校准、压头面积函数的间接校准、压入模量和硬度的分析方法。

21.1.3　中国标准

在国家标准化管理委员会 (SAC) 中，纳米压入技术的标准，由全国纳米技术标准化技术委员会 (TC279) 下属的纳米压入与划入技术标准化工作组 (WG4) 编制。具体标准及其主要内容如下所述。

GB/T 22458《仪器化纳米压入试验方法通则》[9]，2008 年颁布。正文包括：范围、规范性引用文件、术语和定义、符号、测试原理、仪器要求、试样要求、环境要求、测试程序、试验结果的不确定度、试验报告。附录包括：压头面积函数的确定方法、压头的要求、基于载荷–深度数据确定硬度和材料参数的方法、金刚石压头的注意事项、标准样品的要求、仪器柔度的确定方法、基于压入能量关系确定硬度和模量的方法、基于压入连续接触刚度确定硬度和模量的方法、仪器的校准和检验方法。

GB/T 25898《仪器化纳米压入试验方法 薄膜的压入硬度和弹性模量》[10]，2010 年颁布。正文包括：范围、规范性引用文件、术语和定义、符号、测试原理、测试要求、测试程序、结果分析、试验报告。

关于仪器化纳米压入试验方法的术语标准，已完成征求意见，预计 2014 年颁布。该标准草案规范仪器化纳米压入技术中所涉及的术语及其定义，便于增强理解和交流，促进该技术的推广和应用，使之更好地为科研、生产和贸易服务。具体参见附录“术语汉英对照及其定义”。

21.1.4 标准对比

1. GB/T 22458 与 ISO 14577-1, 2, 3 和 ASTM E 2546 的对比

国内使用的仪器多为纳米压入仪。针对此国情，GB/T 22458 的适用范围确定为，压入深度通常在纳米量级，也可以扩展至几微米。此标准的编写，融汇编写单位中国科学院力学研究所和宝山钢铁股份有限公司多年科研成果和应用经验，消化吸收 ISO 14577 和 ASTM E 2546 两个标准的适用部分，并充分考虑未来技术的发展趋势。

参考 ISO 14577-1，2，3 的适用内容。从标准的内容上看，ISO 14577 规定的范围过宽，不少内容沿用 ISO 相关硬度标准的规定，以致内容庞杂、针对性和操作性不强，所以该国家标准的撰写仅参考其中的适用部分。

吸收 ASTM E 2546 的特色内容。实际上，纳米压入技术源于美国。ASTM E 2546-07 主要针对纳米压入仪而编制的，内容简洁、针对性和操作性强，涵盖重要供应商 MTS 和 Hysitron 公司的纳米压入仪主要技术。考虑到国内仪器多从美国引进的现状和 ASTM E 2546 操作性强等优势，吸收该标准的部分内容。

考虑最新技术水平，着眼未来技术发展。考虑到目前仪器的测量能力发展水平和分析方法研究进展，附加部分创新内容。这些内容具有良好的发展前景，部分已经被普遍采用。

(1) 引入基于压入连续刚度技术测定压入硬度和模量的方法

目前，连续刚度测量是一种先进、高效的技术，国内普遍使用该技术。为了充分利用该技术，将其纳入到该国家标准，作为资料性附录。图 21.1 给出仪器测量能力发展示意图。

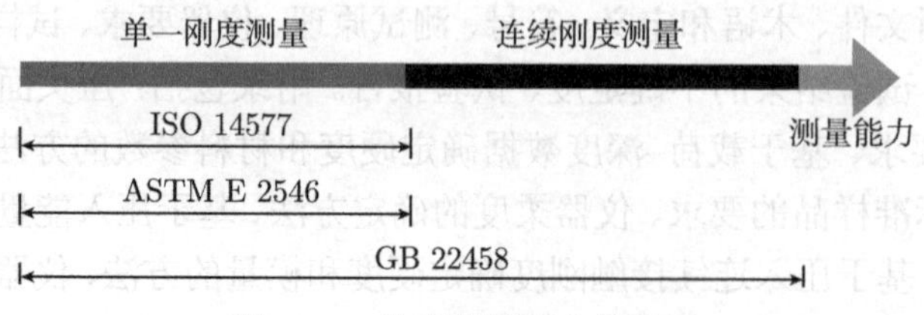

图 21.1 仪器测量能力的发展

ISO 14577 和 ASTM E 2546 标准只规定仪器的准静态加载方式，利用卸载曲线计算单一接触刚度，仅能测定材料在最大深度处的压入硬度和模量。连续刚度测量是在准静态加载的基础上，叠加高频交变位移信号，利用加载曲线计算连续接触刚度，参见 3.4 节。该技术的显著特点：可以获得压入硬度和模量随压入深度变化曲线，显著提高测试效率，参见 14.1.1 节和 14.1.2 节；通过在接触零点附近连续刚度的测定，可以提高接触零点确定的可靠性[11]，参见 5.5 节。

(2) 引入基于压入能量标度关系确定压入硬度和模量的方法

为了满足未来参数识别分析方法的发展需要，将两种压入能量标度分析方法纳入到该国家标准，作为资料性附录。图 21.2 给出参数识别能力发展示意图。

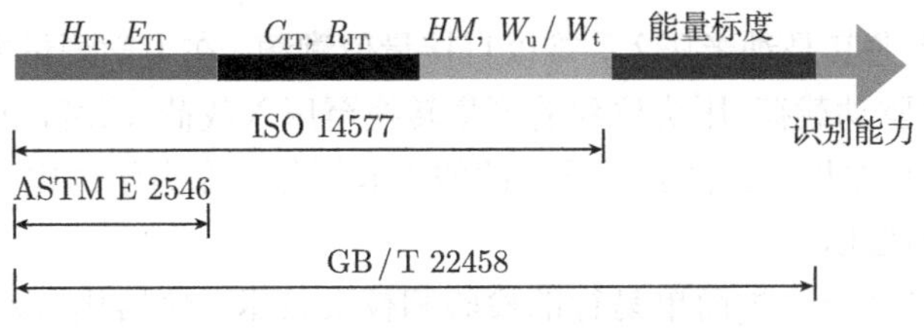

图 21.2 参数识别能力的发展

ISO 14577 规定压入硬度 H_{IT}、压入模量 E_{IT}、蠕变参数 C_{IT}、松弛参数 R_{IT}、马氏硬度 HM、压入弹性功 W_e 和塑性功 W_p(定义有误，参见 9.4 节) 的分析方法。标准 ASTM E 2546 仅规定 Oliver-Pharr 识别 H_{IT} 和 E_{IT} 的分析方法。该方法基于弹性接触理论，适用于压入凹陷变形情况，对压入凸起变形情况，分析结果偏大，参见 10.2.2 节。而两种压入能量标度分析方法，利用最大载荷、深度、压入总功和卸载功四个直接测量参量识别压入硬度和模量，突破传统方法的局限。

2. GB/T 25898 与 ISO 14577-4 的对比

GB/T 25898 规定的测试仪器明确，测试对象具体。一般认为，薄膜 (thin film) 厚度较小，小于 10μm，测试结果易受基材的影响；而涂层 (coating) 厚度较大，为 10μm～10^0mm，受基材的影响较弱。还有人认为，薄膜属于涂层中厚度较小的一类。GB/T 25898 的测试仪器为纳米压入仪，压入深度在纳米量级至数微米，压入方向为垂直于试样表面，适合薄膜测试，因此范围明确、针对性强。而 ISO 14577-4 的测试对象为涂层，但对压入深度范围又未明确规定，比较宽泛，针对性不强。

GB/T 25898 充分考虑纳米压入测试技术的发展现状。该国家标准除了包括“基于单一刚度测量的测试方法”之外，还引入高效的“基于连续刚度测量的测试方法”。

GB/T 25898 充分考虑压入深度和压头尖端半径对测试结果的影响。根据膜厚的不同，提出平台分析法、峰值/谷值分析法和外推近似分析法，力求分析实用和简洁，尽可能排除基底效应和压头尖端半径对膜材压入硬度和模量测定的影响。

21.2 标 准 样 品

标准样品 (reference material，RM) 是具有一种或多种足够均匀的和很好确定特性值的材料或物质，可以用来校准仪器、评价测量方法和给材料赋值。有证标准样品 (CRM) 是具有一种或多种性能特征，经过技术鉴定附有说明上述性能特征的证书，并经国家标准化管理机构批准的标准样品[12]。

21.2.1　压入标准样品的作用

仪器化压入尤其是纳米压入，难以直接量值溯源。在力学测量方面，测量的载荷和深度小，从驱动载荷–压头位移的测量转换至压入载荷–深度，再转换成压入载荷–压头接触投影面积，包含着一系列的假设和近似。在力学建模方面，也包含着一系列的假设和近似。

采用标准样品是一种简单易行的检验和校准技术。仪器化压入标准样品主要用来定期检验和校准仪器，例如，间接检验仪器整体性能、校准压头面积函数和校准仪器柔度等。

为了确保测试结果的准确性和可靠性，增强学术研究和工业应用中试验数据的可比性，需要定期检验和校准测试仪器。对于仪器的载荷和位移的直接校准，一般由制造商采用专用计量装置进行；而对仪器整体性能的日常间接检验、压头面积函数的校准和仪器柔度的校准等，一般由用户采用标准样品进行。

21.2.2　标准样品的统一和系列化

纳米压入仪器制造商，如美国 Agilent 公司、美国 Hysitron 公司、瑞士 CSM 公司和英国 MML 公司等，普遍推荐用户采用熔融石英作为标准样品。熔融石英的特点：表面光滑、抗氧化、非晶、各向同性、无加工硬化、中等范围的力学特性、典型的陶瓷行为、在卸载时有较大的弹性恢复、无明显时间相关性等，比较适宜作为标准样品。但用户所使用的熔融石英样品，多为随仪器进口，这些样品之间存在一定的差异，不利于各实验室测试基准的统一。

按照仪器化压入试验方法相关标准的规定，例如，ISO14577:2002、ASTM E 2546-07 和 GT/T 22458—2008，仪器整体性能的间接检验应选择两种不同的标准样品，其性能应涵盖尽可能宽的测试范围。这就要求标准样品系列化，其性能分布范围能满足使用需求。

21.2.3　国家标准样品的研制进展

按照国家标准样品研制流程，宝山钢铁股份有限公司、中国科学院力学研究所和浙江工业大学通力合作，研制开发出系列化的纳米压入仪用标准样品。

纳米压入仪用标准样品，分别采用中国和澳大利亚生产的熔融石英、国产钢和钨四种材料制造，用于仪器整体性能的间接检验、仪器柔度的校准和仪器压头面积函数的校准。

标准样品所用原料的生产，材料的均匀性初检，切割、研磨和抛光，均匀性检验，定值，包装和储存等，均需满足相关标准的技术要求[5,13]。

均匀性和稳定性。按照 GB/T 15000.5[13] 的要求，从批量生产的中国和澳大利亚熔融石英、钢和钨样块中各随机抽取不少于十五个样品，利用 F 检验法进行材料不同位置的均匀性检验。四种样品的 F 值均小于 $F_{0.05}$，均匀性满足要求。经过近一年时间的稳定性监测，样品稳定性良好，为此标准样品的有效期定为五年。

定值方法。采用多实验室协作方式，分别对中国和澳大利亚生产的熔融石英、钢和钨四种标准样品进行定值。 弹性模量定值采用波速测量法 [14]、 共振测量法[15,16]、弯曲测量法[17] 和仪器化纳米压入法，泊松比的定值采用波速测量法[14]、共振测量法[15,16] 和弯曲测量法[17]，硬度的定值采用仪器化纳米压入方法。定值数据的统计处理按照 GB/T 15000.3[18] 和 GB/T 15000.5[13] 的要求进行。具体结果参见表 21.1，由于泊松比定值数据组数不足八组，将其定值结果作为标准样品的参考值，未列出其标准偏差和扩展不确定度。

表 21.1　标准样品定值结果的参考值、标准偏差和扩展不确定度

样品名称	定值参量	总结果数	数据组数 m	$t_{0.05}(m-1)$	参考值	标准偏差	扩展不确定度
中国熔融石英	弹性模量	300	17	2.12	72.4GPa	0.3GPa	0.7GPa
	压入硬度	277	12	2.20	9.73GPa	0.27GPa	0.60GPa
	泊松比	15	2	12.7	0.169	—	—
澳大利亚熔融石英	弹性模量	271	16	2.13	73.0GPa	0.4GPa	0.8GPa
	压入硬度	278	12	2.20	9.55GPa	0.37GPa	0.81GPa
	泊松比	20	3	4.30	0.154	—	—
钢	弹性模量	239	15	2.15	204.5GPa	3.6GPa	7.6GPa
	压入硬度	270	12	2.20	2.22GPa	0.06GPa	0.14GPa
	泊松比	15	3	4.30	0.276	—	—
钨	弹性模量	205	13	2.18	413.6GPa	5.4GPa	11.7GPa
	压入硬度	259	12	2.20	7.59GPa	0.28GPa	0.61GPa
	泊松比	40	7	2.45	0.273	—	—

包装和储存。标准样品按单个样品包装。包装盒内至少放置两片海绵，样品置于海绵片之间，保证样品的测试面和底面不与包装盒上下表面直接接触和发生碰撞。为了进一步保护样品测试面，在测试面上再覆盖一层镜头纸。最后将包装盒放置在装有干燥剂的干燥皿中，在室温下保存。

使用方法。按照国家标准 ISO 22458《仪器化纳米压入试验方法通则》[9] 的规定，利用该标准样品间接检验仪器，校准仪器柔度和压头面积函数。其中，压头面积函数的校准推荐采用熔融石英标准样品。该标准样品适用的压入深度范围是：熔融石英 20nm~2000nm，钢 40nm~200nm，钨 40nm~200nm。在使用过程中，禁止触摸样品的测试面。

标准样品编号。中国熔融石英为 GSB 03-2496-2008，澳大利亚熔融石英为 GSB 03-2497-2008，钢为 GSB 03-2498-2008，钨为 GSB 03-2499-2008。2008 年 12 月 31 日发布。四种国家标准样品的包装和证书参见图 21.3。

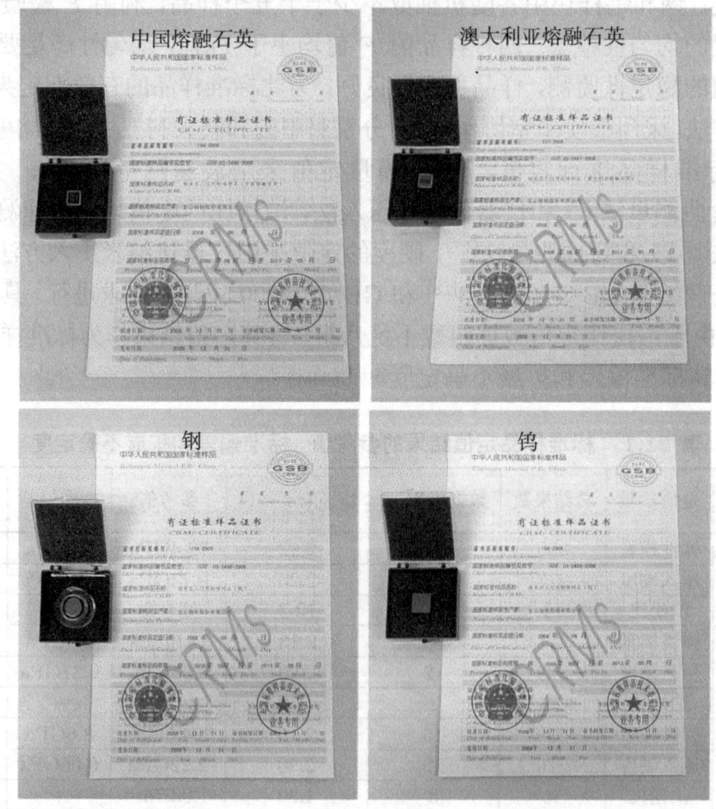

图 21.3 四种国家标准样品及其证书

ISO 14577-3[5] 所规定的标准样品定值方法，为利用经过直接校准的压入仪在标准样品上进行压入测试。首先，压入仪的直接校准主要由制造商完成，而一般用户难以进行，该校准方法的适用性不强。其次，利用压入方法校准的标准样品再用于压入仪的检验，不满足溯源性要求。因此，上述四种国家标准样品，推荐采用非压入方法，例如超声速度测量方法[14]，对标准样品进行定值，从而避免在校准可溯源性中纠结。

综上所述，为了提高我国仪器化压入测试技术的水平，需要发展相关检测验证方法，推动基础研究成果向技术标准的转化。

通过基础研究，提升我国在纳米压入技术领域的国际地位：研究纳米力学计量及其量值溯源技术，保障纳米力学测量的可靠性；研究多种参数识别的分析方法和检测验证技术，提高测试能力和拓宽测试功能。

通过典型应用的示范，促进该技术的集成和利用，便于微/纳米力学测试技术的提高和发展。

通过基础性工作的开展，例如术语及其定义、标准样品研制和实验室间比对试验，规范我国的纳米压入测试技术，便于学术交流和经济贸易。

通过构建标准体系和研制关键标准、推进量值溯源和认证认可等工作的开展，规范微/纳米力学测试技术。

参 考 文 献

[1] GB/T 20000.1—2002. 标准化工作指南 第 1 部分：标准化和相关活动的通用词汇.

[2] 白殿一，等. 标准的编写. 北京：中国标准出版社，2009.

[3] ISO 14577-1:2002. Metallic materials — Instrumented indentation test for hardness and materials parameters — Part 1: Test method.

[4] ISO 14577-2:2002. Metallic materials — Instrumented indentation test for hardness and materials parameters — Part 2: Verification and calibration of testing machines.

[5] ISO 14577-3:2002. Metallic materials — Instrumented indentation test for hardness and materials parameters — Part 3: Calibration of reference blocks.

[6] ISO 14577-4:2002. Metallic materials — Instrumented indentation test for hardness and materials parameters — Part 4: Test method for metallic and non-metallic coatings.

[7] ISO/TR 29381:2008. Metallic materials — Measurement of mechanical properties by an instrumented indentation test — Indentation tensile properties.

[8] ASTM E 2546-07. Standard practice for instrumented indentation testing.

[9] GB/T 22458—2008. 仪器化纳米压入试验方法通则.

[10] GB/T 25898—2010. 仪器化纳米压入试验方法 薄膜的压入硬度和弹性模量.

[11] 张泰华. 微/纳米力学测试技术及其应用. 北京：机械工业出版社，2004.

[12] GB/T 15000.2—94. 标准样品工作导则(2) 标准样品常用术语及定义.

[13] GB/T 15000.5—94. 标准样品工作导则(5) 化学成分标准样品技术通则.

[14] JB/T 7522—2004. 无损检测 样品超声速度测量方法.

[15] ISO 17561-2002. Fine ceramics (advanced ceramics, advanced technical ceramics) — Test method for elastic moduli of monolithic ceramics at room temperature by sonic resonance.

[16] GB/T 2105—1991. 金属样品杨氏模量、切变模量及泊松比测量方法.

[17] GB/T 10700—2006. 精细陶瓷弹性模量试验方法 弯曲法.

[18] GB/T 15000.3—94. 标准样品工作导则 (3) 标准样品定值的一般原则和统计方法.

附录 A 术语汉英对照及其定义

规范和准确的仪器化纳米压入技术术语及其定义，有助于增强理解和交流，促进该技术的推广和应用，使之更好地为科研、生产和贸易服务。

关于仪器化纳米压入试验的术语标准草案，规定该试验方法在基础通用、仪器特性、力学测量、参数识别、试验样品、测试设定等方面所涉及的常用术语及其定义。主要适用于仪器化纳米压入试验方法，也可拓宽至仪器化压入试验方法。

A.1 基 础 通 用

仪器化压入测试(instrumented indentation test)，驱动选定的压头压入试样，自动测量所施加的载荷和在试样中的压入深度，基于力学模型计算出材料的硬度和弹性模量等力学参量的测试[1,2]。

需要说明：①不应称为仪器化压痕测量。仪器化压入测试主要关注动作过程，类似拉伸、压缩、弯曲、扭转等测试；而硬度计测量主要关注压入卸载后残留压痕的尺寸，通常称之为压痕测量。②国际标准 ISO 14577[1] 按压入载荷 F 和深度 h，将该测试分为：宏观范围 (macro range)，$2\text{N} \leqslant F \leqslant 30\text{kN}$；显微范围 (micro range)，$F < 2\text{N}$，$h > 0.2\mu\text{m}$；纳米范围 (nano range)，$h \leqslant 0.2\mu\text{m}$。③早期，仪器的载荷量程一般不超过 500mN，相应的压入深度在纳米量级至几微米，习惯称之为纳米压入测试 (nanoindentation test)。目前，趋于采用国际标准 ISO 14577 的命名，多称之为仪器化压入测试[1,2]。

压入仪(instrumented indentation tester)，经过直接校准和间接检验合格的、能够实现仪器化压入测试的仪器[1,2]。

需要说明：①压入仪不属于传统的硬度计范畴。传统硬度计只能测量硬度，而压入仪不但可以测定硬度，还能测定弹性模量等力学参量。②压入仪属于材料试验机范畴。传统材料试验机属于试样的整体、破坏型测试，而压入仪属于试样的微区、微损型测试。

纳米压入仪(instrumented nanoindentation tester)，压入深度通常在纳米量级至几微米[2]、载荷和位移测量的分辨力分别优于 10^1nN 和 10^{-1}nm 量级的压入仪。需要注意：该类仪器以电磁或静电驱动为主，典型量程为 500mN 或 10mN，习惯称之为纳米压入仪[3]。

压头(indenter)，压入仪中用于压入试样的并具有特定几何形状和尺寸的部件。

需要说明：①压头通常由两部分组成。前部常选用金刚石、蓝宝石、硬质合金等材料，其尖端需要精磨成规定的几何形状和尺寸，用于压入试样；后部常选用钢质材料，加工成规定形状的基托，用于固定压头前部和连接仪器压杆[1,2]。②纳米压入测试结果，受压头尖端几何形状偏离其设计指标的程度、以及确定该形状时的误差等因素的影响[3]。

维氏压头(Vickers indenter)，尖端形状为正四棱锥，其相对棱面之间夹角为 136° 的压头[1,2]。

需要说明：其相对棱面夹角的允许范围为 (136±0.3)°[1,2]。

玻氏压头(Berkovich indenter)，尖端形状为正三棱锥，其中心线与棱面之间夹角为 (65.03±0.3)° 的压头[1,2]。

需要说明：①在压入深度相同时，该类压头具有和维氏压头相同的表面积[1,2]；②其中心线与棱面之间夹角的允许范围为 (65.03±0.3)°[1,2]。

改进型玻氏压头(modified Berkovich indenter)，尖端形状为正三棱锥，其中心线与棱面之间夹角为 (65.27±0.3)° 的压头[1,2]。

需要说明：①在压入深度相同时，该类压头具有和维氏压头相同的投影面积[1,2]；②纳米压入仪通常采用此类压头；③其中心线与棱面之间夹角的允许范围为 (65.27±0.3)°[1,2]。

立方角压头(cube-corner indenter)，尖端形状为正三棱锥，其中心线与棱面之间夹角为 (35.26±0.3)° 的压头 [1,2]。

需要说明：①三条侧棱相互垂直，形状似立方体的角；②其中心线与棱面之间夹角的允许范围为 (35.26±0.3)°[1,2]。

圆锥压头(conical indenter)，尖端形状为圆锥的压头[3]。

球形压头(spherical indenter)，尖端形状为球冠的压头[1,2]。

几何自相似压头 (geometrically self-similar indenter)，尖端顶点与任意横截面所构成的几何体之间具有几何相似性的压头。

需要说明：正棱锥形压头和圆锥压头均为几何自相似压头。

等效半锥角(equivalent semiconical angle)，正棱锥形压头按高度–横截面面积等效成的圆锥体压头所对应的半锥角。

需要说明：①在理论分析时，通常用等效半锥角所对应的圆锥体来代替正棱锥形压头以降低分析难度；②维氏压头和改进型玻氏压头的等效半锥角为 70.3°，立方角压头的等效半锥角为 42.3°[3,4]。

压头面积函数(indenter area function)，垂直于压头中心线的截面积 (投影面积)A 与压头顶点至相应截面距离 h 之间的函数关系[2]。圆锥压头的面积函数可表示为 $A(h) = Ch^2$，式中 C 为由其半锥角决定的常数。

标称面积函数(nominal area function)，按照压头尖端设计形状计算得到的面积函数[2]。

间接校准的面积函数(indirectly calibrated area function)，利用在已知弹性模量的参考样品上进行压入测试所确定的面积函数[1,2]。

直接校准的面积函数(directly calibrated area function)，利用具有高分辨能力的三维成像技术在压头尖端进行扫描所确定的面积函数[1,2]。

需要说明：可以利用溯源的校准原子力显微镜进行三维成像。

直接校准(direct calibration)，使用计量手段，直接查明压入仪主要部件技术参数的误差，并对其进行修正的操作过程[2,3]。校准对象主要包括载荷和位移、压头几何尺寸等。

间接检验(indirect verification)，使用参考样品，间接确认压入仪工作状态是否正常的操作过程[2,3]。

A.2 仪器特性

压入载荷范围(range of indentation load)，仪器所能施加压入载荷的示值范围[5]。

载荷分辨力(load resolution)，仪器能有效辨别的载荷最小示值差[5,6]，为载荷最大值除以 2 的模拟–数字转换器位数次方。例如，载荷最大值为 50mN，模拟–数字转换器的位数为 16 位，计算出的分辨力为 $50\text{mN}/2^{16} \approx 750\text{nN}$。

需要说明：该指标主要用于仪器设计，并不直接反映仪器实际的测量性能。

载荷噪声水平(load noise level)，仪器在载荷测量过程中自行产生的非目的信号。

需要说明：①由仪器的驱动载荷电噪声等因素所决定；②反映载荷测量的波动范围。

接触载荷(contact force)，仪器能稳定测量到的压头接触试样的最小载荷示值。

需要说明：①由仪器的载荷分辨力和噪声水平所决定；②该值越小，确定压头与试样接触零点的误差越小。

压头位移范围(range of indenter displacement)，压头沿压入方向可移动距离的示值范围。

位移分辨力(displacement resolution)，仪器能有效辨别的位移最小示值差[5,6]，为位移最大值除以 2 的模拟–数字转换器位数次方。

位移噪声水平(displacement noise level)，仪器在位移测量过程中自行产生的干扰信号。

需要说明：①由仪器的位移传感器噪声、测试环境噪声 (温度波动和地表振动)等因素所决定；②反映位移测量的波动范围。

接触零点(contact zero point)，压头垂直接触到试样表面的位置，为压头位移测量值转化成压入深度的参考点[3]。

需要说明：①位移传感器测量的是压头位移；②由于试样黏附压头、试样表面粗糙度、仪器噪声水平等的影响，接触零点在某位移范围内无法精确确定，例如，对于典型的纳米压入仪，此位移范围约为 10nm。因此，接触零点为用于确定压入深度数值的估计值[3]。

仪器柔度(instrument compliance)，在单位驱动载荷作用下压杆和压头等仪器构件的变形量。

需要说明：在驱动载荷作用下，由于位移传感器安装位置的限制，其测量结果主要为压头位移，同时还包括压杆和压头等的微量变形。在将位移传感器测量结果转换成压入深度时，应扣除这部分变形量[2,3]。

压入深度范围(range of indentation depth)，仪器所能检测到压入深度的示值范围。

测试区域(testing area)，仪器控制压头或样品台水平移动所能确定的可进行压入测试的范围。

定位精度(positioning accuracy)，仪器控制压头或样品台水平移动的精度。

数据采集长度(maximum number of datapoints)，仪器在测量时采集数据的数目。

数据采集速率(data acquisition rate)，仪器采集载荷和位移等测量数据的速率。

需要说明：在采集时间固定的情况下，较高的数据采集速率可以较好地分辨测量的细节。

原位扫描成像(in-situ scanning)，高分辨平移压头或样品台，微力驱动压头扫描压痕附近或试样表面局部成像的一种技术。

A.3 力学测量

压入载荷(indentation load)，仪器驱动压头作用在试样上的载荷。

需要说明：等于驱动压头运动的电磁力或静电力减去支撑弹簧所承受的载荷[3]。

压入深度(indentation depth)，仪器驱动压头在试样表面以下的位移。

需要说明：等于仪器位移测量值减去压头起始点到接触零点的距离、压杆和压头等仪器构件的变形量[3]。

载荷–深度曲线(load-depth curve)，根据测量并记录的压入载荷和压入深度所绘制出的曲线。

需要说明: 来源于加载–卸载循环过程中所测定的压入载荷、深度和时间数据。

压入总功(total loading work of indentation)，在压入加载过程中，压头对试样所做的功，或此功所转化成的能量[2,7,8]。

需要说明: 通过计算载荷–深度曲线中加载曲线下的面积确定[2,7,8]。

压入卸载功(unloading work of indentation)，在压入卸载过程中，试样对压头所做的功，或此功所对应试样释放的部分应变能[2,7,8]。

需要说明: 通过计算载荷–深度曲线中卸载曲线下的面积确定[2,7,8]。

压入功恢复率(work recovery ratio of indentation，W_u/W_t)，压入卸载功与压入总功的比值[7,8]。

初始卸载接触刚度(contact stiffness of initial unloading)，初始卸载时试样抵抗压头作用的瞬时弹性恢复能力[2,9]。

需要说明: 为载荷–深度曲线中卸载部分最大载荷处的切线斜率[2,9]。

接触深度(contact depth)，在模型分析中，圆锥或球形压头顶点到压头与试样表面接触面的垂直距离[3,9]。

需要说明: 此为力学分析中的间接分析参量，非实际测量参量。例如，在 Oliver-Pharr 分析方法[3,9] 中，将正三棱锥压头和正四棱锥压头等效成圆锥形状，进而再将实测的压入深度转化为计算用的接触深度。

单一刚度测量(single stiffness measurement)，利用准静态加载方式，在一次加卸载过程中只能获得初始卸载接触刚度的测量方法[10]。

连续刚度测量(continuous stiffness measurement)，在准静态加载方式的基础上，叠加一个微小的动态交变载荷，使其产生的同频交变位移保持微小的恒定振幅，测量出交变载荷和交变位移信号的幅值和相位差，由此确定出材料在加载阶段随压入深度变化的连续接触刚度的测量方法[10]。

径向裂纹长度(length of radial crack)，径向裂纹在试样表面的特征长度。

需要说明: ①以试样表面裂纹尖端到压痕中心线的距离作为径向裂纹长度[11]时，用 c 表示；②以试样表面裂纹尖端到压痕角点的距离作为径向裂纹长度[12]时，用 l 表示；③理想情况下，c 和 l 满足关系 $c = l + a$，a 为压痕角点到压痕中心线的距离。示例: 立方角压头和维氏压头对应径向裂纹的长度参见图 12.1。

测试数据(test data)，试验过程中测定的驱动载荷、压头位移、时间及其转化成压入的载荷–深度–时间等数据点[2]。

A.4 参数识别

压入硬度(indentation hardness)，基于仪器化压入试验所测定的硬度，其定义式为[1,2]

$$H_{\mathrm{IT}} = \frac{F}{A(h_{\mathrm{c}})}$$

此式反映材料抵抗弹塑性变形能力的一项综合指标。

压入折合模量(reduced modulus of indentation)，基于仪器化压入试验所测定的复合模量，其表达式为[1,2]

$$\frac{1}{E_{\mathrm{r}}} = \frac{1-\nu_{\mathrm{i}}^2}{E_{\mathrm{i}}} + \frac{1-\nu_{\mathrm{s}}^2}{E_{\mathrm{s}}}$$

式中，E_{i} 为压头尖端材料的弹性模量；ν_{i} 为压头尖端材料的泊松比；E_{s} 为试样材料的弹性模量，即为 E_{IT}；ν_{s} 为试样材料的泊松比。

需要说明：①反映压头和试样弹性接触变形能力的一种参量；②压头尖端材料常用金刚石，其弹性模量和泊松比的标称值分别为 1140GPa 和 0.07[1,2]。

压入模量(indentation modulus)，基于仪器化压入试验所测定的弹性模量[1,2]。

压入能量标度关系(scaling relationship of indentation work)，在利用几何自相似类型压头所进行的压入试验中，识别参量 $H_{\mathrm{IT}}/E_{\mathrm{r}}$ 与测量参量 $W_{\mathrm{u}}/W_{\mathrm{t}}$ 之间的近似线性关系，其表达式为[7,8]

$$\frac{H_{\mathrm{IT}}}{E_{\mathrm{r}}} \approx \kappa \frac{W_{\mathrm{u}}}{W_{\mathrm{t}}}$$

式中，κ 为比例系数，主要由压头的等效半锥角所决定[8]。

压入屈服应变(yield strain of indentation，$\varepsilon_{\mathrm{yIT}}$)，基于仪器化压入试验所测定的屈服应变。相当于单轴拉伸条件下线弹性–幂硬化本构关系中的屈服应变[13]。

压入应变硬化指数(strain hardening exponent of indentation，n_{IT})，基于仪器化压入试验所测定的应变指数。

需要说明：①压入幂硬化本构关系为 $\sigma = k\cdot\varepsilon^{n_{\mathrm{IT}}}$；②相当于单轴拉伸条件下线弹性–幂硬化本构关系中的应变指数[13]。

压入断裂韧度(fracture toughness of indentation)，基于仪器化压入试验所测定的断裂韧度[11]。

压入蠕变率(creep rate of indentation)，基于仪器化压入试验所测定的蠕变率，为在保持压入载荷恒定的情况下，压入深度的变化量和保持载荷恒定的初始深度之比，其定义式为[1,2]

$$C_{\mathrm{IT}} = \frac{h_2 - h_1}{h_1} \times 100\%$$

式中，h_1 为达到恒定载荷 t_1 时刻的深度；h_2 为保持恒定载荷结束 t_2 时刻的深度。

需要说明：①反映材料蠕变能力的一种参量[1,2]；②热漂移速率和保持恒定载荷所用时间均有可能显著影响蠕变数据[1,2]。

压入松弛率(relaxation rate of indentation)，基于仪器化压入试验所测定的松弛率，为在保持压入深度恒定的情况下，压入载荷的变化量与保持深度恒定的初始载荷之比，其定义式为[1,2]

$$R_{\mathrm{IT}} = \frac{F_1 - F_2}{F_1} \times 100\%$$

式中，F_1 为达到恒定深度 t_1 时刻的载荷；F_2 为保持恒定深度结束 t_2 时刻的载荷。

需要说明：反映材料松弛能力的一种参量[1,2]。

A.5　试验样品

纳米压入参考样品(reference material for nanoindentation)，经测试合格的具有均匀而稳定力学特性值的样品，用于纳米压入仪的间接检验和常规检查[1,2,14]。

需要说明：常用于仪器柔度和压头面积函数的确定、仪器日常状态的检查。

有证纳米压入标准样品(certified reference material for nanoindentation)，有一种或多种力学特性值，经过技术鉴定并附有证书，由国家标准化管理机构批准，用于纳米压入试验使用的参考样品[1,2,14]。

需要说明：国内有 4 种有证纳米压入标准样品[15−18]，其特性值为压入模量和压入硬度。

凹陷(sink-in)，在压入过程中，压头周围材料随压头向下沉陷的一种变形方式[3]。

凸起(pile-up)，在压入过程中，压头周围材料沿压头表面向上隆起的一种变形方式[3]。

突进(pop-in)，在压入加载曲线中，压入载荷不变而深度突然增加的现象[3]。

突出(pop-out)，在压入卸载曲线中，压入载荷不变而深度突然减小的现象[3]。

少无损伤(free defects)，样品表面及其亚表层的特性与材料的固有特性相一致。

光滑表面/光学表面(smooth surface/optical surface)，表面粗糙度 (Ra) 小于 10nm 的样品表面，且少无损伤。

超光滑表面(ultra-smooth surface)，表面粗糙度 (Ra) 小于 1nm 的样品表面，且少无损伤。

A.6　测试设定

最大压入载荷(maximum indentation load)，测试时压入载荷需达到的设定最大值。

最大压入深度(maximum indentation depth)，测试时压入深度需达到的设定最大值。

加载时间(loading time)，从对试样施加载荷开始至载荷或深度达到设定最大值所需的时间。

保载时间(holding time)，保持最大载荷恒定的时间，即从达到最大载荷至开始卸除载荷的时间。

卸载时间(unloading time)，从最大载荷开始卸载至载荷或深度达到某设定值的时间。

控制方式(control mode)，压入试验过程中，控制压入载荷或深度随时间变化的方式。需要说明：可能影响部分材料的力学性能测试结果。

恒载荷率控制(constant loading rate)，压入载荷满足 $\mathrm{d}F/\mathrm{d}t=$ 常数[1,2] 的控制方式。

恒位移率控制(constant displacement rate)，压入深度满足 $\mathrm{d}h/\mathrm{d}t=$ 常数[1,2] 的控制方式。

恒应变率控制(constant strain rate)，压入深度满足 $(\mathrm{d}h/\mathrm{d}t)/h=$ 常数[1,2] 的控制方式。

热漂移速率(thermal drift rate)，仪器位移传感器测定的单位时间内由压头附近局部环境温度波动所引起的位移量[2]。

需要说明：①压头附近的局部环境温度波动会引起试样、压头和压杆等的膨胀或收缩，导致压入深度测量误差的增大[2]；②一般情况下，纳米压入仪宜放置于保温箱内，以减少压头局部环境温度的变化。

测试循环(test cycle)，按照所设定的最大压入载荷或最大压入深度和控制方式，在试样同一位置处所进行的压头趋近试样表面、加载、保载和卸载等一系列过程[2]。

参 考 文 献

[1] ISO 14577:2002. Metallic materials — Instrumented indentation test for hardness and materials parameters.

[2] GB/T 22458—2008. 仪器化纳米压入试验方法通则.

[3] 张泰华. 微/纳米力学测试技术及其应用. 北京：机械工业出版社，2004.

[4] Hay J L, Pharr G M. Instrumented Indentation Testing//Kuhn H, Medlin D, ASM Handbook Volume 8: Mechanical Testing and Evaluation (10th edition). Ohio: ASM International Materials Park, 2000: 232-243.

[5] JJF 1001—1998. 通用计量术语及定义.

[6] JJF 1094—2002. 测量仪器特性评定.

[7] Cheng Y T, Cheng C M. Relationships between hardness, elastic modulus, and the work of indentation. Applied Physics Letters, 1998, 73(5): 614-616.
[8] Rong Yang, Taihua Zhang, Peng Jiang, et al. Experimental verification and theoretical analysis of the relationships between hardness, elastic modulus, and the work of indentation. Applied Physics Letters, 2008, 92(23): 231906.
[9] Oliver W C, Pharr G M. An improved technique for determining hardness and elastic modulus using load and displacement sensing indentation experiments. Journal of Materials Research, 1992, 7(6): 1564-1583.
[10] GB/T 25898—2010. 仪器化纳米压入试验方法 薄膜的压入硬度和弹性模量.
[11] Taihua Zhang,Yihui Feng, Rong Yang, et al. A method to determine fracture toughness using cube-corner indentation. Scripta Materialia, 2010, 64(4): 199-201.
[12] Laugier M T. Palmqvist indentation toughness in WC-Co composites. Journal of Materials Science Letters, 1987, 6(8): 897-900.
[13] Peng Jiang, Taihua Zhang, Yihui Feng, et al. Determination of plastic properties by instrumented spherical indentation: Expanding cavity model and similarity solution approach. Journal of Materials Research, 2009, 24(3): 1045-1053.
[14] GB/T 15000.2—94. 标准样品工作导则(2) 标准样品常用术语及定义.
[15] GSB 03-2496-2008. 纳米压入仪用标准样品 (中国熔融石英).
[16] GSB 03-2497-2008. 纳米压入仪用标准样品 (澳大利亚熔融石英).
[17] GSB 03-2498-2008. 纳米压入仪用标准样品 (钢).
[18] GSB 03-2499-2008. 纳米压入仪用标准样品 (钨).

附录 B　常用符号表

符号	名称	含义和出现位置
a	压痕半径	棱锥压头按投影面积等效成圆锥压头的压痕半径，参见第 8~11 章
	核心区半径	孔洞扩张模型的核心区半径，参见图 8.3
	压痕外接圆半径	压痕角点与中心轴线间的距离，参见图 12.1
a_c	接触半径	等效圆锥压头的接触圆半径，下标 c 表示接触
$A(h_c)$	压头面积函数	参见式 (5.10) 或式 (10.6)
b	拟合系数	卸载刚度拟合的待定指数，参见式 (3.20)；金属蠕变的硬化系数，参见式 (1.2) 和式 (14.7)
B	拟合系数	卸载刚度拟合的待定系数，参见式 (3.20)
c	弹塑性边界半径	孔洞扩张模型中塑性区与弹性区边界的半径，参见图 8.3
	径向裂纹尺寸	试样表面径向裂纹尖端与压痕中心轴线间的距离，参见图 12.1
c_0	圆锥裂纹长度	参见式 (12.13)
C_{IT}	压入蠕变率	参见式 (3.25)
C_i	拟合系数	压头面积函数的拟合系数，参见式 (5.10) 或式 (10.6)
C_m	仪器柔度	参见 5.1.4 节
e_{ij}	应变偏量	参见式 (9.14)
E_{IT}	压入模量	待测材料的弹性模量，参见式 (10.9)
E_i	压头弹性模量	参见式 (10.8)
E_r	折合模量	参见式 (10.8)
E_P	硬化模量	线弹性–线硬化本构关系下的硬化参量，参见式(9.53)
E_0	瞬时模量	初始时刻的弹性模量，参见表 13.2
E_∞	长时松弛模量	时间无穷长时的松弛模量，参见式 (13.3)
F	压入载荷	参见式 (3.15)
F_C	压入断裂临界载荷	产生压入裂纹的最小压入载荷，参见式 (12.14)
G	剪切模量	参见式 (9.12)
$G(t)$	剪切松弛模量	参见式 (13.2)
h	压入深度	参见式 (3.16)
h_c	接触深度	参见式 (10.5)
h_f	拟合系数	卸载刚度拟合的待定系数，参见式 (10.1)
h_m	最大压入深度	参见式 (10.5)
H_{IT}	压入硬度	参见式 (10.10)
H_n	名义硬度	参见式 (10.19)

续表

符号	名称	含义和出现位置
HV	维氏硬度	参见式 (2.1)
$J(t)$	蠕变柔量	参见式 (13.1)
J_a	表观蠕变柔量	非真正的蠕变柔量，参见 13.1.2 节
J_0	瞬时蠕变柔量	初始时刻的蠕变柔量，参见 13.1.2 节
J_∞	长时蠕变柔量	时间无穷长时的蠕变柔量，参见式 (13.13)
k	硬化系数	线弹性–幂硬化本构关系中的系数，参见式 (1.1)
K_m	仪器刚度	参见 3.2.1 节
K_s	支撑弹簧的垂直刚度	参见式 (3.1)
K_I	I 型裂纹应力强度因子	参见式 (1.3)
K_{IC}	断裂韧度	平面应变 I 型裂纹的临界应力强度因子，参见式 (12.1)
l	径向裂纹长度	试样表面径向裂纹尖端与对应压痕角点间的距离，参见图 (12.1)
n	幂硬化指数	线弹性–幂硬化本构关系中的指数，参见式 (1.1)
$\bar{p}$	核心区压力	核心区的平均压力，在 9.3 节分析模型中等同于硬度
Ra	表面粗糙度	参见 7.2.1 节
R	球形压头半径	参见图 4.5
R_{IT}	压入松弛率	参见式 (3.26)
S	接触刚度	参见式 (10.3) 或式 (10.4)
t_R	加载时间	参见式 (13.5)
V_F	加载速率	参见表 13.1
W_t	压入总功	参见式 (3.17)
W_u	卸载功	卸载时释放的应变能、外力所做的负功，参见式 (3.18)
σ_y	屈服应力	参见图 1.1
α	压头等效半锥角	参见图 4.5
β	压头形状常数	参见式 (10.7)
$\tilde{\varepsilon}$	等效应变	参见式 (9.18)
ε_{kk}	应变的第一不变量	参见式 (9.12)
ε_m	应变球量	参见式 (9.14)
ε_y	屈服应变	参见式 (1.1)
Φ	约束因子	参见式 (12.1)
κ	标度关系系数	压入能量标度关系的系数，参见式 (9.52)
λ	经验系数	K_{IC} 压入能量测试方法中的经验系数，参见式 (12.18)
ξ	经验系数	Warren 等的 K_{IC} 压入测试方法中的经验系数，参见式 (12.14)
δ	经验系数	Anstis 等的 K_{IC} 压入测试方法中的经验系数，参见式 (12.6)
δ^L	经验系数	Laugier 的 K_{IC} 压入测试方法中的经验系数，参见式 (12.8)
ν	泊松比	参见式 (10.8)
ν_i	压头的泊松比	参见式 (10.8)
σ_1	最大主应力	参见式 (12.13)
σ_{kk}	应力第一不变量	参见式 (9.13)
σ_m	应力球量	参见式 (9.13)
$\tilde{\sigma}$	等效应力	参见式 (9.17)
ψ	棱夹角	维氏压头相对棱边之间的半夹角 (74°)，参见式 (12.2)
τ_c	延迟时间	参见式 (13.3)

索　　引

Z